Thomas Giebel

Grundlagen der CMOS-Technologie

Thomas Giebel

Grundlagen der CMOS-Technologie

Mit 179 Abbildungen, 10 Tabellen
und zahlreichen Beispielen

Springer Fachmedien Wiesbaden GmbH 2002

Die Deutsche Bibliothek – CIP-Einheitsaufnahme
Ein Titeldatensatz für diese Publikation ist bei
der Deutschen Bibliothek erhältlich.

Prof. Dr.-Ing. Thomas Giebel lehrt Halbleitertechnik und integrierte Schaltungen am Fachbereich Nachrichtentechnik der FH Dortmund.

ISBN 978-3-519-00350-2 ISBN 978-3-663-07914-9 (eBook)
DOI 10.1007/978-3-663-07914-9

1. Auflage Januar 2002

Ursprünglich erschienin bei B.G. Teubner Gmbhm Stuttgart/Leipzig/Wiesbaden, 2002

Der Verlag B. G. Teubner ist ein Unternehmen der Fachverlagsgruppe BertelsmannSpringer.
www.teubner.de

Umschlaggestaltung: Ulrike Weigel, www.CorporateDesignGroup.de
Gedruckt auf säurefreiem und chlorfrei gebleichtem Papier.

Vorwort

Es ist in den letzten Jahren zu beobachten, dass immer weniger Bücher zu den Themen Halbleiterphysik, Halbleiterbauelemente und Fertigung integrierter Schaltungen im deutschsprachigen Raum erscheinen. Dabei ist gerade in Deutschland ein überproportionales Wachstum der Halbleiter-Industrie (s. z.B. Dortmund, Dresden und Frankfurt O.) und damit ein zunehmender Fachkräftemangel zu bemerken. Englisch ist in diesem Bereich die Umgangssprache, aber englische bzw. US-amerikanische Bücher sind meist nur schwer zu beschaffen oder entsprechend teuer. Darüberhinaus haben deutsche Studierende mit den fachlichen Herausforderungen genug zu tun und haben leider z.T. erhebliche Schwierigkeiten mit englischsprachiger Fachliteratur.

Dieses Lehrbuch richtet sich an Studierende an Universitäten und Fachhochschulen im Haupt- oder Vertiefungsstudium, die einen Einstieg in die Technologie der integrierten CMOS-Schaltungen suchen oder entsprechendes Hintergrundwissen benötigen. Dabei soll eine Lücke zwischen Büchern zur Halbleiterphysik bzw. zu Halbleiterbauelementen einerseits und solchen zur Fertigung integrierter Schaltungen andererseits geschlossen werden. Der Stoff wird an Hand von zahlreichen Abbildungen illustriert und wann immer möglich mit ausführlichen durchgerechneten Beispielen erläutert.

Aber auch Prozessingenieure aus der Halbleiterfertigung oder Schaltungsentwickler finden hier Zusammenhänge mit und aus dem jeweils anderen Bereich, so dass das Verständnis und die Zusammenarbeit für- und miteinander verbessert werden kann: Jahrelange Erfahrung aus der industriellen Praxis zeigt, dass Entwicklung und Fertigung meist sehr isoliert voneinander betrachtet werden. Die Entwurfsunterlagen (Designregeln und Simulationsparameter; s. Kapitel 10) bilden häufig die einzige Schnittstelle zwischen den beiden Bereichen und das ist zu wenig, um in komplexen Schaltungen alle kritischen Randbedingungen zu erfassen. In Problemfällen führt dies zum fruchtlosen Austausch von Vorwürfen vom schlechten Fertigungsprozess bis hin zum instabilen Schaltungsdesign und nicht zum problemorientierten Dialog.

Dieses Lehrbuch fasst die Inhalte der Vorlesungen "Halbleitertechnologie"und "Entwurf integrierter Schaltungen", sowie Teile weiterer Lehrveranstaltungen an der Fachhochschule Dortmund und der Universität Dortmund zusammen. Es stellt nicht den Anspruch, den aktuellen Stand der Technik vollständig darzustellen. Vielmehr sollen hier die Zusammenhänge und Wechselwirkungen zwischen der zu Grunde liegenden Halbleiterphysik, den fertigungstechnischen Methoden zur Herstellung integrierter Schaltungen, den elektronischen Eigenschaften digitaler CMOS-Schaltungen und dem Entwurf bzw. der Entwicklung solcher

Schaltungen dargestellt werden.

Im ersten Kapitel wird über einen einfachen quantenmechanischen Ansatz die Bandstruktur von Festkörpern eingeführt. Auf dieser Grundlage werden die Unterschiede zwischen Isolatoren, Halbleitern und Leitern bzw. Metallen erläutert. Die Temperaturabhängigkeit der Elektronenverteilung in den Bändern führt direkt zur Definition des Quasiteilchens "Loch" als positivem Ladungsträger. Anschließend werden die für die Beschreibung des Ladungstransports notwendigen Zustands- bzw. Kontinuitätsgleichungen eingeführt.

Das zweite Kapitel beschäftigt sich mit dem wichtigsten Halbleiterbauelement, dem pn-Übergang bzw. der Diode. Auf der Basis der im ersten Kapitel besprochenen Gleichungen wird die shockley´sche Diodengleichung als Lösung der Kontinuitätsgleichung unter Berücksichtigung der Randbedingungen hergeleitet.

Das dritte Kapitel widmet sich dem aktiven Bereich des MOS-Transistors, dem Kanalgebiet oder auch MOS-Kondensator. Aus der Betrachtung der Bandstruktur und einiger Grundgleichungen ergibt sich die Ladungsträgerdichte im Kanal des Transistors, der letztlich für den Stromfluss im Transistor zuständig ist, als Funktion der Gatespannung.

Auf diesen Kenntnissen aufbauend, ist es relativ einfach, im nächsten Kapitel das einfachste Transistormodell abzuleiten. Dieses einfache Modell wird anschließend genauer betrachtet und um Effekte zweiter und dritter Ordnung ergänzt. Abgeschlossen wird dieses Kapitel mit der Beschreibung spezieller MOS-Strukturen, wie EPROM und EEPROM, Leistungs-MOSFET und CCD.

Kapitel 5 ist ganz der Fertigung von integrierten MOS-Schaltungen gewidmet. Dazu wird zunächst erläutert, wie MOS-Transistoren, die sich in einem gemeinsamen Halbleiter-Substrat befinden, voneinander isoliert werden. Es folgt die Beschreibung der wichtigsten Herstellungsschritte, wie Schichterzeugung und -Strukturierung, bevor ein einfacher CMOS-Prozess in seinen Einzelheiten erläutert wird. Der Rest des Kapitels beschreibt Prozessergänzungen und -Erweiterungen, die notwendig sind um die heute üblichen Schaltungskomplexitäten realisieren zu können.

Die folgenden Kapitel befassen sich ausschließlich mit der Schaltungstechnik integrierter MOS-Schaltungen und dem Entwurfsprozess für solche Schaltungen.

Zunächst wird ausführlich das statische und dynamische Verhalten von Invertern betrachtet, bevor in Kapitel 7 Verstärker, Treiber und logische Gatter, und in Kapitel 8 Schaltungen zur Informationsspeicherung behandelt werden.

Kapitel 9 befasst sich mit der Peripherie integrierter Schaltungen, die erstens den Informationsaustausch zwischen dem Chip und der Umwelt bewerkstelligt und zweitens die den Chip vor Störungen, insbesondere Überspannungen schützt.

Bevor nun der Entwurfsprozess für eine komplexe logische Schaltung begonnen werden kann, müssen alle hierfür notwendigen Informationen zusammengetragen werden. Diese Informationen unterscheiden sich von Hersteller zu Hersteller und von Prozess zu Prozess. In Kapitel 10 ist zusammengetragen, welche prozessspezifischen Daten benötigt werden, welchen Einfluss sie auf das elektrische Verhalten der Schaltung haben können und wie sie gewonnen werden.

Die Vielfalt und Komplexität der computer-gestützten Entwurfswerkzeuge, die heute für die Entwicklung von integrierten Schaltungen zur Verfügung stehen, sprengen den Rahmen dieses Buches bei weitem. Außerdem schreitet gerade auf diesem Gebiet die Entwicklung rasch voran, so dass Kapitel 11 nur eine Klassifizierung der verschiedenen Werkzeuge sowie eine Beschreibung der wichtigsten Funktionen und Möglichkeiten wiedergeben kann. Der Schwerpunkt liegt hierbei natürlich bei den Simulationsprogrammen und den grafischen Editoren.

Das abschließende zwölfte Kapitel beschreibt die Methoden, den hochkomplexen Entwurfsprozess zu systematisieren und nach Möglichkeit zu vereinfachen. Die weit verbreiteten Methoden hierzu, der Gate Array Ansatz und der Standardzellen-Ansatz, arbeiten nach einem Baukastenprinzip, so dass sich der Schaltungsentwickler nicht mehr um alle Einzelheiten zu kümmern braucht.

Mein Dank gilt der ELMOS Semiconductor AG in Dortmund für die Überlassung der Teststrukturen, von denen die wiedergegebenen Messungen stammen, sowie für einige Mikrofotografien und rasterelektronische Aufnahmen. Der Abteilung Forschung und Entwicklung der ELMOS AG, namentlich Frau Dr. Petra Rolfes-Gehrmann, Herrn Ralf Bornefeld, Herrn Andreas Gehrmann und Herrn Dr. Joachim Weyers danke ich für zahlreiche nützliche und kritische Anmerkungen. Dank auch an Herrn Wido Heinemann für die kritische Durchsicht großer Teile des Manuskriptes. Mein größter Dank aber gilt meiner Frau Sabine, die mir, nicht nur während der Arbeit an diesem Manuskript, mit viel Verständnis und noch mehr Geduld viele Dinge abgenommen hat, für die ich einfach keine Zeit mehr hatte.

Dortmund, im November 2001 Thomas Giebel

Inhaltsverzeichnis

1 Einführung in die Halbleiter-Physik

Obwohl die Eigenschaften fester Körper die zivilisations- und kulturgeschichtliche Entwicklung der Menschheit wesentlich mitbestimmt haben, so dass einige frühgeschichtliche Epochen sogar den Namen bestimmter fester Substanzen tragen (z.B. Stein- und Eisenzeit), war es bis in die Mitte unseres Jahrhunderts nicht möglich, die Ursachen ihrer makroskopischen Eigenschaften zu verstehen und physikalisch zu beschreiben. Erst die Entwicklung der Quantenmechanik und der technischen Möglichkeit, feste Substanzen in höchster Reinheit und Homogenität (d.h. als Einkristalle) herzustellen, erbrachte dieses Verständnis und eröffnete die Möglichkeit sich auch die "inneren" Qualitäten einiger besonderer Substanzen, eben der Halbleiter, zu Nutze zu machen. Die Herstellung des ersten Transistors durch Shockley, Bardeen und Brittain markiert den Beginn einer Entwicklung, deren Ende und deren Auswirkungen bis heute nicht absehbar sind.

Heute wird die Mikroelektronik, die sich aus diesen Anfängen sehr stürmisch entwickelt hat, im Wesentlichen von zwei Schaltungselementen, dem Bipolar- und dem MOS-Transistor, bestimmt. Dabei gewann der MOS-Transistor in den letzten Jahren, insbesondere in hochintegrierten Schaltungen, immer größere Bedeutung.

Um nun die Eigenschaften von Halbleiter-Schaltungselementen im Allgemeinen und die von MOS-Transistoren im Besonderen zu verstehen, erscheint es notwendig, einen kleinen Abstecher in die Festkörper- und Halbleiter-Physik zu machen. Dieser soll aber nur die Motivation für die nachfolgende mathematische Formulierung liefern und nicht etwa den gesamten Apparat der Festköpertheorie erläutern.

1.1 Bandstrukturen

Die quantenmechanische Beschreibung von atomaren Systemen zeigt, dass die Elektronen eines Atoms nur ganz bestimmte Energien haben können (s. Abb. 1.1, N=1). Weiter fordert das Pauli-Prinzip, dass jedes dieser Energieniveaus nur von zwei Elektronen besetzt werden kann. Die zu einem Atom gehörenden Elektronen verteilen sich nun so auf die zur Verfügung stehenden freien Plätze, dass die Gesamtenergie minimal wird. Die energetischen Zustände werden also von unten nach oben sukzessiv mit den Elektronen aufgefüllt. Werden nun zwei dieser Atome mikroskopisch nahe zusammen gebracht, also auf einen Abstand, der etwa dem Atomdurchmesser entspricht, so müssen auch für dieses neue System die quantenmechanischen Forderungen nach festen Energieniveaus, die nur von zwei Elektronen besetzt werden können, erfüllt sein. D.h., die Energieniveaus spalten sich auf und für jedes ursprüngliche Niveau entstehen zwei neue, die sich durch einen geringen Energiebetrag unterscheiden (Abb. 1.1; N=2). Werden weitere Atome hinzugefügt, setzt sich die Aufspaltung weiter fort, wobei aber der energetische Unterschied zwischen den einzelnen Niveaus immer geringer wird. Wird schließlich eine sehr große Zahl von Atomen

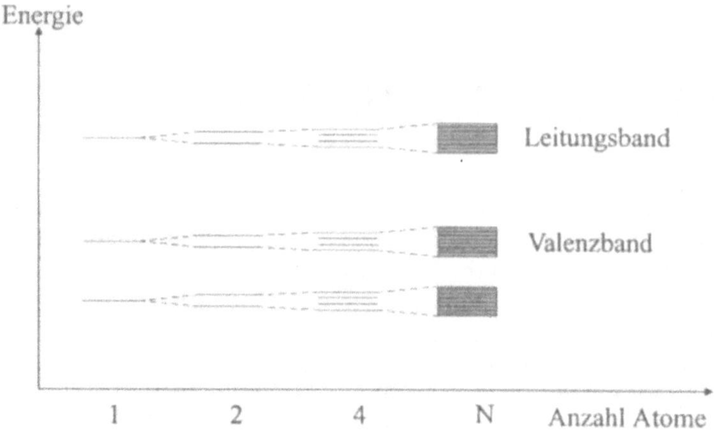

Abb. 1.1: Aufspaltung der Energieniveaus beim Übergang von einzelnen Atomen zum Kristall mit N Atomen

(10^{20} und größer) nach einem, dem Element eigentümlichen Bauplan - der Kristallstruktur - zusammengesetzt, so dass ein makroskopischer Körper entsteht, bilden die aufgespaltenen Energieniveaus regelrechte Energiebänder. Innerhalb dieser Bänder liegen die Energieniveaus so dicht, dass sie praktisch ein Kontinuum bilden. Zwischen diesen Bändern können sich weiterhin "verbotene" Zonen, sogenannte Bandlücken befinden, die Aufspaltung kann aber auch zur Überlappung einzelner Bänder führen.

Die elektrischen Eigenschaften eines solchen Festkörpers sind nun durch die Struktur seines Bänderschemas und die Besetzung dieser Bänder mit Elektronen bestimmt. Diese hängen wiederum von den Einzelatomen und der Kristallstruktur ab. Auf diese Zusammenhänge soll aber hier nicht weiter eingegangen werden.

Die erste wichtige Folgerung, die sich aus diesen Erläuterungen ergibt, ist, dass vollkommen besetzte Bänder keinen Beitrag zur elektrischen Leitfähigkeit erbringen. Um nämlich Elektronen in einem Band durch ein elektrisches Feld in eine bestimmte Richtung in Bewegung zu setzen, d.h. einen makroskopisch messbaren elektrischen Strom im Festkörper zu erzeugen, müssen die Elektronen kinetische Energie aufnehmen können. Da damit auch ihre Gesamtenergie wächst, ist dies nur möglich, wenn sie auf ein entsprechend höher gelegenes Energieniveau übergehen können. In voll besetzten Bändern muss also die aufgenommene Energie wenigstens so groß sein, dass das nächst höhere Energieband erreicht werden kann. Darüberhinaus muss aber in diesem höher gelegenen Band auch ein Energieniveau frei sein, welches das Elektron aufnehmen kann. Damit können energetisch tiefer liegende Bänder für die folgenden Betrachtungen außer acht gelassen werden und die Untersuchung auf das höchste noch besetzte Band, das sogenannte Valenzband, und das darüberliegende, sogenannte Leitungsband, beschränkt werden.

Ist das Valenzband nur teilweise gefüllt oder überlappen sich das voll besetztes Valenzband und das Leitungsband, so können Elektronen ohne weiteres Energie aus einem elektrischen Feld aufnehmen und damit leicht in höher gelegene Zustände übergehen. Solche Bandstruk-

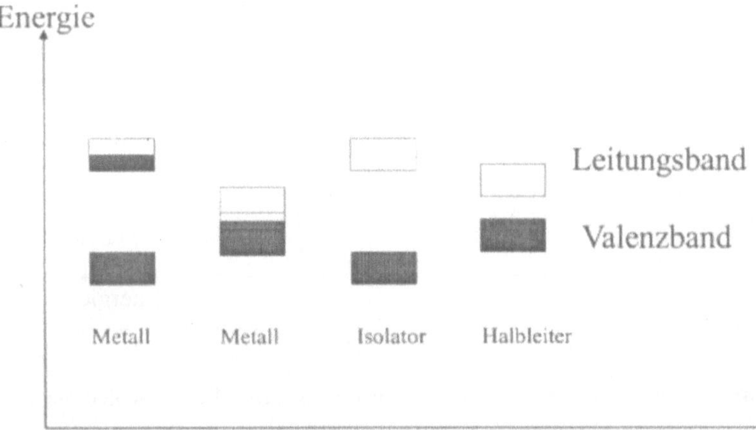

Abb. 1.2: Schematische Darstellung der Bandstrukturen von Metallen, Isolatoren und Halbleitern

turen sind charakteristisch für Metalle, die ja i.A. durch eine gute elektrische Leitfähigkeit gekennzeichnet sind (Abb. 1.2).

Ganz anders liegen die Verhältnisse in Festkörpern, die ein volles Valenzband und ein leeres Leitungsband haben, welche durch eine Bandlücke voneinander getrennt sind. Diese Substanzen sind grundsätzlich schlechte elektrische Leiter oder Isolatoren. Dies ist zunächst eine qualitative Aussage, die noch durch die Angabe der Temperatur, die Verteilung der Energieniveaus in den Bändern und den Bandabstand von Valenz- und Leitungsband näher spezifiziert werden muss.

1.2 Halbleiter und Isolatoren

In großen quantenmechanischen Systemen, deren Teilchen dem Pauli-Prinzip unterworfen sind, werden am absoluten Nullpunkt der Temperatur die Teilchen so auf die Energieniveaus verteilt, dass die Gesamtenergie des Systems minimal wird. Bei einer Gesamtteilchenzahl N werden also die N/2 niedrigsten Energieniveaus besetzt, die darüber liegenden Niveaus sind leer. Wird nun die Temperatur des Systems erhöht, werden die Teilchen in den Energieniveaus so umverteilt, dass die Gesamtenergie der Temperatur entspricht. Von dieser Umverteilung sind zunächst nur die Teilchen in den höchsten besetzten Niveaus betroffen. Mathematisch wird dieser Sachverhalt durch die sogenannte Fermi-Funktion beschrieben, die in Abhängigkeit von der Temperatur die Wahrscheinlichkeit angibt, mit der Energieniveaus von Teilchen besetzt werden. Für diese Wahrscheinlichkeit f(E) gilt:

$$f(E) = \frac{1}{e^{(E-E_F)/k_B T} + 1} \tag{1.1}$$

Dabei sind k_B die Boltzmann-Konstante und T die absolute Temperatur des Systems.

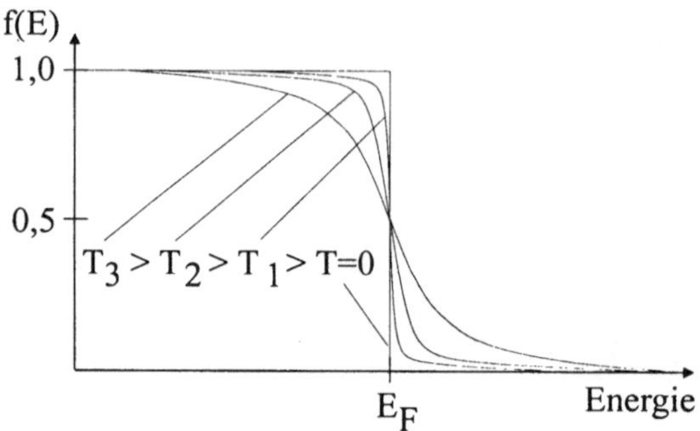

Abb. 1.3: Schematische Darstellung der Fermi-Funktion für verschiedene Temperaturen

E_F ist die sogenannte Fermi-Energie. Das ist die maximale Energie, die ein Teilchen bei $T = 0\ K$ erreichen kann. In Abb. 1.3 ist die Fermi-Funktion für verschiedene Temperaturen wiedergegeben. Bei $T = 0\ K$ beschreibt f(E) eine scharfe Stufe bei $E = E_F$, d.h. alle Niveaus mit Energien kleiner als E_F sind mit der Wahrscheinlichkeit 1 besetzt, während solche mit Energien größer als E_F mit der Wahrscheinlichkeit 0 besetzt, also leer sind. Mit zunehmender Temperatur wird diese Stufe immer unschärfer, es können also auch Niveaus oberhalb von E_F besetzt sein. Zu bemerken ist noch, dass f(E) nicht davon abhängt, ob bei einer bestimmten Energie ein Niveau existiert oder nicht. Um also die Verteilung der Teilchen eines Systems bei der Temperatur T auf die Energieniveaus angeben zu können, muss die Fermi-Funktion noch mit der Verteilung der Energieniveaus multipliziert werden. Bei Festkörpern kommt an dieser Stelle die Bandstruktur wieder ins Spiel: Gibt g(E) die Dichte der Energieniveaus als Funktion der Energie an, beschreibt also die Bandstruktur, so ergibt sich also für die Dichte der Elektronen dn in einem Intervall dE:

$$dn(T) = g(E) \cdot f(E)dE \tag{1.2}$$

Daraus folgt für die Anzahl der im Leitungsband vorhandenen Elektronen:

$$n_C(T) = \int_{E_C}^{\infty} g_C(E) \cdot \frac{1}{e^{(E-E_F)/k_BT} + 1} dE \tag{1.3}$$

Dabei ist E_C die Unterkante des Leitungsbandes. Wenn g(E) und T bekannt sind, kommt es hier also entscheidend auf die Lage des Fermi-Niveaus E_F an. Dies soll anhand von Abb. 1.4 erläutert werden, in der g(E), f(E) und das Produkt dieser beiden Funktionen im interessanten Bereich um die Bandlücke wiedergegeben sind. Dabei bezeichnet g(E) die gesamte Bandstruktur, während $g_C(E)$ die Zustandsdichte im Leitungsband und $g_V(E)$ die Zustandsdichte im Valenzband bezeichnet. Die in der Produktfunktion mit n_C gekennzeichnete schraffierte Fläche ist nach obiger Definition identisch mit der Dichte der Elektronen im Leitungsband. Diese Ladungsträger können allein aufgrund thermischer Anregung die Bandlücke überwinden.

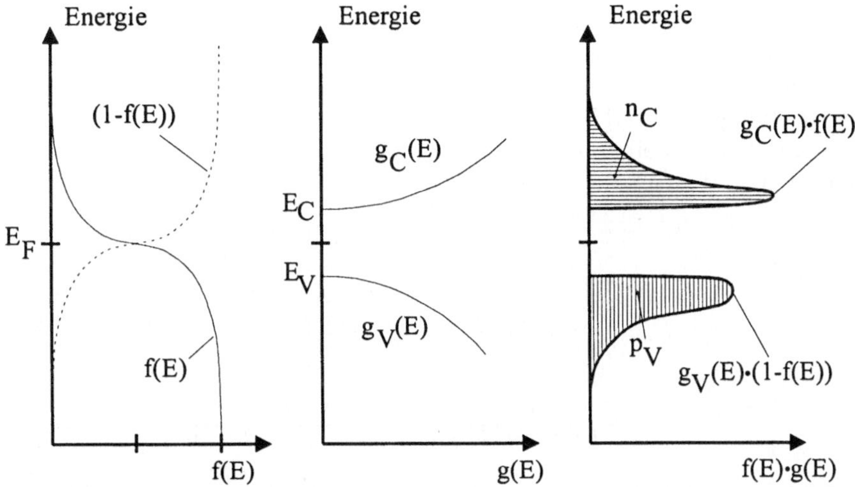

Abb. 1.4: Schematische Darstellung der Fermi-Funktion f(E), der Bandstruktur g(E) und des Produktes f(E)g(E), also der Dichte der besetzten Zustände im Energieintervall dE im Valenz-Band, bzw. der freien Zustände im Leitungsband g(E)(1-f(E))

Die Erhaltung der Gesamtteilchenzahl fordert nun aber, dass genau dieselbe Zahl von Energieniveaus im Valenzband frei wird. Die Wahrscheinlichkeit in einem Energieniveau kein Elektron anzutreffen ist 1 - f(E) und damit ergibt sich für die Dichte der freien Niveaus im Valenzband:

$$p_V(T) = \int_{-\infty}^{E_C} g(E) \cdot (1 - f(E))dE = \int_{-\infty}^{E_C} g_V(E) \cdot \frac{1}{e^{(E_F - E)/k_B T} + 1} dE \tag{1.4}$$

da g(E) = 0 für $E_V < E < E_C$.

(1 - f(E)) ist in Abb. 1.4 gestrichelt wiedergegeben. Die in dieser Abbildung mit p_V gekennzeichnete Fläche muss also mit der Fläche n_C identisch sein. Da g(E) und die Temperatur vorgegeben sind, muss E_F einen Wert annehmen, so dass diese Forderung erfüllt ist. Anschaulich ist klar, dass dieser Wert in der Mitte der Bandlücke, bei $E_V + (E_C - E_V)/2$ liegen wird. Man kann aber auch folgende Überlegung anstellen:

Die Forderung lautet: $p_V = n_C$

$$\int_{-\infty}^{E_C} g(E) \cdot (1 - f(E))dE = \int_{E_C}^{\infty} g(E) \cdot f(E)dE$$

$$\Rightarrow \int_{-\infty}^{\infty} g(E) \cdot (1 - 2 \cdot f(E))dE = 0$$

Nun ist g(E) in erster Näherung eine bezüglich der Mitte der Bandlücke gerade Funktion (d.h. g(E) = g(-E)). Weiter kann der Ursprung der Energieskala, ohne Beschränkung der Allgemeinheit, in die Mitte der Bandlücke gelegt werden (Energien sind immer nur bis auf ein additives Bezugspotential bestimmt). Das Integral kann dann, und nur dann, verschwinden, wenn $(1-2\cdot f(E))$ eine, bezüglich dieses neuen Ursprungs, ungerade Funktion ist. Es muss also gelten:

$$-(1-2\cdot f(-E)) = (1-2\cdot f(E))$$

$$f(-E) = (1-f(E))$$

$$\frac{1}{e^{(-E-E_F)/k_BT}+1} = \frac{1}{e^{(E_F-E)/k_BT}+1}$$

Damit diese Gleichung erfüllt ist, muss $E_F = 0$ sein. E_F liegt also tatsächlich in der Mitte der Bandlücke.

Aus diesen Überlegungen ergeben sich eine Reihe von wichtigen Folgerungen.

Zunächst ist festzustellen, dass Substanzen bei gegebener Temperatur um so besser leiten, je kleiner ihre Bandlücke $E_G = (E_C - E_V)$ ist. So werden in einer groben Einteilung Substanzen mit einer Bandlücke bis zu 4 eV als Halbleiter, solche mit einer größeren Bandlücke als Nichtleiter bzw. als Isolatoren bezeichnet.[1]

Viel weiter reichende Konsequenzen hat jedoch die Tatsache, dass das Valenzband auch einen Beitrag zur Leitfähigkeit liefert, da ja eine bestimmte Menge von Energieniveaus unbesetzt ist.

Nun ist es ad hoc sehr schwierig diesen Beitrag zur Leitfähigkeit zu berechnen. Hier müsste grundsätzlich das Verhalten aller im Valenzband noch vorhandenen Elektronen unter dem Einfluss äußerer elektrischer Felder untersucht werden. Die Zahl dieser Elektronen ist sehr groß gegenüber der Zahl der in das Leitungsband gelangten Elektronen und in etwa vergleichbar mit der Zahl der im makroskopischen Kristall enthaltenen Atome (also von der Größenordnung 10^{23}). Hier müsste also ein Gleichungssystem von 10^{23} gekoppelten Bewegungsgleichungen gelöst werden.

Beispiel 1: Wie groß ist bei Raumtemperatur die Besetzungswahrscheinlichkeit eines Energieniveaus, das 0,5 eV oberhalb des Fermi-Niveaus liegt?

$$f(E) = \frac{1}{1+e^{(E-E_F)/k_BT}}$$

mit $k_BT \cong 0,025\ eV$ bei $T = 291\ K$ (also etwa 19 °C) ergibt sich:

$$f(E) = \frac{1}{1+e^{20}} = \frac{1}{1+4,85\cdot 10^8} \cong \frac{1}{4,85\cdot 10^8} = 2,06\cdot 10^{-9}$$

[1] Die Einheit eV bezeichnet die Energie, die ein Elektron mit der Elementarladung $1,6\cdot 10^{-19}As$ aus einer Potentialdifferenz von 1 V gewinnt. D.h., $1\ eV = 1,6\cdot 10^{-19}\ Ws$.

Die Wahrscheinlichkeit, dass ein solches Niveau besetzt ist, ist also außerordentlich klein. Sechs Richtige im Lotto haben eine größere Wahrscheinlichkeit. Da aber die Anzahl der Zustände in einem Energie-Band gleich der Anzahl der Atome im Kristall ist und diese wiederum sich in der Größenordnung 10^{20} cm^{-3} und größer bewegt, erhält man aus dem Produkt der Besetzungswahrscheinlichkeit und der Anzahl der Zustände eine makroskopisch relevante Zahl von besetzten Zuständen, wie im folgenden Abschnitt genauer gezeigt wird.[2]

1.2.1 Das Löchermodell

Dieses unlösbare Problem kann jedoch umgangen werden, indem statt dessen untersucht wird, was mit den unbesetzten Niveaus passiert. Dazu folgende Überlegungen:

Dort, wo im Valenzband ein Elektron fehlt, muss, damit die Ladungsbilanz ausgeglichen bleibt, d.h. der Kristall insgesamt elektrisch neutral bleibt, eine positive Ladung zurück bleiben. Diese positive Ladung kann sich durch Umverteilung der übrigen Elektronen im Valenzband frei im Kristall bewegen, denn wenn die freie Position durch ein anderes Elektron aus dem Valenzband besetzt wird, fehlt dieses Elektron wiederum an anderer Stelle. Daher können diese unbesetzten Zustände quasi wie Teilchen betrachtet werden (daher Quasiteilchen), denen neben der positiven Ladung sogar eine effektive Masse zugeordnet werden kann. Dieses sogenannte Löchermodell (Loch im Valenzband als Quasiteilchen) hat sich weit über die Grenzen der idealisierenden Annahmen, unter denen es entwickelt wurde, bewährt, so dass die Existenz positiver beweglicher Ladungsträger in Kristallen schon fast als physikalische Realität betrachtet wird. Häufig werden die Löcher auch als Defektelektronen bezeichnet.

Die Dichte dieser positiv geladenen Quasiteilchen ist bereits bekannt: Sie ist identisch mit der Dichte der unbesetzten Zustände im Valenzband p_V.

1.3 Silizium

In der modernen Halbleiterelektronik spielt Silizium die entscheidende Rolle. Daher sollen im Folgenden die wichtigsten Eigenschaften dieses Halbleiters, wie sie sich aus den letzten Abschnitten ergeben, erläutert werden.

1.3.1 Reines Silizium

Die Größe der Bandlücke $E_G = E_C - E_V$ beträgt bei Silizium E_G = 1,02 eV. Daraus ergibt sich die Möglichkeit eine wichtige Näherung durchzuführen, wenn man Silizium im Bereich der Raumtemperatur, also T = 300 K, untersucht. Dann ist

$e^{(E-E_F)/k_BT} >> 1$ für $E > E_C$ und

$e^{(E_F-E)/k_BT} >> 1$ für $E < E_V$

[2]Der Wert von $k_BT \cong 0,025\ eV$ bzw. $k_BT/q \cong 0,025\ V$ bei Raumtemperatur ist ein leicht zu merkender Wert und wird von nun an immer wieder bei Raumtemperatur benutzt.

da $k_B \cdot 291$ K $\cong$ 0,025 eV. Damit gilt für n_C und p_V in guter Näherung:

$$n_C(T) = \int_{E_C}^{\infty} g_C(E) \cdot e^{(E_F - E)/k_B T} dE \tag{1.5}$$

$$p_V(T) = \int_{-\infty}^{E_V} g_V(E) \cdot e^{(E - E_F)/k_B T} dE \tag{1.6}$$

Die Bandstruktur, d.h. g(E), ist aus Messungen bekannt und es gilt in zweiter Näherung:

$$g_{C,V} = \frac{\sqrt{2 \cdot m_{C,V}^3 \cdot |E - E_{C,V}|}}{\pi^2 \cdot \hbar^3} \tag{1.7}$$

Dabei sind $m_{C,V}$ die effektiven Massen der Elektronen im Leitungsband bzw. der Löcher im Valenzband sowie [3] $\hbar = h/2\pi$. Daraus ergibt sich für n_C bzw. p_V:

$$n_C(T) = N_C(T) \cdot e^{(E_F - E_C)/k_B T} \tag{1.8}$$

$$p_V(T) = N_V(T) \cdot e^{(E_V - E_F)/k_B T} \tag{1.9}$$

wobei

$$N_C(T) = \int_{E_C}^{\infty} g_C(E) \cdot e^{(E_C - E)/k_B T} dE = 2 \cdot \left(\frac{2 m_C k_B T}{4\pi \cdot \hbar^2} \right)^{3/2} \tag{1.10}$$

$$N_V(T) = \int_{-\infty}^{E_V} g_V(E) \cdot e^{(E - E_V)/k_B T} dE = 2 \cdot \left(\frac{2 m_V k_B T}{4\pi \cdot \hbar^2} \right)^{3/2} \tag{1.11}$$

N_C(T) und N_V(T) sind die effektiven Dichten der Energieniveaus die im Leitungsband besetzt bzw. im Valenzband frei werden können. Natürlich gilt wie bisher

$$n_C(T) = p_V(T) = n_i(T) = \sqrt{n_C \cdot p_V} \tag{1.12}$$

wobei n_i die (intrinsische) Dichte der Ladungsträger in den Bändern in reinem Silizium bezeichnet. Für n_i folgt weiter:

$$n_i(T) = \sqrt{N_C(T) \cdot N_V(T)} \cdot e^{-E_G/2k_B T} \tag{1.13}$$

Bei Raumtemperatur (300 K) hat n_i von Silizium den Wert: $n_i(300K) = 1,5 \cdot 10^{10} cm^{-3}$

[3] h ist das sogenannte Planck´sche Wirkungsquantum.

Für das Fermi-Niveau ergibt sich aus Gl.1.9 und Gl.1.13 mit $\ln(n_i) = \ln(p_V)$:

$$E_F(T) = E_V + \frac{E_G}{2} + \frac{1}{2} \cdot k_B T \cdot \ln\left(\frac{N_V}{N_C}\right) \tag{1.14}$$

$$= E_V + \frac{E_G}{2} + \frac{3}{4} \cdot k_B T \cdot \ln\left(\frac{m_V}{m_C}\right) \tag{1.15}$$

Für Silizium ergibt sich also eine geringe Temperaturabhängigkeit des Fermi-Niveaus, die durch eine schwache Asymmetrie der Bandstruktur bezüglich der Mitte der Bandlücke verursacht wird.

Beispiel 2: Wie groß ist die intrinsische Dichte der Ladungsträger in Silizium bei einer Temperatur von 350 K?

Die intrinsische Dichte bei 300 K ist mit $1{,}5 \cdot 10^{10}$ 1/cm^3 gegeben: Gl. 1.13 lässt sich, durch Zusammenfassung der eigenartigen Konstanten, wie folgt formulieren:

$n_i(T) = \sqrt{N_C \cdot N_V} \cdot e^{\frac{-E_G}{2 \cdot k_B T}} = konst. \cdot T^{\frac{3}{2}} \cdot e^{\frac{-E_G}{2 \cdot k_B T}}$

Für die Konstante konst. ergibt sich durch Umstellung:

$konst. = n_i(300K) \cdot 300K^{\frac{-3}{2}} \cdot e^{\frac{1eV}{0{,}05eV}} = 1{,}4 \cdot 10^{15} \frac{1}{K^{\frac{3}{2}} \cdot cm^3}$

$n_i(T) = 1{,}4 \cdot 10^{15} \frac{1}{K^{\frac{3}{2}} \cdot cm^3} \cdot T^{\frac{3}{2}} \cdot e^{\frac{-E_G}{2 \cdot k_B T}}$

Für 350 K ergibt sich somit die intrinsische Ladungsträgerdichte zu

$n_i = 5{,}6 \cdot 10^{11}$ 1/cm^3

Als grobe Faustregel kann gelten, dass sich die intrinsische Dichte bei einer Temperaturerhöhung von 10 Grad etwa verdoppelt.

1.3.2 Dotiertes Silizium

Silizium ist ein 4-wertiges Element, d.h., Siliziumatome haben 4 Elektronen, die für Bindungen mit anderen Atomen zur Verfügung stehen. In reinem, einkristallinem Silizium hat jedes Siliziumatom daher 4 Nachbaratome. Werden in einem solchen Kristall 3- bzw. 5-wertige Elemente eingebaut, wird dadurch die Kristallstruktur und damit die Bandstruktur gestört.

Bei 5-wertigen Elementen werden 4 Elektronen für die Bindungen zu den Siliziumnachbarn benötigt. Das fünfte Elektron geht in keine Bindung ein, kann daher leicht vom Spenderatom (Donator) getrennt werden und ist dann frei im Kristall beweglich.

Bei 3-wertigen Elementen können nur 3 der 4 Bindungen gesättigt werden. Dies ist eine, energetisch betrachtet, sehr ungünstige Situation. Daher wird diese offene Bindung durch ein, im Elektronenhaushalt zur Verfügung stehendes, freies Elektron abgesättigt. 3-wertige Fremdatome binden also ein freies Elektron und werden daher als Akzeptoren bezeichnet.

Durch diese Freisetzung von zusätzlichen Elektronen bzw. die Bindung von freien Elektronen wird der Elektronenhaushalt des Kristalls erheblich durcheinander gebracht. So können

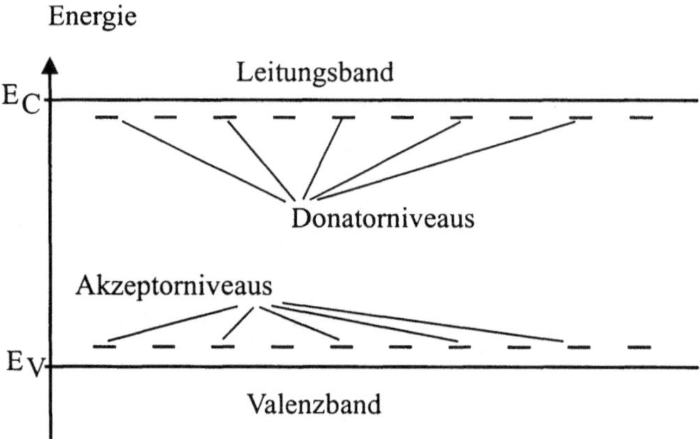

Abb. 1.5: Schematische Darstellung der Lage der Akzeptor- und Donator-Niveaus in der Bandlücke

schon geringste Spuren von Fremdatomen die elektrischen Eigenschaften des Kristalls völlig verändern. Dies soll wiederum anhand der Bandstruktur erläutert werden.

Durch Fremdatome werden in der Bandstruktur zusätzliche Energieniveaus erzeugt, die in der Bandlücke liegen (s. Abb. 1.5). So erzeugen Donatoratome (5-wertige Elemente) Niveaus, die in der Bandlücke knapp unter der Leitungsbandkante liegen. Der energetische Abstand von der Bandkante beträgt nur etwa 0,05 eV. Ähnlich werden durch Akzeptoratome (3- wertige Elemente) Niveaus erzeugt, die etwa 0,05 eV oberhalb der Valenzbandkante liegen. Diese geringen energetischen Abstände erklären, warum diese Niveaus sehr leicht Elektronen in das Leitungsband abgeben bzw. aus dem Valenzband aufnehmen können.

Dabei muss aber beachtet werden, dass Akzeptorniveaus durch die Aufnahme eines Elektrons negativ und Donatorniveaus durch die Abgabe eines Elektrons positiv geladen werden. Andererseits bleibt natürlich die Ladungsträgerbilanz ausgeglichen, d.h. der Halbleiter elektrisch neutral. Wird also die Anzahl der geladenen Donatorniveaus pro Volumeneinheit mit N_D^+ und die Anzahl der geladenen Akzeptorniveaus pro Volumeneinheit mit N_A^- bezeichnet, dann muss gelten:

$$q \cdot (p_V - n_C + N_D^+ - N_A^-) = 0$$

Ist der Halbleiter nun überwiegend mit einer Sorte Fremdatome dotiert (z.B. mit Donatoren), so ist N_D^+ ungleich N_A^- und damit im Gegensatz zum reinen Halbleiter:

$$p_V \neq n_C$$

damit der Kristall elektrisch neutral bleibt. Dies bedeutet aber auch, dass das Fermi-Potential, das ja über die Dichten der beweglichen Ladungsträger definiert ist, gegenüber dem undotierten Halbleiter verschoben sein muss. Dazu die folgende Überlegung:

Da durch die Fremdatome keine neuen Niveaus oder sonstige Veränderungen im Valenz- bzw. Leitungsband verursacht werden, muss weiterhin gelten:

$n_C = N_C(T) \cdot e^{-(E_C-E_F)/k_BT}$
$p_V = N_V(T) \cdot e^{-(E_F-E_V)/k_BT}$

Daraus folgt sofort, dass

$$n_C \cdot p_V = N_V(T) \cdot N_C(T) \cdot e^{-(E_C-E_V)/k_BT} = n_i^2 \tag{1.16}$$

sowohl im dotierten, wie auch im undotierten Halbleiter gilt. Für den undotierten Halbleiter gilt, wie oben hergeleitet:

$$n_i = N_C(T) \cdot e^{-(E_C-E_i)k_BT} = N_V(T) \cdot e^{-(E_i-E_V)/k_BT}$$

wobei E_i das Fermi-Potential des reinen, undotierten Halbleiters bezeichnet (diese Bezeichnung des intrinsischen Fermi-Potentials wird von jetzt an beibehalten). Daraus lassen sich die beiden folgenden Gleichungen ableiten:

$$\begin{aligned} n_i \cdot e^{(E_C-E_i)/k_BT} &= N_C \\ n_i \cdot e^{(E_i-E_V)/k_BT} &= N_V \end{aligned}$$

Durch Einsetzen in Gl. 1.8 und Gl. 1.9 ergibt sich:

$$n_C = n_i \cdot e^{-(E_i-E_F)/k_BT}; \; p_V = n_i \cdot e^{-(E_F-E_i)/k_BT} \tag{1.17}$$

Damit ist der Zusammenhang zwischen den Ladungsträgerdichten im dotierten Halbleiter und der Verschiebung des Fermi-Niveaus gegenüber dem undotierten Halbleiter hergestellt. Bevor nun gezeigt werden kann, wie stark das Fermi-Potential durch die Dotierung verschoben wird, muss erst noch geklärt werden, wie viele der Donator- und Akzeptorniveaus geladen sind.

Ob diese Energieniveaus, wie oben beschrieben, ein Elektron aufnehmen bzw. abgeben, wird wieder von der Fermi-Statistik bestimmt. So gilt für die Dichte der Donatorniveaus, die ein Elektron in das Leitungsband abgeben und damit positiv geladen sind:

$$N_D^+ = N_D \cdot (1 - f(E_D)) = N_D \cdot \left(1 - \frac{1}{e^{(E_D-E_F)/k_BT} + 1}\right) \tag{1.18}$$

Dabei ist N_D die Anzahl der Donatorniveaus mit der Energie E_D pro Volumeneinheit. Der Ausdruck in der Klammer gibt die Wahrscheinlichkeit an, dass diese Niveaus nicht besetzt sind, also ein Elektron abgegeben haben. Wenn diese Niveaus aber nicht besetzt sind, dann bleiben diese Atome mit einer positiven Elementarladung zurück. N_D^+ gibt also die Dichte der Positiv ionisierten Donatorniveaus an. Ähnlich erhält man für die Volumendichte der negativ ionisierten Akzeptorniveaus mit der Energie E_A:

$$N_A^- = N_A \cdot f(E_A) = N_A \cdot \frac{1}{e^{(E_A-E_F)/k_BT} + 1}$$

Dabei ist N_A^- die Dichte der Akzeptorniveaus, die ein Elektron gebunden haben.

Ist nun $E_D - E_F >> k_B T$ (hier genügt ein Faktor 3 - 4), so ist

$$e^{(E_D - E_F)/k_B T} >>> 1$$

und daher:

$$N_D^- = N_D \cdot \left(1 - e^{-(E_D - E_F)/k_B T}\right)$$

und weiter:

$$e^{-(E_D - E_F)/k_B T} <<< 1$$

Als Ergebnis folgt also:

$$N_D^- = N_D \tag{1.19}$$

Ähnlich folgt aus der Annahme $(E_F - E_A) >> k_B T$:

$$N_A^+ = N_A \tag{1.20}$$

Solange also der Abstand zwischen Donator- bzw. Akzeptorniveaus und dem Fermi-Potential groß ist gegen k_BT (hier genügt ein Faktor 3 - 4), sind alle diese Niveaus ionisiert. Wird diese Grenze unterschritten verhält sich der Halbleiter eher wie ein Metall, man spricht dann von einem entartetem Halbleiter.

Für die Neutralitätsforderung folgt aus diesen Überlegungen:

$$n_C - p_V = N_D^+ - N_A^- = N_D - N_A \tag{1.21}$$

Die Differenz der Dotierstoffkonzentrationen wird als effektive Dotierung bezeichnet. Mit $n_C \cdot p_V = n_i^2$ ergibt sich für $N_D > N_A$:

$$N_D - N_A = n_C - \frac{n_i^2}{n_C} \quad \Rightarrow \quad n_C^2 - (N_D - N_A) \cdot n_C - n_i^2 = 0 \tag{1.22}$$

bzw. für $N_A > N_D$:

$$N_A - N_D = \frac{n_i^2}{p_V} - p_V \quad \Rightarrow \quad p_V^2 - (N_A - N_D) \cdot p_V - n_i^2 = 0 \tag{1.23}$$

Als Lösung dieser quadratischen Gleichungen ergibt sich:

$$n_C = \frac{N_D - N_A}{2} + \sqrt{\frac{(N_D - N_A)^2}{4} + n_i^2} \; für N_D > N_A$$

$$p_V = \frac{N_A - N_D}{2} + \sqrt{\frac{(N_A - N_D)^2}{4} + n_i^2} \; für N_A > N_D$$

Ist der Halbleiter sehr schwach dotiert (d.h. $N_D - N_A << n_i$), kann $1/4(N_D - N_A)^2$ in erster Näherung gegen n_i^2 vernachlässigt werden und es ergibt sich:

$$n_C = \frac{N_D - N_A}{2} + n_i \; für \; N_D > N_A$$

$$p_V = \frac{N_A - N_D}{2} + n_i \; für \; N_A > N_D$$

Ist dagegen $N_D - N_A >> n_i$, was der technisch interessantere Fall ist, folgt durch Entwicklung der Wurzel nach Potenzen von n_i bis zur zweiten Ordnung ($N_D > N_A$):

$$n_C = N_D - N_A; \quad p_V = \frac{n_i^2}{N_D - N_A} \tag{1.24}$$

Für überwiegend p-dotierte Halbleiter ($N_A > N_D$) ergibt sich:

$$p_V = N_A - N_D; \quad n_C = \frac{n_i^2}{N_A - N_D} \tag{1.25}$$

Bei rein n-dotierten Halbleitern folgt mit $N_A = 0$:

$$n_C = N_D; \quad p_V = \frac{n_i^2}{N_D} \tag{1.26}$$

Die von der (effektiven) Dotierung bestimmte, überwiegende Ladungsträgersorte wird als Majoritätsladungsträger, die nach den obenstehenden Formeln unterdrückte Sorte als Minoritätsladungsträger bezeichnet. Durch Umstellung von 1.17 ergibt sich damit für das Fermi-Potential E_F:

$$E_F - E_i = k_B T \cdot \ln \frac{n_C}{n_i} = k_B T \cdot \ln \frac{N_A}{n_i} \tag{1.27}$$

Für rein p-dotierte Halbleiter gelangt man auf gleiche Weise zu ganz ähnlichen Ergebnissen.

Damit ist der gesuchte Zusammenhang von Dotierung, Ladungsträgerdichte und Fermi-Niveau gegeben. Es muss jedoch darauf hingewiesen werden, dass in speziellen Fällen die Gültigkeit der gemachten Näherungen überprüft werden muss.

Beispiel 3: Phosphoratome bilden in Silizium Donatorniveaus E_D in der Bandlücke, die energetisch betrachtet 0,039 eV unter der Leitungsbandkante E_C liegen. Wieviel Phosphoratome dürfen bei Raumtemperatur in das Silizium eingebracht werden, damit die soeben gemachten Näherungen gültig bleiben und der Fehler der Näherung gegenüber der exakten Lösung maximal 10 % beträgt?

Lösung:

Ein Fehler von 10 % bedeutet, dass 10 % der Dotierstoffatome, hier also die Phosphoratome nicht ionisiert sind. Daraus ergibt sich eine Besetzungswahrscheinlichkeit $f(E_D) = 0,1$. Mit

$f(E_D) = \frac{1}{1+e^{(E_D - E_F)/k_B T}} = 0,1$ und $k_B T = 0,025\ eV$ ergibt sich:

$$9 = e^{(E_D - E_F)/k_B T}$$
$$k_B T \cdot \ln 9 = 0{,}055\, eV = E_D - E_F$$

D.h., der Abstand von Fermi-Niveau und Donatorniveau darf 55 meV nicht unterschreiten! Damit darf der Abstand E_C - E_F (39 meV + 55 meV)= 96 meV nicht unterschreiten, was wiederum gleichbedeutend mit der Forderung ist, dass der Abstand zwischen intrinsischem Fermi-Niveau E_i und E_F höchstens Eg/2 - 96 meV =0,5 eV - 0,096 eV = 0,406 eV betragen darf. Mit

$|E_F - E_i| = k_B T \ln\left(\frac{N_{D/A}}{n_i}\right)$ ergibt sich:

$$n_i \cdot e^{\left(\frac{|E_F - E_i|}{k_B T}\right)} = 1{,}5 \cdot 10^{10} \frac{1}{cm^3} \cdot e^{\left(\frac{406\ meV}{25\ meV}\right)} = 1{,}7 \cdot 10^{17} \cdot \frac{1}{cm^3} = N_{D,\max}$$

Ab diesem Wert werden die gemachten Näherungen ungenau und werden schließlich ungültig, weil dann der Halbleiter sich eher wie ein Metall verhält. Ähnliche Ergebnisse findet man für die Dotierung mit Akzeptoren. Als leicht zu merkende absolute Obergrenze der Dotierung kann 10^{18} 1/cm^3 gelten. Trotzdem finden Dotierungen bis zu 10^{21} 1/cm^3 technische Anwendung, z.B. in Drain/Source-Gebieten von MOS-Transistoren oder in Emittern von Bipolar-Transistoren. Welchen Einfluss diese sogenannte Entartung des Halbleiters auf die elektrischen Eigenschaften des Bauelementes hat, muss im Einzelfall untersucht und u. U. durch Messungen oder numerische Simulationen geklärt werden.

1.4 Der gestörte Halbleiter

Die bisherigen Überlegungen bezogen sich ausschließlich auf homogene Halbleiter, die sich im thermodynamischen Gleichgewicht befinden. D.h., der Halbleiter ist gar nicht oder aber homogen dotiert, in ihm herrscht an allen Orten die gleiche Temperatur und es wirken keine äußeren elektromagnetischen Felder auf ihn ein. Weiterhin muss dieser Zustand schon so lange erhalten sein, dass frühere Störungen keinen Einfluss auf den betrachteten Zeitpunkt haben.

Dieser Zustand ist für das Verständnis der grundlegenden Halbleitereigenschaften von großer Wichtigkeit. In Halbleiterbauelementen tritt er jedoch nie auf (es sei denn; das Gerät mit dem entsprechenden Bauelement stände ohne Stromversorgung unbenutzt im Schrank). Es muss also in den nächsten Abschnitten untersucht werden, wie sich äußere Störungen, insbesondere elektromagnetische Felder auf den Halbleiter auswirken. Dabei wird immer vorausgesetzt, dass äußere Störungen nicht zu weit aus dem thermodynamischen Gleichgewicht herausführen, damit die bisherigen Gesetzmäßigkeiten ihre Gültigkeit behalten und nur entsprechend der Störung ergänzt werden müssen. Da dabei nur Elektronen im Leitungsband und Löcher im Valenzband von Interesse sind, entfallen von jetzt an die Indizes C bzw. V bei den Ladungsträgerdichten n bzw. p.

1.4.1 Drift und Diffusion

Äußere elektrische Felder verursachen im Halbleiter einen Strom der beweglichen Ladungsträger entlang der elektrischen Feldlinien. Für die Driftstromdichte im Halbleiter gilt:

$$\vec{J}_{Drift} = \vec{J}_{Drift,n} + \vec{J}_{Drift,p} = q \cdot (p \cdot \vec{v}_{Dr.n} + n \cdot \vec{v}_{Dr.p}) \tag{1.28}$$

Dabei ist die Driftgeschwindigkeit $\vec{v}_{Dr.}$ proportional zum elektrischen Feld $\vec{E}$ und es gilt:

$$\vec{v}_{Dr.} = \mu \cdot \vec{E} \tag{1.29}$$

μ ist die Beweglichkeit der Ladungsträger, die von der Temperatur und der Dotierung abhängig ist. q ist die Elementarladung. Daraus folgt für $\vec{J}_{Dr.}$:

$$\vec{J}_{Dr.} = (n \cdot \mu_n + p \cdot \mu_p) \cdot q \cdot \vec{E} = \sigma \cdot \vec{E} \tag{1.30}$$

σ ist die Leitfähigkeit. Damit ist ein direkter Zusammenhang zwischen Leitfähigkeit, Ladungsträgerdichte und Beweglichkeit hergestellt.
Bei reinem Silizium beträgt die Beweglichkeit der Elektronen μ_n etwa 1400 cm^2/Vs. Die Beweglichkeit der Löcher ist demgegenüber etwa um den Faktor drei kleiner.

Beispiel 4: Wie groß ist der spezifische Widerstand von reinem Silizium bei Raumtemperatur?

Lösung:

Nach Gl. 1.30 gilt für die Leitfähigkeit:

$\sigma = q \cdot (n \cdot \mu_n + p \cdot \mu_p)$ und da hier $n = p = n_i$ folgt $\sigma = q \cdot n_i \cdot (\mu_n + \mu_p)$.

Mit den angegebenen Werten für die Beweglichkeiten der Elektronen und Löcher ergibt sich:

$\sigma = 1,6 \cdot 10^{-19} As \cdot 1,5 \cdot 10^{10} \frac{1}{cm^3} \cdot (1400 \frac{cm^2}{Vs} + 470 \frac{cm^2}{Vs}) = 4,49 \cdot 10^{-6} \frac{A}{Vcm}$

Für den spezifischen Widerstand als Kehrwert der Leitfähigkeit ergibt sich:

$\rho = \frac{1}{\sigma} = 2,23 \cdot 10^5 \Omega cm$

Aufgrund der geringen intrinsischen Ladungsträgerdichte, ist der spezifische Widerstand sehr groß und die sogenannte Eigenleitung entsprechend gering.

Für das elektrische Feld im Inneren des Halbleiters gilt:

$$\vec{E} = -\vec{\nabla} \cdot U \tag{1.31}$$

Da das Potential U nur bis auf eine additive Konstante bestimmt ist, ist ein Bezugspotential frei wählbar. Im Allgemeinen wird das Fermi-Niveau als Bezugspotential benutzt, d.h., $\vec{\nabla} E_F = 0$. Daraus ergibt sich eine Ortsabhängigkeit der Größen E_i, E_C und E_V unter dem Einfluss eines elektrischen Feldes:

$$\vec{\nabla} E_i = \vec{\nabla} E_C = \vec{\nabla} E_V = q \cdot \vec{E} = -q \cdot \vec{\nabla} U \tag{1.32}$$

Das hier hinter dem letzten Gleichungszeichen auftauchende Vorzeichen mag vielleicht zunächst verwundern. Es beruht darauf, dass das elektrische Feld in die Richtung zeigt, in die sich eine positive Ladung bewegt und dabei potentielle Energie verliert, während die Bandstruktur eines Festkörpers auf den Eigenschaften der negativen Elektronen beruht.

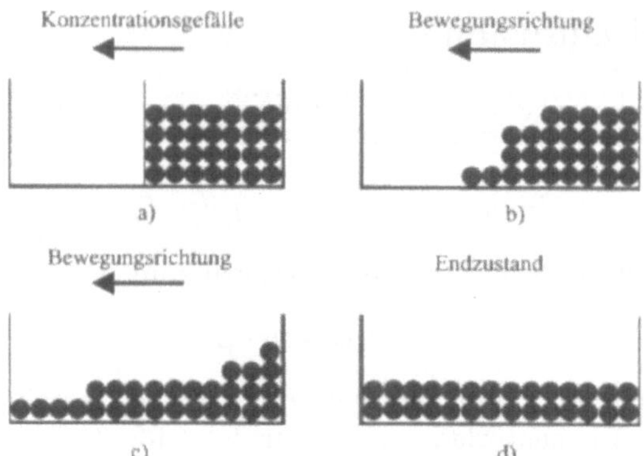

Abb. 1.6: Mechanische Verdeutlichung des Diffusionsvorganges: Harte, sich ideal reibungsfrei bewegende Kugeln verteilen sich unter dem Einfluß der Schwerkraft so, dass der Boden des Gefäßes gleichmäßig bedeckt ist, es also kein Konzentrationsgefälle mehr gibt.

Beispiel 5: Wie groß ist der Spezifische Widerstand von Silizium bei Raumtemperatur, wenn es mit einer Konzentration von $1{\cdot}10^{15}$ 1/cm^3 Atomen Phosphor dotiert wird?

Nach Gl. 1.30 gilt für die Leitfähigkeit: $\sigma = q \cdot (n \cdot \mu_n + p \cdot \mu_p)$.

Da Phosphor ein Donator ist, gilt $n = N_D = 1{\cdot}10^{15}$ 1/cm^3 . Für p ergibt sich aus Gl. 1.26 $p = n_i^2 / N_D = (2{,}25{\cdot}10^{20}/1{\cdot}10^{15})$ 1/cm^3 = $2{,}25{\cdot}10^5$ 1/cm^3 . Damit ergibt sich für σ :

$$\begin{aligned} \sigma &= q \cdot \left(1 \cdot 10^{15} \frac{1}{cm^3} \cdot 1400 \frac{cm^2}{Vs} + 2,25 \cdot 10^5 \frac{1}{cm^3} \cdot 470 \frac{cm^2}{Vs}\right) \\ &= q \cdot \left(1,4 \cdot 10^{18} \frac{1}{Vs\,cm} + 1,06 \cdot 10^8 \frac{1}{Vs\,cm}\right) \\ &\cong 1,6 \cdot 10^{-19} As \cdot 1,4 \cdot 10^{18} \frac{1}{Vs\,cm} = 0,224 \frac{1}{\Omega cm} \end{aligned}$$

Wie man sieht liefern die Löcher aufgrund ihrer vergleichsweise geringen Dichte nur einen vernachlässigbaren Beitrag zur Leitfähigkeit. Für ρ ergibt sich:

$\rho = \frac{1}{\sigma} = 4,46 \cdot \Omega cm$

Der spezifische Widerstand von derart dotiertem Silizium ist also um 5 Größenordnungen kleiner als bei undotiertem Silizium. Allerdings ist hierbei zu beachten, dass die Beweglichkeiten mit der Dotierung abnehmen, da die Dotierstoffatome für die Ladungsträger als Streuzentren wirken, sie also abbremsen. Weiterhin ist auch eine mit zunehmender Temperatur abnehmende Beweglichkeit der Ladungsträger zu beobachten. Dies ist auf eine Streuung der Ladungsträger an den Si-Kristallatomen zurückzuführen, die um so größer ist, je stärker sich die Kristallatome mit der Temperatur bewegen.

Ein weiterer Anteil an der Stromdichte innerhalb des Halbleiters beruht auf der Diffusion. Der Begriff Diffusion stammt ursprünglich aus der Thermodynamik und bezeichnet

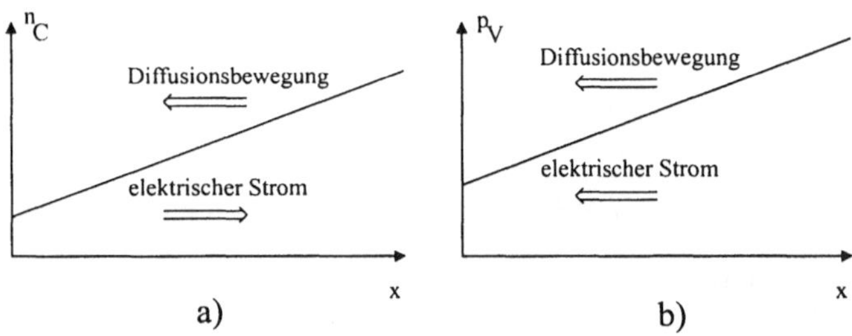

Abb. 1.7: Darstellung der, sich aus einem Konzentrationsgefälle ergebenden, Diffusionsbewegung und dem daraus resultierendem Strom. a) für Elektronen, b) für Löcher.

Vorgänge in Gasen und Flüssigkeiten, die zum Ausgleich von Konzentrationsunterschieden einzelner Stoffe im betrachteten Volumen führen. So wird sich ein in Wasser löslicher Stoff (auch ohne Umrühren) nach einer gewissen Zeit durch Diffusion so verteilt haben, dass im gesamten Wasservolumen die gleiche Konzentration des Stoffes herrscht. Eine grobe Vorstellung dieses Vorganges liefert die in Abb. 1.6 wiedergegebene mechanische Analogie: Man füllt in einem Gefäß mit ebenem Boden und einer Trennwand die eine Hälfte mit Kugeln, welche sich ideal reibungsfrei bewegen können. Entfernt man nun die Trennwand, so werden sich die Kugeln in Richtung der leeren Hälfte des Gefäßes in Bewegung setzen. Dieser Vorgang setzt sich solange fort, bis es kein Konzentrationsgefälle mehr für die Kugeln gibt, d.h., der Boden des Gefäßes gleichmäßig mit Kugeln bedeckt ist.

Der gleiche Mechanismus sorgt auch im Halbleiter dafür, dass Dichteschwankungen der beweglichen Ladungsträger ausgeglichen werden. Da hiermit eine Bewegung von Ladungsträgern aus Bereichen hoher Ladungsträgerdichte zu Bereichen mit niedriger Dichte verbunden ist, wird dadurch auch ein Strom verursacht, für dessen Dichte gilt:

$$\vec{J}_{Diff} = \vec{J}_{nDiff} + \vec{J}_{pDiff} = q \cdot \left(D_n \cdot \vec{\nabla} n - D_p \cdot \vec{\nabla} p \right) \tag{1.33}$$

Dabei sind D_n und D_p die Diffusionskoeffizienten für Elektronen und Löcher. Das hier auftretende Vorzeichen soll anhand einer eindimensionalen Ladungsträgerdichteverteilung erläutert werden (s. Abb. 1.7). So sei zunächst für die Löcher folgende linear zunehmende Dichte mit der Koordinate x angenommen. Der Gradient (in diesem eindimensionalen Fall die Ableitung nach x) dieser Verteilung ist konstant und positiv. Der Diffusionsvorgang verursacht eine Bewegung der Ladungsträger in negative Richtung. Da die Löcher positiv geladen sind, ergibt sich ein Strom in negative Richtung und somit muss auch die Stromdichte J negativ sein.

Unter den gleichen Voraussetzungen ergibt sich für die Elektronen ebenfalls eine Bewegung in negative x-Richtung, da sie aber negativ geladen sind, ist die resultierende Stromdichte positiv.

Damit ergibt sich für die Gesamtstromdichte:

$$\vec{J} = \vec{J}_n + \vec{J}_p \tag{1.34}$$

mit

$$\vec{J}_p = q \cdot \left(\mu_p \cdot p \cdot \vec{E} - D_p \cdot \vec{\nabla} p\right) \tag{1.35}$$

$$\vec{J}_n = q \cdot \left(\mu_n \cdot n \cdot \vec{E} + D_n \cdot \vec{\nabla} n\right) \tag{1.36}$$

Für n gilt nach wie vor (s. o.):
$n = n_i \cdot e^{(E_F - E_i)/k_B T}$
und damit

$$\vec{\nabla} n = -\frac{n_i \cdot \vec{\nabla} E_i}{k_B T} \cdot e^{(E_F - E_i)/k_B T} = -n \cdot \frac{q \cdot \vec{E}}{k_B T} \tag{1.37}$$

da $\vec{\nabla} E_F = 0$ nach Voraussetzung. Daraus folgt für $\vec{J}_n$:

$$\vec{J}_n = \mu_n \cdot q \cdot n \cdot \vec{E} - q \cdot D_n \cdot n \cdot \frac{q \cdot \vec{E}}{k_B T}$$

Im thermischen Gleichgewicht ist $\vec{J}_n = \vec{0}$, aber nicht notwendig $\vec{E}$ im Inneren des Halbleiters gleich Null und daher gilt:

$$\frac{D_n}{\mu_n} = \frac{k_B T}{q} \quad \textit{und ebenso} \quad \frac{D_p}{\mu_p} = \frac{k_B T}{q} \tag{1.38}$$

Dies sind die sogenannten Einstein-Beziehungen. Sie gelten auch im gestörten Halbleiter (nach pathologischer Rechnung), nicht aber im entarteten Halbleiter.

1.4.2 Generations- und Rekombinationsstatistik

Aufgrund äußerer Störungen und bestimmter Störstellen im Halbleiter kommt es zur dauernden Generation und Rekombination von Elektron-Loch-Paaren, d.h. ein Elektron wird in das Leitungsband befördert und ein Loch bleibt im Valenzband zurück bzw. ein aus dem Leitungsband in das Valenzband zurückkehrendes Elektron füllt ein Loch wieder auf. Dadurch kommt es zu Abweichungen der Ladungsträgerdichten vom thermodynamischen Gleichgewicht.

Die wichtigsten Prozesse, die zu diesen Schwankungen führen, sind die Photogeneration, die direkte thermische Generation und Rekombination sowie die indirekte Generation und Rekombination an Störstellen im Kristall (s. Abb. 1.8). Dieses letztere Phänomen ist nur schwer berechenbar, da die Störstellendichte N_T nicht reproduzierbar eingestellt werden kann. Eine Analyse der durch alle möglichen Prozesse verursachten Abweichungen ist daher nur unter bestimmten Voraussetzungen möglich: Es muss sich eindeutig um n- bzw. p-leitendes Halbleitermaterial handeln und die Abweichungen von den Gleichgewichtsdichten der Ladungsträger müssen klein sein. Letzteres wird im englischen Sprachgebrauch als "low level injection" bezeichnet. Es muss also gelten:

$$\Delta p = p - p_0 << n_0 \quad \textit{und} \quad n \cong n_0 \; \textit{für} \; n - dot.HL \tag{1.39}$$

$$\Delta n = n - n_0 << p_0 \quad \textit{und} \quad p \cong p_0 \; \textit{für} \; p - dot.HL \tag{1.40}$$

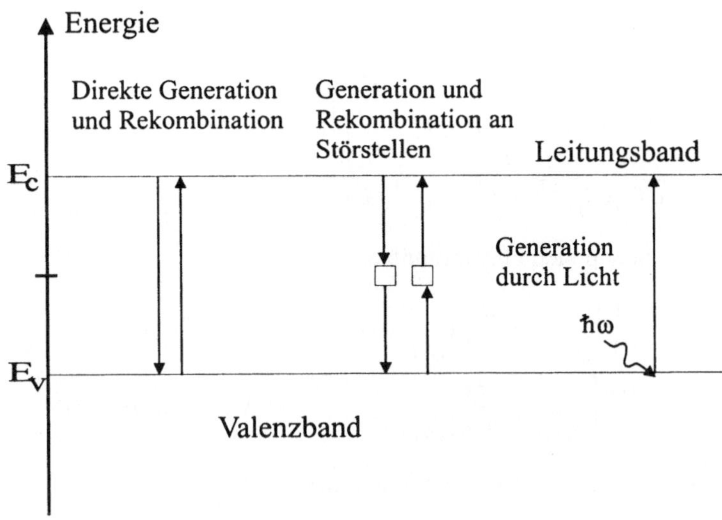

Abb. 1.8: Schematische Darstellung der wichtigsten Generations- und Rekombinationsprozesse

Dabei sind p_0 bzw. n_0 die Gleichgewichtsdichten und Δp bzw. Δn die Abweichungen hiervon. Die Majoritätsladungsträgerdichten (d.h. die Elektronen in n-dotierten Halbleitern und die Löcher in p-dotierten Halbleitern) bleiben unter "low level injection" Bedingungen im Wesentlichen unverändert, während die Minoritätsladungsträgerdichten um einige Größenordnungen schwanken können. Weiter ist wichtig, dass, abgesehen von der Photogeneration, die indirekten thermischen Prozesse dominieren. Die dafür verantwortlichen Störstellen liegen energetisch in der Mitte der Bandlücke, andernfalls könnte man sie als Donator- bzw. Akzeptorniveaus betrachten. Unter diesen Voraussetzungen erhält man in erster Näherung für die zeitliche Änderung der Minoritätsladungsträgerdichten:

$$\left.\frac{\partial p}{\partial t}\right|_{R-G} = -c_p \cdot N_T \cdot \Delta p = -\frac{\Delta p}{\tau_p} \; f\ddot{u}r \; n-Si \tag{1.41a}$$

$$\left.\frac{\partial n}{\partial t}\right|_{R-G} = -c_n \cdot N_T \cdot \Delta n = -\frac{\Delta n}{\tau_n} \; f\ddot{u}r \; p-Si \tag{1.41b}$$

Die zeitliche Änderung der Minoritätsladungsträgerdichte ist also negativ proportional zur Störstellendichte N_T und zur Abweichung aus dem thermodynamischen Gleichgewicht mit der Proportionalitätskonstanten c. τ ist die mittlere Lebensdauer der Minoritätsladungsträger, das ist die Zeit die im Mittel vergeht, bevor ein solcher Ladungsträger mit einem Majoritätsladungsträger rekombiniert. Sie schwankt prozessabhängig im Bereich von n-sec bis zu einigen m-sec. 1 m-sec ist ein häufig auftretender guter Schätzwert.

1.4.3 Zustandsgleichungen

Nach den bisherigen Ausführungen gilt für die zeitliche Änderung der Minoritätsladungsträgerdichten:

$$\frac{\partial n}{\partial t} = \left.\frac{\partial n}{\partial t}\right|_{Drift} + \left.\frac{\partial n}{\partial t}\right|_{Diff.} + \left.\frac{\partial n}{\partial t}\right|_{R-G} + \left.\frac{\partial n}{\partial t}\right|_{andere\ Proz.} \quad f\ddot{u}r\ p-Si$$

$$\frac{\partial p}{\partial t} = \left.\frac{\partial p}{\partial t}\right|_{Drift} + \left.\frac{\partial p}{\partial t}\right|_{Diff.} + \left.\frac{\partial p}{\partial t}\right|_{R-G} + \left.\frac{\partial p}{\partial t}\right|_{andere\ Proz.} \quad f\ddot{u}r\ n-Si$$

Drift und Diffusion lassen sich zusammenfassen:

$$\left.\frac{\partial n}{\partial t}\right|_{Drift} + \left.\frac{\partial n}{\partial t}\right|_{Diff.} = \frac{1}{q}\cdot\vec{\nabla}\vec{J_n} \quad f\ddot{u}r\ p-Si$$

$$\left.\frac{\partial p}{\partial t}\right|_{Drift} + \left.\frac{\partial p}{\partial t}\right|_{Diff.} = -\frac{1}{q}\cdot\vec{\nabla}\vec{J_p} \quad f\ddot{u}r\ n-Si$$

Und damit erhält man die Kontinuitätsgleichung:

$$\frac{\partial n}{\partial t} = \frac{1}{q}\cdot\vec{\nabla}\vec{J_n} + \left.\frac{\partial n}{\partial t}\right|_{R-G} + \left.\frac{\partial n}{\partial t}\right|_{andere\ Proz.} \quad f\ddot{u}r\ p-Si \qquad (1.43a)$$

$$\frac{\partial p}{\partial t} = -\frac{1}{q}\cdot\vec{\nabla}\vec{J_p} + \left.\frac{\partial p}{\partial t}\right|_{R-G} + \left.\frac{\partial p}{\partial t}\right|_{andere\ Proz.} \quad f\ddot{u}r\ n-Si \qquad (1.43b)$$

Diese Gleichungen bilden den Ausgangspunkt fast aller Device-Analysen. Da vollständige, dreidimensionale Analysen praktisch nur numerisch durchgeführt werden können, werden hier einige weitere Vereinfachungen vorgenommen:

1. Die Analyse erfolgt eindimensional.
2. Sie bezieht sich nur auf Minoritätsladungsträger.
3. Das elektrische Feld sei vernachlässigbar klein.
4. Die Gleichgewichtsdichten der Minoritätsladungsträger sind keine Funktion des Ortes.
5. Low-Level-Injection wird vorausgesetzt.
6. Außer eventueller Photogeneration gibt es keine "anderen Prozesse".

Aus diesen Vereinfachungen ergibt sich z.B. für die Kontinuitätsgleichung der Elektronen in p-dotiertem Silizium:

$\frac{1}{q}\cdot\vec{\nabla}\vec{J} = \frac{1}{q}\cdot\frac{\partial J_n}{\partial x}$ aus 1.
$J_n = q\cdot\mu_n\cdot n\cdot E + q\cdot D_n\cdot\frac{\partial n}{\partial x} \approx q\cdot D_n\cdot\frac{\partial n}{\partial x}$ aus 2. und 3.
$\frac{\partial n}{\partial x} = \frac{\partial n_0}{\partial x} + \frac{\partial \Delta n}{\partial x} = \frac{\partial \Delta n}{\partial x}$ aus 4.
und damit $\frac{1}{q}\cdot\vec{\nabla}\vec{J} = D_n\cdot\frac{\partial^2\Delta n}{\partial x^2}$
Außerdem folgt aus 2. und 5. bzw. 6.: $\left.\frac{\partial n}{\partial t}\right|_{R-G} = -\frac{\Delta n}{\tau_n}$ und $\left.\frac{\partial n}{\partial t}\right|_{andere\ Proz.} = G_L$

wobei G_L die Dichte der Ladungsträgerpaare bezeichnet, die pro Sekunde durch Photogeneration erzeugt werden. Und schließlich, da n_0 keine Funktion der Zeit ist

$$\frac{\partial n}{\partial t} = \frac{\partial n_0}{\partial t} + \frac{\partial \Delta n}{\partial t} = \frac{\partial \Delta n}{\partial t}$$

Daraus ergeben sich die Diffusionsgleichungen der Minoritätsladungsträger zu:

$$\frac{\partial \Delta n_p}{\partial t} = D_n \cdot \frac{\partial^2 \Delta n_p}{\partial x^2} - \frac{\Delta n_p}{\tau_n} + G_L \quad für\ p-Si \tag{1.44a}$$

$$\frac{\partial \Delta p_n}{\partial t} = D_p \cdot \frac{\partial^2 \Delta p_n}{\partial x^2} - \frac{\Delta p_n}{\tau_p} + G_L \quad für\ n-Si \tag{1.44b}$$

Ein weiterer wichtiger Begriff, der noch zu erläutern ist, ist die Diffusionslänge. Sie gibt an, welche Strecke ein Minoritätsladungsträger in einem Halbleiter im Mittel zurücklegen kann. Es gilt:

$$L = \sqrt{D \cdot \tau} = \sqrt{\left(\frac{k_B T}{q}\right) \cdot \mu \cdot \tau} \tag{1.45}$$

Beispiel 6: Ein homogener n-dotierter Siliziumquader wird gleichmäßig mit Licht bestrahlt, so dass pro Sekunde $1{,}1 \cdot 10^{18}$ cm^{-3} Ladungsträgerpaare generiert werden ($\tau_p = 10^{-5}$ s; $N_D = 1{,}0 \cdot 10^{15}$cm^{-3}; $n_i = 1{,}5 \cdot 10^{10}$cm^{-3}).

a) Welche Ladungsträgerkonzentrationen stellen sich nach genügend langer Zeit ein?

b) Die Lichtquelle wird plötzlich zur Zeit t = 0 abgeschaltet. Wie lange dauert es, bis die Minoritätsträgerkonzentration bis auf 10 % über der "Normal"-Konzentration abgesunken ist?

c) Nun wird nur noch die Stirnseite des Quaders bestrahlt (Gleiche Generationsrate). Berechnen Sie die Ladungsträgerdichten als Funktion des Ortes im stationären Zustand (μ_p=500 cm^2/Vs).

Lösung für alle Fragen liefert die Zustandsgleichung

$$\frac{\partial \Delta p}{\partial t} = D_p \cdot \frac{\partial^2 \Delta p}{\partial x^2} - \frac{\Delta p}{\tau_p} + G_L$$

a) Gesucht ist ein stationärer Zustand, der gleichmäßig, homogen im ganzen Halbleiterstück gilt. Daher sind alle Terme mit Ableitungen nach dem Ort und nach der Zeit gleich 0.

Es folgt also:

$\frac{\partial \Delta p}{\partial t} = 0 = -\frac{\Delta p}{\tau_p} + G_L \Rightarrow \Delta p = G_L \cdot \tau_p = 1{,}1 \cdot 10^{13} \cdot 1/cm^3$

Daraus folgt für die Löcherdichte p:

$p = p_0 + \Delta p = n_i^2/N_D + \Delta p = 2{,}25 \cdot 10^5 cm^{-3} + 1{,}1 \cdot 10^{13} cm^{-3}$

$\simeq 1{,}1 \cdot 10^{13} cm^{-3} = p$

Und für die Elektronendichte n mit der Neutralitätsbedingung

$\Delta n = \Delta p$:

$n = n_0 + \Delta n = N_D + \Delta p = 1 \cdot 10^{15} cm^{-3} + 1,1 \cdot 10^{13} cm^{-3}$

$= 1,011 \cdot 10^{15} cm^{-3} \simeq N_D$

b) In diesem Fall ist eine zeitabhängige Lösung gesucht die gleichmäßig, homogen im ganzen Halbleiterstück gilt. Daher ist hier nur die Ableitung nach dem Ort gleich null. Außerdem ist G_L gleich null, da das Licht ausgeschaltet ist. Es gilt also:

$\frac{\partial \Delta p}{\partial t} = -\frac{\Delta p}{\tau_p}$ Dies ist eine homogene Differentialgleichung mit der Lösung:

$\Delta p(t) = \Delta p(0) \cdot e^{(-t/\tau_p)}$ wobei Δp(0) = 1,1 · 10^{13} cm^{-3} ist.

Nun lautet die Forderung, dass Δp (T) = 0,1 · p_0 = 2,25 · 10^4 cm^{-3} sein möge, d.h.:

$2,25 \cdot 10^4 \; cm^{-3} = \Delta p(0) \cdot e^{(-T/\tau_p)} \Rightarrow -\tau_p \cdot \ln\left(\frac{2,25 \cdot 10^4}{1,1 \cdot 10^{13}}\right) = T$

T ergibt sich daraus zu 0,2 msec.

c) Hierbei handelt es sich um einen stationären Zustand, d.h., die Ableitung nach t ist null. Gesucht ist die Abhängigkeit der Ladungsträgerdichte vom Ort in dem Bereich des Halbleiters, das nicht vom Licht beschienen wird. Hier ist also G_L gleich 0.

$0 = D_p \cdot \frac{\partial^2 \Delta p}{\partial x^2} - \frac{\Delta p}{\tau_p}$

Dies ist eine DGL mit dem Lösungsansatz:

$$\Delta p(x) = \Delta p(0) \cdot e^{-\frac{x}{\sqrt{D_P \cdot \tau_p}}}$$
$$\Rightarrow \frac{\partial \Delta p(x)}{\partial x} = \frac{-1}{\sqrt{D_P \cdot \tau_p}} \cdot \Delta p(0) \cdot e^{-\frac{x}{\sqrt{D_P \cdot \tau_p}}}$$
$$\Rightarrow \frac{\partial^2 \Delta p(x)}{\partial x^2} = \frac{1}{D_P \cdot \tau_p} \cdot \Delta p(0) \cdot e^{-\frac{x}{\sqrt{D_P \cdot \tau_p}}} = \frac{1}{D_P \cdot \tau_p} \cdot \Delta p(x)$$

Offensichtlich erfüllt dieser Ansatz die DGL. Für D_p ergibt sich aus der Einstein-Beziehung:

$D_p = \mu_p \cdot k_B T/q$ = 500 cm^2 /Vs ·0.025 V = 12,5 cm^2 /s

und damit für $\sqrt{D_p \cdot \tau_p}$ = 0,0125 cm.

An der Stirnseite des Quaders werden stationär die gleiche Anzahl von Ladungsträgern generiert, wie schon in a) berechnet.

Für Δp(0) gilt also: Δp(0) = 1,1·10^{13} 1/cm^3. Also

$$\Delta p(x) = 1,1 \cdot 10^{13} cm^{-3} \cdot e^{-\frac{x}{0,0125cm}}$$
$$\Rightarrow p(x) = p_0 + \Delta \text{ p(x)} = 2,25 \cdot 10^{5} cm^{-3} + 1,1 \cdot 10^{13} cm^{-3} \cdot e^{-\frac{x}{0,0125cm}}$$
$$\Rightarrow n(x) = n_0 + \Delta \text{ p(x)} = N_D + \Delta \text{ p(x)} = \dots$$

Untersucht man ähnlich wie unter b) an welchem Ort die Ladungsträgerkonzentration wieder auf 10% über der Gleichgewichtskonzentration abgesunken ist, so gilt:

$$\Delta p(x_p) = 0,1 \cdot p_0 = 2,25 \cdot 10^4 cm^{-3} = 1,1 \cdot 10^{13} cm^{-3} \cdot e^{-\frac{x_p}{0,0125cm}}$$
$$\Rightarrow \ln\left(\frac{2,25 \cdot 10^4}{1,1 \cdot 10^{13}}\right) = \frac{-x_p}{0,0125cm}$$
$$\Rightarrow x_p = 0,24cm$$

Die generierten Ladungsträger dringen also einige mm weit in den Halbleiter ein.

1.5 Wichtige Formeln

Fermi-Funktion:

$$f(E) = \frac{1}{e^{(E-E_F)/k_B T} + 1}$$

Intrinsiche Ladungsträgerdichte in Silizium (Näherung)

$$n_i(T) = 1,4 \cdot 10^{15} \frac{1}{K^{\frac{3}{2}} \cdot cm^3} \cdot T^{\frac{3}{2}} \cdot e^{\frac{-E_G}{2 \cdot k_B T}}$$

Auch in dotiertem Silizium gilt bis zur Entartungsgrenze

$$n \cdot p = n_i^2$$

Für die Ladungsträgerdichten in einem überwiegend n-dotiertem Halbleiter ($N_D > N_A$) gilt:

$$n = N_D - N_A$$

$$p = \frac{n_i^2}{N_D - N_A}$$

Für überwiegend p-dotierte Halbleiter ($N_A > N_D$) ergibt sich:

$$p = N_A - N_D$$

$$n = \frac{n_i^2}{N_A - N_D}$$

Für die Verschiebung des Fermi-Potentials gilt:

$$|E_F - E_i| = k_B T \cdot \ln \frac{n_C}{n_i} = k_B T \cdot \ln \frac{N_{A,D}}{n_i}$$

Für die Leitfähigkeit gilt:

$$\sigma = q \cdot (n \cdot \mu_n + p \cdot \mu_p)$$

Drift- und Diffusionsströme:

$$\vec{J_p} = q \cdot \left(\mu_p \cdot p \cdot \vec{E} - D_p \cdot \vec{\nabla} p\right)$$

$$\vec{J_n} = q \cdot \left(\mu_n \cdot n \cdot \vec{E} + D_n \cdot \vec{\nabla} n\right)$$

Diffusionsgleichungen:

$$\frac{\partial\, \Delta n_p}{\partial\, t} = D_n \cdot \frac{\partial^2 \Delta n_p}{\partial\, x^2} - \frac{\Delta n_p}{\tau_n} + G_L$$

in p-dotierten Halbleitern

$$\frac{\partial\, \Delta p_n}{\partial\, t} = D_p \cdot \frac{\partial^2 \Delta p_n}{\partial\, x^2} - \frac{\Delta p_n}{\tau_p} + G_L$$

in n-dotierten Halbleitern.

2 Inhomogene Halbleiter

Bislang wurden nur homogene Halbleiter, deren physikalische und elektrische Eigenschaften nicht vom Ort abhängen, betrachtet. Diese sind jedoch eher von akademischem Interesse, wenn auch die Kenntnis ihrer Eigenschaften die physikalische Grundlage der technischen Anwendung bildet. Die große technische Bedeutung der Halbleiter beruht auf der Möglichkeit, in einem einkristallinen Stück Halbleiter verschieden dotierte Gebiete zu erzeugen. Die elektrischen Eigenschaften der Übergänge zwischen den verschieden dotierten Gebieten, die sogenannten pn-Übergänge, sind die Grundlage der gesamten modernen Halbleiterelektronik.

2.1 Der pn-Übergang

Um die wesentlichen Eigenschaften eines pn-Übergangs zu erläutern, wird ein quaderförmiges Stück Halbleiter betrachtet, das folgende Eigenschaften hat (s. Abb. 2.1).

Die eine Hälfte des Quaders sei homogen mit Donatoren, die andere Hälfte homogen mit Akzeptoren dotiert.

Das für die weitere Berechnung notwendige Koordinatensystem wird so gelegt, dass y- und z-Achse in der Ebene des Übergangs zwischen p- und n-leitendem Gebiet liegen. Es gilt also:

N_A = konst. und $N_D = 0$ für $x < 0$

$N_A = 0$ und N_D = konst. für $x > 0$

Diese idealisierte Art des Übergangs wird als Stufenübergang (step-junction) bezeichnet. Unter der Voraussetzung, dass es sich nicht um entartet dotierte Gebiete handelt, gilt für die Ladungsträgerdichten weitab vom Übergang:

$$x \ll 0: p-Gebiet: \qquad p = p_p = N_A; \qquad n = n_p = \frac{n_i^2}{N_A}$$

$$x \gg 0: n-Gebiet: \qquad n = n_n = N_D; \qquad p = p_n = \frac{n_i^2}{N_D}$$

Die großen Unterschiede in den Ladungsträgerkonzentrationen bei $x = 0$ führen dazu, dass die Majoritätsladungsträger in das jeweils anders dotierte Gebiet diffundieren und dort mit der anderen Ladungsträgerart rekombinieren. Die Elektronen des n-leitenden Gebietes diffundieren also in das p-leitende Gebiet und rekombinieren mit den Löchern, die Löcher aus dem p-Gebiet diffundieren in das n-Gebiet und rekombinieren mit den Elektronen. Durch die Rekombination wird in einem engen Bereich um $x = 0$ die Dichte der beweglichen Ladungsträger drastisch reduziert. Da aber die ionisierten Dotieratome von diesem Vorgang nicht betroffen sind, ist in diesem Bereich die elektrische Neutralität des Halbleiters ge-

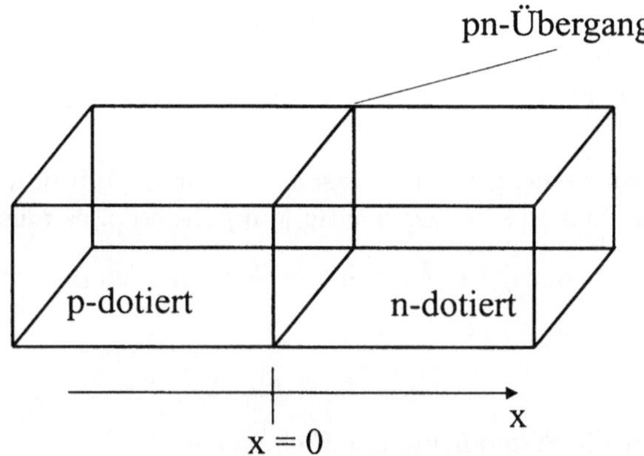

Abb. 2.1: Schematische Darstellung eines stufenförmigen pn-Überganges

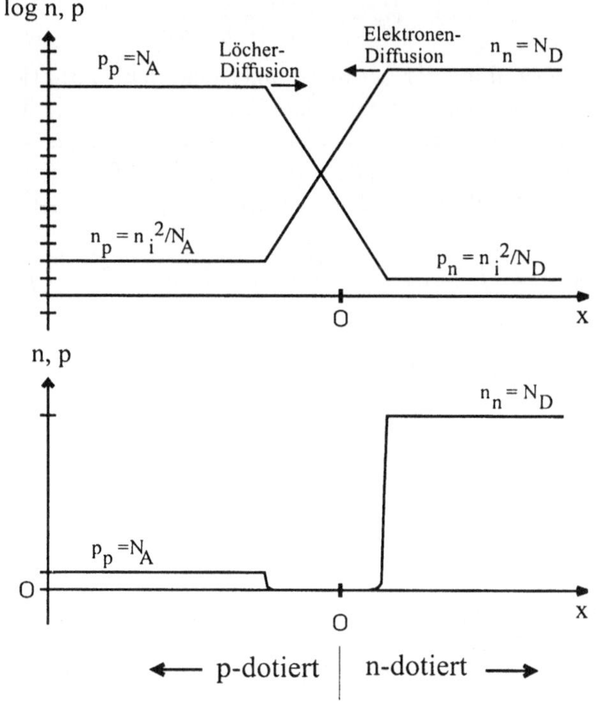

Abb. 2.2: Logarithmische und lineare Darstellung der Konzentrationen der beweglichen Ladungsträger im Bereich des pn-Überganges

stört. Im p-Gebiet bildet sich eine negative Raumladungszone, da die negativ ionisierten Akzeptoren nicht mehr durch die Löcher neutralisiert werden können. Ebenso entsteht im n-Gebiet eine positive Raumladungszone. Durch diese Störung der elektrischen Neutralität entsteht ein elektrisches Feld in negativer x-Richtung , das der Diffusion entgegen wirkt (s. Abb. 2.3).

Im thermodynamischen Gleichgewicht müssen die durch Diffusion und elektrisches Feld hervorgerufenen Stromdichten sich gegenseitig kompensieren, es muss also gelten:

$$J_{n,Drift} + J_{n,Diff} = J_n = 0; \qquad J_{p,Drift} + J_{p,Diff} = J_p = 0 \tag{2.1}$$

und damit:

$$J = J_n + J_p = 0 \tag{2.2}$$

Explizit ergibt sich für die Stromdichte der Elektronen:

$$q \cdot \mu_n \cdot n \cdot E_x + q \cdot D_n \cdot \frac{dn}{dx} = 0 \tag{2.3}$$

Daraus folgt: $E_x = \frac{-D_n}{\mu_n \cdot n} \cdot \frac{dn}{dx}$und mit $D_n/\mu_n = k_BT/q$ ergibt sich weiter:

$$E_x = \frac{-k_BT}{q} \cdot \frac{1}{n} \cdot \frac{dn}{dx} \tag{2.4}$$

Solange also über die Verteilung der Ladungsträgerdichten als Funktion des Ortes im Bereich des pn-Überganges nichts weiter bekannt ist, lässt sich auch der Verlauf des elektrischen Feldes nicht angeben. Ein elektrisches Feld ist aber immer mit einem Potentialgefälle verbunden ($\vec{E}=-\vec{\nabla}U$), so dass sich zumindest die Potentialdifferenz zwischen zwei, weit vom pn-Übergang entfernten Punkten durch Integration von Gl. (2.4) ermitteln lässt. Es gilt:

$$U_{Bi} = -\int_{-\infty}^{\infty} E_x dx = \frac{k_BT}{q} \int_{-\infty}^{\infty} \frac{1}{n} \cdot \frac{dn}{dx} dx = \frac{k_BT}{q} \int_{-\infty}^{\infty} \frac{1}{n} dn \tag{2.5}$$

$$U_{Bi} = \left(\frac{k_BT}{q} \cdot \ln(n) \right) \Bigg|_{n(-\infty)}^{n(\infty)} \tag{2.6}$$

mit $n(-\infty) = n_p = n_i^2/N_A$ und $n(\infty) = n_n = N_D$ ergibt sich dann:

$$U_{Bi} = \frac{k_BT}{q} \cdot \ln\left(\frac{n_n}{n_p}\right) = \frac{k_BT}{q} \cdot \ln\left(\frac{N_A \cdot N_D}{n_i^2}\right) \tag{2.7}$$

Diese "eingebaute" Spannung bzw. Potential lässt sich aber nicht direkt messen. Um sie zu messen, müsste der Halbleiter auf beiden Seiten mit Metall kontaktiert werden. Diese Metall-Halbleiterkontakte liefern eine Thermospannung, ähnlich einem Thermoelement, welche von der Dotierung des Halbleiters abhängig ist. Nun fordert aber die Physik, dass die Differenz dieser beiden Thermospannungen gleich der "eingebauten" Spannung ist. Eigentlich schade, dies wäre die ideale Energiequelle. Diese "eingebaute" Spannung spielt aber z.B. bei Solarzellen eine wichtige Rolle. Häufig wird in diesem Zusammenhang auch der Begriff Diffusionsspannung gebraucht.

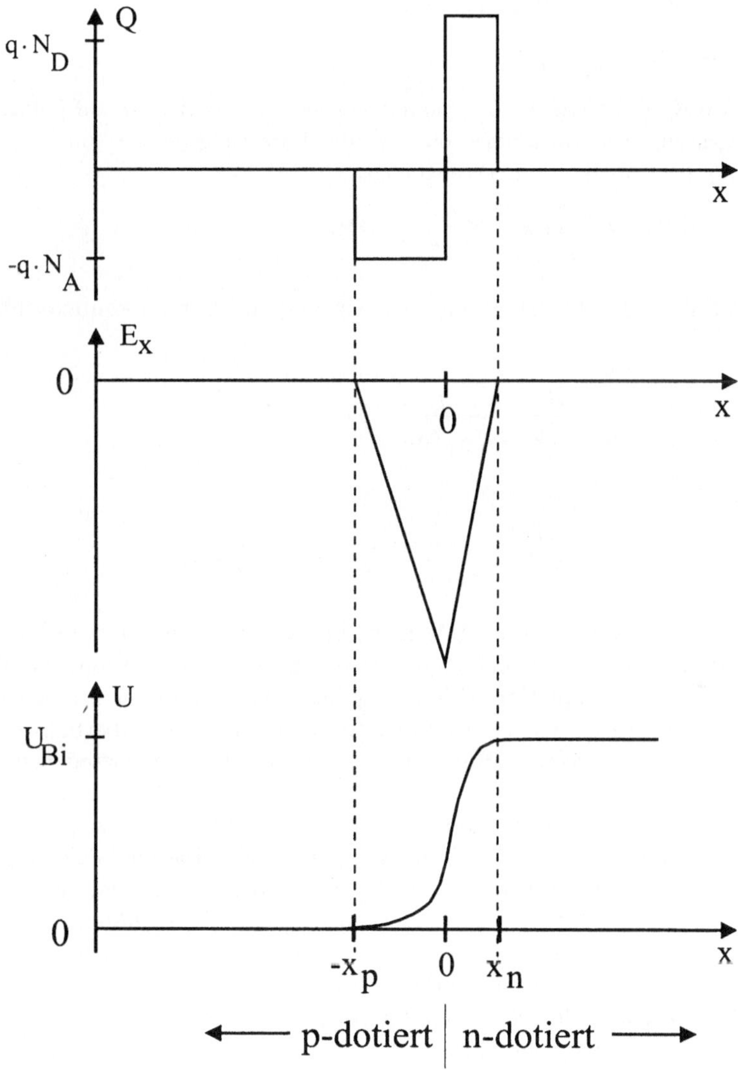

Abb. 2.3: Schematische Darstellung der Raumladung, des elektrischen Feldes und des Potentials im Bereich des stufenförmigen pn-Überganges

Beispiel 7: Wie groß kann das "eingebaute" Potential in Silizium pn-Übergängen bei Raumtemperatur maximal werden, wenn gefordert ist, dass der Halbleiter auf beiden Seiten des pn-Überganges nicht entartet dotiert sein soll?

Lösung: Für das "eingebaute" Potential gilt:

$U_{Bi} = \frac{k_B T}{q} \cdot \ln\left(\frac{N_A \cdot N_D}{n_i^2}\right)$

mit k_B·300 K/q $\simeq$ 0,025 V. U_{Bi} nimmt also mit der Dotierung auf beiden Seiten des pn-Überganges zu. Die Dotierung soll aber die Entartungsgrenze von ca. $1 \cdot 10^{18} 1/\text{cm}^3$ (s. Beispiel 3) nicht übersteigen. Daraus folgt:

$U_{Bi,\max} = 0,025\ V \cdot \ln\left(\frac{10^{18} \cdot 10^{18}}{2,25 \cdot 10^{20}}\right) = 0,901\ V$

Um den Potential- und Feldverlauf am pn-Übergang angeben zu können, muss die Poisson-Gleichung

$$\frac{dE_x}{dx} = \frac{q}{\epsilon_0 \cdot \epsilon_{Si}} \cdot \left(p - n + N_D^+ - N_A^-\right) \tag{2.8}$$

bzw.

$$\frac{d^2U}{dx^2} = \frac{-q}{\epsilon_0 \cdot \epsilon_{Si}} \cdot \left(p - n + N_D^+ - N_A^-\right) \tag{2.9}$$

gelöst werden. Diese Gleichung ist i.A. nicht in geschlossener Form lösbar. Deshalb müssen hier eine Reihe von vereinfachenden Annahmen gemacht werden, die als Verarmungs- bzw. auf neudeutsch "Depletion"-Näherung bezeichnet wird. Dazu wird angenommen, dass die Ladungsdichte in der Verarmungszone konstant und außerhalb der Verarmungszone gleich null ist und dass die Raumladungs- oder Verarmungszone scharf begrenzt ist. Dass diese Annahme gerechtfertigt ist, kann wie folgt begründet werden: Hervorgerufen wird die Raumladungszone durch die Diffusion von Ladungsträgern aufgrund eines sehr großen Konzentrationsgefälles. Die diesen Vorgang beschreibende Gleichung ist eine lineare Differentialgleichung erster Ordnung, die für den stationären Zustand eine Exponential-Funktion als Lösung für die Ladungsträgerkonzentration in Abhängigkeit vom Ort liefert. In logarithmischer Darstellung ergibt sich (s. Abb. 2.2) im Bereich der Raumladungszone eine Gerade für die Ladungsträgerkonzentration, die stetig an die Konzentration der Ladungsträger außerhalb der Raumladungszone anschließen muss. Der Unterschied zwischen den Konzentrationen der Elektronen bzw. der Löcher auf den beiden Seiten des pn-Überganges beträgt meist mehr als 10 Größenordnungen, so dass dieser Zusammenhang in linearer Darstellung einen fast stufenförmigen Verlauf hat. Der Fehler, den man macht, ist also tatsächlich sehr klein.

Zusammengefasst:

$Q = 0\ für\ x < -x_p\ und\ für\ x > x_n$

$Q = -qN_A^-\ für - x_p < x < 0\ da\ hier\ N_A >> n_p\ bzw.\ p_p$

$Q = qN_D^+\ für\ 0 < x < x_n\ da\ hier\ N_D >> n_n\ bzw.\ p_n$

Dabei geben x_n und $-x_p$ die Grenzen der Raumladungszone an. Daraus folgt:

$$\frac{dE_x}{dx} = \frac{q \cdot N_D}{\epsilon_0 \cdot \epsilon_{Si}} \; für \; 0 < x < x_n \tag{2.10}$$

und

$$\frac{dE_x}{dx} = \frac{-q \cdot N_A}{\epsilon_0 \cdot \epsilon_{Si}} \; für - x_p < x < 0 \tag{2.11}$$

sowie

$$E_x(x) = 0 \; für \; x < -x_p \; und \; x > x_n \; da \; hier \; Q = 0.$$

Daraus erhält man durch Integration:

$$E_x(x) = \frac{-q \cdot N_A}{\epsilon_0 \cdot \epsilon_{Si}} \cdot (x_p + x) \; für - x_p < x < 0 \tag{2.12}$$

$$E_x(x) = \frac{q \cdot N_D}{\epsilon_0 \cdot \epsilon_{Si}} \cdot (x - x_n) \; für \; 0 < x < x_n \tag{2.13}$$

Der Verlauf von $E_x(x)$ ist in Abb. 2.3 wiedergegeben. Da $E_x(x)$ für x = 0 stetig sein muss, gilt:

$$\frac{-q \cdot N_D}{\epsilon_0 \cdot \epsilon_{Si}} \cdot x_n = \frac{-q \cdot N_A}{\epsilon_0 \cdot \epsilon_{Si}} \cdot x_p \Rightarrow N_D \cdot x_n = N_A \cdot x_p \tag{2.14}$$

Es gibt also einen direkten Zusammenhang zwischen der Ausdehnung der Raumladungszone und den Dotierungen. Allgemein kann man sagen, dass sich die Raumladungszone im niedriger dotierten Gebiet weiter ausdehnt.

Beispiel 8: Wie groß ist das Verhältnis x_n/x_p, wenn die Dotierung der einen Seite des pn-Übergange $N_D = 1 \cdot 10^{16}\ 1/cm^3$ und die der anderen Seite $N_A = 4 \cdot 10^{15}\ 1/cm^3$ beträgt?

Es gilt :

$\frac{x_n}{x_p} = \frac{N_A}{N_D} = 0,4$

Für das Potential U gilt:

$$\frac{dU}{dx} = -E_x$$

Setzt man $U(x = -\infty) = 0$ (die potentielle Energie ist immer nur bis auf eine additive Integrationskonstante bestimmt), so erhält man durch Integration:

$$U(x) = \frac{q \cdot N_A}{2 \cdot \epsilon_0 \cdot \epsilon_{Si}} \cdot (x_p + x)^2 \; für - x_p < x < 0 \tag{2.15}$$

$$U(x) = \frac{-q \cdot N_D}{2 \cdot \epsilon_0 \cdot \epsilon_{Si}} \cdot (x_n - x)^2 + U_{Bi} \; für \; 0 < x < x_n \tag{2.16}$$

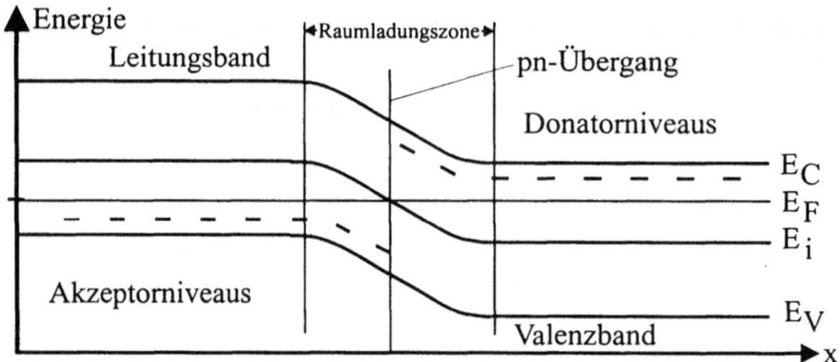

Abb. 2.4: Bandstruktur eines stufenförmigen pn-Überganges

Die Konstante U_{Bi} ist bereits bekannt. Sie ergibt sich als Integrationskonstante aus der Forderung U(-∞) = 0.

$$U(x) = 0 \; f\ddot{u}r \; x < -x_p \tag{2.17}$$

$$U(x) = U_{Bi} \; f\ddot{u}r \; x > x_n \tag{2.18}$$

Damit ist der Zusammenhang zwischen Raumladungsdichte, elektrischem Feld und dem Potential in einem stufenförmigen pn-Übergang hergestellt: Durch Integration der Raumladungsdichte erhält man das elektrische Feld, aus der Integration des Feldes ergibt sich das Potential. Dieser Zusammenhang wird in Abb. 2.3 auch anschaulich deutlich.

Da nun der Verlauf des Potentials bekannt ist, kann jetzt auch die Bandstruktur dieses pn-Überganges angegeben werden. Für diesen Zusammenhang galt (s. Kap. 1.4.1):

$$\vec{\nabla} E_i = \vec{\nabla} E_C = \vec{\nabla} E_V = q \cdot \vec{E} = -q \cdot \vec{\nabla} U$$

Daraus ergibt sich die in Abb. 2.4 wiedergegebene Bandstruktur.

Da U(x) für $x = 0$ ebenfalls stetig sein muss, gilt:

$$\frac{q \cdot N_A}{2 \cdot \epsilon_0 \cdot \epsilon_{Si}} \cdot x_p^2 = \frac{-q \cdot N_D}{2 \cdot \epsilon_0 \cdot \epsilon_{Si}} \cdot x_n^2 + U_{Bi}$$

mit $x_p = (N_D/N_A) \cdot x_n$ folgt daraus

$$x_n = \sqrt{\frac{2 \cdot \epsilon_0 \cdot \epsilon_{Si} \cdot U_{Bi}}{q} \cdot \frac{N_A}{N_D \cdot (N_A + N_D)}} \tag{2.19}$$

und ebenso:

$$x_p = \sqrt{\frac{2 \cdot \epsilon_0 \cdot \epsilon_{Si} \cdot U_{Bi}}{q} \cdot \frac{N_D}{N_A \cdot (N_A + N_D)}} \tag{2.20}$$

Für die Breite der Raumladungszone $W = x_p + x_n$ ergibt sich:

$$W = \sqrt{\frac{2 \cdot \epsilon_0 \cdot \epsilon_{Si} \cdot U_{Bi}}{q} \cdot \frac{N_A + N_D}{(N_A \cdot N_D)}} \tag{2.21}$$

Abgesehen von der besseren Kenntnis des Potentialverlaufs, des elektrischen Feldes und der Ladungsträgerdichte im Bereich des pn-Übergangs, zeigt diese Herleitung auch eine erste elektrische Eigenschaft eines solchen pn-Überganges auf: Da in der Raumladungszone kaum bewegliche Ladungsträger vorhanden sind, wirkt diese wie ein Isolator. Außerhalb der Raumladungszone gibt es aber reichlich Ladungsträger, diese Bereiche leiten also. Vom Aufbau ist dies mit einem Plattenkondensator identisch, für dessen Kapazität pro Flächeneinheit C_J gilt:

$$C_J = \frac{\epsilon_0 \cdot \epsilon_{Si}}{W}$$

Diese sogenannte Sperrschicht- oder Junction-Kapazität ist, wie weiter unten gezeigt wird, auch noch spannungsabhängig und spielt als parasitärer Effekt in vielen Schaltungen eine wichtige Rolle.

Beispiel 9: Was für eine Weite der Raumladungszone ergibt sich bei Raumtemperatur und bei Dotierungsverhältnissen wie in Beispiel 8 ?

$U_{Bi} = \frac{k_B T}{q} \cdot \ln\left(\frac{N_A \cdot N_D}{n_i^2}\right) = 0,648\ V$

$$\begin{aligned} W &= \sqrt{\frac{2 \cdot \epsilon_0 \cdot \epsilon_{\mathrm{Si}} \cdot U_{Bi}}{q} \cdot \frac{N_A + N_D}{N_A \cdot N_D}} \\ &= \sqrt{\frac{2 \cdot 8,84 \cdot 10^{-14} \frac{F}{cm} \cdot 12 \cdot 0,648V}{1,6 \cdot 10^{-19} As} \cdot \frac{(4 \cdot 10^{15} + 1 \cdot 10^{16}) \frac{1}{cm^3}}{(4 \cdot 10^{15} \cdot 1 \cdot 10^{16}) \frac{1}{cm^6}}} \\ &= 5,48 \cdot 10^{-5} cm = 0,548 \mu m \end{aligned}$$

2.2 pn-Übergang mit Vorspannung

Von größerem, weil praktischem Interesse ist das Verhalten eines pn-Überganges unter dem Einfluss einer, von außen angelegten Spannung. Dazu wird die in Abb. 2.5 wiedergegebene Schaltung betrachtet. Im Prinzip werden die Überlegungen aus dem vorhergehenden Abschnitt wiederholt, es müssen aber einige weitere vereinfachende Annahmen gemacht werden. So wird vorausgesetzt, dass die Metall-Halbleiterkontakte weitab vom pn-Übergang liegen und ihr Kontaktpotential konstant ist. Weiterhin fließt (zunächst) kein Strom und der Spannungsabfall über den Halbleitergebieten außerhalb der Raumladungszone sei vernachlässigbar. U_j sei der Spannungsabfall über der Raumladungszone. Dann gilt für $U_A = 0$

$$U_j = U_N - 0 + U_P = U_{Bi}$$

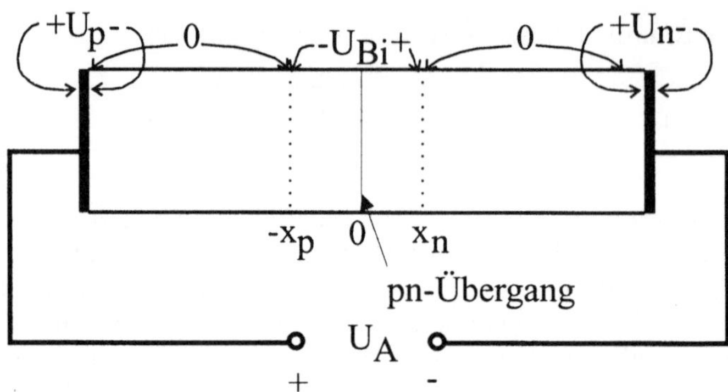

Abb. 2.5: Erläuterung der unterschiedlichen, im pn-Übergang mit Vorspannung auftretenden Potentiale

also

$$U_{Bi} = U_N + U_P$$

Für $U_A \neq 0$ ergibt sich:

$$U_j = U_N + U_P - U_A = U_{Bi} - U_A$$

Damit kann, unter den o. g. Voraussetzungen, in den bisher gewonnenen Formeln U_{Bi} einfach durch $U_{Bi} - U_A$ ersetzt werden, wodurch x_n und x_p zu Funktionen von U_A werden. Die einzige weitere Einschränkung ergibt sich aus der Forderung, dass die Wurzel in der Formel für die Raumladungszone W reell bleiben muss. Also muss gelten:

$$U_{Bi} - U_A > 0$$

Es ergibt sich für $0 < x < x_n$:

$$\begin{aligned} x_n &= \sqrt{\frac{2 \cdot \epsilon_0 \cdot \epsilon_{Si} \cdot (U_{Bi} - U_A)}{q} \cdot \frac{N_A}{N_D \cdot (N_A + N_D)}} \\ U(x) &= \frac{-q \cdot N_D}{2 \cdot \epsilon_0 \cdot \epsilon_{Si}} \cdot (x_n - x)^2 + (U_{Bi} - U_A) \\ E_x(x) &= \frac{q \cdot N_D}{\epsilon_0 \cdot \epsilon_{Si}} \cdot (x - x_n) \end{aligned} \qquad (2.22)$$

Für $-x_p < x < 0$ ergibt sich genauso:

$$\begin{aligned} x_p &= \sqrt{\frac{2 \cdot \epsilon_0 \cdot \epsilon_{Si} \cdot (U_{Bi} - U_A)}{q} \cdot \frac{N_D}{N_A \cdot (N_A + N_D)}} \\ U(x) &= \frac{+q \cdot N_A}{2 \cdot \epsilon_0 \cdot \epsilon_{Si}} \cdot (x_p + x)^2 \\ E_x(x) &= \frac{-q \cdot N_A}{\epsilon_0 \cdot \epsilon_{Si}} \cdot (x_p + x) \end{aligned} \qquad (2.23)$$

Dabei ist zu beachten, dass x_n und x_p in den Gleichungen für E und U Funktionen von U_A sind.

Damit ergibt sich für W:

$$W = \sqrt{\frac{2 \cdot \epsilon_0 \cdot \epsilon_{Si} \cdot (U_{Bi} - U_A)}{q} \cdot \frac{N_A + N_D}{(N_A \cdot N_D)}} \tag{2.24}$$

Die Sperrschicht-Kapazität nimmt also mit der Sperrspannung ab, da die Weite W größer wird. Dieser Effekt wird in Kapazitätsdioden zur elektrischen Abstimmung von Schwingkreisen benutzt.

Die Auswirkungen einer Vorspannung auf die Raumladungszone, das elektrische Feld und das Potential sind in Abb. 2.6 wiedergegeben.

Beispiel 10: Bei einer Diode von 1 mm^2 Fläche werden in Abhängigkeit von der Sperrspannung folgende Sperrschicht-Kapazitäten gemessen:

U_A	0,5	1,0	1,5	2,0	3,0	V
C	113	96	85	77,5	66,7	pF

a)Ermitteln Sie die Dotierung der niedriger dotierten Seite des pn-Überganges unter der Annahme, dass der Unterschied zwischen den Dotierungen sehr groß ist ($N_A << N_D$).

b) Ermitteln Sie das "eingebaute" Potential.

c) Was ergibt sich damit für die Dotierung der höher dotierten Seite des pn-Überganges?

Lösungen

zu a) Für die Kapazität der Raumladungszonen eines pn-Überganges galt

$C(U_A) = \frac{\epsilon_0 \cdot \epsilon_{Si}}{W(U_A)} \cdot F$

wobei für die Weite der Raumladungszone galt:

$W(U_A) = \sqrt{\frac{2 \cdot \epsilon_0 \cdot \epsilon_{Si}}{q}(U_{Bi} - U_A) \cdot \frac{N_A + N_D}{N_D \cdot N_A}}$

Durch Umstellung und Einsetzen ergibt sich:

$$\begin{aligned} W(U_A) &= \frac{\epsilon_0 \cdot \epsilon_{Si}}{C(U_A)} \cdot F = \sqrt{\frac{2 \cdot \epsilon_0 \cdot \epsilon_{Si}}{q}(U_{Bi} - U_A) \cdot \frac{N_A + N_D}{N_D \cdot N_A}} \\ &\Rightarrow \quad W^2(U_A) = \frac{(\epsilon_0 \cdot \epsilon_{Si})^2}{C^2(U_A)} \cdot F^2 = \frac{2 \cdot \epsilon_0 \cdot \epsilon_{Si}}{q} \cdot \frac{N_A + N_D}{N_D \cdot N_A} \cdot (U_{Bi} - U_A) \end{aligned}$$

Für$N_A << N_D$ lässt sich nähern:

$W^2(U_A) = \frac{(\epsilon_0 \cdot \epsilon_{Si})^2}{C^2(U_A)} \cdot F^2 = \frac{2 \cdot \epsilon_0 \cdot \epsilon_{Si}}{q} \cdot \frac{1}{N_A} \cdot (U_{Bi} - U_A)$

Trägt man also $1/C^2$ über U_A auf, ergibt sich eine Gerade, deren Steigung proportional zu N_A und deren y-Achsenabschnitt proportional zu U_{Bi}/N_A ist. Bei Messungen ist es günstig

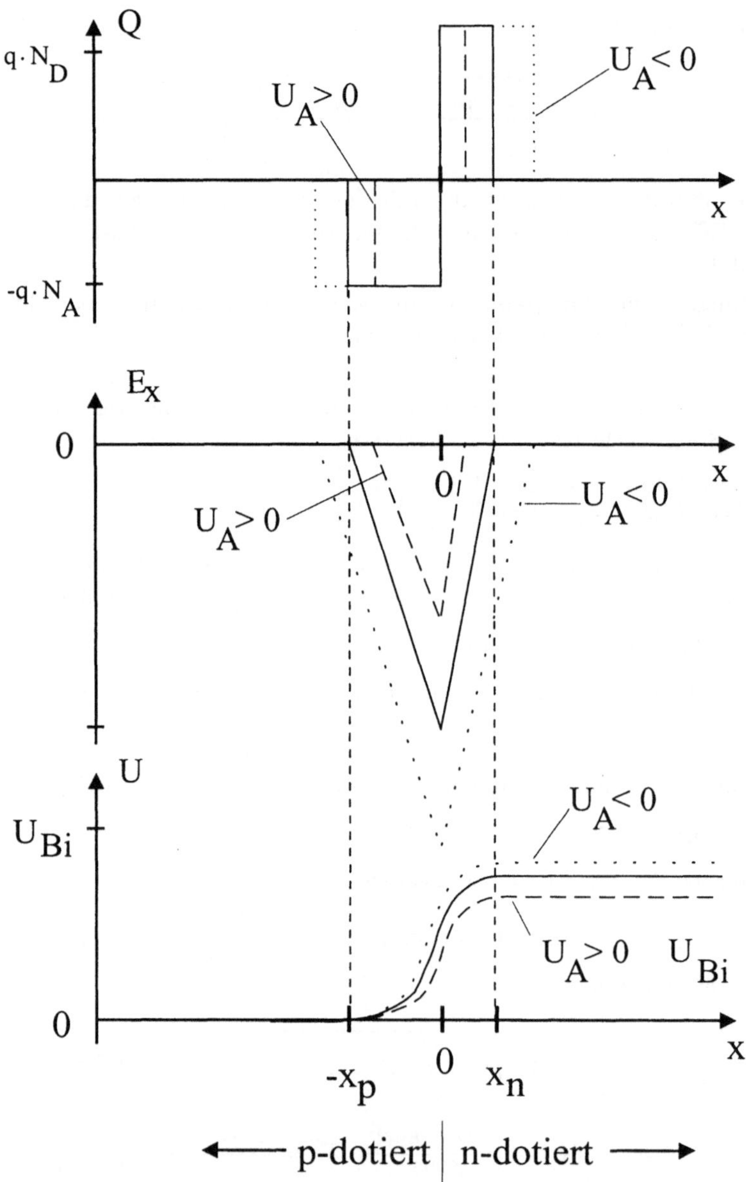

Abb. 2.6: Schematische Darstellung der Auswirkung einer äußeren Spannung auf die Raumladung, das elektrische Feld und den Potentialverlauf in einem pn-Übergang

mit Hilfe dieser Formel eine lineare Regression durchzuführen, da sich dann recht zuverlässige Werte ergeben. Hier genügt es die Steigung mit einem Differenzenquotienten zu berechnen:

$$\frac{\Delta W^2(U_A)}{\Delta U_A} = \frac{W^2(2V) - W^2(1V)}{1V} = \frac{2 \cdot \epsilon_0 \cdot \epsilon_{Si}}{q} \cdot \frac{1}{N_A} = 6,47\frac{cm^2}{V}$$

$$\Rightarrow \quad N_A = \frac{2 \cdot \epsilon_0 \cdot \epsilon_{Si}}{q} \left(6,47 \ \frac{cm^2}{V}\right)^{-1} = 2,04 \cdot 10^{15} \ cm^{-3}$$

zu b) Da die Dotierung schon bekannt ist, genügt es W^2 an einem Punkt zu berechnen und nach U_{Bi} umzustellen:

$W^2(1\ V) = \frac{(\epsilon_0 \cdot \epsilon_{Si})^2}{C^2(1\ V)} \cdot F^2 = \frac{2 \cdot \epsilon_0 \cdot \epsilon_{Si}}{q} \cdot \frac{1}{N_A} \cdot (U_{Bi} - 1\ V)$

$\Rightarrow 1,21 \cdot 10^{-8} cm^2 = 6,47 \cdot 10^{-9} \frac{cm^2}{V} (U_{Bi} - 1\ V)$

$\Rightarrow \frac{1,21 \cdot 10^{-8} cm^2 - 6,47 \cdot 10^{-9} cm^2}{6,47 \cdot 10^{-9} \frac{cm^2}{V}} = 0,87\ V = U_{Bi}$

Dabei ist zu beachten, dass Sperrspannungen in den angegebenen Formeln negativ einzusetzen sind.

zu c) Da die Dotierung der einen Seite und das eingebaute Potential jetzt bekannt sind, kann man einfach die Formel für das eingebaute Potential verwenden:

$U_{Bi} = \frac{k_B T}{q} \cdot \ln\left(\frac{N_A \cdot N_D}{n_i^2}\right) \Rightarrow \frac{U_{Bi} \cdot q}{k_B T} = \ln\left(\frac{N_A \cdot N_D}{n_i^2}\right)$

$\Rightarrow e^{\left(\frac{U_{Bi} \cdot q}{k_B T}\right)} = \frac{N_A \cdot N_D}{n_i^2} \Rightarrow \frac{n_i^2 v}{N_A} \cdot e^{\left(\frac{U_{Bi} \cdot q}{k_B T}\right)} = 1,43 \cdot 10^{20} cm^{-3} = N_D$

Wobei $k_B T/q$ mit 0,025 V gerechnet wurde. Hier ist es bei Messungen notwendig, die Temperatur genau zu kontrollieren und dann $k_B T/q$ entsprechend zu berechnen.

2.3 Spannungs- und Stromcharakteristik der Diode

Wie oben bereits hergeleitet, setzen sich die Stromdichten der Ladungsträger aus dem Drift- und dem Diffusionsanteil zusammen und es gilt:

$$J_p = J_{p,Drift} + J_{p,Diff} = q \cdot \mu_p \cdot p \cdot E_x - q \cdot D_p \cdot \frac{dp}{dx} \tag{2.25}$$

Und ebenso:

$$J_n = J_{n,Drift} + J_{n,Diff} = q \cdot \mu_n \cdot n \cdot E_x + q \cdot D_n \cdot \frac{dn}{dx} \tag{2.26}$$

Um nun quantitative Aussagen über die Stromdichten in der Diode machen zu können, müssen die Zustandsgleichungen (Kontinuitäts-, Poisson- und Stromdichtegleichungen) für die drei Gebiete p-Gebiet, n-Gebiet und Raumladungszone unter Berücksichtigung der Randbedingungen gelöst werden. Dazu werden einige z.T. schon früher gemachte Annahmen vorausgesetzt, die zu einer Lösung führen, die als "Ideale Dioden-Gleichung" bekannt ist:

1. Keine äußeren Ursachen für Generation (z.B. kein Licht).
2. Stufenförmiger pn-Übergang; es gilt die Verarmungsnäherung.
3. Gesucht ist eine statische Lösung, d.h., alle Terme d/dt sind gleich null.
4. Keine Generation und Rekombination in der Raumladungszone.
5. Low Level Injection wird für die "quasineutralen" Bereiche außerhalb der Raumladungszone angenommen.
6. Das elektrische Feld ist außerhalb der Raumladungszone für die Minoritätsladungsträger vernachlässigbar.
7. N_A und N_D sind konstant.

Unter diesen Annahmen erhält man für die Diffusionsgleichungen für die Minoritätsladungsträger, die Stromdichte außerhalb der Raumladungszone und die Minoritätsladungsträgerdichte folgende Formeln:

n-Region $x > x_n$:

$$D_p \cdot \frac{d^2 \Delta p_n}{d\,x^2} - \frac{\Delta p_n}{\tau_p} = 0 \tag{2.27a}$$

$$J_p \cong -q \cdot D_p \cdot \frac{d\Delta p_n}{d\,x} \tag{2.27b}$$

$$p_n = p_{n0} + \Delta p_n(x) \tag{2.27c}$$

p-Region $x < -x_p$:

$$D_n \cdot \frac{d^2 \Delta n_p}{d\,x^2} - \frac{\Delta n_p}{\tau_n} = 0 \tag{2.28a}$$

$$J_n \cong q \cdot D_n \cdot \frac{d\Delta n_p}{d\,x} \tag{2.28b}$$

$$n_p = n_{p0} + \Delta n_p(x) \tag{2.28c}$$

Dabei gelten folgende Randbedingungen:

$$J = konst. = J_n(x) + J_p(x)$$

Weiter ist innerhalb der Raumladungszone $J_n(x)$ = konst. und $J_p(x)$ = konst. (s. o. Punkt 4) und damit folgt:

$$J_p(-x_p < x < x_n) = J_p(x_n) = -q \cdot D_p \cdot \left.\frac{d\,p_n}{d\,x}\right|_{x=x_n}$$

$$J_n(-x_p < x < x_n) = J_n(-x_p) = -q \cdot D_n \cdot \left.\frac{d\,n_p}{d\,x}\right|_{x=-x_p}$$

Die Differentialgleichungen 2.27a und 2.28a haben folgende allgemeine Lösung (z.B. n):

$$\Delta n_p(x) = A_1 \cdot e^{x/L_n} + A_2 \cdot e^{-x/L_n}; \quad mit\ L_n = \sqrt{D_n \cdot \tau_n}$$

Die Koeffizienten A_1 und A_2 ergeben sich aus den Randbedingungen. So ist $\Delta n(-\infty) = 0$ und damit $A_2 = 0$. Die zweite Randbedingung ergibt sich aus $\Delta n(x = -x_p)$ wie folgt: Im Gleichgewicht gilt:

$$U_{Bi} = \frac{k_B T}{q} \cdot \ln\left(\frac{N_A \cdot N_D}{n_i^2}\right)$$

Unter Depletion-Näherung kann man auch schreiben:

$$U_{Bi} = \frac{k_B T}{q} \cdot \ln\left(\frac{n_{n0}(x_n)}{n_{p0}(-x_p)}\right)$$

Legt man nun eine Spannung U_A an, so werden sich die Dichten der Ladungsträger an den Grenzen der Raumladungszone ändern:

$$U_{Bi} - U_A = \frac{k_B T}{q} \cdot \ln\left(\frac{n_n(x_n)}{n_p(-x_p)}\right) \tag{2.29}$$

Durch Exponentiation erhält man daraus unter der Voraussetzung der Low Level Injection:

$$e^{q \cdot U_{Bi}/k_B T} \cdot e^{-q \cdot U_A/k_B T} = \frac{n(x_n)}{n(-x_p)} \stackrel{!}{=} \frac{n_{n0}}{n(-x_p)} \tag{2.30}$$

Weiter ist: $e^{q \cdot U_{Bi}/k_B T} = \frac{N_A \cdot N_D}{n_i^2} = \frac{n_{n0}}{n_{p0}}$ und damit:

$$\frac{n_{n0}}{n_{p0}} \cdot e^{-q \cdot U_A/k_B T} = \frac{n_{n0}}{n(-x_p)} \Rightarrow n(-x_p) = n_{p0} \cdot e^{q \cdot U_A/k_B T} \tag{2.31}$$

Daraus folgt weiter:

$$\Delta n(-x_p) = n(-x_p) - n_{p0} = n_{p0} \cdot (e^{q \cdot U_A/k_B T} - 1)$$

Daraus ergibt sich für die Lösung der Kontinuitätsgleichung:
$\Delta n(-x_p) = A_1 \cdot e^{-x_p/L_n} = n_{p0} \cdot (e^{q \cdot U_A/k_B T} - 1)$
$A_1 = n_{p0} \cdot e^{x_p/L_n} \cdot (e^{q \cdot U_A/k_B T} - 1)$

$$\Rightarrow \Delta n(x) = n_{p0} \cdot e^{(x_p + x)/L_n} \cdot (e^{q \cdot U_A/k_B T} - 1) \tag{2.32}$$

Eingesetzt in die Stromgleichung erhält man:

$$\begin{aligned} J_n(x) &= q \cdot D_n \cdot \frac{d\Delta n}{dx} \\ &= n_{p0} \cdot q \cdot \frac{D_n}{L_n} e^{(x_p + x)/L_n} \cdot (e^{q \cdot U_A/k_B T} - 1) \end{aligned} \tag{2.33}$$

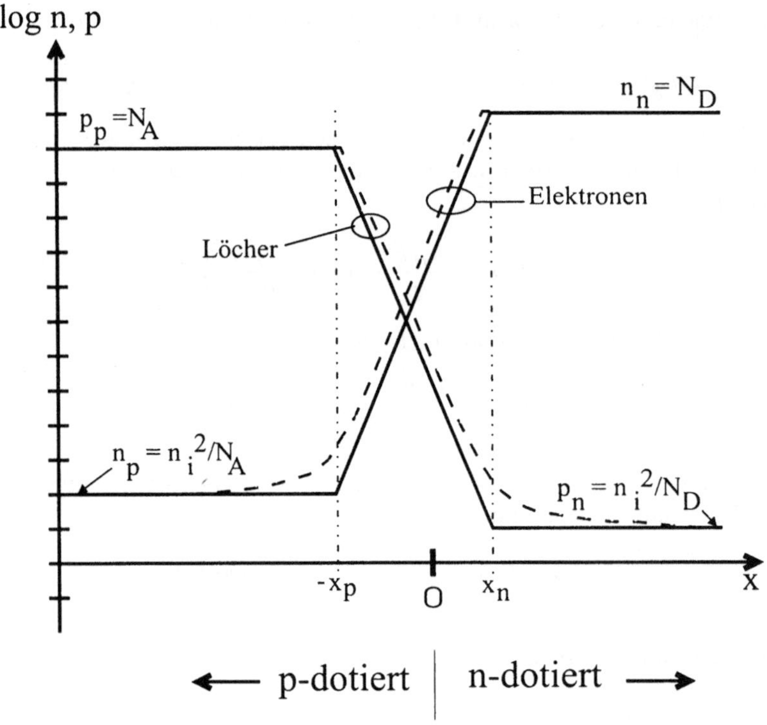

Abb. 2.7: Ladungsträgerdichten im pn-Übergang ohne Vorspannung (durchgezogen) und unter dem Einfluss einer Vorwärtsspannung (gestrichelt)

und für x = -x_p:

$$J_n(-x_p) = n_{p0} \cdot q \cdot \frac{D_n}{L_n} \cdot (e^{q \cdot U_A / k_B T} - 1) \tag{2.34}$$

Auf ganz ähnliche Weise erhält man:

$$J_p(x_n) = p_{n0} \cdot q \cdot \frac{D_p}{L_p} \cdot (e^{q \cdot U_A / k_B T} - 1) \tag{2.35}$$

Da nach Voraussetzung:

$$J = J_n(x) + J_p(x) = J_n(-x_p) + J_p(x_n)$$

ergibt sich (zum guten Schluss):

$$J = \left(p_{n0} \cdot q \cdot \frac{D_p}{L_p} + n_{p0} \cdot q \cdot \frac{D_n}{L_n} \right) \cdot (e^{q \cdot U_A / k_B T} - 1) \tag{2.36}$$

$$= J_0 \cdot (e^{q \cdot U_A / k_B T} - 1) \tag{2.37}$$

Dies ist die berühmte "Ideale Dioden-Gleichung" von Herrn Shockley, die Stromdichte durch einen stufenförmigen pn-Übergang in Abhängigkeit von einer äußeren Spannung U_A beschreibt.

Beispiel 11: An der Diode aus Beispiel 10 wird ein Sperrstrom von $1{,}25 \cdot 10^{-13}$ A gemessen. Wie groß ist die Minoritätsträger-Lebensdauer im niedriger dotierten Gebiet.

Für die Sperrstromdichte J_0 gilt:

$$
\begin{aligned}
J_0 &= \left(p_{n0} \cdot q \cdot \frac{D_p}{L_p} + n_{p0} \cdot q \cdot \frac{D_n}{L_n}\right) \\
&= \left(\frac{n_i^2}{N_D} \cdot q \cdot \frac{D_p}{L_p} + \frac{n_i^2}{N_A} \cdot q \cdot \frac{D_n}{L_n}\right) \\
&= \left(\frac{n_i^2}{N_D} \cdot q \cdot \sqrt{\frac{D_p}{\tau_p}} + \frac{n_i^2}{N_A} \cdot q \cdot \sqrt{\frac{D_n}{\tau_n}}\right) \\
&= \left(\frac{n_i^2}{N_D} \cdot q \cdot \sqrt{\frac{\mu_p \cdot k_B T/q}{\tau_p}} + \frac{n_i^2}{N_A} \cdot q \cdot \sqrt{\frac{\mu_n \cdot k_B T/q}{\tau_n}}\right)
\end{aligned}
$$

Für $N_A << N_D$ lässt sich, unter der Annahme, dass die Diffusionskoeffizienten und Diffusionslängen vergleichbar sind, nähern:

$$J_0 = \left(\frac{n_i^2}{N_A} \cdot q \cdot \sqrt{\frac{\mu_n \cdot k_B T/q}{\tau_n}}\right)$$

Mit $J_0 = I_0/F$ folgt weiter:

$$
\begin{aligned}
\left(\frac{I_0}{F} \cdot \frac{N_A}{n_i^2 \cdot q}\right)^2 &= \frac{\mu_n \cdot k_B T/q}{\tau_n} \\
\tau_n &= \frac{\mu_n \cdot k_B T/q}{\left(\frac{I_0}{F} \cdot \frac{N_A}{n_i^2 \cdot q}\right)^2} = 6{,}97 \cdot 10^{-5}\,\text{sec}
\end{aligned}
$$

Der Verlauf der Stromdichte ist in Abb. 2.8 a) logarithmisch und b) linear für Spannungen $U_A > 0$, d.h. in Durchlassrichtung wiedergegeben. Man erkennt in der logarithmischen Darstellung, dass für Spannungen größer als 3 - 4 mal $k_B T/q$ eine rein exponentielle Abhängigkeit vorliegt. In diesem Fall kann die 1 gegen den Exponentialterm vernachlässigt werden. Bei Raumtemperatur liegt diese Grenze bei ca. 100 mV. In linearer Darstellung könnte man den Eindruck gewinnen, dass unterhalb einer gewissen Spannung, die als Fluss- oder Schwellenspannung U_T bezeichnet wird, kein Strom fließt. In vielen Anwendungen kann der geringe Strom auch tatsächlich vernachlässigt werden, man sollte aber nicht vergessen, dass es ihn gibt.

Für Spannungen $U_A < 0$ ist die Stromdichte in Abb. 2.9 wiedergegeben. Für Spannungen kleiner als -(3 - 4 mal $k_B T/q$) kann der Exponentialterm gegen die 1 vernachlässigt werden, die Stromdichte ist dann konstant gleich der sogenannten Sättigungssperrstromdichte J_0. Sie ist vom Halbleitermaterial, der Dotierung und besonders von der Temperatur abhängig und mit einigen nA/cm^2 bis zu einigen μA/cm^2 recht klein, kann aber in einigen

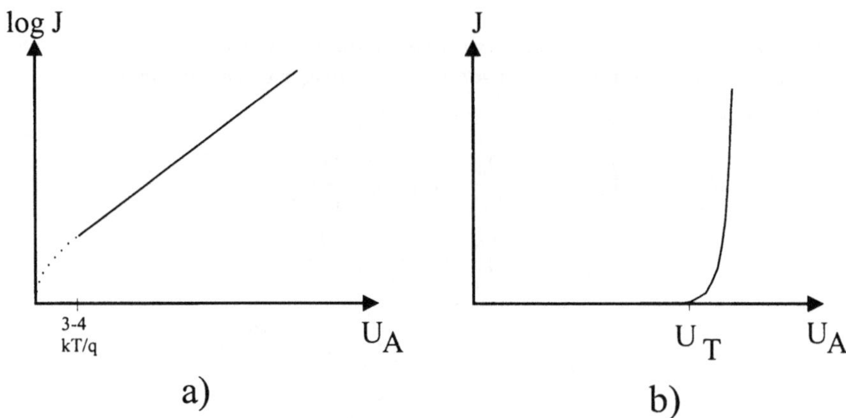

Abb. 2.8: Vorwärtscharakteristik einer idealen Diode nach Shockley in logarithmischer (a) und linearer (b) Darstellung

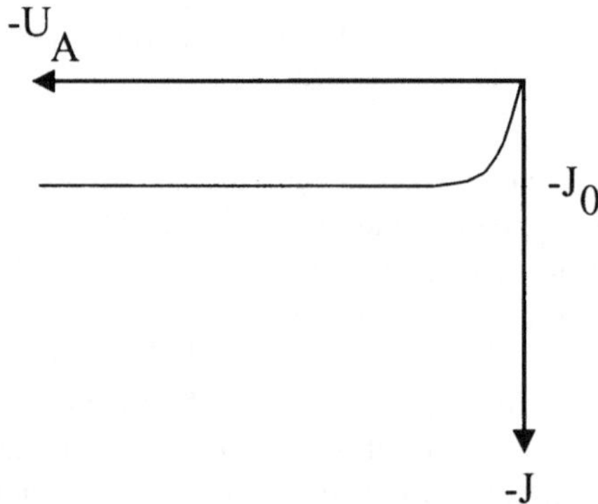

Abb. 2.9: Sperrcharakteristik einer idealen Diode nach Shockley

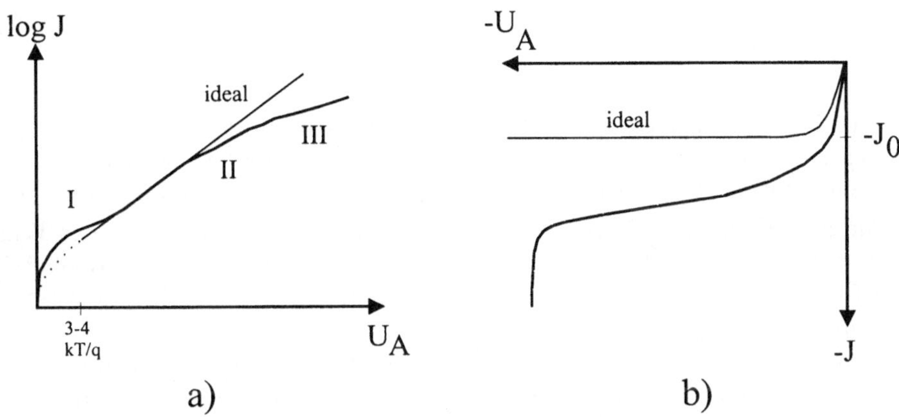

Abb. 2.10: Abweichungen realer Dioden von der idealen Diode nach Shockley.
a) Vorwärtscharakteristik. b) Sperrcharakteristik

Anwendungen nicht vernachlässigt werden. Es sollte klar sein, dass die Stromdichte in allen Spannungsbereichen stark von der Temperatur abhängig ist und dass sich insbesondere im Sperrbereich ($U_A < 0$) der Sperrstrom mit jeweils 10 Kelvin Temperaturerhöhung etwa verdoppelt.

Bei realen Dioden sind verschiedene Abweichungen von dieser idealen Diodenkennlinie zu beobachten, die darauf zurückzuführen sind, dass einige Annahmen unter denen die Gleichung (2.36) hergeleitet wurde, nicht richtig sind. So findet in der Raumladungszone, wie im gesamten übrigen Halbleiter, ständig eine Generation von Elektronen-Loch-Paaren statt. Diese Elektronen-Loch-Paare werden im elektrischen Feld der Raumladungszone getrennt und tragen so, sowohl im Vorwärtsbereich (s. Abb. 2.10 a; Bereich I), als auch im Sperrbereich, zur Stromdichte bei. Im Sperrbereich (s. Abb. 2.10 b) ist die Sperrstromdichte bei realen Dioden erheblich größer als J_0 und da sich die Raumladungszone mit wachsender Sperrspannung auch noch ausdehnt und damit das Volumen vergrößert, welches zu diesem Generationsstrom beiträgt, nimmt der Sperrstrom bei realen Dioden mit der Sperrspannung zu.

Bei einer bestimmten Sperrspannung ist dann ein starkes Anwachsen des Sperrstromes zu beobachten, der zur thermischen Zerstörung der Diode führen kann, wenn er nicht durch äußere Maßnahmen begrenzt wird. Dieser Vorgang beruht auf folgendem Effekt: Die Ladungsträger, die in der Raumladungszone durch thermische Generation erzeugt werden, werden im elektrischen Feld beschleunigt, nehmen also kinetische Energie auf. Mit steigender Sperrspannung nimmt auch die elektrische Feldstärke in diesem Bereich und damit die kinetische Energie der Ladungsträger zu. Bei einer kritischen Feldstärke reicht die Energie der Ladungsträger aus, um durch Stoßionisation mit den Atomen des Kristallgitters ein weiteres Elektronen-Loch-Paar zu erzeugen. Erhöht man jetzt die Sperrspannung und damit die Feldstärke weiter, erfolgt eine lawinenartige Multiplikation der Ladungsträger. Man spricht daher von einem Lawinen- oder Avalanche-Durchbruch.

Bei größeren Vorwärtsspannungen (Abb. 2.10 a; Bereich II) verliert eine weitere Annahme ihre Gültigkeit. Hier werden jetzt sehr viele Löcher in den n-dotierten und sehr viele Elektronen in den p-dotierten Bereich injiziert, d.h. im Bereich nahe der Raumladungszone wachsen die Minoritätsträgerdichten stark an und werden mit den Majoritätsträgerdichten vergleichbar. Damit ist die Annahme der "Low-Level-Injektion" nicht mehr gültig und der Strom steigt nicht mehr so stark, wie von der idealen Dioden-Gleichung vorausgesagt, an.

Geht man zu noch höheren Vorwärtsspannungen, dann macht sich auch der Widerstand des Halbleiters außerhalb der Raumladungszone bemerkbar (Abb. 2.10 a; Bereich III). Der fließende Strom verursacht hier einen ohmschen Spannungsabfall in diesem Bereich, womit die Annahme 6 ihre Gültigkeit verliert.

Um wenigstens in der Vorwärtscharakteristik einen Teil dieser Abweichungen in der Shockley'schen Gleichung zu berücksichtigen, wurde der Shockley-Korrekturfaktor n wie folgt eingeführt:

$$J = J_0 \cdot (e^{\frac{q \cdot U_A}{n \cdot k_B T}} - 1) \tag{2.38}$$

n hat je nach Halbleitermaterial und Bauart der Diode einen Wert zwischen 1 und 2.

2.4 Wichtige Formeln

Eingebautes Potential

$$U_{Bi} = \frac{k_B T}{q} \cdot \ln\left(\frac{n_n}{n_p}\right) = \frac{k_B T}{q} \cdot \ln\left(\frac{N_A \cdot N_D}{n_i^2}\right)$$

Verhältnisse von Raumladungszonen und Dotierungen

$$\frac{x_n}{x_p} = \frac{N_A}{N_D}$$

Weiten der Raumladungszone

$$x_n = \sqrt{\frac{2 \cdot \epsilon_0 \cdot \epsilon_{Si} \cdot U_{Bi}}{q} \cdot \frac{N_A}{N_D \cdot (N_A + N_D)}}$$

$$x_n = \sqrt{\frac{2 \cdot \epsilon_0 \cdot \epsilon_{Si} \cdot (U_{Bi} - U_A)}{q} \cdot \frac{N_A}{N_D \cdot (N_A + N_D)}}$$

$$x_p = \sqrt{\frac{2 \cdot \epsilon_0 \cdot \epsilon_{Si} \cdot (U_{Bi} - U_A)}{q} \cdot \frac{N_D}{N_A \cdot (N_A + N_D)}}$$

$$W = x_n + x_p = \sqrt{\frac{2 \cdot \epsilon_0 \cdot \epsilon_{Si} \cdot U_{Bi}}{q} \cdot \frac{N_A + N_D}{(N_A \cdot N_D)}}$$

Sperrschicht-Kapazität

$$C_J = \frac{\epsilon_0 \cdot \epsilon_{Si}}{W}$$

Shockley Dioden-Gleichung

$$\begin{aligned} J &= \left(p_{n0} \cdot q \cdot \frac{D_p}{L_p} + n_{p0} \cdot q \cdot \frac{D_n}{L_n}\right) \cdot (e^{q \cdot U_A / k_B T} - 1) \\ &= J_0 \cdot (e^{q \cdot U_A / k_B T} - 1) \end{aligned}$$

3 Der MOS-Kondensator

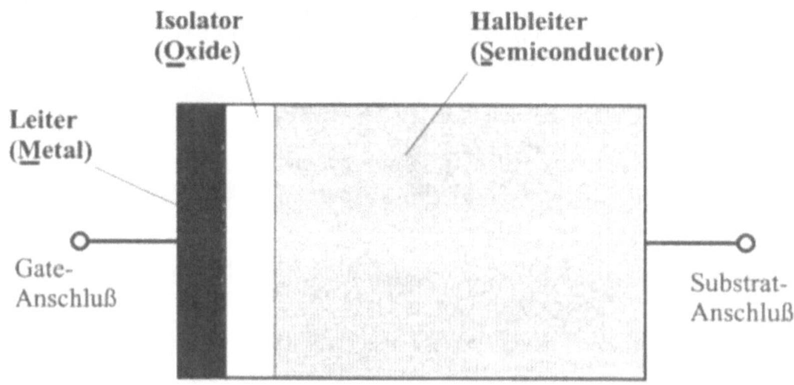

Abb. 3.1: Grundsätzlicher Aufbau eines MOS-Kondensators

Grundlegend für das Verständnis der Eigenschaften des MOS- Transistors sind die Vorgänge im sogenannten MOS-Kondensator, der vom Aufbau mit dem Kanalgebiet eines MOS-Transistors identisch ist (s. Abb. 3.1). Er besteht aus dotierten Silizium, an dessen Oberfläche ein Isolator, üblicherweise ein Oxid aufgebracht ist. Auf diesem Oxid wird die Steuerelektrode, ein Metall oder ein anderer Leiter, angebracht. Diese Elektrode wird als Gate (engl. Tor), das darunter liegene Oxid als Gateoxid bezeichnet.

Abb.3.2 zeigt die Ladungsträgerdichten im p-dotiertem Halbleitersubstrat für verschiedene Spannungen. Dabei liegt der Substratanschluss auf Masse. Für eine Gatespannung von 0 V sind die Ladungsträgerdichten durch die Dotierung bestimmt. Bei einer kleinen, positiven Gatespannung werden zunächst die Löcher, die Majoritätsladungsträger im p-dotierten Substrat, aus dem Bereich an der Oberfläche zum Oxid verdrängt. Zurück bleiben die negativ geladenen Akzeptoratome. Es bildet sich also eine an beweglichen Ladungsträgern verarmte, zum Substrat hin isolierende Raumladungszone aus. Diese Raumladungszone dehnt sich mit zunehmender Gatespannung in die Tiefe des Substrats aus. Gleichzeitig sammeln sich an der Oberfläche zum Oxid durch thermische Generation erzeugte Elektronen. Bei einer bestimmten Gatespannung, die als Schwellenspannung bezeichnet wird, erreicht die Dichte der Elektronen den Wert der Gleichgewichtsdichte der Löcher im Substrat. Im p-leitenden Substrat hat sich also an der Oberfläche ein n-leitender Kanal gebildet, der durch die Raumladungszone zum Substrat hin isoliert ist. Dieser Zustand wird als Inversion bezeichnet. Die Inversionsschicht schirmt das Gate gegen das Substrat ab, d.h., bei weiter steigender Gate-Spannung bleibt die Ausdehnung der Raumladungszone in erster Näherung unverändert, während die Ladungsträgerdichte im Kanal entsprechend linear mit der Gatespannung ansteigt.

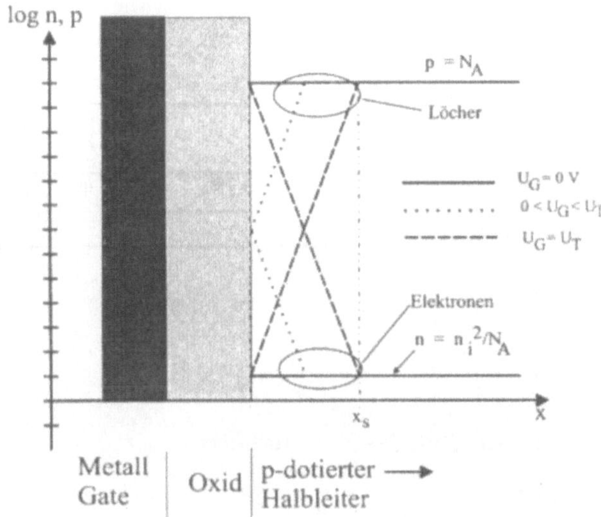

Abb. 3.2: Ladungsträgerdichten in einem MOS-Kondensator bei verschiedenen Gatespannungen

In Abb. 3.3 ist die Bandstruktur eines MOS-Kondensators auf p-dotiertem Substrat mit den Definitionen der wichtigen Größen φ_F und φ_S wiedergegeben.

In Abb. 3.4 sind die Bandstrukturen eines solchen MOS-Kondensators auf p-dotiertem Substrat, sowie die Ladungsträgerdichten, schematisch für verschiedene Gate-Spannungen (Substratanschluss auf Massepotential) wiedergegeben.

3.1 Die Schwellenspannung

Wie in Abb. 3.4 dargestellt, verursacht eine an den Kondensator angelegte Spannung eine Verbiegung der Bandstruktur. Als Maß für diese Verbiegung dient das Oberflächenpotential φ_S (s. Abb. 3.3). Es gibt den Spannungsabfall über den Halbleiterbereich an. Da sich durch diese Bandverbiegung der Abstand zwischen E_i und E_F ändert, müssen sich die Ladungsträgerdichten entsprechend ändern. Ist z.B. $\varphi_S = \varphi_F$, so ist der Abstand zwischen E_i und E_F direkt an der Oberfläche zum Isolator auf null gesunken. Dies entspricht einem undotierten Halbleiter und damit gilt für die Ladungsträgerdichten direkt an der Oberfläche:

$$n_S = p_S = n_i \tag{3.1}$$

Der Index S steht für Surface, engl. für Oberfläche. Wird die Spannung weiter erhöht, bis das Oberflächenpotential den Wert $\varphi_S = 2\ \varphi_F$ erreicht, dann gilt für die Ladungsträger-

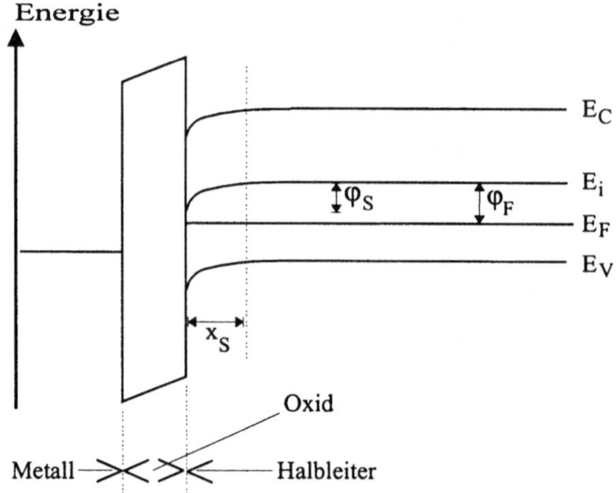

Abb. 3.3: Bandstruktur eines MOS-Kondensators zur Verdeutlichung der Größen φ_S, φ_F und x_S

dichten direkt an der Oberfläche:

$$n_S = p_B = N_A \; und \; p_S = n_B = \frac{n_i^2}{N_A} \tag{3.2}$$

Der Index B steht für Bulk. Gemeint ist hier der Bereich im Halbleitersubstrat, weitab von der Oberfläche. Die Ladungsträgerdichten an der Oberfläche haben sich also genau umgekehrt, man spricht von Inversion. Die hierfür notwendige Gate-Spannung wird als Schwellenspannung bezeichnet. Ein Teil dieser Spannung fällt über der Raumladungszone, der Rest über dem Oxid ab. Der Spannungsabfall im Halbleiter über der Raumladungszone ist bereits bekannt. Für ihn gilt:

$\varphi_S = 2 \cdot \varphi_F$ wobei $\varphi_F = \frac{k_B T}{q} \cdot \ln \frac{N_A}{n_i}$

Für den Spannungsabfall U_{Ox} über dem Oxid gilt:

$$U_{Ox} = \frac{Q_S}{C_{Ox}} = \frac{q \cdot N_A \cdot x_S}{C_{Ox}} \tag{3.3}$$

wobei Q_S die Ladung im Silizium, also die der Raumladungszone ist. C_{Ox} ist die Kapazität des Gateisolators der Dicke t_{Ox} und es gilt $C_{Ox} = \epsilon_0 \cdot \epsilon_{SiO_2}/t_{Ox}$. Für die Weite der Raumladungszone gilt ähnlich wie bei einem pn-Übergang unter der Annahme der Verarmungsnäherung:

$$x_s = \sqrt{\frac{2 \cdot \epsilon_0 \cdot \epsilon_{Si} \cdot \varphi_s}{q \cdot N_A}}$$

Dabei ist N_A die Dotierungsdichte und φ_S , das Oberflächen- Potential, identisch mit der über der Raumladungszone abfallenden Spannung (s. Abb. 3.3). Somit ergibt sich für U_{Ox}:

$$U_{Ox} = \sqrt{\frac{4 \cdot \epsilon_0 \cdot \epsilon_{Si} \cdot \varphi_F \cdot q \cdot N_A}{C_{Ox}^2}}$$

und letztlich für die Schwellenspannung U_T:

$$U_T = \sqrt{\frac{4 \cdot \epsilon_0 \cdot \epsilon_{Si} \cdot \varphi_F \cdot q \cdot N_A}{C_{Ox}^2}} + 2 \cdot \varphi_F \tag{3.4}$$

3.2 Einfache Theorie des MOS-Kondensators

Aufgrund dieser spannungsabhängigen Dichte der beweglichen Ladungsträger ist die Kapazität des MOS-Kondensators spannungsabhängig. Im Bereich negativer Gate-Spannungen, sammeln sich Majoritätsladungsträger, also Löcher, an der Si/SiO2-Oberfläche an. Dieser Zustand wird Akkumulation genannt. Hier ist nur die Oxidkapazität wirksam. Sobald sich aber unter dem Gateoxid unter dem Einfluss einer positiven Gate-Spannung eine Raumladungszone bildet, wirkt diese wie eine der Oxidkapazität in Reihe geschaltete Kapazität. Da die Raumladungszone, ähnlich wie bei dem pn-Übergang an Ladungsträgern stark verarmt ist, bezeichnet man diesen Zustand als Verarmung. Für die Gesamtkapazität gilt dann:

$$\frac{1}{C} = \frac{1}{C_{Ox}} + \frac{1}{C_S} \tag{3.5}$$

C_S ist abhängig von der Ausdehnung der Raumladungszone und damit von der Gatespannung. Für die Ausdehnung der Raumladungszone gilt:

$$x_s = \sqrt{\frac{2 \cdot \epsilon_0 \cdot \epsilon_{Si} \cdot \varphi_s}{q \cdot N_A}} \tag{3.6}$$

Daraus folgt für C_S:

$$C_S = \frac{\epsilon_0 \cdot \epsilon_{Si}}{x_s} = \sqrt{\frac{q \cdot N_A \cdot \epsilon_0 \cdot \epsilon_{Si}}{2 \cdot \varphi_s}} \tag{3.7}$$

Über das Gateoxid fällt dann eine Spannung ab, für die gilt:

$$U_{Ox} = \frac{Q_S}{C_{Ox}} = \frac{q \cdot N_A \cdot x_S}{C_{Ox}} \tag{3.8}$$

wobei Q_S die Flächenladungsdichte ist, die durch die ionisierten Dotieratome in der Raumladungszone gebildet wird. Für die Gesamtspannung, die über dem MOS-Kondensator abfällt, gilt also:

$$U_G = \frac{Q_S}{C_{Ox}} + \varphi_S \tag{3.9}$$

oder mit Gl. 3.6 und Gl. 3.8:

$$U_G = \frac{q \cdot N_A \cdot x_S}{C_{Ox}} + \frac{q \cdot N_A \cdot x_S^2}{2 \cdot \epsilon_0 \cdot \epsilon_{Si}} \tag{3.10}$$

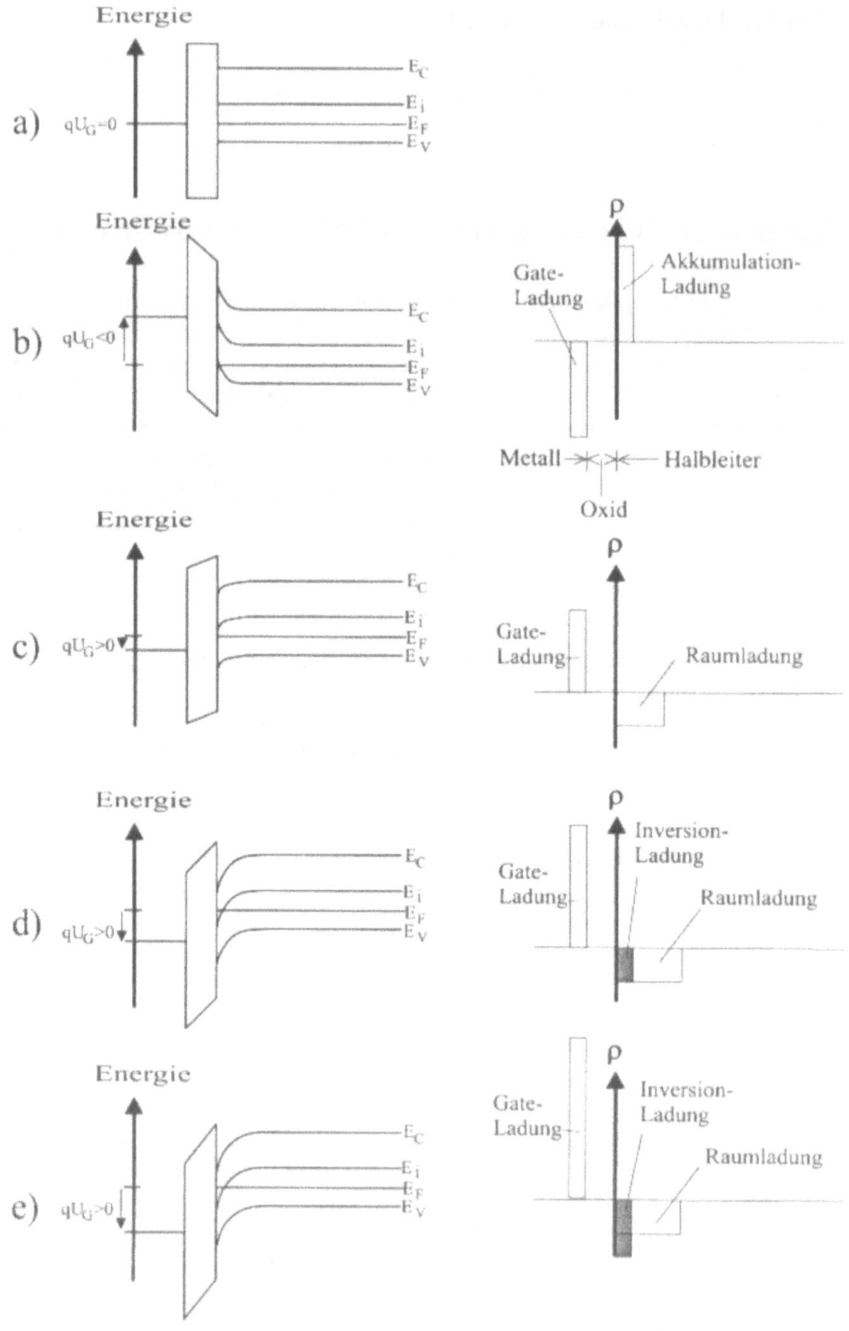

Abb. 3.4: Bandstruktur und Ladungsträgerdichten eines MOS-Kondensators auf p-Silizium; a) Flachbandfall; b) Akkumulation; c) Verarmung; d) Inversion; e) starke Inversion

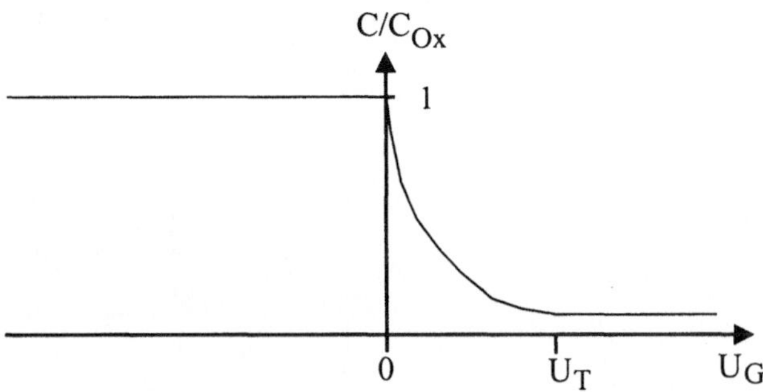

Abb. 3.5: Schematischer Verlauf einer C(U)-Kurve

Mit $x_S = \frac{\epsilon_0 \cdot \epsilon_{Si}}{C_S}$ folgt:

$$U_G = \frac{q \cdot N_A \cdot \epsilon_0 \cdot \epsilon_{Si}}{C_{Ox} \cdot C_S} + \frac{q \cdot N_A \cdot \epsilon_0 \cdot \epsilon_{Si}}{2 \cdot C_S^2}$$

Durch Umstellen folgt weiter:

$$\left(\frac{C_{Ox}}{C_S}\right)^2 + 2 \cdot \left(\frac{C_{Ox}}{C_S}\right) - \left(\frac{U_G \cdot 2 \cdot C_{Ox}^2}{q \cdot N_A \cdot \epsilon_0 \cdot \epsilon_{Si}}\right) = 0$$

Als sinnvolle Lösung dieser quadratischen Gleichung ergibt sich:

$$\frac{C_{Ox}}{C_S} = -1 + \sqrt{1 + \left(\frac{U_G \cdot 2 \cdot C_{Ox}^2}{q \cdot N_A \cdot \epsilon_0 \cdot \epsilon_{Si}}\right)} \tag{3.11}$$

Eingesetzt in Gl. 3.5 folgt:

$$\frac{C}{C_{Ox}} = \left(\sqrt{1 + \frac{U_G \cdot 2 \cdot C_{Ox}^2}{q \cdot N_A \cdot \epsilon_0 \cdot \epsilon_{Si}}}\right)^{-1} \tag{3.12}$$

Die Gesamtkapazität nimmt also, sobald sich eine Raumladungszone bildet, mit zunehmender Gatespannung ab (s. Abb. 3.5).

Als erste wichtige Ergänzung muss bemerkt werden, dass im Flachbandfall (d.h. $Q_S = 0$) nicht etwa C_S gegen unendlich geht, sondern vielmehr gilt:

$$C_{S,FB} = \frac{\epsilon_0 \cdot \epsilon_{Si}}{L_D}$$

mit

$$L_D = \frac{\epsilon_0 \cdot \epsilon_{Si} \cdot k_B T}{q^2 \cdot N_A}$$

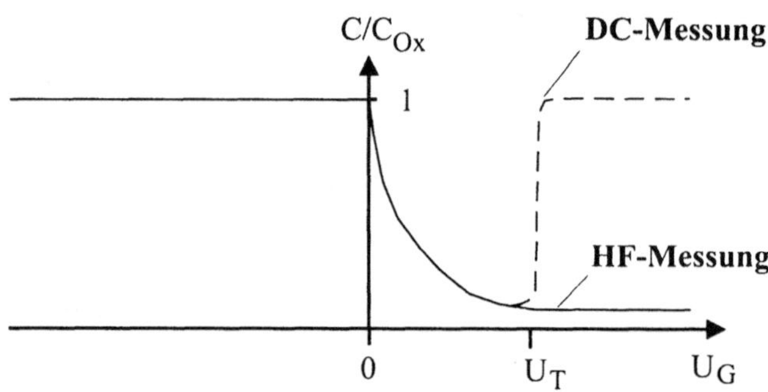

Abb. 3.6: Verlauf der C(U)-Kurve bei unterschiedlichen Messfrequenzen

Wobei L_D die intrinsische Debye-Länge ist.

Als zweiter wichtiger Punkt sei daran erinnert, dass für $U_G > U_T$, d.h. in der Inversion, sich die Raumladungszone in erster Näherung nicht weiter ausdehnt. Damit gilt für den Minimalwert der Kapazität:

$\frac{C_{\min}}{C_{Ox}} = \left(\sqrt{1+\frac{U_T}{U_0}}\right)^{-1}$ für $U_G > U_T$

Die Inversionsbedingung lautete $\varphi_S = 2\cdot\varphi_F$. Daraus ergibt sich für die minimale Kapazität:

$$\begin{aligned} \frac{1}{C_{\min}} &= \frac{1}{C_{Ox}} + \frac{1}{C_{S,\min}} = \frac{1}{C_{Ox}} + \frac{x_{\max}}{\epsilon_0 \cdot \epsilon_{Si}} \\ &= \frac{1}{C_{Ox}} + \sqrt{\frac{4\cdot\varphi_F}{q\cdot N_A\cdot\epsilon_0\cdot\epsilon_{Si}}} \end{aligned} \qquad (3.13)$$

Der weitere Verlauf der C(U)-Messung oberhalb von U_T ist sehr stark von der Messmethode, insbesondere der Messfrequenz abhängig. Ursache hierfür ist die Tatsache, dass die Ladungsträger, welche die Inversionsschicht bilden, durch thermische Generation in der Raumladungszone erzeugt werden müssen und dieser Vorgang mit einer gewissen Zeitkonstanten behaftet ist. Benutzt man zur Kapazitätsmessung eine sich langsam ändernde Gleichspannung, so kann die Ladungsträgerdichte in der Inversionsschicht aufgrund der Generation in der Raumladungszone der Spannungsänderung folgen (CdU = dQ). Gemessen wird dann also die Ladungsträgerdichte in der Inversionsschicht und damit die Oxidkapazität. Bei Gleichspannungen bzw. sehr niedrigeren Frequenzen wird daher die C(U)-Kurve, oberhalb von U_T, steil bis auf den Wert C_{Ox} ansteigen.

Wird dagegen eine Wechselspannung hoher Frequenz (einige 100 kHz), aber kleiner Amplitude, zur Kapazitätsmessung benutzt, die der Gate-Spannung überlagert wird, kann die Ladungsträgerdichte in der Inversionsschicht der Wechselspannung nicht mehr folgen, da jetzt die Zeitkonstante für die Ladungsträgergeneration größer ist als die Periodendauer der Wechselspannung. Die Ladungsträgerdichte in der Inversionsschicht wird also auf dem durch die Gatevorspannung bestimmten Wert konstant bleiben. Damit die Spannungs- und Ladungsbilanz zu jedem Zeitpunkt ausgeglichen bleibt, muss dann aber die Ausdehnung der Raumladungszone mit der Wechselspannung um ihren Maximalwert schwanken.

Gemessen wird hier also die Ladungsmenge, die in der Raumladungszone gespeichert ist. Damit bleibt bei hohen Frequenzen, oberhalb von U_T, die Kapazität in erster Näherung konstant auf ihrem Minimalwert.

Der prinzipielle Verlauf von C(U)-Kurven für den hoch- und den niederfrequenten Fall ist in Abb. 3.6 wiedergegeben.

Für MOS-Kondensatoren auf n-leitendem Silizium ergeben sich mit einigen Vorzeichen völlig äquivalente Formeln. In Abb. 3.7 sind die zu Abb. 3.4 äquivalenten Darstellungen für die Akkumulation, Verarmung und Inversion wiedergegeben. Eine Darstellung der C(U)-Kurve für diesen Fall findet sich in Abb. 3.8.

Beispiel 12: Wie groß ist die Oxidkapazität und die Schwellenspannung eines MOS-Kondensators, der auf p-leitenden Silizium (N_A=2,0·10^{16}cm^{-3}) mit SiO_2 von 40 nm Dicke als Isolator (ϵ_{SiO_2}=4) aufgebaut ist?

Lösung:

Für die Oxidkapazität ergibt sich:

$$C_{Ox} = \frac{\epsilon_0 \cdot \epsilon_{SiO_2}}{t_{Ox}} = 8,854 \cdot 10^{-8} \frac{F}{cm^2} = 88,54 \frac{nF}{cm^2}$$

Für das Fermi-Potential erhält man:

$$\varphi_F = \frac{k_B T}{q} \cdot \ln\left(\frac{N_A}{n_i}\right) = 0,353V$$

Für die Schwellenspannung erhält man:

$$U_T = \sqrt{\frac{4 \cdot \epsilon_0 \cdot \epsilon_{Si} \cdot q N_A \cdot \varphi_F}{C_{Ox}^2}} + 2\varphi_F = 0,783V + 0,705V = 1,49V$$

Beispiel 13: Wie groß müsste die Dotierung sein, damit die Schwellenspannung des MOS-Kondensators aus dem vorhergehenden Beispiel etwa 1 V beträgt?

Lösung :

Da sich die Gleichung für die Schwellenspannung nicht nach der Dotierung auflösen lässt, helfen hier nur iterative Verfahren. Im einfachsten Fall versucht man es mit Probieren.

Die Dotierung aus Beispiel 12 ist offensichtlich zu groß. Mit einer Dotierung von 1·10^{15} cm^{-3} erhält man eine Schwellenspannung von weniger als einem Volt.

Mit einer Dotierung von 5·10^{15} cm^{-3} ergibt sich eine Schwellenspannung von1,06 V, womit die Forderung annähernd erfüllt ist.

3.3 Ergänzungen zur Theorie des MOS-Kondensators

3.3.1 Austrittsarbeitsdifferenz

Die Austrittsarbeit, d.h. die Energie, die notwendig ist, um einen Ladungsträger vom Fermi-Niveau zum Vakuumniveau anzuheben, ist i.A. beim Halbleiter eine andere als beim Material der Gate-Elektrode. Diese Austrittsarbeits-Differenz verursacht eine Potentialdifferenz, die zum Beispiel in Thermoelementen ausgenutzt wird. Bringt man Materialien,

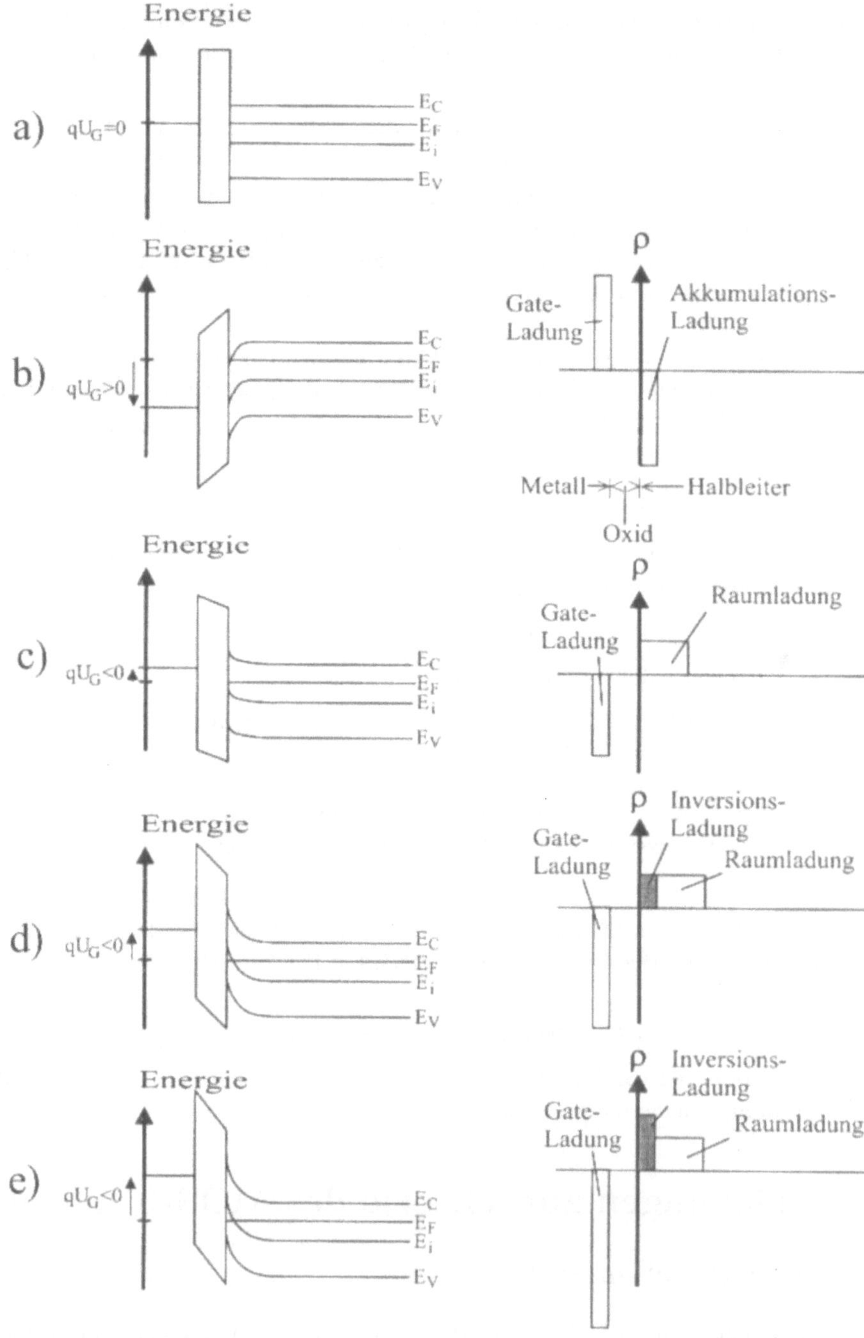

Abb. 3.7: Bandstruktur und Ladungsträgerdichten eines MOS-Kondensators auf n-Silizium; a) Flachbandfall; b) Akkumulation; c) Verarmung; d) Inversion; e) starke Inversion

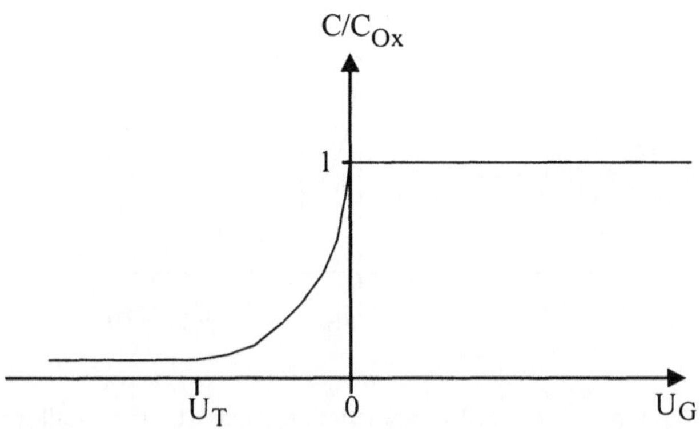

Abb. 3.8: C(U)-Kurve eines MOS-Kondensators auf n-dotiertem Substrat

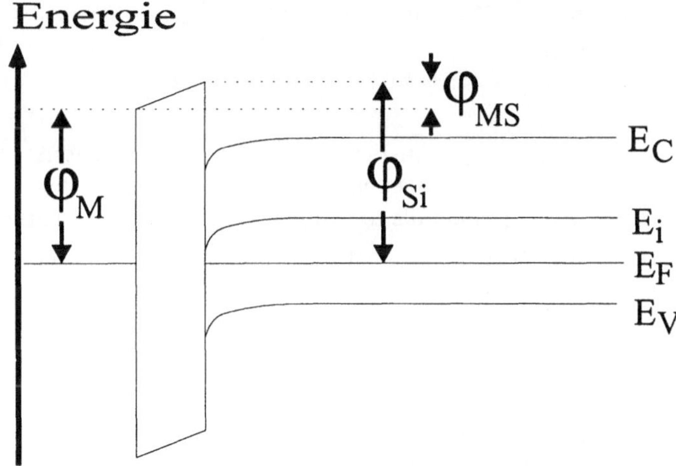

Abb. 3.9: Auswirkung der Austrittsarbeitsdifferenz φ_{MS} auf die Bandstruktur: Auch bei 0 V Gate-Spannung verursacht die Austrittsarbeitsdifferenz eine Bandverbiegung, die zu einer Oberflächenladungsdichte $\neq 0$ führt.

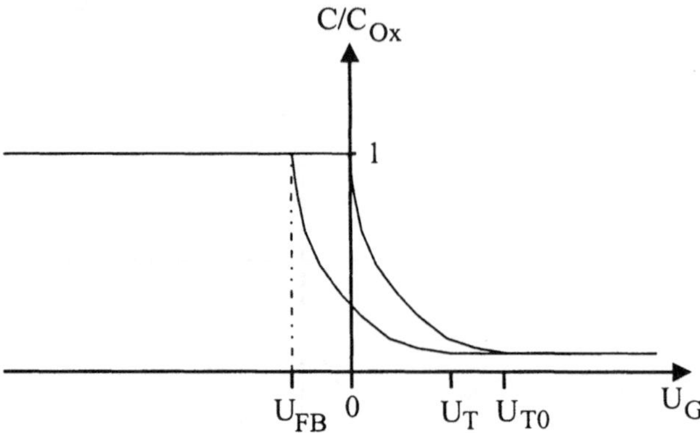

Abb. 3.10: Auswirkung einer von null verschiedenen Austrittsarbeitsdifferenz auf die C(U)-Kurve

die sich derart unterscheiden, in einem MOS-Kondensator zusammen, so ergibt sich aus der Forderung, dass das Fermi-Niveau im thermodynamischen Gleichgewicht in der gesamten Struktur konstant ist, eine Potentialdifferenz zwischen Halbleiter und Gate-Elektrode. Dieses "eingebaute" Potential, das gleich der Differenz φ_{MS} der unterschiedlichen Austrittsarbeiten ist, verursacht auch bei 0 V Gatespannung eine Bandverbiegung (d.h. φ_S (U_G =0 V)$\neq$ 0) und hat daher auch eine von null verschiedene Oberflächenladungsdichte zur Folge (s. Abb. 3.9). Es muss also zur Einstellung des Flachbandfalles ($\varphi_S = 0$; $x_S = 0$) eine gewisse Spannung, die sogenannte Flachbandspannung U_{FB}, angelegt werden und es gilt:

$$U_{FB} = \varphi_{MS}$$

Zu bemerken ist noch, dass φ_{MS} von der Dotierung des Halbleiters abhängt, da durch die Dotierung die Lage des Fermi-Niveaus bestimmt ist (s. o). Bei der Berechnung der Schwellenspannung muss φ_{MS} ebenfalls als additiver Term berücksichtigt werden.

In C(U)-Messungen macht sich die Austrittsarbeitsdifferenz durch eine Verschiebung der Kurve parallel zur U_G -Achse bemerkbar (s. Abb. 3.10).

3.3.2 Oxidladungen

Weiter müssen bei C(U)-Messungen einige Materialeigenschaften des Gateoxids berücksichtigt werden, die zu Abweichungen vom idealen Verlauf der C(U)-Kurven führen. So ist es bei der Herstellung des Gateoxids nicht zu vermeiden, dass im Oxid positiv geladene Ionen eingeschlossen werden. Diese festen Oxidladungen influenzieren im Halbleiter eine äquivalente Flächenladungsdichte, beeinflussen also U_{FB} und U_T und führen so zu einer Verschiebung der C(U)-Kurve parallel zur U_G -Achse.

Handelt es sich bei den Metallionen um Alkaliatome (Natrium, Kalium etc.), so ist Gefahr im Verzug: Diese Ionen können selbst bei geringen Gatespannungen und normalen Temperaturen im Oxid wandern, sind also beweglich. Das führt zur schleichenden Veränderung

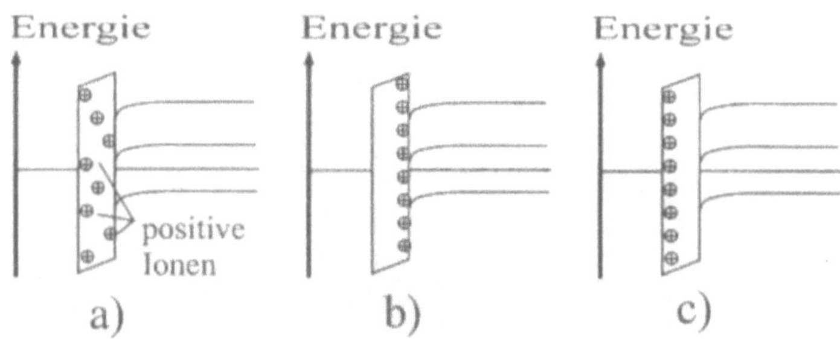

Abb. 3.11: Verteilung von positiven, beweglichen Ionen: a) Im ursprünglichen Zustand; b) Nach positivem Spannungs-/Temperaturstress; c) Nach negativem Spannungs-/Temperaturstress

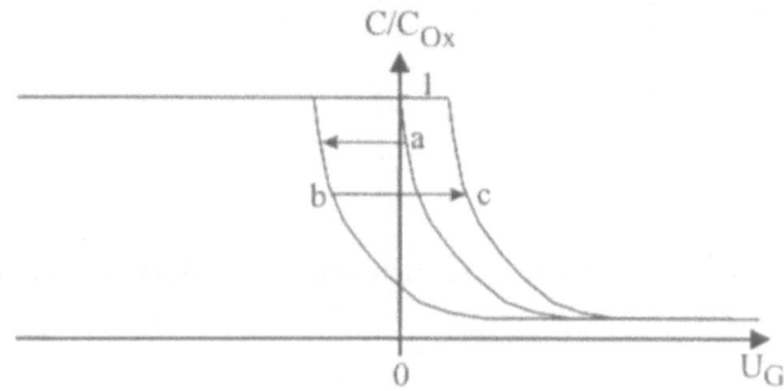

Abb. 3.12: Verschiebung der C(U)-Kurve unter dem Einfluß von positiven, beweglichen Ionen: a) Im ursprünglichen Zustand; b) Nach positivem Spannungs-/Temperaturstress; c) Nach negativem Spannungs-/Temperaturstress

der Schwellenspannung im Laufe des Betriebs. Es ist klar, dass Schaltungen, die unter diesem Effekt leiden, nicht zuverlässig funktionieren können.

3.3.3 Oberflächenzustände

Die Grenzfläche zwischen Si und SiO_2 hat ebenfalls Einfluss auf die C(U)-Messung. Hier verursachen ungesättigte Bindungen Störungen, sogenannte Oberflächenzustände, da diese Zustände abhängig von der anliegenden Gatespannung geladen bzw. ungeladen sein können. Die Auswirkungen dieser Oberflächenzustände auf C(U)-Kurven sind in Abb. 3.14 wiedergegeben.

Schließlich muss berücksichtigt werden, dass die Dotierung des Si-Substrats in der Regel nicht homogen ist, sondern sich durch die Technologie (Oxidation) und durch zusätzliche Implantationen zur Einstellung der Schwellenspannung eine Abhängigkeit der Dotierstoffkonzentration vom Abstand zur Oberfläche ergibt. Hierauf soll jedoch an dieser Stelle nicht näher eingegangen werden.

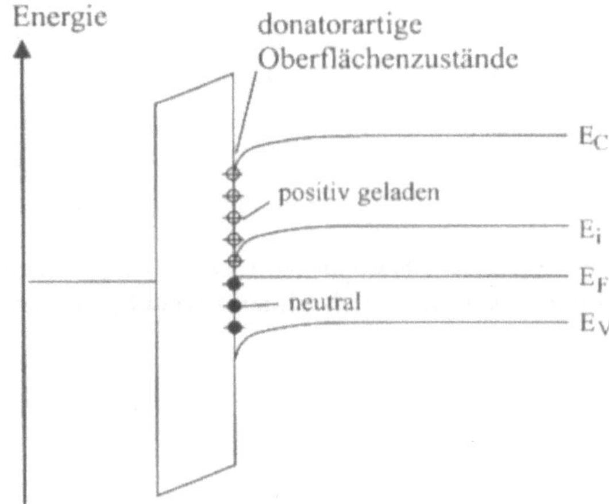

Abb. 3.13: Schematische Darstellung von donatorartigen Oberflächenzuständen in der Bandstruktur

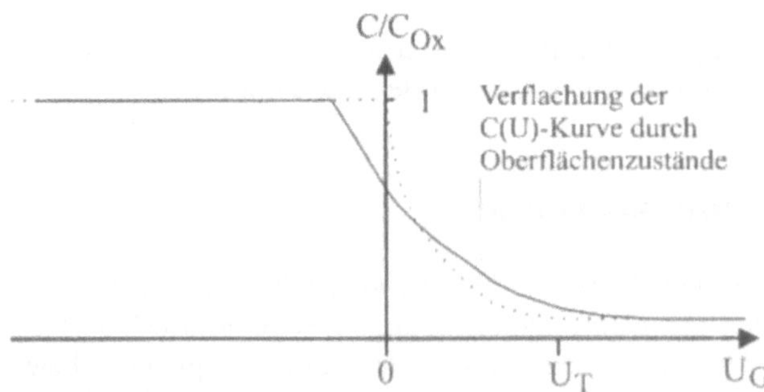

Abb. 3.14: Auswirkungen von Oberflächenzuständen auf die C(U)-Kurve

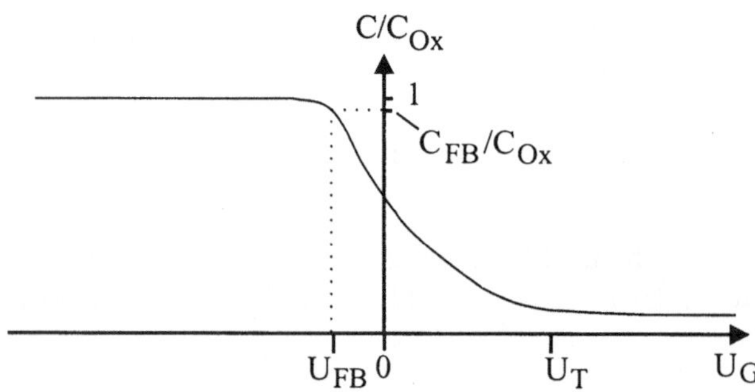

Abb. 3.15: Schematische Darstellung einer realen C(U)-Kurve

3.3.4 Durchführung und Auswertung von C(U)-Messungen

Im folgenden Abschnitt werden einige Anmerkungen zur Durchführung und zur Auswertung von C(U)-Messungen gemacht.

Es ist zu beachten, dass durch Lichteinwirkung im Halbleiter Elektron-Loch-Paare erzeugt werden, wodurch C(U)-Messungen verfälscht werden. C(U)-Messungen werden daher grundsätzlich auf Sondenmessplätzen mit lichtdichtem Gehäuse durchgeführt.

Weiter sind alle Halbleitereigenschaften und daher auch C(U)-Messungen temperaturabhängig. Daher sollten C(U)- Messungen immer bei derselben Temperatur durchgeführt werden, um die Vergleichbarkeit der Ergebnisse zu gewährleisten.

Bei den heute üblichen Oxiddicken von ca. 40 nm beträgt die maximale Kapazität des MOS-Kondensators (d.h. C_{Ox}) etwa $8{,}6\cdot 10^{-16}$ F/μm^2 und liegt damit an der Grenze der Auflösung der heute verfügbaren Messgeräte. Die Mindestgröße der MOS- Kondensatoren sollte daher $100\cdot 100$ μm^2 nicht unterschreiten. Dabei ist auch der Einfluss von Streu- und Leitungskapazitäten zu berücksichtigen.

Zusätzlich sollte beim Messaufbau auf möglichst kurze Leitungsführung geachtet werden und nur abgeschirmte Leitungen und Sondenhalter benutzt werden. Dies ist insbesondere bei LF- bzw. bei DC-Kapazitätsmessungen sehr wichtig.

Zur Auswertung:

Aus (3.13) folgt für die minimale Kapazität in der Inversion (HF-Messung):

$\frac{1}{C_{\min}} = \frac{1}{C_{Ox}} + \frac{1}{C_{S,\min}} = \frac{1}{C_{Ox}} + \frac{x_{\max}}{\epsilon_0 \cdot \epsilon_{Si}} = \frac{1}{C_{Ox}} + \sqrt{\frac{4\cdot\varphi_F}{q\cdot N_A\cdot\epsilon_0\cdot\epsilon_{Si}}}$

$\Rightarrow\ N_A = \left(\frac{C_{Ox}\cdot C_{\min}}{C_{Ox}-C_{\min}}\right)^2 \cdot \frac{4\cdot\varphi_F}{q\cdot\epsilon_0\cdot\epsilon_{Si}}$

$$N_A = \left(\frac{C_{Ox}\cdot C_{\min}}{C_{Ox}-C_{\min}}\right)^2 \cdot \frac{4}{q^2\cdot\epsilon_0\cdot\epsilon_{Si}} \cdot k_B T \ln\frac{N_A}{n_i}$$

Mit Hilfe dieser Gleichung lässt sich N_A iterativ bestimmen. Dazu müssen jedoch die Kapazitäten C_{min} und $C_{Ox} = C_{max}$ auf die Kondensatorfläche A normiert werden. Mit der Dotierung lässt sich die Flachbandkapazität $C_{S,FB}$ bestimmen. Daraus folgt für die Gesamt-Flachbandkapazität C_{FB} :

$$C_{FB} = \frac{C_{S,FB} \cdot C_{Ox}}{C_{S,FB} + C_{Ox}} \cdot A$$

Mit diesem Wert lässt sich die Flachbandspannung U_{FB} aus der Messkurve ablesen. In erster Näherung gilt für U_{FB} :

$$U_{FB} = \varphi_{MS} - \frac{Q_{Ox}}{C_{Ox}}$$

φ_{MS} lässt sich wiederum aus der Dotierung berechnen. Die Austrittsarbeitsdifferenz zwischen n^+-Poly-Si und undotiertem Silizium beträgt φ_{ms0} = -0,55 V. Je nach Art der Dotierung muss zu diesem Wert noch das Fermi-Potential hinzu addiert bzw. abgezogen werden:

$$\varphi_{MS}\,(N_D) = \varphi_{MS0} - \varphi_F\,(N_D) \quad \text{für n-Silizium}$$
$$\varphi_{MS}\,(N_A) = \varphi_{MS0} + \varphi_F\,(N_A) \quad \text{für p-Silizium}$$

Man kann damit also die Oxidladungsdichte Q_{Ox} berechnen und es gilt:

$$Q_{Ox} = C_{Ox}(\varphi_{MS} - U_{FB})$$

Es muss allerdings erwähnt werden, dass dieser Wert nur als Näherungswert betrachtet werden darf, da wie bereits erwähnt, auch Oberflächenzustände Einfluss auf die Flachbandspannung haben.

3.4 Wichtige Formeln

Weite der Raumladungszone:

$$x_s = \sqrt{\frac{2 \cdot \epsilon_0 \cdot \epsilon_{Si} \cdot \varphi_s}{q \cdot N_{A,D}}}$$

Inversionsbedingung:

$$\varphi_S = 2 \cdot \varphi_F = \frac{k_B T}{q} \cdot \ln \frac{N_{A,D}}{n_i}$$

Schwellenspannung:

$$U_T = \sqrt{\frac{4 \cdot \epsilon_0 \cdot \epsilon_{Si} \cdot N_{A,D} \cdot \varphi_F}{C_{Ox}^2}} + 2 \cdot \varphi_F$$

4 MOS-Transistor

Der im letzten Kapitel betrachtete MOS-Kondensator ist an sich ein interessantes Bauelement, hat aber so keine praktische Bedeutung. Spannungsabhängige Kapazitäten kann man mit einfachen Dioden leichter realisieren.

Fügt man aber an einen solchen MOS-Kondensator auf p-Substrat an zwei gegenüberliegenden Seiten n^+-Gebiete, die mit dem Substrat Dioden bilden, als Elektroden (Drain und Source; engl.:Abfluss und Quelle) an, so kann man die Leitfähigkeit zwischen den Elektroden im Bereich der Inversion über die Gatespannung steuern.

4.1 Das einfachste MOS-Transistormodell

Der für die weiteren Betrachtungen interessante Arbeitsbereich des MOS-Kondensators ist also die Inversion. In diesem Bereich gilt in erster Näherung für die Ladungsdichte im Kanal:

$$Q_n = \frac{t_{Ox}}{\epsilon_0 \cdot \epsilon_{Si}} \cdot (U_G - U_T) = C_{Ox} \cdot (U_G - U_T) \tag{4.1}$$

für $U_G > U_T$. Dabei ist C_{Ox} die Oxidkapazität pro Fläche. Man benötigt also die Schwellenspannung an der Gateelektrode, um die Inversionsschicht überhaupt zu erzeugen. Erst für größere Spannungen nimmt die Ladungsdichte der Inversionsschicht linear mit der Gatespannung zu

Im Folgenden wird der Sourceanschluss als Bezugspotential gewählt, wobei die Substrat-Source-Spannung 0 V beträgt. Legt man an die Drainelektrode eine Spannung U_{DS} an, so ergibt sich über einem Längenelement dy ein Spannungsabfall dU und es gilt:

$$dU = I_D \cdot dR \tag{4.2}$$

Dabei ist I_D der Drainstrom. Das Widerstandselement dR hängt sicherlich mit dem spezifischen Widerstand ρ der Inversionsschicht zusammen, für den gilt:

$$\rho = \frac{1}{q \cdot \mu_n \cdot n(x)} \tag{4.3}$$

wobei n = n(x), die Dichte der Elektronen, eine stark von der Tiefe x abhängige Funktion ist. Damit gilt für das Widerstandselement dR:

$$dR = \rho \cdot \frac{dy}{dx \cdot dz} = \frac{dy}{q \cdot \mu_n \cdot n(x) \cdot dx \cdot dz} \tag{4.4}$$

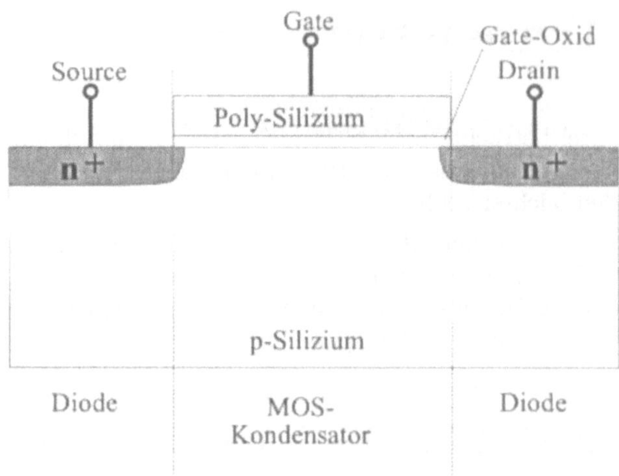

Abb. 4.1: Grundsätzlicher Aufbau eines n-Kanal MOS-Transistors im Querschnitt

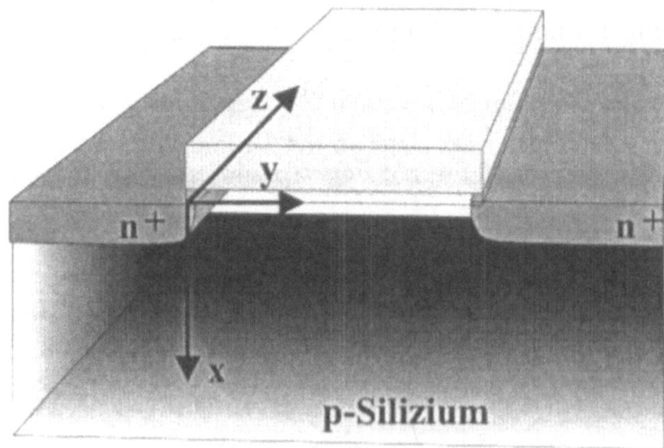

Abb. 4.2: Schematische Darstellung eines MOS-Transistors zur Erläuterung des benutzten Koordinatensystems

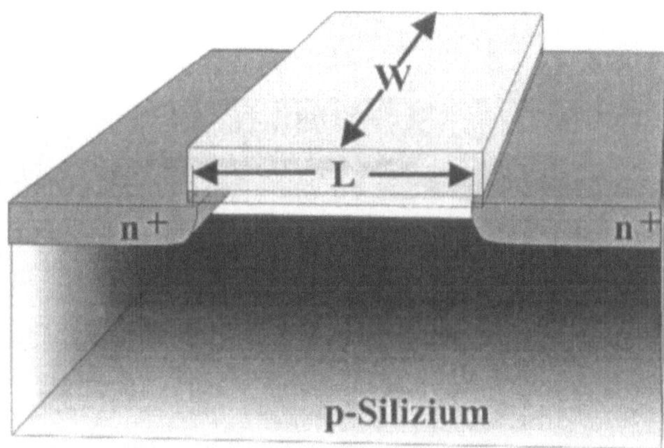

Abb. 4.3: Schematische Darstellung eines MOS-Transistors zur Erläuterung der Größen W und L

Da n(x) senkrecht zur Stromrichtung und parallel zu Oberfläche konstant ist und also nicht von z abhängt, kann die Integration über z im Nenner sofort durchgeführt werden:

$$dR = \frac{dy}{q \cdot \mu_n \cdot n(x) \cdot dx \cdot W} \tag{4.5}$$

Dabei ist W die Weite der Gateelektrode in z-Richtung und wird als Kanalweite bezeichnet (s. Abb. 4.3).

Die zweite Integration im Nenner ist ohne genaue Kenntnis der Dichte n(x) nicht ausführbar. Glücklicherweise kennen wir das Ergebnis schon aus vorausgegangenen Überlegungen:

$$q \cdot \int n(x)dx = Q_n$$

Für dR ergibt sich also:

$$dR = \frac{dy}{\mu_n \cdot Q_n \cdot W}$$

und damit für dU:

$$dU = \frac{I_D \cdot dy}{\mu_n \cdot Q_n \cdot W} \tag{4.6}$$

Daraus folgt weiter:

$$I_D\, dy = \mu_n \cdot Q_n \cdot W dU \tag{4.7}$$

Da nun die Spannung in der Inversionsschicht, bzw. des Kanals, eine Funktion des Ortes y sein muss, sobald ein Strom fließt, andererseits die Gatespannung unabhängig von y ist,

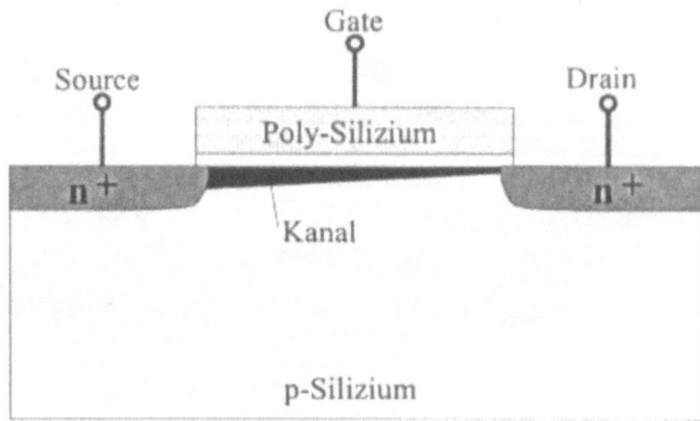

Abb. 4.4: Schematische Darstellung der ortsabhängigen "Dicke" bzw. besser Ladungsträgerdichte im Kanal unter dem Einfluß einer Drain-Source-Spannung

muss die Differenz von Gate- und Kanalspannung auch eine Funktion des Ortes y sein und es gilt:

$$Q_n = Q_n(y) = C_{Ox} \cdot (U_{GS} - U_T - U(y)) \tag{4.8}$$

Der Faktor in der Klammer gibt die Potentialdifferenz zwischen der Gateelektrode und dem Kanal an der Stelle y abzüglich der zur Erzeugung des Kanals notwendigen Schwellenspannung, die über der Raumladungszone zum Substrat abfällt, an. Daraus folgt:

$$I_D \cdot dy = C_{Ox} \cdot \mu_n \cdot W \cdot (U_{GS} - U_T - U(y)) \cdot dU \tag{4.9}$$

Integriert man nun über y, von 0 bis zum Abstand L der beiden n^+-Gebiete, der sogenannten Kanallänge, ergibt sich:

$$\int_0^L I_D \cdot dy = I_D \cdot L = \int_0^{U_{DS}} C_{Ox} \cdot \mu_n \cdot W \cdot (U_{GS} - U_T - U(y)) \cdot dU \tag{4.10}$$

und damit

$$I_D = C_{Ox} \cdot \mu_n \cdot \frac{W}{L} \cdot \left[(U_{GS} - U_T) \cdot U_{DS} - \frac{1}{2} \cdot U_{DS}^2\right] \tag{4.11}$$

oder kürzer

$$I_D = \beta \cdot \left[(U_{GS} - U_T) \cdot U_{DS} - \frac{1}{2} \cdot U_{DS}^2\right] \tag{4.12}$$

Diese Formel für den Drainstrom des MOS-Transistors gilt für den Bereich $U_{GS}>U_T$ und $U_{DS} < (U_{GS}-U_T)$. Dieser Arbeitsbereich des Transistors wird als Trioden- bzw. Anlaufbereich bezeichnet. Für $U_{GS}<U_T$ fließt nach diesem einfachen Modell kein Strom, da kein leitender Kanal existiert.

$$I_D = 0 \; für \; U_{GS} < U_T$$

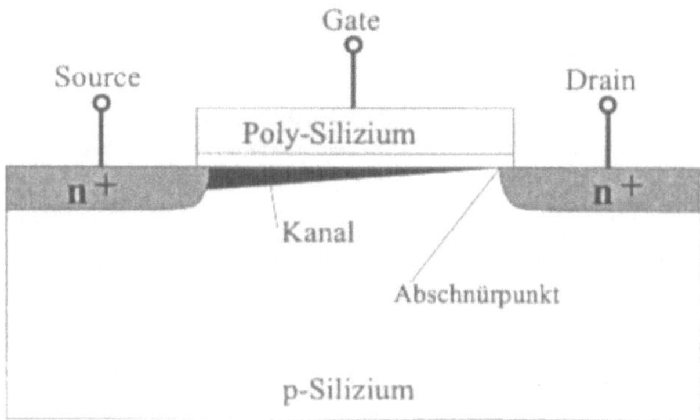

Abb. 4.5: Schematische Darstellung der Kanalabschnürung am Übergangspunkt vom Trioden- zum Sättigungsgebiet. An diesem Punkt ist $U_{GS} - U_T - U_{DS} = 0$, so dass die Kanalladung gleich null sein muß.

Für U_{DS} = (U_{GS}-U_T) verschwindet am drainseitigen Ende des Transistors der Kanal, da hier die Inversionsbedingung (U_{GS}-U_T-U(L))>0 nicht mehr erfüllt ist. Der Kanal wird also abgeschnürt. Das heißt aber nicht, dass der Drainstrom verschwindet oder entsprechend Gl. 4.12 wieder kleiner würde. Vielmehr werden die Ladungsträger vom Kanalende in die Raumladungszone injiziert und driften zum Drainanschluss. In nullter Näherung ist der Drainstrom in diesem Bereich unabhängig von U_{DS} und es gilt:

$$I_{DSat} = \frac{\beta}{2} \cdot (U_{GS} - U_T)^2 \; für \; U_{DS} \geq (U_{GS} - U_T) \tag{4.13}$$

Dieser Arbeitsbereich wird als Sättigungsbereich bezeichnet. Mit diesem einfachen Modell erhält man das in Abb. 4.6 dargestellte Ausgangskennlinienfeld, in dem der Drainstrom in Abhängigkeit von der Drainspannung mit der Gatespannung als Parameter aufgetragen ist. Die gestrichelte Linie markiert dabei den Übergang vom Trioden- zum Sättigungsgebiet.

Untersucht man die Situation genauer, stellt man fest, dass der Abschnürpunkt mit wachsendem U_{DS} in Richtung Source wandern muss, da an diesem Punkt immer $U_{PO}(y) = U_{DSSat} = (U_{GS} - U_T)$ gelten muss. Damit wird aber die effektive Kanallänge L verringert, die in die Konstante β eingeht und der Drainstrom nimmt mit U_{DS} zu.

Die Weite der Raumladungszone zwischen Abschnürpunkt und Drain lässt sich aus der entsprechenden Formel für den pn-Übergang berechnen und man erhält:

$$\Delta L = L - L' = \sqrt{\frac{2 \cdot \epsilon_0 \cdot \epsilon_{Si} \cdot (U_{DS} - U_{DSat})}{q \cdot N_A}} \tag{4.14}$$

Für den Drainstrom gilt dann näherungsweise:

$$I_D = I_{DSat} \cdot \frac{L}{L'} \tag{4.15}$$

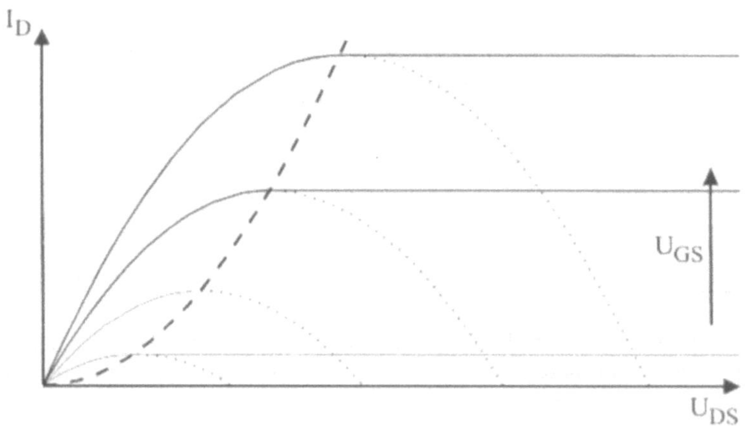

Abb. 4.6: Ausgangskennlinienfeld eines MOS-Transistors nach dem einfachen Modell. Die gestrichelte Linie markiert den Übergang vom Trioden- zum Sättigungsbereich. Die gepunkteten Linien zeigen den Verlauf der von Gl. (4.12) für $U_{DS} > (U_{GS} - U_T)$ beschrieben wird.

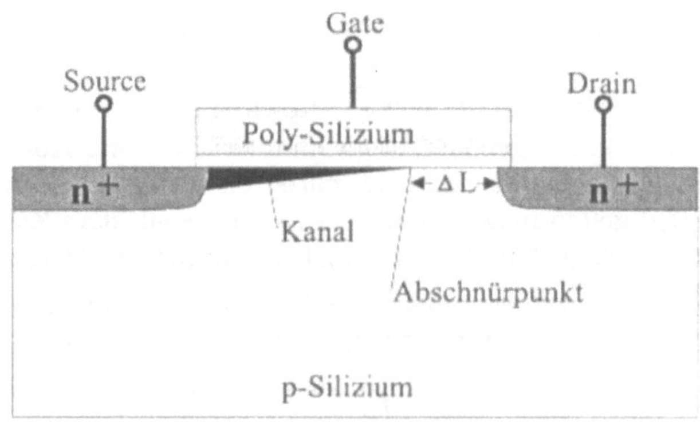

Abb. 4.7: Schematische Darstellung der Kanallängenmodulation im Sättigungsbereich

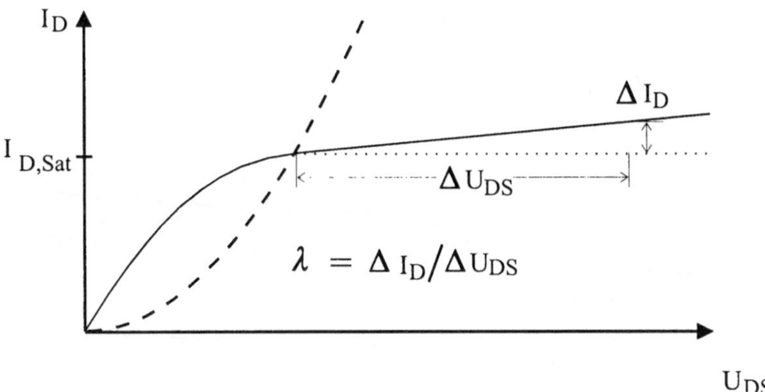

Abb. 4.8: Auswirkung der Kanallängenmodulation im Sättigungsbereich bei MOS-Transistoren mit Kanallängen größer 10 μm

Für Kanallängen größer als 10 μm führt diese in erster Näherung (Entwicklung der Wurzel) zu einem linearen Anstieg des Drainstromes mit U_{DS}:

$$I_D = I_{DSat} \cdot (1 + \lambda \cdot U_{DS}) \tag{4.16}$$

Die Abb. 4.9 zeigt eine Messung eines Ausgangskennlinienfeldes an einem NMOS-Transistor mit einer Kanallänge von 10 μm und einer Kanalweite von 50 μm. Die Schwellenspannung beträgt ca. 0,94 V und die Leitwertkonstante $B_0 = C_{OX} \cdot \mu$ hat einen Wert von ca. 44 $\mu A/V^2$. Sie zeigt, dass das einfache Modell im Triodengebiet in etwa mit der Realität übereinstimmt. In der Sättigung zeigen sich aber schon die ersten gravierenden Schwächen des einfachen Modells: Ohne Kanallängenmodulation entfernt man sich mit wachsender Drain-Source-Spannung immer weiter von der Realität. Und bei großen Drain-Source-Spannungen reicht die Kanallängenmodulation allein zur Erklärung des Überproportionalen Stromanstiegs nicht aus. Hier sind schon erste Anzeichen eines Durchbruchs zu erkennen, der weiter unten noch näher zu besprechen ist.

Bei sehr kleinem U_{DS} (i.a. 100mV) kann man den quadratischen Term in U_{DS} vernachlässigen und erhält:

$$I_D = \beta \cdot (U_{GS} - U_T) \cdot U_{DS}$$

Diese lineare Funktion von U_{GS} wird häufig zur Bestimmung der Schwellenspannung herangezogen, die hier durch den x-Achsenabschnitt der Geraden markiert wird (s. Abb. 4.14a).

Auch hier wieder der Vergleich mit einer Messung: Die Abb. 4.10 zeigt die Eingangskennlinie des Transistors, dessen Ausgangskennlinie in Abb. 4.9 wiedergegeben war. Neben dem Drainstrom wird hier auch die Ableitung des Drainstromes nach der Gatespannung, die sogenannte Steilheit des Transistors, über der Gatespannung aufgetragen. Nach dem einfachen Modell, welches für $U_{GS} < U_T$ keinen Strom und für $U_{GS} > U_T$ einen linear wachsenden Strom voraussagt, sollte die Steilheit eine Stufenfunktion mit dem Wert Null

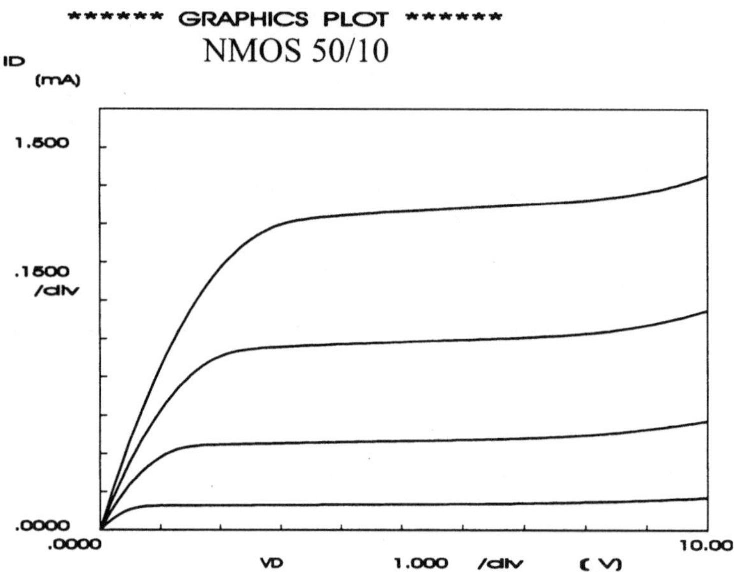

Abb. 4.9: Gemessenes Ausgangskennlinienfeld eines NMOS-Transistors (W = 50 μm; L = 10 μm; U_T = 0,094 V; B_0 = 44 $\mu A/V^2$) für die Gatespannungen 2 V, 3 V, 4 V und 5 V.

für $U_{GS} < U_T$ und einem konstanten Wert für $U_{GS} > U_T$ sein. Dies ist in der Realität offensichtlich nicht zu beobachten. Die sich daraus ergebenden notwendigen Ergänzungen zu dieser und anderen Abweichungen von der Realität werden im folgenden Abschnitt erläutert.

Beispiel 14: Ein n-Kanal-MOS-Transistor habe bei einer Schwellenspannung von 1,2 V, einer Gateoxiddicke von 30 nm und einer Elektronenbeweglichkeit von 500 cm^2/Vs, eine Weite von 50 μm und eine Länge von 10 μm.

a) Bestimmen Sie den Strom durch den Transistor nach dem einfachen Modell (keine Kanallängenmodulation; keine Querfeldbeweglichkeitsreduktion) unter folgenden Bedingungen:

i.	U_{GS} = 0,5 V	U_{DS} = 10 V
ii	U_{GS} = 3,2 V	U_{DS} = 10 V
iii	U_{GS} = 5,2 V	U_{DS} = 5 V
iv.	U_{GS} = 5,2 V	U_{DS} = 1 V
v.	U_{GS} = 6,2 V	U_{DS} = 0,1 V

b) Skizzieren Sie die Eingangskennlinie dieses Transistors für U_{DS} = 0,1 V. Wie groß ist die Steigung dieser Kennlinie?

c) Wie groß sind die Ströme aus a) wenn die Länge des Transistors 5 μm und die Weite 20 μm beträgt?

Lösung:

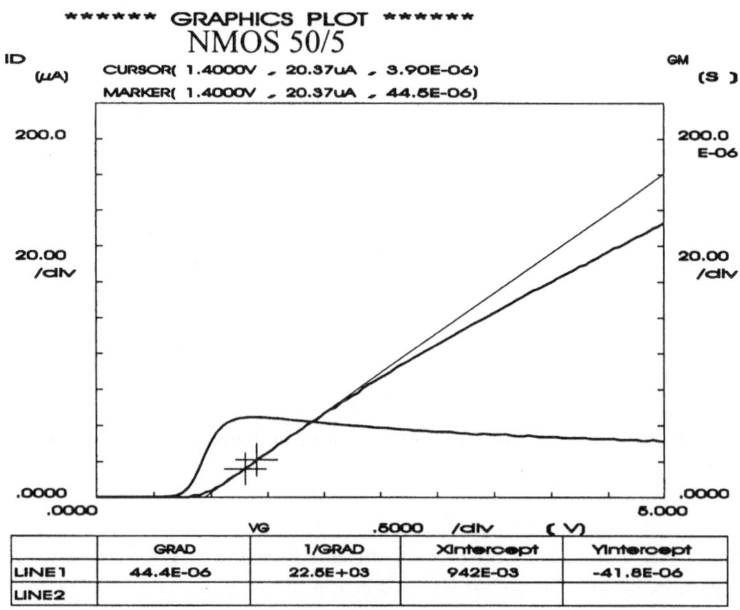

	GRAD	1/GRAD	XIntercept	YIntercept
LINE1	44.4E-06	22.5E+03	942E-03	-41.8E-06
LINE2				

Abb. 4.10: Bestimmung der Schwellenspannung mit der Tangenten-Methode

zu a) Für die Oxidkapazität ergibt sich:

$C_{Ox} = \frac{\epsilon_0 \cdot \epsilon_{SiO_2}}{t_{Ox}} = 118 \frac{nF}{cm^2}$

Und damit für die Leitwertkonstante $B_0 = C_{Ox} \cdot \mu_n = 59\ \mu A/V^2$ und für

$\beta = B_0 \cdot W/L = 295\ \mu A/V^2$

Zu den einzelnen Punkten:

i) $U_{GS} < U_T$:Transistor gesperrt: $I_D = 0$ A

ii) $(U_{GS} - U_T) < U_{DS}$:Transistor in Sättigung: $I_D = \beta/2(U_{GS} - U_T)^2 = 590\ \mu A$

iii) $(U_{GS} - U_T) < U_{DS}$:Transistor in Sättigung: $I_D = \beta/2(U_{GS} - U_T)^2 = 2{,}36$ mA

iv) $(U_{GS} - U_T) > U_{DS}$:Transistor in Triode:$I_D = \beta((U_{GS} - U_T) \cdot U_{DS} - 1/2 \cdot U_{DS}^2) = 1{,}03$ mA

v) $(U_{GS} - U_T) > U_{DS}$:Transistor in Triode:$I_D = \beta((U_{GS} - U_T) \cdot U_{DS} - 1/2 \cdot U_{DS}^2) = 148\ \mu A$

zu b) Für $U_{DS} = 0{,}1$ V kann man i.A. den quadratischen Term in U_{DS} in der Trioden Formel für $U_{GS} > U_T$ vernachlässigen:

$I_D \simeq \beta((U_{GS} - U_T) \cdot U_{DS})$

Man erhält also für den Drainstrom in Abhängigkeit von der Gatespannung eine Gerade mit der Steigung $\beta \cdot U_{DS}$, die die U_{GS}-Achse bei U_T schneidet. Steigung: $29{,}5\ \mu A/V$

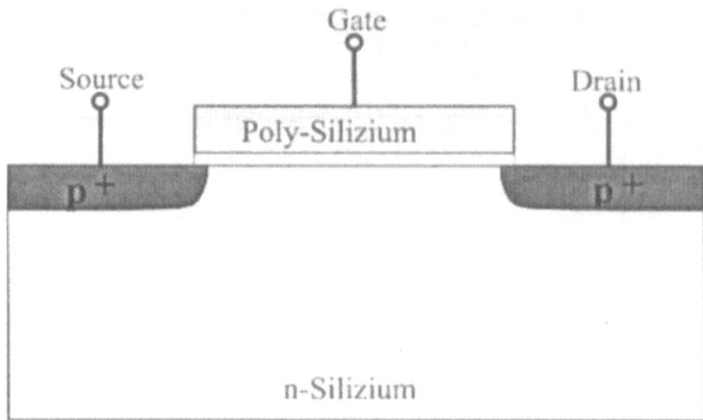

Abb. 4.11: Durch die Umkehrung der Dotierstoffverhältnisse entsteht aus einem n-Kanal ein p-Kanal Transistor

zu c) Das β des Transistors beträgt in diesem Fall 236 $\mu A/V^2$. Man kann natürlich alle Ströme neu berechnen. Einfacher ist es aber die Ströme aus a) mit dem Verhältnis β_{neu}/β_{alt} = (W/L)neu/(W/L)alt = 4/5 zu multiplizieren:

i) $I_D = 0$ A

ii) $I_D = 472$ μA

iii) $I_D = 1{,}89$ mA

iv) $I_D = 824$ μA

v) $I_D = 118$ μA

4.2 Der PMOS-Transistor

Dreht man die bisherigen Dotierstoffverhältnisse im MOS-Transistor um, so entsteht ein p-Kanal oder PMOS-Transistor, wie er in Abb. 4.11 gezeigt wird. Dieser hat zusammen mit dem n-Kanal Transistor in der Schaltungstechnik erhebliche Bedeutung (s. Kap 6; CMOS-Inverter). Natürlich muss dieser Transistor dann auch mit negativen Spannungen betrieben werden: Zunächst benötigt man eine negative Spannung am Gate gegenüber dem n-Substrat um eine Inversionsschicht aus Löchern zu erzeugen, außerdem müssen die Spannungen an Drain und Source gegenüber dem Substrat negativ sein, damit die zugehörigen pn-Übergänge gesperrt bleiben. Letztlich sind auch die Drain-Sourcespannung und damit der Drainstrom negativ. Das Ausgangskennnlinienfeld dieses Transistors liegt also, wie in Abb. 4.12 dargestellt, im dritten Quadranten des I-U Koordinatensystems. Im Triodenbereich gilt:

$$I_D = -C_{Ox} \cdot \mu_p \cdot \frac{W}{L} \cdot \left[(U_{GS} - U_T) \cdot U_{DS} - \frac{1}{2} \cdot U_{DS}^2 \right] \; \textit{für} \; U_{DS} \geq (U_{GS} - U_T) \qquad (4.17)$$

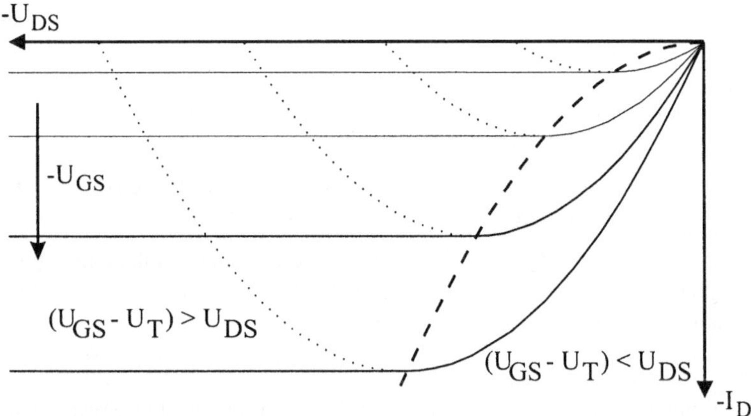

Abb. 4.12: Ausgangskennlinienfeld eines p-Kanal Transistors im dritten Quadranten der I/U Ebene

oder kürzer

$$I_D = -\beta \cdot \left[(U_{GS} - U_T) \cdot U_{DS} - \frac{1}{2} \cdot U_{DS}^2 \right] \; f\ddot{u}r \; U_{DS} \geq (U_{GS} - U_T) \tag{4.18}$$

Neben dem Vorzeichen im Drainstrom ist zu beachten, dass sich die Relationen für die Sättigungsbedingung umkehren. Dementsprechend ergibt sich für den Sättigungsbereich:

$$I_{DSat} = -\frac{\beta}{2} \cdot (U_{GS} - U_T)^2 \; f\ddot{u}r \; U_{DS} \leq (U_{GS} - U_T) \tag{4.19}$$

Die sich ergebenden Formeln sind also bis auf das Vorzeichen und die Relationen mit den Formeln des n-Kanal Transistors identisch. Auch die Formel für die Schwellenspannung ist identisch. Es ist aber zu berücksichtigen, dass der Spannungsabfall über der Raumladungszone und dem Oxid und damit auch die Schwellenspannung negativ sind. Hinweis: Es macht regelmäßig Schwierigkeiten, die Relation für die Unterscheidung von Sättigungs- und Triodenbereich richtig anzuwenden. Man sollte daher mit den Beträgen der Spannungen und den NMOS-Formeln rechnen und hinterher das Vorzeichen einfügen!

Beispiel 15: Ein p-Kanal-MOS-Transistor habe, bei einer Schwellenspannung von -1,2 V, einer Gateoxiddicke von 30 nm und einer Elektronenbeweglichkeit von 180 cm^2/Vs, eine Weite von 50 μm und eine Länge von 10 μm.

a) Bestimmen Sie den Strom durch den Transistor nach dem einfachen Modell (keine Kanallängenmodulation; keine Querfeldbeweglichkeitsreduktion) unter folgenden Bedingungen:

i. U_{GS} = - 0,5 V U_{DS} = - 10 V
ii U_{GS} = - 3,2 V U_{DS} = - 10 V
iii U_{GS} = - 5,2 V U_{DS} = - 5 V
iv. U_{GS} = - 5,2 V U_{DS} = - 1 V
v. U_{GS} = - 6,2 V U_{DS} = - 0,1 V

b) Skizzieren Sie die Eingangskennlinie dieses Transistors für U_{DS} = -0,1 V. Wie groß ist die Steigung dieser Kennlinie?

c) Wie müsste der Transistor bei gleicher Kanallänge dimensioniert sein, damit durch ihn bei betragsmäßig gleichen äußeren Spannungen der gleiche Strom fließt, wie durch den NMOS-Transistor aus dem letzten Beispiel in Teil a)?

Lösung:

zu a) Abgesehen von einigen Vorzeichen ergeben sich die gleichen Formel wie bei dem letzten Beispiel. Für B_0 erhält man 21,2 μA/V^2 und für β = 106 μA/V^2. Daraus folgt (mit Beträgen berechnet):

i)I_D = 0 A

ii)I_D = -212 μA

iii)I_D = -0,84 mA

iv)I_D = -370 μA

v)I_D = -53,2 μA

zu b) Für U_{DS} = -0,1 V kann man i.A. den quadratischen Term in U_{DS} in der Trioden Formel für $U_{GS} > U_T$ vernachlässigen:

$I_D \simeq \beta((U_{GS} - U_T) \cdot U_{DS})$

Man erhält also für den Drainstrom in Abhängigkeit von der Gatespannung eine Gerade mit der Steigung $\beta \cdot U_{DS}$, die die U_{GS}-Achse bei -U_T schneidet. Steigung: 10,6 μA/V

zu c) Um dieses zu erreichen muss das β der beiden Transistoren gleich sein:

Wenn beide Transistoren die gleiche Kanallänge von 10 μm haben, ergibt sich daraus eine Weite W für den PMOS-Transistor von 139μm.

Beispiel 16: An einem NMOS-Transistor, dessen Gate mit dem Drain verbunden ist, wird die in Abb. 4.13 wiedergegebene Kennlinie gemessen:

a) Bestimmen Sie die Schwellenspannung und die Leitwertkonstante unter der Annahme das W/L = 16.

b) Wie muss dieser Transistor bezüglich W/L dimensioniert werden, damit bei U_{DS} = 5 V und U_{GS} = 2 V ein Strom von 1 mA fließt?

c) Welcher Strom fließt durch den Transistor aus a) bei U_{GS} = 5 V und U_{DS} = 2 V?

Lösung:

zu a) Da Gate und Drain kurzgeschlossen sind gilt:$U_{DS} = U_{GS} < (U_{GS} - U_T)$

Der Transistor ist also immer im Sättigungsbereich und für den Drainstrom gilt somit: $I_D = (B_0/2) \cdot (W/L) \cdot (U_{GS} - U_T)^2$

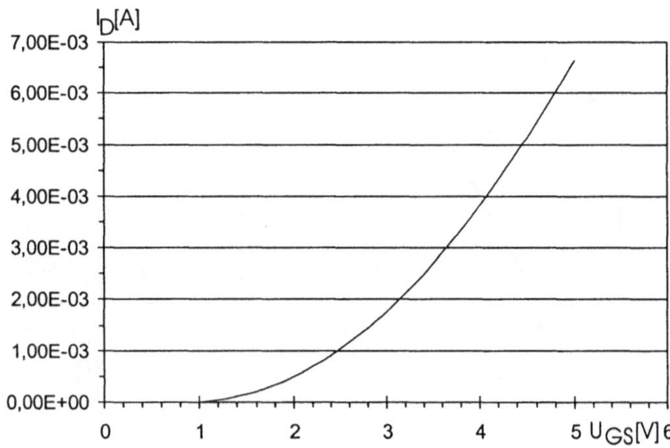

Abb. 4.13: Eingangskennlinie eines NMOS-Transistors zu Beispiel 16

Da die U_{GS}-Achse die Tangente dieser Parabel im Minimum bildet, ist die Schwellenspannung nur sehr ungenau aus dem Diagramm abzulesen. Sie muss also aus zwei besser abzulesenden Messpunkten berechnet werden. Zunächst aber B_0 :

Mit $I_{D1}(U_{GS1}$=3,4 V) = 2,5 mA und $I_{D2}(U_{GS2}$ = 2 V) = 0,5 mA ergibt sich für B_0 = 48,7 μA/V^2.

Für U_T ergibt sich:

$U_T = U_{GS1} - \sqrt{\frac{I_{D1} \cdot 2}{B_0 \cdot \frac{W}{L}}}$

Damit ergibt sich U_T zu 0,87 V.

zu b) Auch hier befindet sich der Transistor in der Sättigung. Aus der Messkurve kann man für U_{GS} = 2 V einen Strom von 0,5 mA ablesen. Damit, wie gefordert unter diesen Bedingungen der doppelte Strom fließt, muss also das Verhältnis W/L verdoppelt werden: W/L = 32.

zu c) Hier befindet sich der Transistor im Triodengebiet:

$$I_D = B_0 \cdot \frac{W}{L} \cdot \left[(U_{GS} - U_T) \cdot U_{DS} - \frac{1}{2} \cdot U_{DS}^2\right]$$
$$I_D = 48,7 \frac{\mu A}{V^2} \cdot 16 \cdot \left[(5V - 0,87V) \cdot 2V - \frac{1}{2} \cdot (2V)^2\right] = 4,88\ mA$$

4.3 Ergänzungen zum einfachen MOS-Modell

4.3.1 Die Querfeldbeweglichkeitsreduktion

Als erste wichtige Ergänzung zu diesem Modell ist hier die Querfeldbeweglichkeitsreduktion zu nennen. Nimmt man bei kleinem U_{DS} (ca. 100 mV) die Eingangskennlinie eines Transistors auf, so sollte der Drainstrom linear mit der Gatespannung ansteigen (s. oben). Wie in Abb. 4.14 b) dargestellt, nimmt der Drainstrom nur unterlinear zu. Dies wird auf eine mit

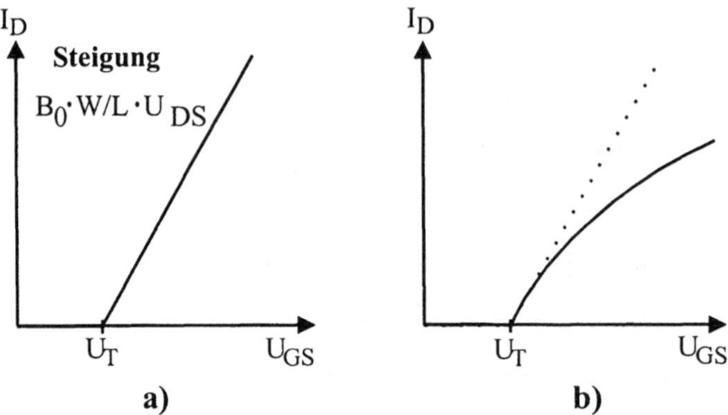

Abb. 4.14: a) Eingangskennlinie eines MOS-Transistors für $U_{DS} << U_{GS}$; b) Auswirkung der Querfeldbeweglichkeitsreduktion auf die Eingangskennlinie.

der Gatespannung zunehmende Streuung der Ladungsträger an der Oberfläche zum Oxid zurückgeführt. D.h., die Beweglichkeit der Ladungsträger im Kanal wird mit zunehmender Gatespannung geringer. Daher wird der Beweglichkeitsreduktions-Koeffizient θ eingeführt und man erhält für die Beweglichkeit μ_n in Abhängigkeit von der Gatespannung:

$$\mu_n = \frac{\mu_{n0}}{(1 + \theta \cdot (U_{GS} - U_T))} \tag{4.20}$$

und damit für den Drainstrom:

$$I_D = \frac{\beta_0}{(1 + \theta \cdot (U_{GS} - U_T))} \cdot \left[(U_{GS} - U_T) \cdot U_{DS} - \frac{1}{2} \cdot U_{DS}^2\right] \tag{4.21}$$

Bei der Bestimmung der Schwellenspannung verfährt man nun so, dass an die Eingangskennlinie im steilsten Punkt eine Tangente angelegt wird, deren x-Achsenabschnitt die Schwellenspannung markiert. Dieses Verfahren wird in Abb. 4.10 verdeutlicht.

4.3.2 Der Substrateffekt

Neben den technologisch bedingten Beiträgen zur Schwellenspannung gibt es einen schaltungstechnischen Beitrag, den Substrat-Effekt: Sobald zwischen der Source des Transistors und dem Substrat eine Sperrspannung auftritt, so hat dies Einfluss auf die Schwellenspannung und damit auf den durch den Transistor fließenden Strom. Es gilt:

$$U_T = U_{FB} + 2 \cdot \varphi_F + \sqrt{\frac{2 \cdot \epsilon_0 \cdot \epsilon_{Si} \cdot q \cdot N_A \cdot (2 \cdot \varphi_F + U_{SB})}{C_{Ox}^2}} \tag{4.22}$$

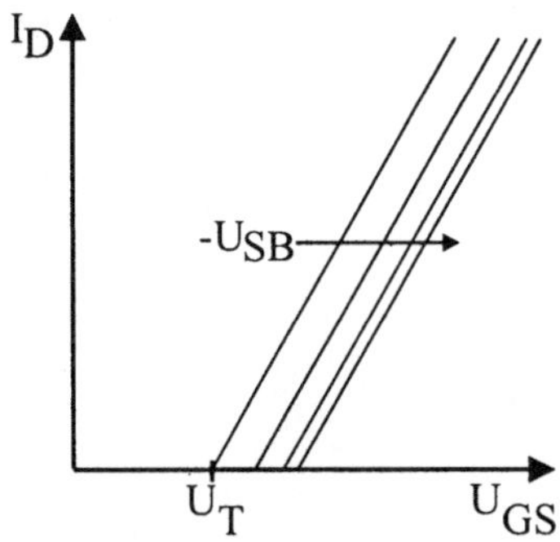

Abb. 4.15: Auswirkung einer Substratvorspannung auf die Eingangskennlinie

oder

$$\begin{aligned} U_T &= U_{T0} + \Delta U_T \quad mit \\ \Delta U_T &= \sqrt{\frac{2 \cdot \epsilon_0 \cdot \epsilon_{Si} \cdot q \cdot N_A}{C_{Ox}^2}} \cdot \left(\sqrt{2 \cdot \varphi_F + U_{SB}} - \sqrt{2 \cdot \varphi_F}\right) \end{aligned} \tag{4.23}$$

Ursache ist, dass die Substratvorspannung die Raumladungszone unter dem Gate weiter aufzieht und dieser zusätzliche Ladungsanteil durch eine erhöhte Gatespannung erst kompensiert werden muss, bevor die Inversion einsetzen kann. In Abb. 4.15 ist dargestellt, wie sich die Eingangskennlinie bei kleinem U_{DS} unter dem Einfluss einer Substratvorspannung verschiebt.

Es ist klar, dass der Drainstrom unter dem Einfluss des Substrateffekts kleiner wird, z.B. also die Ausgangskennlinienschar nach unten "rutscht". Schaltungstechnisch ist dieser Effekt von großer Bedeutung bei der Reihenschaltung von zwei oder mehr MOS-Transistoren in demselben Substrat: Definiert das Massepotential das Substratpotential, so ist nur der mit Source an Masse liegende Transistor substrateffektfrei, alle anderen in Reihe liegenden Transistoren haben ein Sourcepotential welches höher liegt als das Substratpotential und somit eine Substratvorspannung U_{SB}. Bei gleicher Dimensionierung und gleicher Gatespannung U_{GS} führen sie weniger Strom, leiten also schlechter. Auch hier wieder zum Vergleich eine Messung an einem NMOS-Transistor mit einer Weite von 50 μm und einer Länge von 5 μm (Abb. 4.16).

4.3.3 Die schwache Inversion

Das einfache MOS-Modell geht davon aus, dass unterhalb der Schwellenspannung kein Strom durch den Transistor fließt. Das ist natürlich nicht so, wie wir aus den Überlegungen zur MOS-Kapazität wissen: Auch vor dem Einsatzpunkt der Inversion gibt es zwischen Drain und Source Minoritätsladungsträger, die natürlich zum Strom beitragen. Dies allerdings konsistent mit diesem einfachen Modell zu beschreiben ist fast unmöglich, insbesondere im Übergangsbereich um U_T herum.

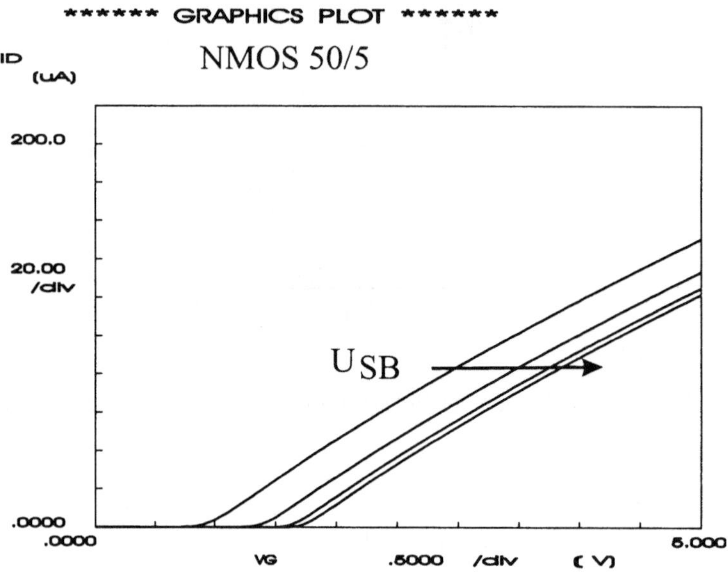

Abb. 4.16: Eingangskennlinien mit Substratspannung 0 V, 1 V, 2 V und 3 V. Eine negative Substratspannung UBS führt zur Erhöhung der Schwellenspannung

Unterhalb der Schwellenspannung kann für den Drainstrom (nach pathologischer Rechnung nach einem Bipolar-Modell) geschrieben werden:

$$I_D = I_0 \cdot e^{\left[q \cdot \frac{(U_{GS} - U_T)}{n \cdot k_B T}\right]} \tag{4.24}$$

I_D ist in diesem Bereich unabhängig von U_{DS}. Für n gilt:

$$n = \frac{C_{Ox} + C_S + C_{fS}}{C_{Ox}}$$

Der exponentielle Anstieg des Stromes (s. Abb. 4.17) unterhalb der Schwellenspannung hängt also von der Oxidkapazität, der Kapazität der Raumladungszone unter dem Gateoxid und einer weiteren Kapazität, die auf schnelle Oberflächenzustände zurückgeht, zusammen. Auch hier wieder zur Illustration eine Messung einer Eingangskennlinie in logarithmischer Darstellung (s. Abb. 4.18).

4.3.4 Durchbruchseffekte

Wie bereits erwähnt, steigt der Drainstrom von MOS-Transistoren bei konstanter Gatespannung bei höheren Drain-Source-Spannungen überproportional an, was durch eine Kanallängenmodulation allein nicht zu erklären ist. Dieser Anstieg wird mit zunehmender Spannung immer größer und führt schließlich zu einem unkontrollierbaren Stromfluss und

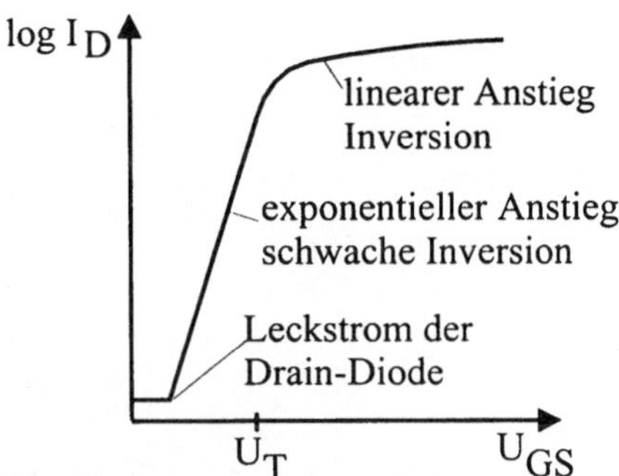

Abb. 4.17: Exponentieller Anstieg des Drainstromes im Bereich der schwachen Inversion

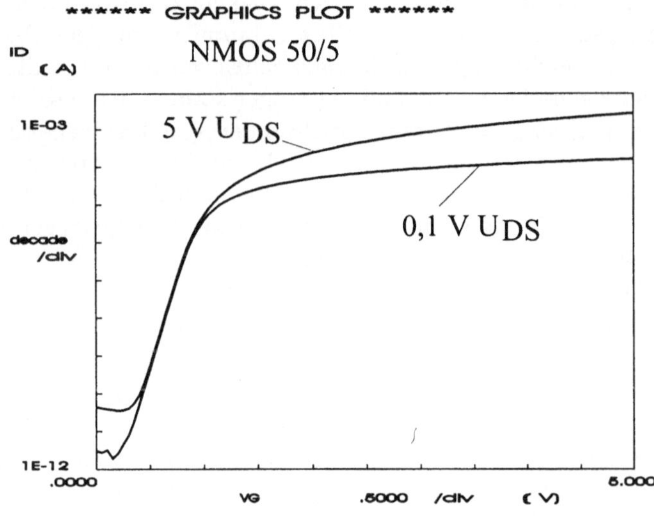

Abb. 4.18: Eingangskennlinie in logarithmischer Darstellung für zwei Drain-Source-Spannungen

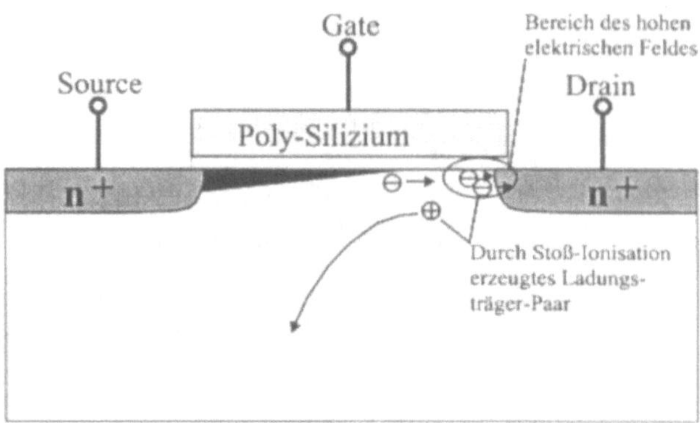

Abb. 4.19: Schematische Darstellung des Lawinendurchbruchs durch Elektron/Loch-Paargenerierung durch Stoßionisation im Bereich hoher elektrischer Feldstärke

zur Zerstörung des Transistors. Dieser Durchbruch ist auf die mit der Spannung ansteigende elektrische Feldstärke im Transistor zurückzuführen.

Das elektrische Feld ist nun im Bereich des Kanals sehr inhomogen und weist am drainseitigen Ende an der Oberfläche ein ausgeprägtes Maximum auf (s. Abb. 4.19). Bewegliche Ladungsträger werden in diesem starken Feld entsprechend stark beschleunigt und erreichen Energien, die ausreichen, bei Stößen mit den Atomen des Kristallgitters, Elektronen aus dem Valenzband in das Leitungsband zu heben, also ein Elektron-Loch-Paar zu generieren. Diese neuen Ladungsträger werden nun selbst zusammen mit dem abgebremsten Primärladungsträger erneut beschleunigt und können selbst wieder durch Stoßionisation weitere Elektron-Loch-Paare generieren. Die Ladungsträger können sich also im Bereich der hohen Feldstärke lawinenartig vermehren. Man spricht daher vom Lawinen- oder Avalanchedurchbruch. Die entstehenden Elektronen werden in n-Kanal-Transistoren zum Drain hin bewegt, tragen also zum Drainstrom bei, während die Löcher über das Substrat abfließen, also einen Substratstrom erzeugen. Wenn ausreichend viele Primärladungsträger vorhanden sind, die Feldstärke hinreichend hoch ist und die Ladungsträger sich ausreichend lange im Bereich der hohen Feldstärke aufhalten können, bevor sie durch Rekombination wieder verschwinden, führt dieser Effekt zum überproportionalen Anstieg des Stromes und letztlich zur thermischen Zerstörung des Transistors.

Der Durchbruch setzt beim gesperrten Transistor (U_{GS} = 0V) später ein als beim leitenden Transistor ($U_{GS} > U_T$), da hier zunächst die auslösenden Primärladungsträger fehlen. Die müssen erst durch spontane Ionisation bei sehr hohen Feldstärken erzeugt werden, was dann aber meist die übergangslose Zerstörung des Transistors zur Folge hat. Beim leitenden Transistor setzt der Durchbruch früher und sehr weich ein, so dass der Lawineneffekt schon vorhanden sein kann, bevor dies beispielsweise im Drainstrom erkennbar wird. Bei größer werdender Gatespannung verschiebt sich der Einsatzpunkt des Durchbruchs wieder zu höheren Drainspannungen, da dann aufgrund der kleineren Gate-Drain-Spannungsdifferenz die Feldstärke im kritischen Bereich zunächst kleiner ist.

Wenn der entstehende Substratstrom niederohmig über ausreichende Substratkontakte nach

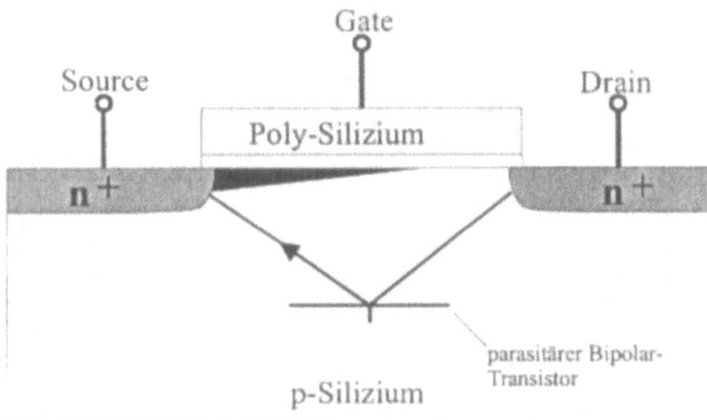

Abb. 4.20: Schematische Darstellung des parasitär in MOS-Transistoren immer vorhandenen Bipolartransistors

Masse abgeführt wird und die entstehende zusätzliche Verlustleistung nicht zu groß ist, ist der Avalancheeffekt selbst noch tolerierbar. Er ist aber ein sicheres Indiz dafür, dass der Transistor im Grenzbereich betrieben wird, in dem der Transistor langfristig Schaden nehmen kann (s. u.).

Ein weiteres Phänomen, welches zu den Durchbrucheffekten zu zählen ist, ist eben auf jenen Substratstrom zurückzuführen: Wird der Substratstrom nicht niederohmig abgeleitet, erzeugt er einen Spannungsabfall, der das Substratpotential unter dem Transistor anheben kann. Ist dieser Spannungsabfall größer als 0,5 - 0,6 V während der Sourceanschluss auf Masse liegt, dann wird die Source/Substratdiode vorwärts leitend und injiziert zusätzlich Minoritätsladungsträger in das Substrat. Dadurch wiederum wird der parasitär in jedem MOS-Transistor vorhandene Bipolar-Transistor (s. Abb. 4.20) leitend, der Substratstrom wird noch größer und der Drainstrom wächst unkontrollierbar an, wenn die Drainspannung konstant gehalten wird. In Schaltungen wird allerdings die Drainspannung kleiner werden, d.h. auf einen kleineren Wert zurückspringen. Man spricht daher vom "Bipolar Snap Back". Der Bipolar Snap Back kann aber nicht nur vom Avalanchedurchbruch ausgelöst werden, sondern kann immer dann auftreten, wenn die Source/Substratdiode aus irgendeinem Grund in den leitenden Zustand gerät. Dieser unkontrollierbare, leitende Zustand kann nur dann wieder verschwinden, wenn die Source/Substratdiode wieder sperrt.

Aus diesem Grund ist es besonders wichtig in einer MOS-Schaltung ausreichend Substrat-Kontakte vorzusehen, auch wenn diese keine aktive Rolle in der Schaltung spielen und eigentlich nur Platz kosten.

Auch bei dem nächsten zu besprechenden Effekt spielen Substrat- und Wannenkontakte eine entscheidende Rolle. Es handelt sich hierbei eigentlich nicht um einen Durchbruch, er führt aber zu einem nicht mehr kontrollierbaren niederohmigen Zustand eines Schaltungsteils, wodurch die Schaltung außer Funktion gesetzt wird und auch thermisch zerstört werden kann. Er betrifft nur CMOS-Schaltungen, ist ebenfalls bipolarer Natur und wird durch eine thyristorartige Struktur ausgelöst, die parasitär in jeder CMOS-Schaltung vorhanden ist.

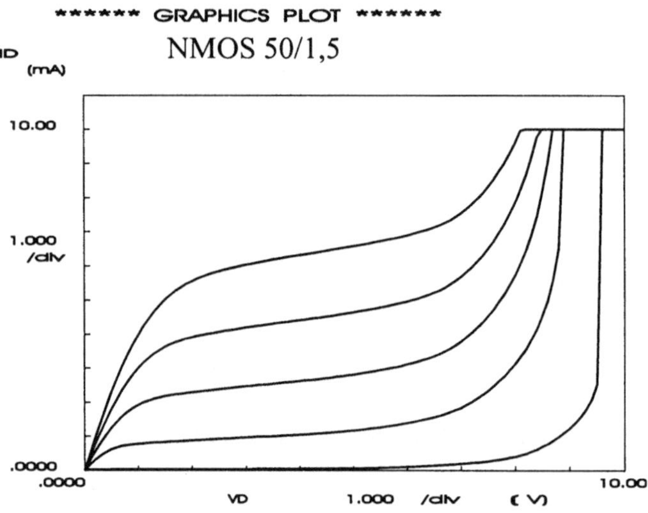

Abb. 4.21: Gemessene Durchbruchskennlinie eines n-Kanal MOS-Transistors

4.3.5 Latchup

Ein weiterer, störender Effekt, der auf dem gerade beschriebenen parasitären Bipolar-Transistor beruht, ist der sogenannte Latch-Up. An ihm sind allerdings immer zwei Transistoren unterschiedlicher Polarität beteiligt und er betrifft im Wesentlichen integrierte CMOS-Schaltungen. In CMOS-Schaltungen werden NMOS- und PMOS-Transistoren in einem gemeinsamen Si-Substrat gefertigt (s. Kap. 5), was große schaltungstechnische Vorteile bietet (s. Kap. 6). Um nun z.B. PMOS-Transistoren auf p-dotiertem Substrat herstellen zu können, müssen die entsprechenden Bereiche umdotiert werden, damit das notwendigerweise n-dotierte Substrat für diese Transistoren entsteht. Hierzu werden Phosphoratome in das Substrat implantiert, so dass die effektive Dotierung N_A - N_D negativ wird, sich also ein n-dotierter Bereich ergibt, der als n-Wanne bezeichnet wird (s. Abb. 4.22). (Umgekehrt kann man natürlich auch in einem n-Substrat eine p-Wanne erzeugen). Auf diese Weise kann man auf ein und demselben Si-Wafer NMOS- und PMOS-Transistoren fertigen.

Allerdings ergeben sich hierbei neue parasitäre Bipolar-Transistoren, die je nach geometrischer Anordnung sehr unangenehme Eigenschaften haben können. So sind in Abb. 4.22 die parasitären Bipolar-Transistoren in einer Ersatzschaltung eingezeichnet, die zur Zerstörung der kompletten CMOS-Schaltung führen kann. Die Source des NMOS-Transistors bildet den Emitter eines npn-Transistors, mit dem p-Substrat als Basis und der n-Wanne als Kollektor. Die Source des PMOS-Transistors bildet den Emitter eines pnp-Transistors, mit der n-Wanne als Basis und dem p-Substrat als Kollektor. Weiter haben p-Substrat und n-Wanne einen ohmschen Widerstand, die hier die Basiswiderstände der Bipolar-Transistoren bilden. Diese Ersatzschaltung ist noch einmal in Abb. 4.23 wiedergegeben. Sie ist identisch mit der Ersatzschaltung einer pnpn-Vierschichtstruktur, die als Thyristor bekannt ist.

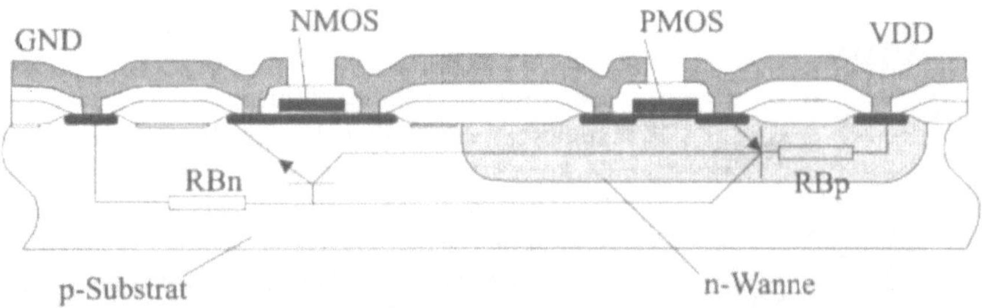

Abb. 4.22: Schematischer Querschnitt durch einen CMOS-Inverter mit den parasitär immer auftretenden Bipolar-Transistoren und den Bahnwiderständen

Wenn das Produkt der Stromverstärkungen der beiden Bipolar-Transistoren größer als 1 ist, genügt es einen der beiden Bipolar-Transistoren auch nur kurzzeitig in den leitenden Zustand zu versetzen, um den Thyristor zu zünden. Leitet z.B. der npn-Transistor, erzeugt der fließende Strom einen Spannungsabfall an dem Widerstand RBp. Dieser Spannungsabfall versetzt den pnp-Transistor in den leitenden Zustand. Dadurch wird wiederum ein Spannungsabfall an RBn erzeugt, der verhindert, dass der npn-Transistor sperren kann. Einmal gezündet leitet der Thyristor solange, bis die Versorgungsspannung abgeschaltet wird. Wenn die Versorgungsspannung niederohmig ist, kann durch die entstehende Verlustleistung die komplette Schaltung zerstört werden.

Der Zündvorgang kann verschiedene Ursachen haben:

Zunächst ist das Einschalten der Versorgungsspannung kritisch: Ist die Einschaltflanke sehr steil, so fließt über die Sperrschicht-Kapazität C_j zwischen n-Wanne und p-Substrat ein Verschiebungsstrom, der an den Widerständen einen Spannungsabfall erzeugt. Ist dieser Spannungsabfall größer als 0,6..0,7 V, so werden die Transistoren leitend.

Hohe Störspannungsspitzen auf der Versorgung können den pn-Übergang zwischen Wanne und Substrat in den Durchbruch treiben. Der dann fließende Strom erzeugt einen Spannungsabfall an den Widerständen und kann so zum Zündvorgang führen.

Störspannungsspitzen an Schaltungsein- und -ausgängen sowie auf internen Leitungen können benachbarte MOS-Transistoren in den Lawinendurchbruch treiben. Die dadurch erzeugten Substrat- bzw. Wannenströme erzeugen einen Spannungsabfall an RBn bzw. RBp, welcher den npn- bzw. pnp-Transistor in den leitenden Zustand versetzen kann. Wie bereits erwähnt, reicht es einen der beiden Transistoren aufzusteuern, um den Thyristor zu zünden.

Letztlich können die zuletzt genannten Störspannungsspitzen auch benachbarte pn-Übergänge kurzzeitig in den leitenden Zustand versetzen, wodurch wiederum Substrat- bzw. Wannenströme erzeugt werden, welche die gleichen Folgen haben, wie im vorgenannten Punkt. Anzumerken ist hierbei noch, dass der Begriff benachbart sehr dehnbar sein kann. Man kann beobachten, dass der pn-Übergang, der einen Substratstrom erzeugt, bis zu einigen Millimetern von dem gezündeten Thyristor entfernt liegen kann.

Im übrigen ist der letztgenannte Punkt sicher die mit Abstand häufigste Ursache für den Latch-Up.

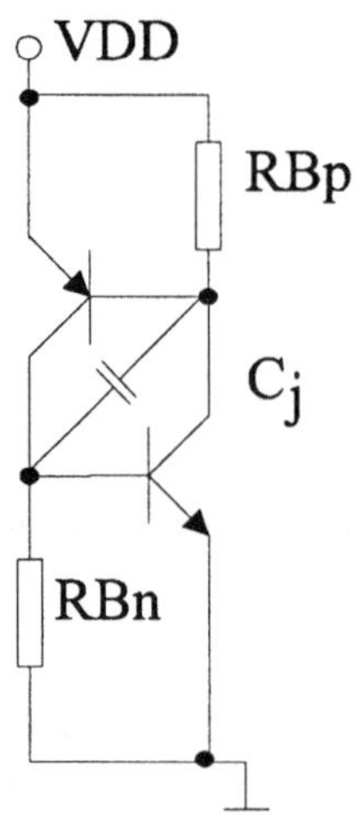

Abb. 4.23: Ersatzschaltbild der parasitären Elemente aus Abb. 4.22

Als Gegenmaßnahmen kommen nur die Verringerung der Widerstände RBp und RBn in Betracht, denn die parasitären Bipolar-Transistoren sind letztlich unvermeidlich und haben in der Regel eine Verstärkung, die wesentlich größer ist als 1. Die Widerstände können zum einen durch fertigungstechnische und zum anderen durch layouttechnische Maßnahmen beeinflusst werden. Beide Methoden haben die niederohmige Ableitung der Substrat- und Wannenströme nach Masse oder der Versorgung zum Ziel, damit der Spannungsabfall kleiner als die Zündspannung bleibt.

Nun ist das Substrat aus verschiedenen Gründen relativ hochohmig. Aber es braucht nur wenige μm dick zu sein. Daher werden in modernen CMOS-Prozessen sogenannte Epi-Substrate als Ausgangsmaterial benutzt, bei denen auf einem niederohmigen, also hoch dotierten Siliziumsubstrat mit Hilfe eines Epitaxieverfahrens (s. Kap. 5) eine dünne Schicht niedrig dotierten, einkristallinen Silizium abgeschieden wird. Damit wird zumindest der Widerstand RBn klein gehalten. Das Gleiche bei dem Bahnwiderstand innerhalb der Wanne zu realisieren, ist erheblich schwieriger, und hier hat sich noch kein Verfahren durchgesetzt. Letztlich die mit Abstand beste, aber auch teuerste und daher nur selten benutzte Methode ist, die NMOS- und PMOS-Bereiche einer Schaltung voneinander dielektrisch zu isolieren (Silicon On Insulator; SOI). Dieses Verfahren ist aber sehr aufwendig und ihre Beschreibung sprengt den Rahmen dieser Betrachtungen.

Die layouttechnischen Maßnahmen beruhen auf der regelmäßigen Plazierung von Substrat- und Wannenkontakten, die dafür sorgen, dass die Ströme niederohmig abgeführt werden. Dies setzt aber voraus, dass der Abstand zwischen diesen Kontakten und damit die maximal möglichen Widerstände nicht zu groß werden. So ist in den Designregeln (s. Kap. 10), welche das Layout bestimmen, häufig einen maximaler Abstand von höchstens 100...150 μm vorgeschrieben. Nun ist es häufig nicht ganz einfach, solche, für die eigentliche Funktion der Schaltung nicht notwendigen, Kontakte zu plazieren, nochzumal sie Fläche und damit Geld kosten. Außerdem ist es schwierig vorherzusehen, wo sie absolut notwendig sind bzw. wo man auf sie eventuell verzichten kann. Daher ist es eine gute Maßnahme, überall dort solche Kontakte zu plazieren, wo eben Platz ist.

4.4 Feinstruktureffekte

Der Fortschritt, den integrierte MOS- und CMOS-Schaltungen in den letzten Jahren genommen haben, ist darauf zurückzuführen, dass es gelungen ist, immer kleinere Transistoren und damit immer mehr Transistoren auf der gleichen Fläche zu immer komplexeren Schaltungen zusammenzufügen. Ursache hierfür wiederum sind die Fortschritte in der Herstellungstechnologie, insbesondere der Lithographie und der Ätztechnik, die es erlauben, immer kleinere Geometrien in und auf dem Silizium abzubilden. Maßstab hierfür ist die Kanallänge der Transistoren. Während wir uns noch vor wenigen Jahren hier im Bereich von 5 - 3 μm bewegten, liegen die Kanallängen derzeit im Bereich von 0,35 - 0,18 μm. Die aktuelle Forschung beschäftigt sich derzeit mit Transistoren, deren Kanallängen sich deutlich unterhalb von 0,1 μm bewegen. Diese drastische Verkleinerung der Transistoren hat auch Einfluss auf die elektrischen Eigenschaften, leider zum Teil auch negative. Diese sogenannten Feinstruktureffekte sollen in den folgenden Abschnitten kurz behandelt werden.

4.4.1 Kurzkanaleffekt

Wird die Kanallänge eines MOS-Transistors verkürzt, so nimmt notwendig auch der Abstand der beiden Raumladungszonen, die die Drain- und Source-Gebiete umgeben, ab. Erreicht dieser Abstand in etwa den Abstand von der Silizium-Oberfläche bis zur Begrenzung der Raumladungszone unter den Drain/Source-Gebieten in der Tiefe des Siliziums, so ist zu beobachten, dass die Schwellenspannung der Transistoren abnimmt. Verursacht wird diese Abnahme durch die Verringerung der Potentialbarriere zwischen Drain und Source (s. Abb. 4.24 b). Dies wäre bis zu einem bestimmten Maß noch nicht einmal tragisch, wenn nicht gleichzeitig die Weak-Inversion-Kennlinie zu kleineren Gate-Spannungswerten hin verschoben wäre. Damit fließt unterhalb der Schwellenspannung ein größerer Strom und selbst bei 0 V Gate-Spannung kann im Extrem ein signifikanter und sehr störender Leckstrom gemessen werden. Weiter muss beachtet werden, dass sich die Raumladungszone um den drainseitigen pn-Übergang mit zunehmender Drainspannung weiter ausdehnt und damit die Potentialbarriere weiter verringert wird (s. Abb. 4.23 c). Kommt es auf diese Weise zu einer Berührung der drain- und sourceseitigen Raumladungszonen, so kann unter der Oberfläche im Bereich der sich berührenden Raumladungzonen ein Strom von Drain nach Source fließen, der nicht mehr über das Gate kontrolliert werden kann. Man spricht hier von "Punchthrough".

Technologisch, d.h. vom Herstellungsverfahren her, gibt es zwei Möglichkeiten diesen Kurzkanaleffekt und auch den Punchthrough zu verhindern:

Zum einen bemüht man sich die Unterdiffusionslänge zu verringern. Bei der Herstellung der Drain- und Source-Gebiete durch Implantation und einem sich anschließenden Hochtemperaturschritt zum Ausheilen der Implantationsschäden, wird der pn Übergang lateral unter das Gate verschoben. Diese Unterdiffusion beträgt ca. 2/3 der Tiefe des pn-Überganges unter der Oberfläche. Die elektrisch effektive Kanallänge ist also signifikant kleiner als sie durch die Länge des Poly-Gates vorgegeben ist. Beträgt z.B. die Tiefe des pn-Überganges 0,6 μm, so erhält man etwa 0,4 μm Unterdiffusionslänge an Source und Drain. Die effektive Kanallänge ist also $2 \cdot 0{,}4\ \mu\text{m} = 0{,}8\ \mu\text{m}$ kürzer als die Länge des Poly-Gates. Bei 5 μm Poly-Gatelänge spielt dies nur eine geringe Rolle, bei 1,5 μm Poly-Gatelänge allerdings ist der Einfluss signifikant. Man bemüht sich daher den pn-Übergang der Source- und Drain-Gebiete möglichst flach zu halten, d.h., nur mit einer geringen Tiefe auszubilden, um so auch die Unterdiffusionslänge klein zu halten. Die Implantation (s. Kap. 5) der Source- und Drain-Gebiete erfolgt daher bei möglichst kleiner Beschleunigungsspannung, und die Ausheilung der Implantation muss zeitlich so kurz wie möglich sein. So gewinnt man einige

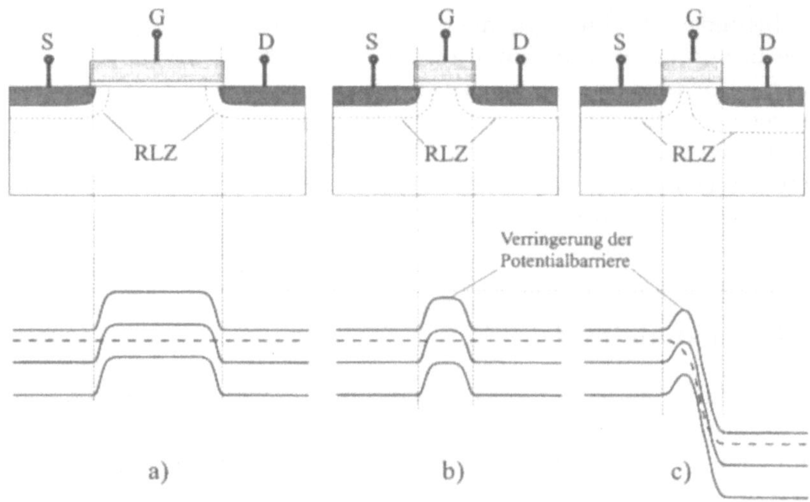

Abb. 4.24: Schematische Darstellung der Raumladungszone (RLZ) und der Bandstruktur bei a) einem Lang-Kanal-Transistor (U_{DS}=U_{GS}=0 V), b) einem Kurz-Kanal-Transistor (U_{DS}=U_{GS}=0 V) und c) einem Kurz-Kanal-Transistor (U_{DS}>0V; U_{GS}=0 V)

1/10 μm an effektiver Kanallänge, die u. U. entscheidend sein können.

Für den Bereich von Kanallängen von 1μm und darunter reicht aber auch dies alleine nicht mehr aus. Hier muss die Raumladungszone um die Source- und Drain-Gebiete herum verkleinert werden. Da diese Gebiete selbst schon weit über die Entartungsgrenze hoch dotiert sind, kann nur die Substratdotierung angehoben werden. Dies aber hat weitreichende Konsequenzen: Zunächst steigt natürlich die Schwellenspannung der so gefertigten Transistoren an, was unkorrigiert ein Absinken der Schaltungsgeschwindigkeit zur Folge hätte. Dementsprechend muss also die Gate-Oxiddicke verringert werden um diesen Anstieg der Schwellenspannung zu kompensieren. Folge ist wiederum das die Gate-Oxidkapazität zunimmt. Weiter ergibt sich aus einer höheren Substratdotierung ein größerer Substrateffekt, der auch die Schaltungsgeschwindigkeit negativ beeinflusst. Natürlich erzielt man auch einen Gewinn dadurch, dass man nun die Transistoren kleiner machen kann, und damit auf der gleichen Fläche mehr Transistoren fertigen kann. Was jedoch die Schaltungsgeschwindigkeit betrifft, muss eine detaillierte Analyse zeigen, wie diese sich verändert. In der Regel wird man um eine zumindest teilweise Überarbeitung der Schaltung nicht herumkommen.

4.4.2 Hot-Electron-Effect

Von entscheidender Bedeutung ist aber, dass die elektrische Feldstärke unter Betriebsbedingungen in derart veränderten Transistoren erheblich ansteigt: Wir erinnern uns: In pn-Übergängen ist die maximale Feldstärke proportional zu $N_{A/D} \cdot x_{p/n}$. Da die Weite $x_{p/n}$ selbst mit der Dotierung abnimmt, steigt also die Feldstärke in den pn-Übergängen überpro-

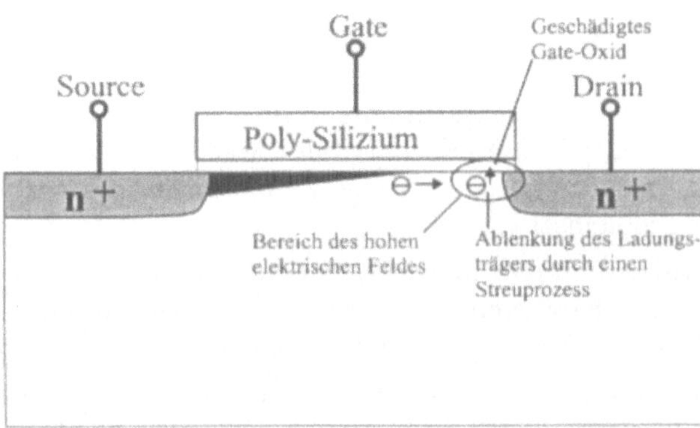

Abb. 4.25: Schematische Darstellung zum Hot-Electron-Effect: Im Bereich der hohen Feldstärke erreichen die Ladungsträger ausreichend große kinetische Energien um ins Gate-Oxid eindringen zu können

portional mit der Dotierung. Zusätzlich wird in der Nähe der Oberfläche durch das dünnere Gate-Oxid die Feldstärke weiter erhöht. Letztlich verbessert die angestrebte Verringerung der Kanallänge, also des Abstandes zwischen Drain und Source, die Situation nicht gerade. Der Transistor wird also bei niedrigeren Spannungen in den Avalanche-Durchbruch gehen. Solange der Transistor dabei in einem kontrollierbaren Zustand bleibt, wäre dies noch zu verkraften (s. o.).

Es wird aber immer wieder Ladungsträger geben, die sich sehr lange im Bereich des starken elektrischen Feldes aufhalten, ohne durch Stöße mit dem Kristallatomen immer wieder abgebremst zu werden. Entsprechend hoch wird die kinetische Energie sein, die sie aus dem Feld aufnehmen können. Sie reicht dann sogar aus, um die Energie-Barriere an der Oberfläche des Siliziums in Höhe von einigen eV zu überwinden und in das Gate-Oxid einzudringen. Dadurch werden an der Si/SiO_2-Grenzschicht und im Gate-Oxid selbst Veränderungen hervor gerufen, die lokal die Eigenschaften des Transistors verschlechtern und langfristig zum Ausfall der Schaltung führen können. Da die Energie dieser Ladungsträger mit einigen eV sehr hoch ist und dies verglichen mit einem Gas aus hochenergetischen Ladungsträgern einer sehr hohen Temperatur entspricht, spricht man von "heißen" Ladungsträgern und nennt diesen Effekt "Hot-Electron-Effect".

Welcher Art die hervorgerufenen Veränderungen sind, ist hinlänglich bekannt: Einmal können Ladungsträger, die in das Gate-Oxid eindringen dort an Stör- oder Haftstellen eingefangen werden und so, zumindest lokal, zu einer Veränderung der Schwellenspannung führen. Zum anderen wird die Si/SiO_2-Grenzschicht durch diesen Prozess gestört, es entstehen Oberflächenzustände, die ebenfalls Einfluss auf die Schwellenspannung haben, zumindest aber die Oberflächenbeweglichkeit der Ladungsträger im Kanal verringern. Da, wie bereits erwähnt, das elektrische Feld im MOS-Transistor sehr inhomogen ist, tritt dieser Effekt nur in einem engen Bereich um das drainseitige Ende des Kanals auf, der kaum größer ist als 100 nm. Bei Transistoren mit längeren Kanälen hat dieser Effekt kaum Einfluss auf die elektrischen Eigenschaften, da hier unter sonst gleichen Bedingungen die Feldstärke geringer ist und die geschädigte Zone im Vergleich zur Gesamtkanallänge sehr klein ist. Bei Kanallängen von weniger als 1,5 μm bei NMOS-Transistoren ist aber eine Abnahme der maximalen Steilheit in der Eingangskennlinie zu beobachten, die langfristig zu Fehlfunktionen der betroffenen Schaltung führen kann. Bei PMOS-Transistoren mit einer Kanallänge von weniger als 1,0 μm beobachtet man eine Zunahme der maximalen Steilheit. Dies ist ebenfalls auf Dauer problematisch.

Der Unterschied zwischen NMOS und PMOS-Transistoren ist auf leichte prozessbedingte Unterschiede in der Transistorgeometrie, insbesondere aber auf die unterschiedliche Physik der Stoßmechanismen der Elektronen und der Quasiteilchen Löcher zurückzuführen.

Als Gegenmaßnahme versucht man die Feldstärken im Bereich des drainseitigen Kanalendes wieder zu reduzieren. Dazu gibt es nicht allzuviele Möglichkeiten, wenn man die Vorteile einer höheren Kanaldotierung und eines dünneren Gate-Oxids nicht wieder verlieren will und der Transistor in seinen geometrischen Abmessungen nicht wieder größer werden soll. Es bleibt folglich nichts weiter übrig, als die Dotierung des Draingebietes im Bereich der Gatekante herabzusetzen. Es gibt hierzu verschiedene Möglichkeiten solche "Lightly-Doped-Drain"- oder kurz LDD-Transistoren herzustellen. Am weitesten verbreitet ist die sogenannte Spacer-Technik (s. Kap. 5). Unterhalb von 0,6 μm ist aber auch dieses Verfahren am Ende und es bleibt nichts weiter übrig als die Versorgungsspannung von 5 V auf 3,3 V bzw. 2,2 V herabzusetzen, was aus Gründen der Störsicherheit solange wie möglich hinausgeschoben wurde.

4.5 Spezielle MOS-Strukturen

Mit den bisher beschriebenen MOS-Transistoren können analoge und insbesondere digitale Schaltungen realisiert werden, die, mit einigen technologischen Ergänzungen, einen Umfang von mehreren Millionen Transistoren haben können. Darüber hinaus gibt es Anwendungsbereiche für MOS-Transistoren, für die besondere "Bauformen" erforderlich sind. Zu nennen sind hier die spannungsfesten MOS-Transistoren, die EPROM- bzw. EEPROM-Strukturen für die nichtflüchtige Datenspeicherung, sowie CCD-Strukturen für die dynamische Datenspeicherung, die eine wichtige Rolle in der modernen Videotechnik spielen. Diese sollen der Reihe nach kurz vorgestellt werden

4.5.1 Depletion-Transistoren

Die bislang betrachteten MOS-Transistoren haben die Eigenschaft erst durch Anlegen einer Gatespannung in die Inversion, d.h., den leitenden Zustand versetzt werden zu können. Diese werden allgemein als selbstsperrende oder Anreicherungs-Transistoren (engl.: Enhancement-Transistor) bezeichnet. Es ist jedoch aus schaltungstechnischen Gründen (s. Kap. 6) vorteilhaft außerdem auch Transistoren zur Verfügung zu haben, die schon bei 0 V Gatespannung leiten. Diese Transistoren werden dementsprechend als selbstleitend oder Verarmungs-Transistoren (engl.: Depletion-Transistor) bezeichnet. Die Schwellenspannung eines selbstleitenden n-Kanal Transistors muss dem entsprechend negativ sein. Hergestellt werden diese Transistoren, indem mit Hilfe einer Fototechnik und anschließender Implan-

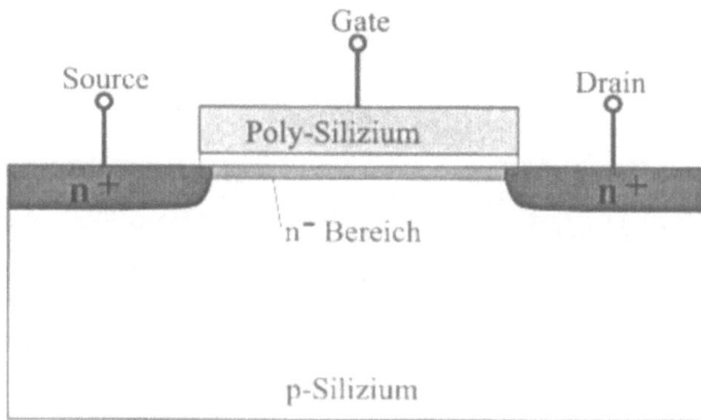

Abb. 4.26: Schematischer Querschnitt durch einen Verarmungs- bzw. Depletion Transistor. Durch den schwach dotierten n-Bereich leitet der Transitor auch bei 0 V Gatespannung.

tation von Donatoren (s. Kap. 5) ein schwach n-leitender Bereich (s. Abb. 4.26) zwischen Drain und Source erzeugt wird. Um derartige Transistoren in den sperrenden Zustand zu versetzen, muss eine negative Gatespannung erst für eine an Ladungsträgern verarmte Zone sorgen, daher also der Name.

4.5.2 Spannungsfeste MOS-Transistoren

Die moderne digitale Elektronik auf CMOS-Basis wird mit einer Betriebsspannung von 5 V betrieben. In jüngster Zeit musste diese Spannung auf 2,2 V abgesenkt werden, da durch die immer weiter fortschreitende Verkleinerung der MOS-Transistoren die Feldstärke in den Transistoren zunimmt und damit die Durchbruchspannung abnimmt (s.o.). Nun ist der Nutzen der modernen Elektronik nicht auf den Bereich der digitalen Datenverarbeitung beschränkt. Es gibt vielmehr zahlreiche Bereiche und Applikationen in denen derartige Schaltungen vorteilhaft einsetzbar sind. Hierzu gehören u. a. die Automobil-, Industrie- und Unterhaltungselektronik. Hier sind überwiegend Spannungsfestigkeiten von weit mehr als 5 V erforderlich. Um diesen großen Markt möglichst mit den gleichen Fertigungsprozessen mit monolithisch integrierten Schaltungen bedienen zu können, wurden MOS-Transistoren mit höherer Spannungsfestigkeit entwickelt.

Wie bereits beschrieben, wird die Spannungsfestigkeit normaler MOS-Transistoren durch die Feldspitze im Bereich des drainseitigen pn-Überganges am Kanalende begrenzt. Verursacht wird diese Feldspitze einmal durch den pn-Übergang selbst, mit dem normalerweise sehr hoch dotierten Draingebiet auf der einen und dem geringer dotierten Substrat auf der anderen Seite. Verstärkt wird das Feld durch die starke Krümmung des pn-Überganges im Bereich des Überganges zum Kanal (Spitzeneffekt). Noch einmal verstärkt wird dieses Feld durch die Kante der Gate-Elektrode (noch einmal Spitzeneffekt). Um die Spannungsfestigkeit zu erhöhen, muss diese Feldstärkespitze, unter sonst gleichen Bedingungen, drastisch reduziert werden.

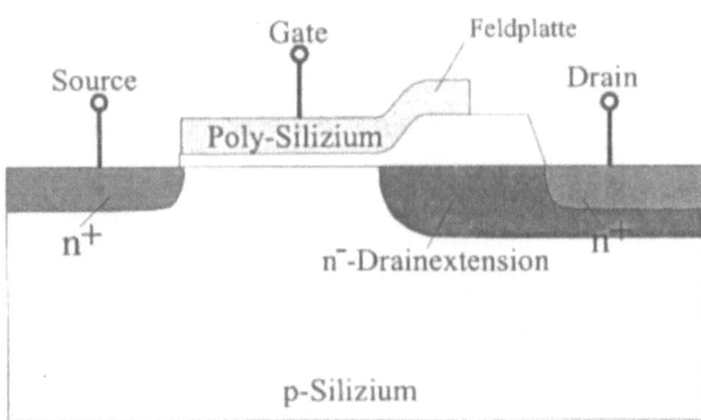

Abb. 4.27: Schematischer Querschnitt durch einen spannungsfesten MOS-Transistor mit Drain-Extension und Feldplatte

Wie aus der Theorie des pn-Überganges bekannt ist, ist die Feldstärke um so größer, je höher die Dotierstoffkonzentration auf beiden Seiten des pn-Überganges ist. Um sie zu reduzieren müssen also die Konzentrationen abgesenkt werden. Im Bereich des Substrates und insbesondere des Kanals wird die Konzentration durch die Schwellenspannung bestimmt. Als erste Maßnahme muss also die Konzentration des Drainbereichs abgesenkt werden. Andererseits darf dieser Bereich nicht zu hochohmig werden und auch die notwendige Kontaktierbarkeit dieses Gebietes muss erhalten bleiben. Deshalb teilt man das Draingebiet in zwei Bereiche: Eine niedrig dotierte sogenannte Drain-Extension, die für die Anbindung des Kanals sorgt, aber so niedrig dotiert ist, dass die Feldstärke ausreichend niedrig ist und dem nach wie vor sehr hoch dotierte Drain-Anschlussgebiet, welches einen ausreichenden Abstand von der Gate-Kante hat.

Als zweite Maßnahme kann die Drain-Extension durch entsprechende Implantation und einer sich anschließenden Diffusion so ausgeführt werden, dass der pn-Übergang nicht mehr so stark gekrümmt ist und damit der erste Spitzeneffekt reduziert wird.

Letztlich kann dann noch die Gateelektrode mit einer sogenannten Feldplatte ausgestattet werden, welche den zweiten Spitzeneffekt an der Kante der Gateelektrode entschärft.

All diese Maßnahmen kosten natürlich technologischen Aufwand in Form von zusätzlichen Fototechniken mit anschließenden Implantationen und u. U. Diffusionen.

Mit ihrer Hilfe lässt sich die Durchbruchspannung der Transistoren bis über 1000 V erhöhen. In diesem Extremfall ist aber eine gleichzeitige Fertigung von normaler 5 V CMOS-Logik im gleichen Substrat kaum noch möglich. Bildet ein normaler CMOS-Prozess die Basis, sind durch die oben beschriebenen Maßnahmen Durchbruchspannungen zwischen 100 V und 150 V realisierbar. Es ist dabei zu beachten, dass die Spannungsfestigkeit der Gateelektrode gegenüber Source bzw. gegenüber dem Substrat durch diese Maßnahmen nicht verbessert wird.

Ein weiterer Typ von spannungsfesten MOS-Transistoren, der in der Leistungselektronik weite Verbreitung erfahren hat, ist der DMOS-Transistor. Ein schematischer Querschnitt

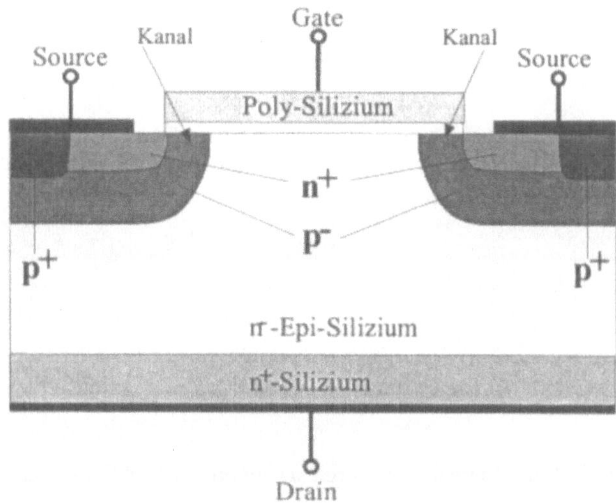

Abb. 4.28: Schematischer Querschnitt durch einen DMOS-Transistor ohne Feldplatte

durch einen DMOS-Transistor ist in Abb. 4.28 wiedergegeben. Im Gegensatz zu normalen oder den eben besprochenen spannungsfesten MOS-Transistoren, ist hier das Drain nicht vom Substrat bzw. besser Träger durch einen pn-Übergang isoliert, sondern vielmehr mit dem Träger identisch. Der Kanal bildet sich in einem anders dotiertem Gebiet aus, welches durch Implantation und anschließender Diffusion erzeugt wird und als Body bezeichnet wird. Daher der Name diffundierter MOS-Transistor, kurz DMOS. Mit einer weiteren Implantation werden danach die Sourcegebiete erzeugt. Es handelt sich hier also um ein vertikales Bauelement, bei dem der Strom von der Wafervorderseite eingespeist, ein kurzes Stück lateral durch den Kanal fließt, vertikal zur Rückseite fließt und dort wieder abgeführt wird. Die Spannungsfestigkeit wird hier durch die Dicke der sogenannten Epi-Schicht und deren Dotierung bestimmt. Sie wirkt wie eine Drainextension, welche die Feldspitze am pn-Übergang zwischen Epi-Schicht und Body entschärft. Zusätzlich wird auch hier eine Feldplatte für das Gate eingebaut. Letztlich nur eine Variante dieses Transistortyps sind die sogenannten VMOS- und UMOS-Transistoren, bei denen auch der Kanal in 45° Richtung zur Oberfläche bzw. senkrecht zur Oberfläche verläuft. Auf diese Weise lassen sich besonders hohe Leistungsdichten erzielen. Je nach spezieller Bauart und Epi-Schichtdicke und -dotierung lassen Spannungfestigkeiten bis zu 1500 V erzielen.

Für eine gleichzeitige, monolithische Schaltungsintegration mit einer CMOS-Schaltung sind diese Leistungstransistoren nur bedingt geeignet, da das Drain des Transistors mit dem Substrat identisch ist, indem der Rest der CMOS-Schaltung gefertigt wird. Man muss sich also auf sogenannten Sourcefolger-Schaltungen mit diesem Transistor begnügen oder aufwendige herstellungstechnische Maßnahmen treffen, um diesen Transistor mit einem weiteren pn-Übergang oder durch eine dielektrische Isolation vom Rest des Substrates zu trennen.

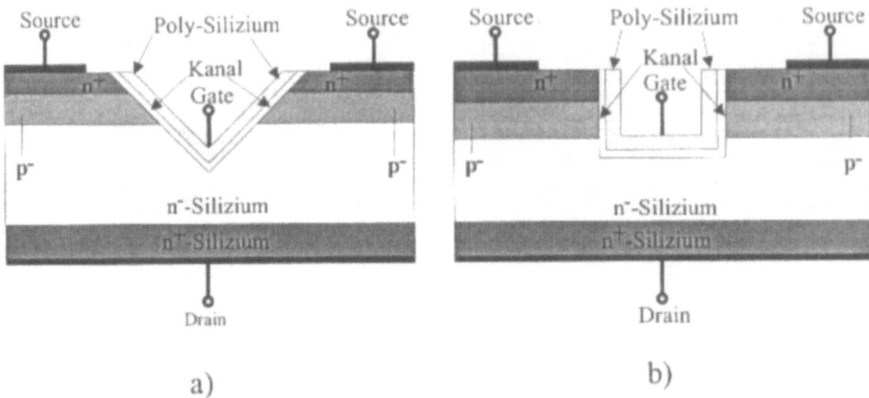

Abb. 4.29: Schematischer Querschnitt durch a) einen VMOS-Transistor und b) einen UMOS-Transistor

4.5.3 Programmierbare MOS-Transistoren

Wie aus der Theorie des MOS-Transistors bekannt ist, hängt die Schwellenspannung u. a. von Oxidladungen im Gateoxid ab, die das elektrische Feld im Kanalbereich beeinflussen. Schon sehr bald wurden Überlegungen angestellt, diesen Effekt zu kultivieren und auf diese Weise einen programmierbaren, nichtflüchtigen Speicher zu erzeugen. Es stellte sich recht schnell heraus, dass das Gateoxid selbst nur bedingt dafür geeignet ist und man statt dessen das Gate selbst als Ladungsspeicher benutzen kann. Dazu muss man das Gate allseits dielektrisch isolieren (Floating Gate). Es stellen sich dann natürlich die Fragen wie man einen solchen Transistor ansteuern kann und wie man Ladungen auf diese isolierte Gateelektrode übertragen kann. Angesteuert wird dieser Transistor kapazitiv, d.h., über eine Koppelkapazität in der Zuleitung zum Gate. Diese Koppelkapazität C_K bildet zusammen mit der Gateoxidkapazität einen kapazitiven Spannungsteiler, so dass die Teilspannungen U_{CK} und U_{GS} im umgekehrten Verhältnis zu den Kapazitäten C_{Ox} und C_K stehen:

$$\frac{U_{CK}}{U_{GS}} = \frac{C_{Ox}}{C_K}$$

Daraus folgt für die effektive Gatespannung U_{GS} als Funktion der Eingangsspannung U_E:

$$U_{GS} = U_E \cdot \frac{C_K}{C_K + C_{Ox}}$$

Die Gatespannung ist also um so größer, je größer die Koppelkapazität C_K, bzw. um so kleiner die Gateoxidkapazität ist. Die Gateoxidkapazität ist durch die minimale Transistorgeometrie vorgegeben, die Koppelkapazitäten sollten auch nicht zu groß werden, da auch sie Platz kosten. Mit einem Koppelverhältnis von C_K/C_{Ox} = 3 - 4 erhält man eine ausreichende Steuerungsfähigkeit des Transistors.

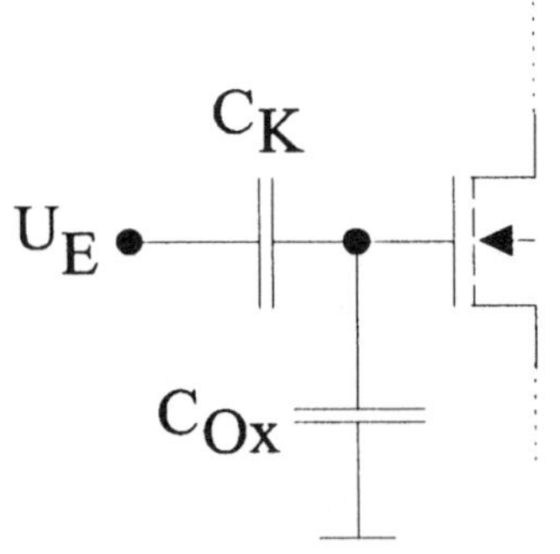

Abb. 4.30: Ersatzschaltung für einen Floating Gate Transistor

Für die Ladungsübertragung gibt es im Wesentlichen zwei Mechanismen:

Damit Ladungsträger, hier besonders die Elektronen, das Gateoxid durchdringen können, das eine Energiebarriere zwischen Silizium und Gateelektrode bildet, müssen sie ausreichend hohe kinetische Energien erhalten. Darüber hinaus muss ein elektrisches Feld vorhanden sein, welches den Ladungsträgern eine passende Richtung gibt. Beides erreicht man, indem man den Transistor mit vergleichsweise hohen Gate- und Drainspannungen in den Avalanchedurchbruch treibt. Bei einem normal angesteuerten Transistor führt dies zu dem oben besprochenen Hot-Electron-Effect. Da die Ladungsträger, die hier in das Gateoxid ein- und es auch z.T. durchdringen, von der Gateelektrode nicht abfließen können, sammeln sie sich dort. Diese negative Gateladung bewirkt, vom Steuereingang aus betrachtet, eine Erhöhung der Schwellenspannung. Sie kann bis zu 6 V betragen. Um die überschüssigen Ladungsträger wieder vom Floating Gate zu entfernen, muss ihnen wieder eine ausreichend hohe Energie zugeführt werden. In diesem Fall kann das nur mit elektromagnetischer Strahlung, üblicherweise UV-Licht, erreicht werden. Es handelt sich bei diesen Zellen also um UV-löschbare Speicherzellen, die als FAMOS-Zellen (Floating Gate Avalanche Injection MOS; s.a. Abb. 4.31) bezeichnet werden. Der Vorteil dieser Methode ist, dass, abgesehen von den Koppelkapazitäten, keine zusätzlichen Schritte für Ihre Herstellung erforderlich sind. Die Ladungserhaltung liegt bei mehr als 25 Jahren. Nachteilig ist, dass alle Zellen einer Schaltung nur gleichzeitig gelöscht werden können, man dazu ein Spezialgehäuse mit Fenster benötigt und die Anzahl der Schreib/Lesezyklen auf einige 10 Zyklen begrenzt ist, da der Hot Electron Effect das Gateoxid schädigt.

Die zweite Möglichkeit um Ladungen auf das Floating Gate zu übertragen, beruht aus dem quantenmechanischen Tunneleffekt. Die Gesetze der Quantenmechanik zeigen, dass ein Teilchen mit einer gewissen Wahrscheinlichkeit eine kleine Strecke in eine Energiebarriere eindringen kann, was nach den Gesetzen der klassischen Physik unmöglich wäre. Wenn diese Barriere nun sehr dünn ist, so ist zu erwarten, dass einige Teilchen die Barriere durchdringen können, ohne sie zu schädigen. Dieser Mechanismus wird zum Ladungstransport auf das Floating Gate ausgenutzt. Dazu wird zwischen dem Floating Gate und einem hoch n-dotiertem Substratgebiet ein sehr dünnes, sogenanntes Tunneloxid erzeugt, welches nur 10 - 12 nm dick ist. Wird nun das Floating Gate über die Koppelkapazität auf ein hohes Potential von 10 - 12 V angehoben, so fällt dieses Potential fast vollständig über dem Tunneloxid ab; die hohe Dotierung des darunter liegenden Substrats verhindert die Ausbildung einer Raumladungszone im Substrat und damit einen in diesem Fall störenden Spannungsabfall im Substrat. Es ergibt sich notwendigerweise eine extreme Verzerrung der Bandstruktur des Tunneloxids: Die Leitungsbandkante des Oxids auf der Seite des Gates liegt tiefer als die Leitungsbandkante im Silizium(s. Abb. 4.32a). Dadurch wird die effektive Barrierendicke noch einmal drastisch verringert, so dass die Elektronen nur die

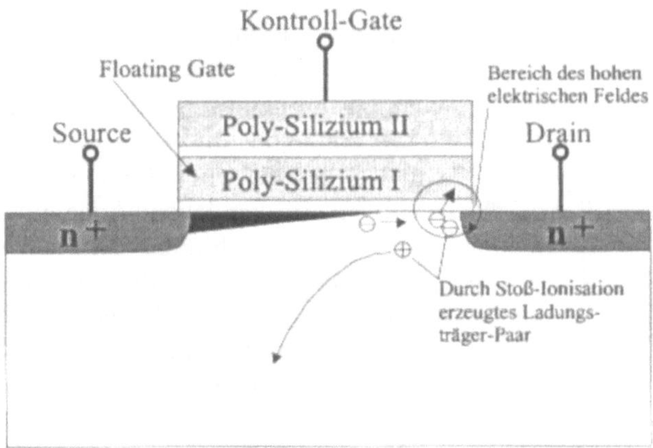

Abb. 4.31: Schematische Querschnitt durch eine FAMOS-Zelle

schmale, dreieckförmige Barriere zwischen dem Leitungsband des Siliziums und dem Leitungsband des Oxids zu durchtunneln haben und von dort aus ungehindert in das Floating Gate zu gelangen. Das Tunneln durch diese elektrisch verzerrte Bandstruktur des Oxids wird als Fowler-Nordheim-Tunneln bezeichnet. Dieser Vorgang lässt sich auch leicht umkehren, indem man das hochdotierte Substratgebiet auf ein hohes Potential legt, während das Floating Gate über die Koppelkapazität auf niedrigem Potential gehalten wird. Auf diese Weise kann die effektive Schwellenspannung sowohl in positive als auch negative Richtung verschoben werden. Man kann derartige Zellen also elektrisch programmieren und auch elektrisch löschen, sie werden daher als EEPROM, Electrical Eraseable Programable Read Only Memory, bezeichnet.

Die Ladungserhaltung bei dieser Art von Speicherzellen ist nicht ganz so gut wie bei den FAMOS-Zellen, da der Tunneleffekt schon bei erhöhten Temperaturen schleichend einsetzen kann. Dafür sind hier bis zu einer Million Schreib/Lese-Zyklen erreichbar.

4.5.4 Charge-Coupled-Device

Die Charge-Coupled-Devices (oder kurz CCD) beruhen zwar auf dem Prinzip des MOS-Kondensators, der hier aber zur kurzfristigen, dynamischen Speicherung von Ladungen benutzt wird. Ein CCD besteht aus der direkten Aneinanderreihung von MOS-Kondensatoren, deren Gates einzeln ansteuerbar sind. Zwischen den Kondensatoren liegt kein hochdotiertes Drain- oder Sourcegebiet. Wird ein solcher Kondensator mit einem Rechteckimpuls angesteuert, dessen Höhe größer ist als die Schwellenspannung, so wird sich im Silizium eine Raumladungszone ausbilden. Eine Inversionsschicht wird sich aber, wenn überhaupt, nur sehr langsam ausbilden, da es keine Drain- bzw. Sourcegebiete gibt, aus der die Inversionsladung zufließen könnte. Sie kann nur entstehen, wenn der Impuls lang genug ist und die Inversionsschicht durch Generation von Ladungsträgerpaaren in der Raumladungszone gebildet werden kann. Die hierfür nötigen Zeiten liegen bei modernen Halbleitertechno-

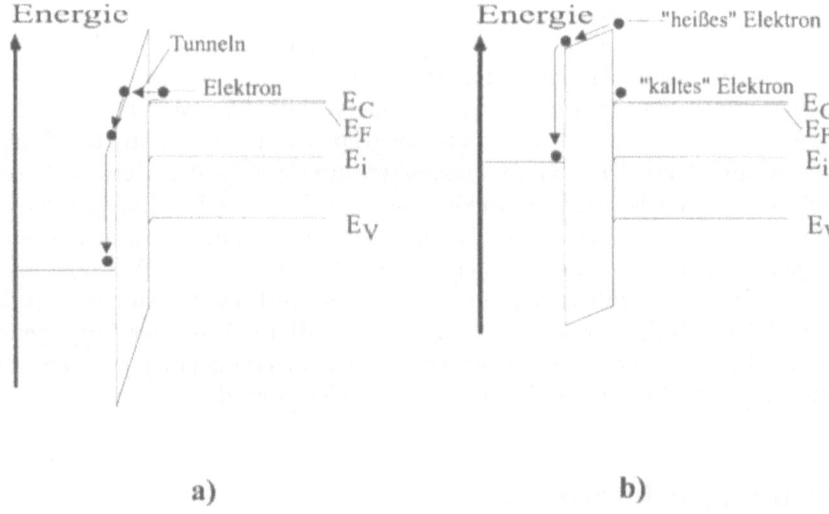

Abb. 4.32: Darstellung der beiden Speichermechanismen an Hand der Bandstruktur: a) Fowler-Nordheim-Tunneln; b) Injektion heißer Elektronen

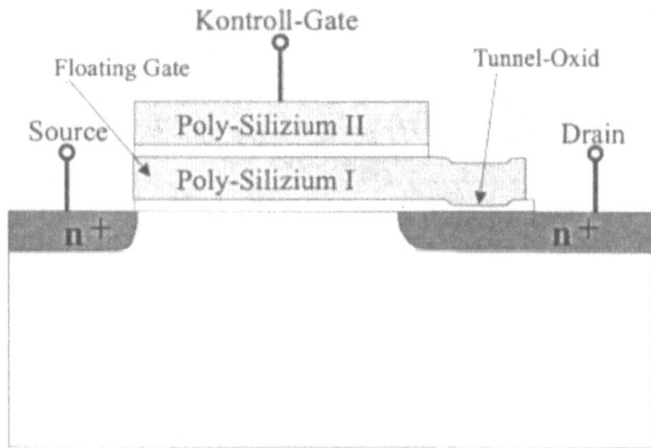

Abb. 4.33: Schematischer Querschnitt durch eine EEPROM-Zelle

logien im Bereich von einigen 10 bis zu einigen 100 Millisekunden. Für demgegenüber kurze Zeiten kann man dieses Element als Ladungsspeicher benutzen. Reiht man solche Elemente aneinander und steuert die Gates entsprechend an, so können eingespeiste Ladungsmengen ähnlich einer Eimerkettenschaltung verschoben werden. Der Vorgang wird in Abb. 4.34 verdeutlicht. In der ersten Phase wird eine gegebene Ladungsmenge in die Potentialsenke unter dem zweiten Gate eingespeist. In der zweiten Phase wird die Ladungsmenge unter dem zweiten Gate zwischengespeichert. In der dritten Phase wird die Ladungsmenge unter das dritte Gate verschoben um dann in der vierten Phase dort zwischengespeichert zu werden. Dann wiederholt sich der Verschiebungszyklus, so dass die Ladungsmengen sukzessiv nach rechts verschoben werden und am Ausgang der Schaltung wieder ausgelesen werden können. Solche Ladungsverschiebungsschaltungen, oder CCD, eignen sich als analoge Verzögerungsleitungen. Weit verbreitete Anwendung finden diese Elemente in CCD-Videokameras, bei denen die Potentialsenken über Photogeneration mit einer dem einfallenden Licht proportionalen Ladungsmenge geladen werden und die Zeile anschließend über den Verschiebealgorithmus ausgelesen wird.

4.6 Wichtige Formeln:

Drain-Strom Trioden-Gebiet

$$\begin{aligned} I_D &= \beta \cdot \left[(U_{GS} - U_T) \cdot U_{DS} - \frac{1}{2} \cdot U_{DS}^2 \right] \\ für\ (U_{GS} - U_T) &\geq U_{DS}\ und\ U_{GS} > U_T \end{aligned}$$

Drain-Strom Sättigungsgebiet

$$\begin{aligned} I_{DSat} &= \frac{\beta}{2} \cdot (U_{GS} - U_T)^2 \\ für\ (U_{GS} - U_T) &< U_{DS}\ und\ U_{GS} > U_T \end{aligned}$$

Leitwertkonstante

$$\beta = C_{Ox} \cdot \mu \cdot \frac{W}{L}$$

Kanallängenmodulation

$$L - L' = \sqrt{\frac{2 \cdot \epsilon_0 \cdot \epsilon_{Si} \cdot (U_{DS} - U_{DSat})}{q \cdot N_A}}$$

Querfeldbeweglichkeitsreduktion

$$\mu_n = \frac{\mu_{n0}}{(1 + \theta \cdot (U_{GS} - U_T))}$$

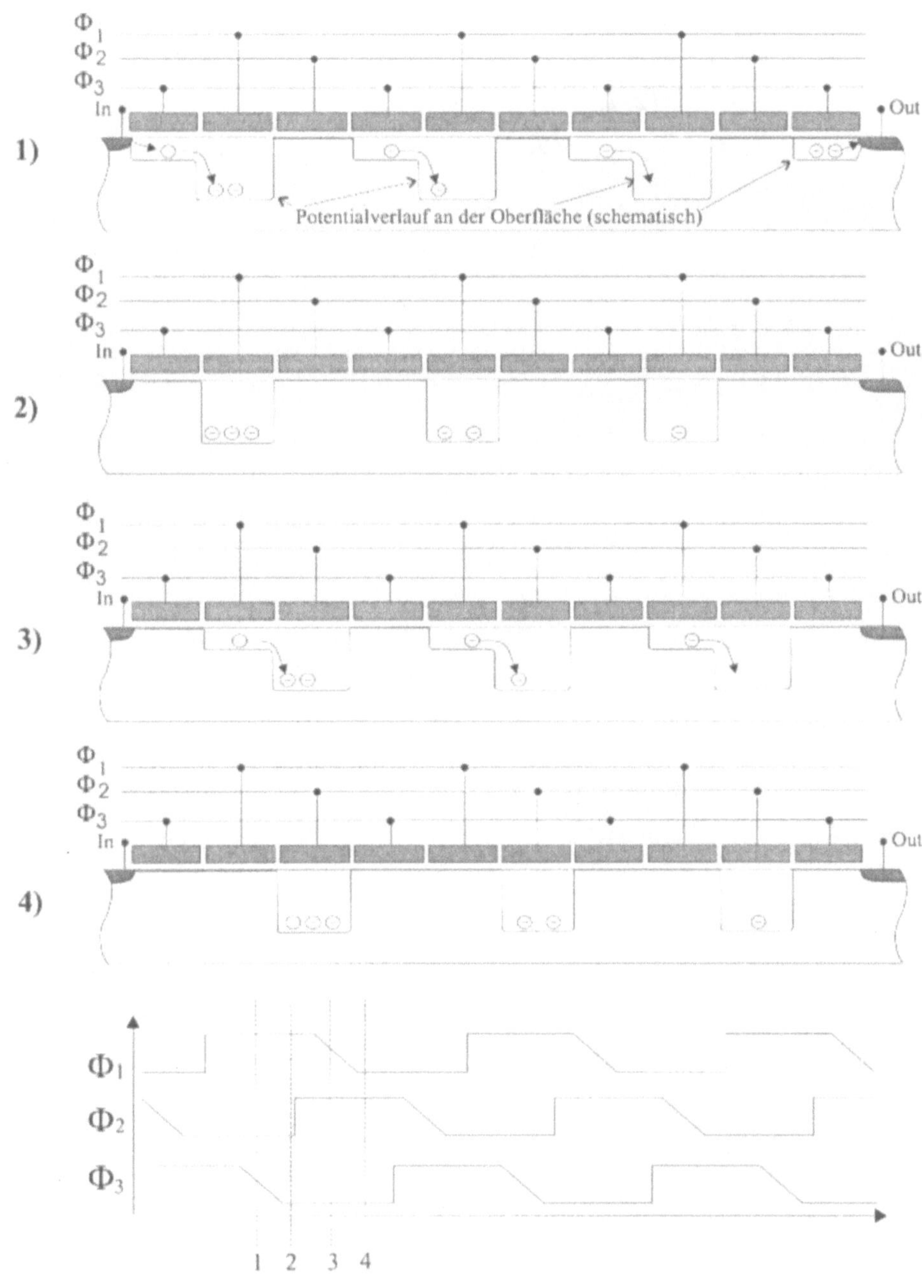

Abb. 4.34: Schematische Darstellung einer CCD-Zeile: 1 - 4: Verschieden Phase eines Verschiebungszyklus; Ganz unten: Die zugehörigen Ansteuersignale

Substrateffekt

$$
\begin{aligned}
U_T &= U_{T0} + \Delta U_T \quad mit \\
\Delta U_T &= \sqrt{\frac{2 \cdot \epsilon_0 \cdot \epsilon_{Si} \cdot q \cdot N_A}{C_{Ox}^2}} \cdot \left(\sqrt{2 \cdot \varphi_F + U_{SB}} - \sqrt{2 \cdot \varphi_F}\right)
\end{aligned}
$$

5 CMOS-Technologie

5.1 Einleitung

Nachdem jetzt die wesentlichen Eigenschaften und Merkmale von MOS-Transistoren bekannt sind, stellt sich die Frage wie Millionen von diesen Transistoren auf wenigen Quadratmillimetern Siliziums hergestellt und miteinander zu solch komplexen Schaltungen wie Mikroprozessoren verbunden werden können. Dazu werden in den nächsten Abschnitten die wesentlichen Prozessschritte vorgestellt und anschließend zu einem Gesamtprozess zusammengestellt. Zuvor muss noch kurz erläutert werden, wie MOS-Transistoren, die sich in ein und demselben Substrat befinden, voneinander so isoliert werden, dass sie sich gegenseitig nicht beeinflussen können.

5.1.1 Isolation

MOS-Transistoren sind grundsätzlich selbstisolierend. Drain- und Sourceanschlüsse sind durch die Raumladungszonen vom Substrat isoliert. Gleiches gilt für den Kanal zwischen Drain und Source. Das Gate ist sowieso durch den Gateisolator vom Substrat getrennt. Es ist daher, im Gegensatz zu Bipolar-Transistoren, ohne weiteres möglich mehrere MOS-Transistoren in dasselbe Substrat zu setzen. Um aber eine sinnvolle Schaltung zu realisieren, müssen diese Transistoren miteinander durch Leiter verbunden werden. Dies geschieht indem auf der Scheibenoberfläche entsprechende Leiterbahnen geführt werden. Diese müssen natürlich von der Scheibenoberfläche isoliert werden. Dabei können, wie in Abb. 5.1 a) gezeigt, ungewollte, sogenannte parasitäre Transistoren zwischen den Transistoren entstehen, denn die Struktur Leiterbahn-Isolator-Substrat ist eine MOS-Struktur. Diese parasitären Transistoren verhindern die normale Funktion der Schaltung. Da diese Transistoren aber letztlich unvermeidlich sind, müssen ihre Eigenschaften so verändert werden, dass die normale Schaltung durch sie nicht beeinflusst wird. Dazu setzt man die Schwellenspannung dieser Transistoren soweit herauf, dass sie oberhalb der normalen Versorgungsspannung der Schaltung liegt. Da innerhalb der Schaltung Spannungen oberhalb der Versorgungsspannung kaum vorkommen (auszuschließen ist dies nicht), bleiben diese Transistoren gesperrt und stören so die Schaltung nicht. Hohe Schwellenspannungen werden durch niedrige Gateoxidkapazitäten und hohe Substratdotierungen erzielt. Daher wird zwischen den Transistoren, unter den Leiterbahnen, ein dickes, sogenanntes Feldoxid als Isolator zum Substrat erzeugt, das im Allgemeinen 20 bis 30-mal dicker ist als das Gateoxid (s. a. Abb. 5.1 b)). Da dies häufig nicht ausreicht muss darüber hinaus die Substratdotierung in diesen Feldgebieten angehoben werden.

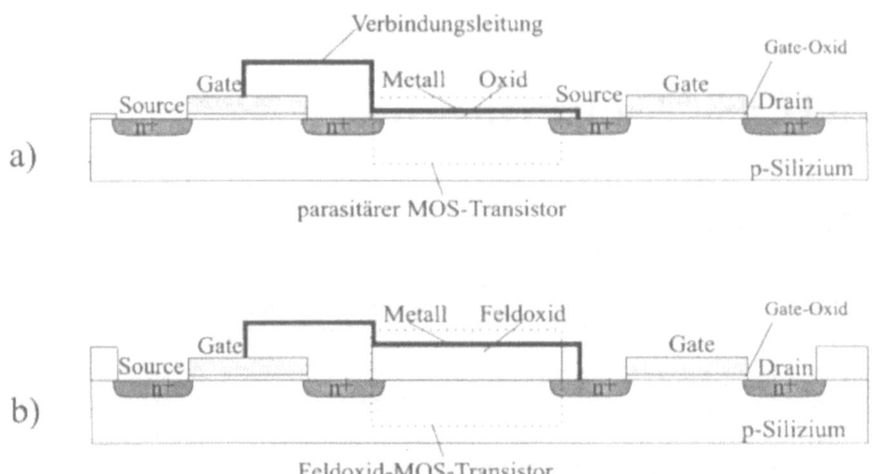

Abb. 5.1: a) Parasitärer MOS-Transistor; b) Feldoxid-Transistor mit einem U_T größer als der Betriebsspannung.

5.2 Grundlegende Fertigungsschritte

Die grundlegende Vorgehensweise soll an Hand von Abb. 5.3 erläutert werden. Abb. 5.2 a) zeigt einen, aus den voran gegangenen Kapiteln schon bekannten Querschnitt durch einen MOS-Transistor, während in Abb. 5.2 b) die zugehörige Aufsicht wiedergegeben ist. Die Schnittlinie des Querschnitts ist die Linie AB. Es sei daran erinnert, dass die Abmessungen dieser Struktur nur wenige μm beträgt, ein menschliches Haar zum Vergleich aber einen Durchmesser von 80 -100 μm hat. Diese Vorlage, das sogenannte Layout, muss nun auf ein Siliziumsubstrat übertragen werden. Dazu werden fotolithographische Methoden benutzt, wie sie in ähnlicher Form von der Leiterplattenherstellung bekannt sind.

Zunächst wird das gesamte Substrat mit einem Gateisolator, bei Silizium ein thermisch gewachsenes Oxid, überzogen (Abb. 5.3.1). Es folgt die ganzflächige Abscheidung des Gateelektrodenmaterials, hier poly-kristallines Silizium (Abb. 5.3.2). Auf das Poly-Silizium wird lichtempfindlicher Lack aufgetragen (Abb. 5.3.3). Nun wird eine Vorlage, mit der Struktur der Gateelektrode, in Kontakt mit dem so vorbehandelten Substrat gebracht, belichtet (Abb. 5.3.4) und entwickelt (Abb. 5.3.5). Dabei wird der Lack an den belichteten Stellen entfernt, so dass nur auf der späteren Gateelektrode der schützende Lack stehen bleibt. In einem Ätzprozess wird nun das Poly-Silizium in den nicht von Fotolack geschützten Bereichen entfernt (Abb. 5.3.6). Anschließend wird der Fotolack vom Poly-Silizium entfernt. Der MOS-Kondensator ist also bereits fertig, fehlen noch die Drain- und Sourcegebiete. Dazu wird das Substrat erneut belackt und mit einer Vorlage für die Drain- und Sourcegebiete belichtet (Abb. 5.3.7) und entwickelt (Abb. 5.3.8). Es folgt die Umdotierung der nun freiliegenden Siliziumsubstratgebiete. Dabei wirken sowohl der Lack als auch das Poly-Gate als Maske für die nicht umzudotierenden Gebiete (Abb. 5.4.9). Dadurch wird

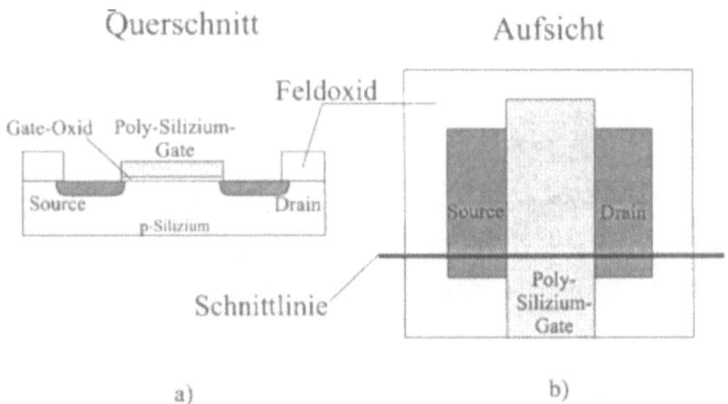

Abb. 5.2: a) Querschnitt und b) Layout eines MOS-Transistors

eine sogenannte Selbstjustage zwischen Drain- und Sourcegebieten und den Polykanten erzielt.

Damit ist die Struktur wie sie in Abb. 5.3 rechts unten gezeigt ist fertig. Natürlich ist dies nur ein kleiner Ausschnitt aus einem Gesamtprozess - es fehlen z.B. die Anschlüsse des Transistors und das Feldoxid - aber es werden die beiden wesentlichen Schritte bei der Herstellung einer integrierten Schaltung, die Schichterzeugung und die Schichtstrukturierung, deutlich. Weiter kann man an Hand dieses Beispiels zwischen einer selektiven Schichterzeugung, bei der die Schicht von vorn herein nur in bestimmten Gebieten erzeugt wird, und einer homogenen Schichterzeugung mit anschließendem Ätzprozess unterscheiden.

Moderne Halbleiterprozesse bestehen aus bis zu 25 solcher Teilschritte, in denen verschiedene Schichten erzeugt und mit Hilfe der Fotolithographie strukturiert werden.

In den folgenden Abschnitten werden zunächst die modernen fotolithographischen Verfahren, die Methoden zur Dotierung des Substrats, die Erzeugung elektrisch leitender und dielektrisch isolierender Schichten und deren Strukturierung durch Ätzverfahren beschrieben.

5.2.1 Fotolithographie

Die Fortschritte in der fotolithographischen Technik haben wesentlichen Anteil an der Entwicklung der Mikroelektronik in den letzten Jahren. Heute können Strukturen mit Abmessungen bis herunter auf 0,5 - 0,1 μm mit hoher Genauigkeit auf die Substrate übertragen werden. Dies ist nicht allein auf eine stetige Verbesserung der optischen Abbildung zurückzuführen. Vielmehr haben auch die Fotochemie, d.h. Fotolacke und Entwicklungstechniken, und Verbesserungen in der Herstellung und Kontrolle der Vorlagen, der Masken und Reticle, Anteil an der Entwicklung. Diese drei Aspekte der Lithographie sollen im Folgenden erläutert werden.

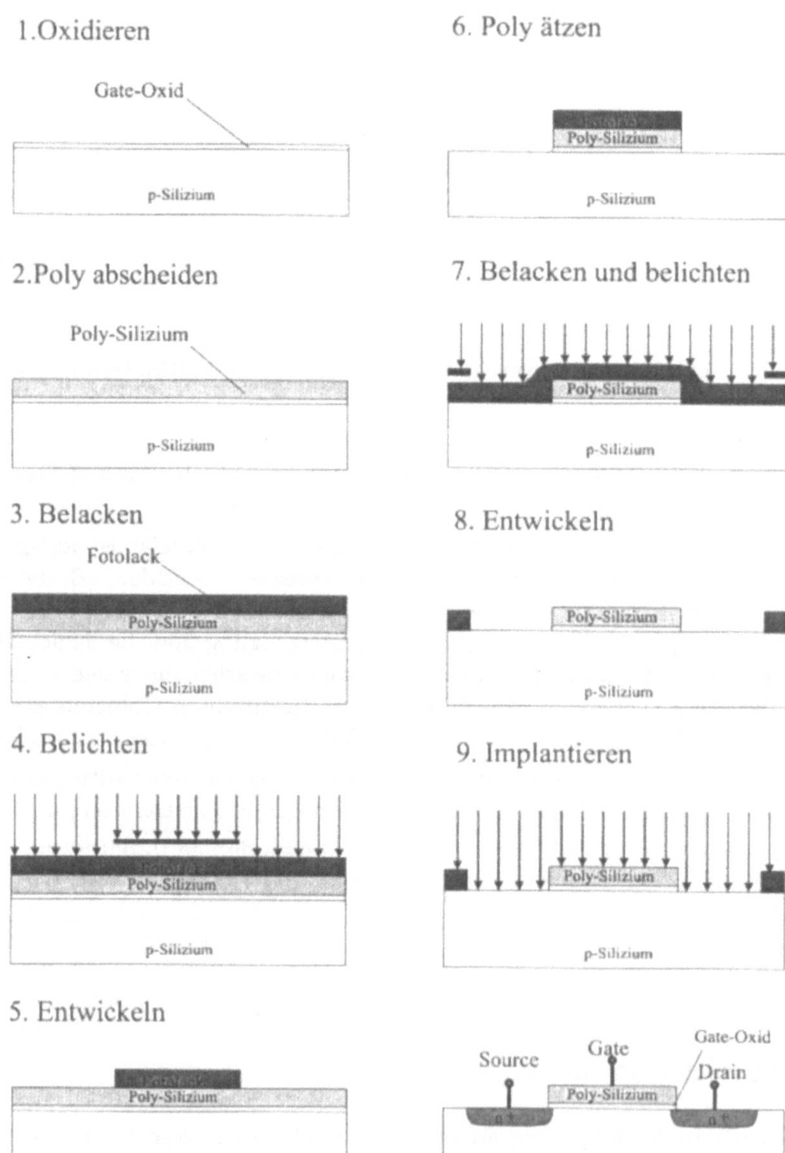

Abb. 5.3: Schematische Darstellung der wichtigsten Herstellungsschritte für einen MOS-Transistor

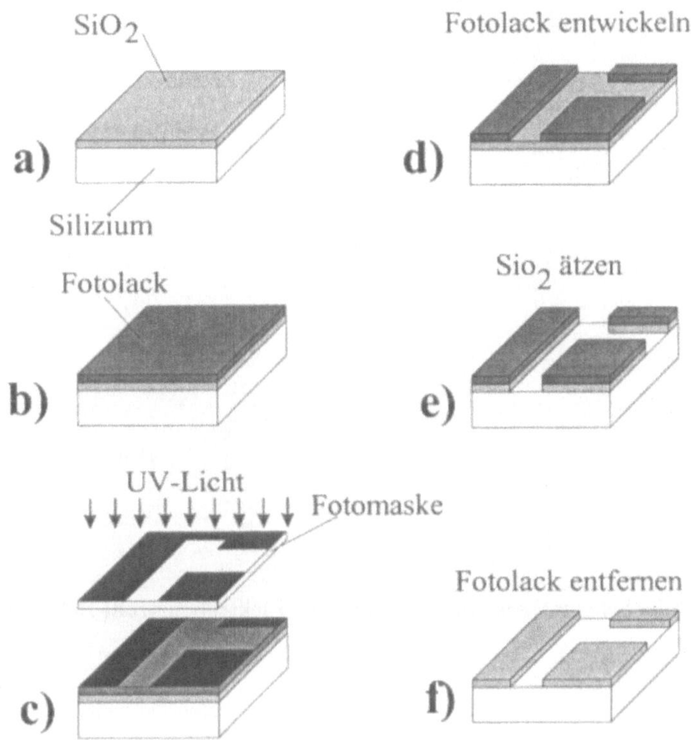

Abb. 5.4: Schematische Darstellung der lithographischen Übertragung einer Vorlage in eine zu strukturierende Schicht

Vorlagen

Das Layout einer integrierten Schaltung wird heute an grafischen CAD-Arbeitsplätzen erzeugt oder aber auch schon automatisch generiert und liegt anschließend in digitalisierter Form vor. Diese Daten müssen nun im richtigen Maßstab, z.T. über einen oder mehrere Verkleinerungsschritte, auf die Vorlage übertragen werden. Diese Vorlagen werden auch als Maske oder Reticle bezeichnet.

Die Vorlage selbst besteht aus Quarzglas, das i.A. mit Chrom beschichtet ist. An dieses Quarzglas werden außerordentliche Anforderungen bezüglich der Gleichmäßigkeit der Dicke, seiner Ebenheit, der Homogenität der optischen Eigenschaften und seines thermischen Ausdehnungskoeffizienten gestellt. Auf diese Quarzsubstrate wird nun wiederum mit Verfahren der Fotolithographie aber auch mit elektronenoptischen Verfahren das Layout einer Ebene übertragen. Dazu wird das Substrat mit einem Lack beschichtet, der für das benutzte Verfahren empfindlich ist.

Beim Elektronenstrahl-Verfahren wird das Layout rasterförmig, wie bei einem Fernsehbild, auf das Substrat geschrieben. Der Schreibstrahl hat dabei aus Gründen der Genauigkeit nur

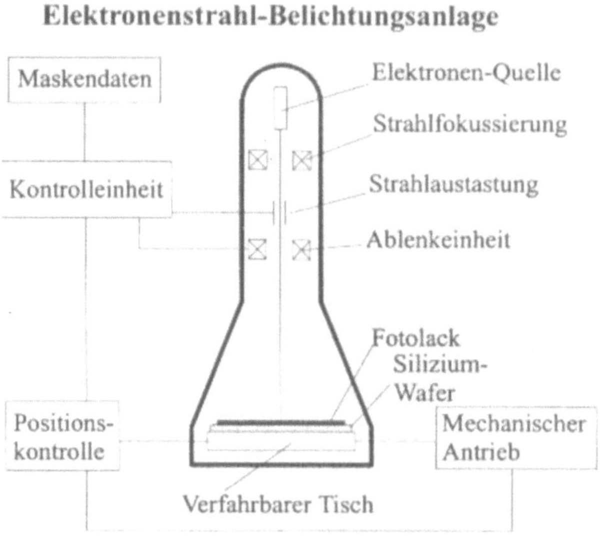

Abb. 5.5: Schematische Darstellung einer Elektronenstrahl-Belichtungsanlage

einen Durchmesser von einem fünftel der minimal abzubildenden Strukturbreite. Darüber hinaus haben diese Apparaturen nur ein Bildfeld von wenigen Quadratmillimetern Fläche, so dass das Layout nicht in einem Schreibvorgang erzeugt werden kann, sondern das Layout in mehrere Ausschnitte zerlegt werden muss und das Substrat nach jedem beschriebenen Ausschnitt mit hoher Präzision unter der Elektronenoptik verschoben werden muss. Mit diesem Verfahren werden 1:1 Vorlagen oder Reticle für Projektions-Belichtungsanlagen hergestellt. Es besteht aber auch die Möglichkeit auf diese Weise Si-Substrate direkt zu belichten.

Bei den sogenannten optischen Pattern-Generatoren wird das Substrat auf einer verfahrbaren Bühne gelagert, die über Laser-Interferometer gesteuert wird. Über eine Optik wird eine veränderliche rechteckige Blende auf das Substrat abgebildet. Als Lichtquelle dient eine Hochdruckblitzlampe oder ein Excimer-Laser. Das Layout wird in sich überlagernde Rechtecke zerlegt und so in vielen Einzelbelichtungen auf das Substrat übertragen. Mit diesem Verfahren werden i.A. sogenannte 5:1 oder 10:1 Vorlagen, sogenannte Reticle, erzeugt, d.h., sie müssen über eine Projektion verkleinert auf den Wafer oder aber auf die endgültige Vorlage, die sogenannte Maske, in einem Step und Repeat Verfahren abgebildet werden.

Bei beiden Verfahren erfolgt nach der Belichtung die Entwicklung der Lackschicht und die Entfernung des Chroms an den nicht belichteten Stellen.

Anschließend werden diese sogenannten Reticle auf Strukturgenauigkeit vermessen und mit dem Layout auf evtl. aufgetretene Fehler verglichen. Dieser Vergleich nimmt dabei häufig mehr Zeit in Anspruch als das eigentliche Herstellungsverfahren der Reticle.

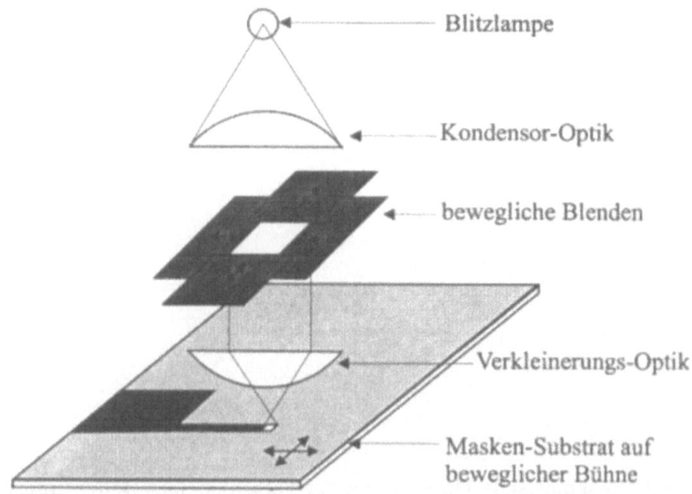

Abb. 5.6: Schematische Darstellung eines Pattern-Generators

Belichtungsverfahren

Im industriellen Großeinsatz werden heute überwiegend optische Abbildungsverfahren im UV-Bereich benutzt. Zu erwähnen sind noch Röntgen-Lithographische Verfahren, die aber noch in der Entwicklungsphase sind und die sogenannten direktschreibenden Elektronenstrahl-Verfahren, die aber wegen des geringen Durchsatzes (d.h., der Anzahl belichteter Si-Substrate pro Stunde) noch nicht zum Großserieneinsatz kommen.

Bewertungskriterien für eine Abbildung sind das Auflösungsvermögen, die Justiergenauigkeit und der Durchsatz der Belichtungsanlage.

Bei der optischen Lithographie sind grundsätzlich drei gängige Abbildungsverfahren zu unterscheiden. Sie sind in Abb. 5.7 schematisch dargestellt.

Bei der Kontaktbelichtung wird das Si-Substrat zunächst im Abstand von ca. 25 μm zur Vorlage gebracht und automatisch oder aber manuell über ein sogenanntes Split-Field-Mikroskop zu den vorhergegangenen Maskenlagen auf dem Substrat justiert. Anschließend wird das Substrat mit einer Kraft von einigen kP gegen die Maske gepresst, die Justage wird noch einmal überprüft und es erfolgt die ganzflächige Belichtung. Dieses Verfahren hat den Vorteil die Strukturen der Vorlage mit hoher Genauigkeit auf den Wafer abzubilden und es werden Auflösungen bis hinab zu 0,2 μm erzielt. Andererseits werden Wafer und Vorlage einer hohen mechanischen Belastung ausgesetzt. Selbst kleinste Staubpartikel, die zwischen Wafer und Vorlage geraten, können die Lackschicht und die Vorlage zerstören, so dass dieser und alle nachfolgenden Wafer an der betreffenden Stelle einen Fehler haben. Es besteht auch die Gefahr, dass der Fotolack an der Vorlage kleben bleibt und so Fehler verursacht. Dies führt dazu, dass bei Kontaktbelichtungsverfahren schon nach wenigen Belichtungen die Vorlage erneuert werden muss.

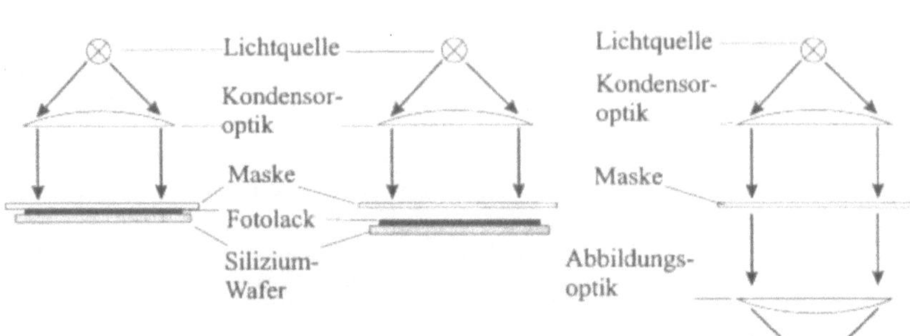

Abb. 5.7: Schematische Darstellung der verschiedenen Belichtungsmethoden

Bei den Proximity-Belichtungsverfahren umgeht man diese Probleme indem der Wafer nach der Justage nur bis auf einen minimalen Abstand von ca. 8 - 10 μ m an die Vorlage herangebracht wird. Dadurch wird die Standzeit der Vorlagen erheblich verlängert. Allerdings wird das Auflösungsvermögen durch difraktive Beugung stark vermindert, so dass hier nur Strukturen von minimal 3 μm abgebildet werden können.

Das heute meist verbreitete Verfahren ist die Projektionsbelichtung bei der die Vorlage über ein Spiegel- oder Linsensystem auf den Wafer abgebildet wird. Dabei ist zwischen Whole-Waferbelichtung, bei der der gesamte Wafer mit einer 1:1 Abbildung belichtet wird, und der Stepp und Repeat-Belichtung mit Abbildungsmaßstäben 10:1, 5:1 oder 1:1 zu unterscheiden. Bei der Whole-Waferbelichtung muss die Vorlage bzw. das Reticle den ganzen Wafer abdecken, dementsprechend anspruchsvoll ist die Herstellung dieser Vorlage. Dafür muss auch nur einmal pro Wafer die Vorlage auf den Wafer justiert werden. Bei Step- und Repeat-Belichtungen wird ein Belichtungsfeld, welches erheblich kleiner ist als der Wafer, mehrfach so auf den Wafer belichtet, dass eine möglichst große Bedeckung des Wafers erreicht wird. Dazu wird der Wafer mit Hilfe einer verfahrbaren Bühne, der sogenannten Waferstage, unter der Belichtungsoptik bewegt, das Belichtungsfeld auf den Wafer justiert, die Belichtung vorgenommen und anschließend die nächste Belichtungsposition angefahren. Hier ist die Herstellung und Kontrolle der Reticle etwas einfacher, dafür ist der Aufwand durch mehrfache Justierungen und Belichtungen größer.

Das theoretische Auflösungsvermögen d einer optischen Abbildung ist durch die maximale Wellenlänge des benutzten Lichtes und die numerische Apertur N_A der abbildenden Optik bestimmt:

$$d = 0,61 \cdot \frac{\lambda}{N_A}$$

d ist so definiert, dass zwei punktförmige Objekte im Abstand d genau dann noch als getrennte Bilder abgebildet werden, wenn das erste Beugungsminimum des ersten Bildes in das Intensitätsmaximum des zweiten Bildes fällt. Bei einem periodischen optischen Gitter

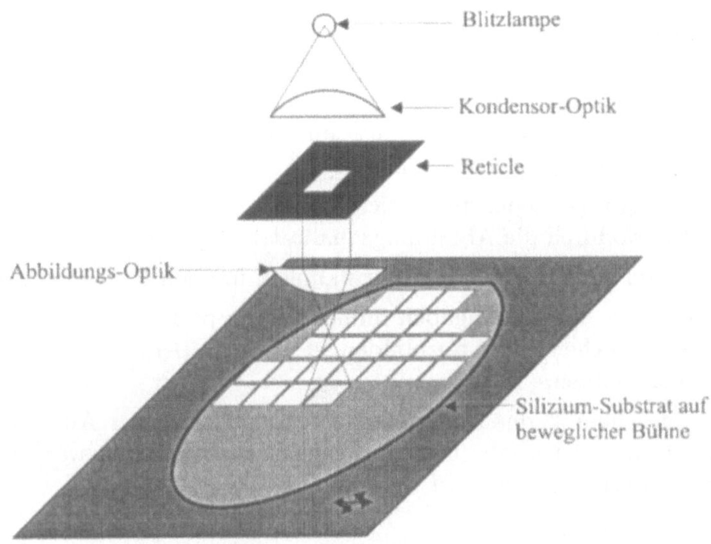

Abb. 5.8: Schematische Darstellung einer Step- und Repeat-Belichtungsanlage

(Line = Space = d) liegt die Auflösungsgrenze bei

$d = \frac{\lambda}{N_A}$

Diese Grenzen gelten für monochromatisches, kohärentes Licht und 100%iger Fokussierung. Das Gitter wird dabei aber nur noch als sinusförmiger Intensitätsverlauf abgebildet. Bei nicht kohärentem Licht (wobei der Begriff Kohärenz nicht immer korrekt benutzt wird) kann man die Auflösungsgrenze noch herabsetzen, was jedoch zu Lasten des Kontrastes des Bildes geht. Um den Kontrast zu erfassen führt man die Modulations-Transfer-Funktion der minimalen und maximalen Intensität MTF ein:

$M_{TF} = \frac{I_{max} - I_{min}}{I_{max} + I_{min}}$

MTF ist eine Funktion der Fokussierung, der Gitter Periode 2·d und der Apertur der Lichtquelle. Ein häufig benutzter Minimalwert für MTF ist 0,5. Wenn alle anderen Parameter (Lackeigenschaften, Fokussierung, Belichtung, Entwicklung, Apertur der Lichtquelle, völlig ebener Wafer usw.) optimal eingestellt sind erreicht man damit Auflösungen d‘

$d' = 0,6 \cdot \frac{\lambda}{N_A}$ bis $d' = 0,8 \cdot \frac{\lambda}{N_A}$

Lässt man ein Absinken der MTF auf 0,39 zu, so erreicht man unter diesen idealen Laborbedingungen fokale Tiefen F_D von

$F_D = \frac{\lambda}{N_A^2}$

Bei diesen Überlegungen werden folgende Einschränkungen nicht berücksichtigt:

Im Verlauf des Herstellungsprozesses erhält der Wafer eine immer ausgeprägtere Topologie, d.h. durch die verschiedenen aufgetragenen und strukturierten Schichten entstehen Stufen unterschiedlicher Höhe, die die Abbildung bezüglich Fokussierung und Auflösung immer schwieriger macht.

Durch diese Topologie werden weiter Dickeschwankungen im Fotolack verursacht, da beim Aufschleudern des Lackes der Lack aus den tiefer liegenden Gebieten, Gräben und Löchern natürlich nicht so gut abfließen kann. Diese unterschiedlich dicken Fotolackschichten sind natürlich kaum gleichmäßig durchzubelichten.

Durch die Erzeugung verschiedenster Schichten auf dem Wafer ändert sich die Reflektivität des Untergrundes, wodurch die Abbildungsqualität beeinträchtigt wird.

Dazu kommen kaum zu vermeidende Schwankungen in allen Prozessen der Lithographie.

Nicht zuletzt beziehen sich die Angaben immer auf ein periodisches Gitter, das durch konstruktive Interferenz sicher besser abzubilden ist als nicht periodische Strukturen, die in IC sicher häufiger vorkommen.

Da eine solche Maschine in der Produktion mit möglichst guter Ausbeute betrieben werden und nicht an ihrer physikalisch technischen Grenze gefahren werden sollte, sollte die Auflösung d folgendermaßen definiert werden:

$d = 1,2 \cdot \frac{\lambda}{N_A}$

Bei einer Wellenlänge von 440 nm und einer angestrebten minimalen Strukturbreite von 1,5 μm ergibt sich daraus eine minimale Apertur von 0,35.

Justierung

Von ebenso großer Bedeutung für die Qualität der Abbildung wie die Auflösung ist die Justiergenauigkeit der verschiedenen Ebenen einer integrierten Schaltung zueinander. Dies soll am Beispiel eines dejustierten Transistors aus Abb. 5.9 verdeutlicht werden. Nach der Abscheidung des Zwischenoxids als Isolator zwischen der Metallverdrahtung und den aktiven Transistorstrukturen (Drain- und Sourcegebiete sowie Gate) müssen in diese Isolationsschicht Kontaktlöcher geätzt werden.

Dies erfolgt mit Hilfe einer Fototechnik, die möglichst genau auf die unter der Isolationsschicht liegenden Transistorstrukturen justiert werden muss. Justagefehler haben hier besonders schwerwiegende Konsequenzen: Verrutscht das Kontaktloch bis auf die Kante des Feldoxids, so wird die Drain- bzw. Source-Diode zum Substrat hin kurzgeschlossen. Durch eine solche Dejustage kann auch ein Kurzschluss zwischen dem Poly-Gate und der Drain- bzw. Source-Diode verursacht werden. Letzterer Fall ist besonders interessant, da hier die Justierung von drei Ebenen zueinander entscheidend ist: Einmal die Justierung der Poly-Gateebene zu den aktiven Transistorgebieten, sowie die Justierung der Kontaktlöcher zu den aktiven Transistorgebieten. Darüber hinaus wirken sich hier auch die bei der Herstellung der einzelnen Ebenen unvermeidlichen Toleranzen in den Breiten bzw. Abständen der Strukturen innerhalb der Ebenen aus. Geraten die Poly-Gates besonders breit, ist die Gefahr eines Kurzschlusses durch Dejustage der Kontaktlöcher größer, als bei normalen bzw. zu schmalen Poly-Gates. Natürlich ist man bemüht, diese Justage- und Breitentoleranzen so gering wie möglich zu halten. Letztlich aber sind sie unvermeidlich und müssen daher schon beim Entwurf der Transistoren berücksichtigt werden. Dies findet seinen Niederschlag in den sogenannten Designrules, die weiter unten unter dem Stichwort Entwurfsunterlagen behandelt werden.

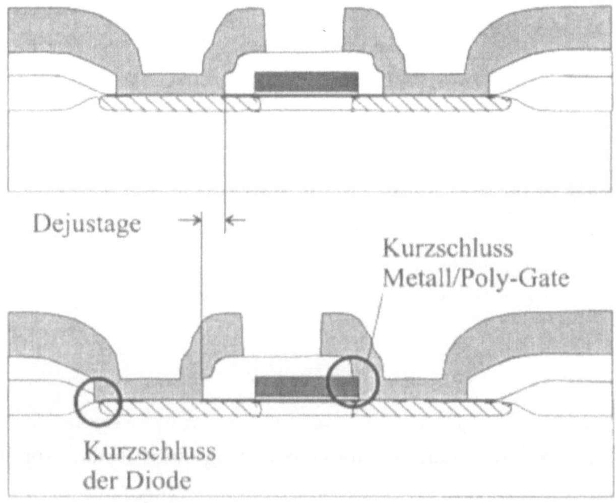

Abb. 5.9: Kurzschlüsse innerhalb eines Transistors als Folge einer katastrophalen Dejustage

Folgende Fehlerquellen müssten auch mit ihren Korrelationen berücksichtigt werden:

- Reticle
- Reticlehalterung
- Optisches System(Linsen, Spiegel, Prismen)
- Abbildung
- Alignment
- Stagecontrol

Diese werden aber nur unzureichend (ohne Angabe von Verteilungen und Korrelationen) und unvollständig spezifiziert.

Bei einem angestrebten Overlay von beispielsweise 1 μm sollte 0,5 μm als Prozessreserve (Lithographie, Ätzprozesse, Bird's Beaks) vorgesehen werden.

In dem vorgesehenen Prozess sind Maximal 3 aufeinander folgende Layer zueinander korreliert, d.h., für zwei korrelierte Justierungen steht eine Toleranz von insgesamt 0,5 μm zur Verfügung. Sind die auftretenden Fehler statistisch unabhängig, ergibt sich daraus ein maximal zulässiges Overlay von 0,35 μm Layer to Layer, Machine to Machine. Sicherer ist aber die Annahme einer linearen Abhängigkeit und damit ergibt sich ein maximales Overlay von 0,25 μm Layer to Layer, Machine to Machine.

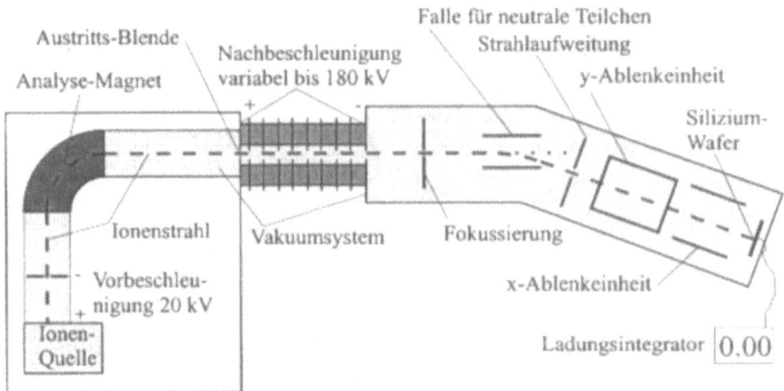

Abb. 5.10: Schematische Darstellung eines Ionenimplanters

5.2.2 Ionenimplantation

Die Ionenimplantation ist in modernen Halbleiterprozessen praktisch die einzige, weil bei weitem die präziseste Methode zur gezielten Dotierung von Halbleitern. Dazu werden die Dotierstoffatome ionisiert, in einem elektrischen Feld beschleunigt und auf die zu implantierende Siliziumscheibe gelenkt.

Der grundsätzliche Aufbau eines solchen Ionenimplanter ist in Abb. 5.10 wiedergegeben. In der Quelle werden die Atome ionisiert und durchlaufen dann die Vorbeschleunigung. Im Massenspektrometer werden Fremdatome bzw. mehrfach geladene Atome aus dem Ionenstrahl heraus gefiltert. Dazu wird der Ionenstrahl in einem Magnetfeld definierter Stärke auf eine kreisförmige Bahn gezwungen, so dass nur die Ionen mit der passenden Massenzahl und der richtigen Ladung den Analysatorspalt passieren können. Es folgt die Nachbeschleunigung der Ionen auf die definierte Implantationsenergie. Anschließend wird der Strahl aufgeweitet und in der Ablenkeinheit rasterförmig ausgelenkt, damit die Halbleiterscheibe am Ende des Strahlengangs gleichmäßig überstrichen wird. Allerdings muss darauf geachtet werden, dass zwischen der x- und der y-Ablenkung keine feste Frequenz oder Phasenbeziehung besteht, damit es nicht zu einem fest stehenden Rasterbild kommt und die Homogenität der Implantation über die Scheibe gestört wird. Letztlich wird im Ladungsintegrator gemessen wieviel Ladungen, d.h. Atome auf der Scheibe angekommen sind, um so die Implantation bei Erreichen der vorgesehenen Dosis, d.h. der Anzahl, der zu implantierenden Atome, abbrechen zu können.

Wie weit die implantierten Ionen in das Target, hier die Siliziumscheibe, eindringen, hängt von einer Reihe von Faktoren ab: Das implantierte Ion verliert seine in der Beschleunigungsstrecke aufgenommene kinetische Energie in einer Reihe von Stoßprozessen mit den Atomen des Targets. Wesentliche Parameter sind hierbei neben der kinetischen Energie, die Massen der Ionen und der Target-Atome, die Ladung des Ions, die Dichte der Target-Atome sowie der sogenannte Wirkungsquerschnitt der Ionen und Target-Atome, welcher mit der Größe der beteiligte Atome und Ionen umschrieben werden kann. Die mathematische

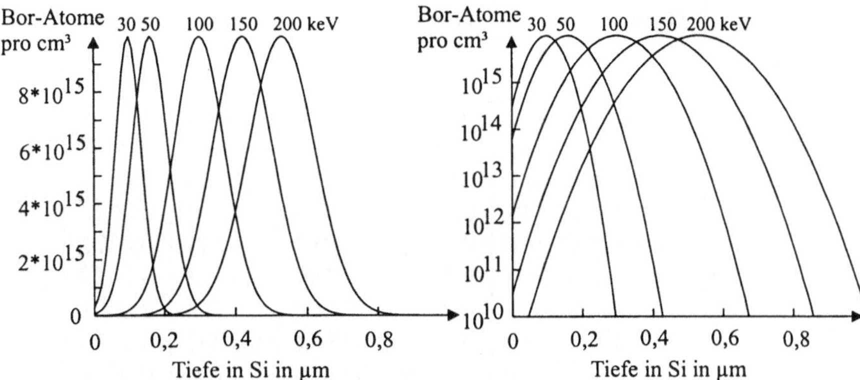

Abb. 5.11: Gauß-Verteilungen für Bor in Silizium für verschiedene Implantationsenergien in linearer und logarithmischer Darstellung

Beschreibung dieses Abbremsvorganges ist schwierig, da sich durch jeden Stoß außer der Energie des Ions auch noch seine Richtung ändert und es erst nach einer großen Anzahl von Stößen zur Ruhe kommt. Deshalb soll hier auf eine eingehendere theoretische Betrachtung verzichtet werden. Eine recht gute Beschreibung der Verteilung einer großen Anzahl von implantierten Ionen als Funktion der Tiefe im Target liefert eine Gauß-Funktion der Form

$$N(x) = N_{\max} \cdot e^{\left[-\frac{1}{2}\left(\frac{x-R_P}{\Delta R}\right)^2\right]}$$

Dabei sind N(x) die Dichte der implantierten Atome als Funktion der Tiefe x, N_{max} die Maximalkonzentration der implantierten Atome, R_P die Tiefe dieses Konzentrationsmaximums und ΔR_P die Standard- Abweichung. In Abb. 5.11 sind solche Verteilungen für Bor in Silizium für verschiedene Implantationsenergien wiedergegeben. Eine bessere Beschreibung liefert eine sogenannte Pearson IV Verteilung, die insbesondere den sogenannten Tail der Verteilung in Richtung zur Oberfläche besser beschreibt. Diese Pearson IV Verteilung wird in Simulationsprogrammen häufig benutzt (s. Abb. 5.12). Für eine erste Abschätzung der Reichweite von Implantationen reicht aber die Gauß-Verteilung. In den Tabellen auf den folgenden Seiten sind die Lagen der Maxima der Verteilungen R_P und die Standardabweichungen ΔR_P für die wichtigsten Dotanden Bor, Phosphor und Arsen in Silizium und Siliziumdioxid wiedergegeben.

Zu beachten ist, dass die Reichweiten von Implantationen im Fotolack, der ja zur Maskierung von Implantationen benutzt wird, in der Regel 1,2 bis 1,5-mal größer sind als in Siliziumdioxid. Daher darf die Dicke des Fotolacks bei einer Implantation einen Mindestwert, der etwa das 1,5 fache von (R_P + 5$\cdot\Delta R_P$) beträgt, nicht unterschreiten.

Nach der Implantation ist der Kristallverband des Targets ganz oder teilweise zerstört und die implantierten Atome halten sich zum überwiegenden Teil an Plätzen auf, an denen sie ihre elektronische Funktion nicht erfüllen können. Nach jeder Implantation muss das Target daher ausgeheilt, annealt, werden, um die Dotierung zu aktivieren. Dazu werden

	B in	Si	B in	SiO_2	B in	SiN
E_0	R_P	ΔR_P	R_P	ΔR_P	R_P	ΔR_P
eV	μm	μm	μm	μm	μm	μm
10	0.0333	0.0171	0.0298	0.0143	0.0230	0.0111
20	0.0662	0.0283	0.0622	0.0252	0.0480	0.0196
30	0.0987	0.0371	0.0954	0.0342	0.0736	0.0267
40	0.1302	0.0443	0.1283	0.0418	0.0990	0.0326
50	0.1608	0.0504	0.1606	0.0483	0.1239	0.0377
60	0.1903	0.0556	0.1921	0.0540	0.1482	0.0422
70	0.2188	0.0601	0.2228	0.0590	0.1719	0.0461
80	0.2465	0.0641	0.2528	0.0634	0.1950	0.0496
90	0.2733	0.0677	0.2819	0.0674	0.2176	0.0527
100	0.2994	0.0710	0.3104	0.0710	0.2396	0.0555
110	0.3248	0.0739	0.3382	0.0743	0.2610	0.0581
120	0.3496	0.0766	0.3653	0.0774	0.2820	0.0605
130	0.3737	0.0790	0.3919	0.0801	0.3025	0.0627
140	0.3974	0.0813	0.4179	0.0827	0.3226	0.0647
150	0.4205	0.0834	0.4434	0.0851	0.3424	0.0666
160	0.4432	0.0854	0.4685	0.0874	0.3617	0.0684
170	0.4654	0.0872	0.4930	0.0895	0.3807	0.0700
180	0.4872	0.0890	0.5172	0.0914	0.3994	0.0716
190	0.5086	0.0906	0.5409	0.0933	0.4178	0.0731
200	0.5297	0.0921	0.5643	0.0951	0.4358	0.0744

Tabelle 5.1: Reichweite R_P und Standardabweichung ΔR_P in Abhängigkeit der Ionenenergie E_0 für die Implantation von Bor in Silizium, Siliziumdioxid und Siliziumnitrid

die Scheiben nach jeder Implantation für kurze Zeit auf eine Temperatur von 800 bis 1000 Celsius aufgeheizt, damit der Kristall seine ursprüngliche regelmäßige Struktur wieder herstellen und die Dotieratome elektrisch aktive Plätze einnehmen können. Dabei ändert sich aufgrund von Diffusionsvorgängen das Implantationsprofil. Diese Diffusionsvorgänge sind Gegenstand des nächsten Abschnitts.

5.2.3 Diffusion

Jeder Halbleiterprozess besteht neben den schon beschriebenen Fotolithographischen und Implantationsschritten aus einer Reihe von weiteren Prozessschritten, bei denen sehr hohe Temperaturen erreicht werden. Neben den Ausheilschritten nach den Implantationen sind dies vor allem Oxidationsprozesse die weiter unten noch eingehender behandelt werden. Bei all diesen Hochtemperaturschritten verändern sich alle Implantationsprofile durch die Diffusion von Dotieratomen im Halbleiterkristall. Dieser Vorgang ist aus der Thermodynamik in Zusammenhang mit Konzentrations-Ausgleichsvorgängen in Flüssigkeiten und Gasen sehr gut bekannt. Auch Ladungsträger in Halbleitern sind durch diesen Vorgang betroffen (s. Kap. 1 und 2; z.B. Gl. 1.33). Er findet auch bei einzelnen Atomen in festen Körpern statt,

	P in	Si	P in	SiO_2	P in	SiN
E_0	R_P	ΔR_P	R_P	ΔR_P	R_P	ΔR_P
eV	μm	μm	μm	μm	μm	μm
10	0.0139	0.0069	0.0108	0.0048	0.0084	0.0037
20	0.0253	0.0119	0.0199	0.0084	0.0154	0.0065
30	0.0368	0.0166	0.0292	0.0119	0.0226	0.0092
40	0.0486	0.0212	0.0388	0.0152	0.0300	0.0118
50	0.0607	0.0256	0.0486	0.0185	0.0376	0.0143
60	0.0730	0.0298	0.0586	0.0216	0.0453	0.0168
70	0.0855	0.0340	0.0688	0.0247	0.0532	0.0192
80	0.0981	0.0380	0.0792	0.0276	0.0612	0.0215
90	0.1109	0.0418	0.0896	0.0305	0.0693	0.0237
100	0.1238	0.0456	0.1002	0.0333	0.0774	0.0259
110	0.1367	0.0492	0.1108	0.0360	0.0856	0.0280
120	0.1497	0.0528	0.1215	0.0387	0.0939	0.0301
130	0.1627	0.0562	0.1322	0.0412	0.1022	0.0321
140	0.1757	0.0595	0.1429	0.0437	0.1105	0.0340
150	0.1888	0.0628	0.1537	0.0461	0.1188	0.0358
160	0.2019	0.0659	0.1644	0.0485	0.1271	0.0377
170	0.2149	0.0689	0.1752	0.0507	0.1354	0.0394
180	0.2279	0.0719	0.1859	0.0529	0.1437	0.0411
190	0.2409	0.0747	0.1966	0.0551	0.1520	0.0428
200	0.2539	0.0775	0.2073	0.0571	0.1602	0.0444

Tabelle 5.2: Reichweite R_P und Standardabweichung ΔR_P in Abhängigkeit der Ionenenergie E_0 für die Implantation von Phosphor in Silizium, Siliziumdioxid und Siliziumnitrid

wenn auch nur sehr, sehr langsam. Bei den bei der Herstellung von integrierten Schaltungen notwendigen Temperaturen von z.T. über 1000 Celsius läuft dieser Vorgang aber so schnell, dass seine Auswirkungen berücksichtigt werden müssen und er teilweise gezielt zur Veränderung von implantierten Profilen benutzt wird.

Die grundlegende diesen Vorgang beschreibende Gleichung ist die Diffusionsgleichung:

$$\vec{J}_N = -D \cdot \vec{\nabla} N$$

Dabei ist N die Verteilung der Dotierstoffkonzentration in Abhängigkeit vom Ort, D der Diffusionskoeffizient und $\vec{J}_N$ die Stromdichte der Dotierstoffatome. Im eindimensionalen Fall kann man schreiben:

$$J_N = -D \cdot \frac{dN}{dx}$$

Wie bei den Ladungsträgern muss auch hier eine Kontinuitätsgleichung der Form

$$\frac{dN}{dt} = -\vec{\nabla} \vec{J}_N$$

	As in	Si	As in	SiO_2	As in	SiN
E_0	R_P	ΔR_P	R_P	ΔR_P	R_P	ΔR_P
eV	μm	μm	μm	μm	μm	μm
10	0.0097	0.0036	0.0077	0.0026	0.0060	0.0020
20	0.0159	0.0059	0.0127	0.0043	0.0099	0.0033
30	0.0215	0.0080	0.0173	0.0057	0.0135	0.0045
40	0.0269	0.0099	0.0217	0.0072	0.0169	0.0056
50	0.0322	0.0118	0.0260	0.0085	0.0202	0.0066
60	0.0374	0.0136	0.0303	0.0099	0.0235	0.0077
70	0.0426	0.0154	0.0346	0.0112	0.0268	0.0087
80	0.0478	0.0172	0.0388	0.0125	0.0301	0.0097
90	0.0530	0.0189	0.0431	0.0138	0.0334	0.0108
100	0.0582	0.0207	0.0473	0.0151	0.0367	0.0118
110	0.0634	0.0224	0.0516	0.0164	0.0400	0.0127
120	0.0686	0.0241	0.0559	0.0176	0.0433	0.0137
130	0.0739	0.0258	0.0603	0.0189	0.0467	0.0147
140	0.0791	0.0275	0.0646	0.0201	0.0500	0.0157
150	0.0845	0.0292	0.0690	0.0214	0.0534	0.0167
160	0.0898	0.0308	0.0734	0.0226	0.0568	0.0176
170	0.0952	0.0325	0.0778	0.0239	0.0603	0.0186
180	0.1005	0.0341	0.0823	0.0251	0.0637	0.0195
190	0.1060	0.0358	0.0868	0.0263	0.0672	0.0205
200	0.1114	0.0374	0.0913	0.0275	0.0706	0.0214

Tabelle 5.3: Reichweite R_P und Standardabweichung ΔR_P in Abhängigkeit der Ionenenergie E_0 für die Implantation von Arsen in Silizium, Siliziumdioxid und Siliziumnitrid

oder im eindimensionalen Fall

$$\frac{dN}{dt} = -\frac{dJ_N}{dx}$$

erfüllt sein. Kombiniert man die eindimensionalen Gleichungen erhält man:

$$\frac{dN}{dt} = -\frac{d}{dx}\left(-D \cdot \frac{dN}{dx}\right) = D \cdot \frac{d^2N}{dx^2}$$

Die Lösung dieser partiellen Differentialgleichung lautet:

$$N(x,t) = \frac{N_0}{\sqrt{2 \cdot \pi \cdot S}} e^{\left(\frac{-(x-R_P)^2}{2 \cdot S}\right)} mit\ S = \Delta R^2 + 2 \cdot D \cdot t$$

Für t = 0 ergibt sich daraus eine gaußsche Verteilung, wie sie in erster Näherung durch eine Implantation erzeugt wird. N_0 ist dabei die Summe aller pro cm^2 implantierter Dotierstoffatome. Für den Zusammenhang zwischen N_0 und N_{max} gilt:

$$N_0 = N_{\max} \cdot \sqrt{2 \cdot \pi \cdot \Delta R^2}$$

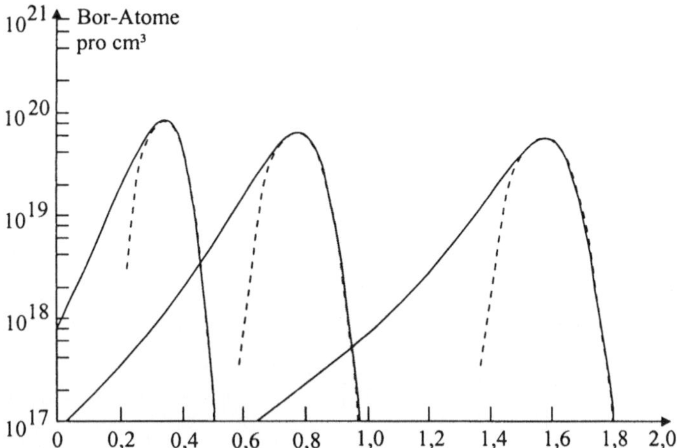

Abb. 5.12: Gauß- (gestrichelt) und Pearson-IV- Verteilungen (durchgezogen) für Bor in Silizium für verschiedene Implantationsenergien in logarithmischer Darstellung

Werden, was der Normalfall ist, im Herstellungsprozess mehrere Hochtemperaturschritte durchlaufen, so gilt für S:

$$S = \Delta R^2 + \sum_i D_i \cdot t_i$$

Wobei t_i die Dauer des i-ten Temperaturschrittes und D_i der zugehörige Diffusionskoeffizient ist. Dieser Diffusionskoeffizient hängt nun wiederum von einer ganzen Reihe von Faktoren ab: Zunächst einmal ist die Größe des betrachteten Dotierstoffatoms wichtig; große Atome wie Arsen werden sich in Silizium langsamer bewegen als kleine Atome wie Bor. Weiter wird die Temperatur, bei der dieser Vorgang abläuft, eine wesentliche Rolle spielen; je höher die Temperatur ist, um so schneller werden sich die Atome bewegen können. Für die Temperaturabhängigkeit der Diffusionskoeffizienten D gilt:

$$D = D_0 \cdot e^{(-E/k_B \cdot T)}$$

Dabei ist E die sogenannte Aktivierungsenergie, die ebenso wie die Proportionalitätskonstante D_0 von der Atomsorte abhängt. Die Tabelle 5.4 gibt für die drei wichtigsten Dotanden Bor, Phosphor und Arsen diese Konstanten wieder.

Dies können allerdings nur Anhaltswerte sein, da diese Größen durch eine Reihe von Faktoren beeinflusst werden, die nur schwer zu erfassen sind.

Mathematisch nur sehr umständlich zu beschreiben ist der atomare Transportvorgang an sich; wandern die Dotierstoffatome über Zwischengitterplätze oder dominiert die Bewegung über Gitterfehlstellen? Darüber hinaus sind die Diffusionskoeffizienten insbesondere bei großen Atomen wie Arsen oder Phosphor konzentrationsabhängig, da diese Atome eine Verzerrung des Kristallgitters bewirken, was wiederum die Diffusion beschleunigt. Bei

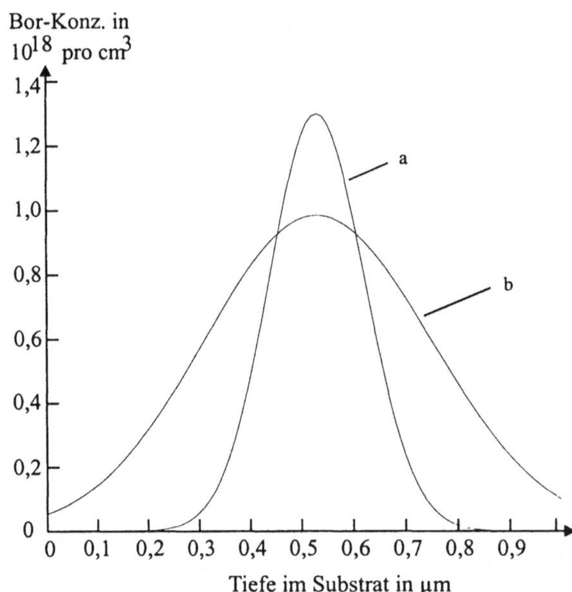

Abb. 5.13: Veränderung einer Bor-Verteilung in Silizium durch Diffusion; a) wie implantiert; b) nach Diffusion bei 1000° C über 2 Stunden.

diesen Atomen wächst der Diffusionskoeffizient mit der Konzentration. Letztlich kann die Anwesenheit anderer Atomsorten wie Wasserstoff oder Sauerstoff zu einer erhöhten Diffusionsrate führen. Dies alles in einem analytischen Modell zu berücksichtigen ist kaum möglich. Hier ist man auf numerische Simulationsprogramme angewiesen, in denen all diese Effekte zumindest semi-empirisch berücksichtigt werden.

	E(eV)	D_0 (cm^2 /s)
Bor	3,46	0,76
Phosphor	3,66	3,85
Arsen	4,1	24

Tabelle 5.4: Aktivierungsenergien und Proportionalitätskonstanten der wichtigsten Dotanden zur Berechnung der Diffusionskonstanten

Letztlich läuft es darauf hinaus, dass das ursprünglich durch eine Implantation erzeugte gaußförmige Profil, bei gegebener hoher Temperatur (> 800 °C) mit der Zeit immer breiter und immer flacher wird und dass dies um so schneller geht je höher die Temperatur ist. Bor ist dabei der schnellste Dotand, Phosphor ist nur unwesentlich langsamer, während Arsen der mit Abstand langsamste Dotierstoff ist. Abb. 5.13 zeigt wie sich eine implantierte Bor-Verteilung (Implantationsenergie 200 keV, Dosis $3 \cdot 10^{13}$ Atome pro cm^2) durch eine zweistündige Diffusion bei 1000°C verändert.

5.2.4 Schichterzeugung

Oxidation

Eine wesentliche Voraussetzung für den Erfolg der Siliziumtechnologie ist der Umstand, dass aus dem Halbleiter Silizium durch einfache Oxidation ein hochwertiger Isolator SiO_2 entsteht. Siliziumdioxid SiO_2 kommt in der Natur in einkristalliner Form vor und ist als Quarz bekannt. Es ist also relativ einfach an der Oberfläche eines Silzium-Wafers durch Zuführung von Sauerstoff eine isolierende Schicht zu erzeugen, die als Gateisolator für einen MOS-Transistor dient. Wie schnell dies allerdings geschieht und von welcher Qualität die so erzeugte Isolationsschicht ist, hängt von einer ganzen Reihe von Faktoren ab, die analytisch nicht genau genug zu beschreiben sind und so nur empirisch durch Experimente aufzuklären sind. Deshalb sollen hier die einzelnen Faktoren nur phänomenologisch erläutert und mit einigen experimentellen Daten unterlegt werden.

Zunächst ist zu beachten, dass Silizium und Siliziumdioxid in ihrer einkristallinen Form unterschiedliche Gitterkonstanten haben. Dies bedeutet, dass durch die Oxidation von einkristallinen Silizium kein einkristallines Siliziumdioxid entstehen kann. Vielmehr entsteht hier die amorphe Form des Siliziumdioxids, die als Quarzglas bekannt ist. In diesem Glas sind die SiO_2-Moleküle sehr unregelmäßig angeordnet, befinden sich also nicht an regelmäßig angeordneten Kristallgitterplätzen.

Damit kann dieses Glas auch nicht so dicht sein wie ein Kristall. Dies kommt in der Dichte von Quarz mit 2,65 g/cm^3 und der von amorphen SiO_2 mit 2,20 g/cm^3 zum Ausdruck. Dies bedeutet, dass es sowohl im Volumen des SiO_2 als auch an der Grenzschicht zum kristallinen Silizium eine Vielzahl von Fehlstellen gibt, welche die dielektrischen Eigenschaften des SiO_2 und damit auch der MOS-Transistoren beeinträchtigen können.

Weiter ist zu beachten, dass durch die Oxidation kristallines Silizium verbraucht wird und damit die Oberfläche des kristallinen Materials in den Wafer hinein wandert. Gleichzeitig wächst die Oberfläche des SiO_2 aufgrund des Materialzuwachses durch den Sauerstoff über die ursprüngliche Waferoberfläche hinaus, so dass ca. 45 % der Oxidschicht unterhalb der ursprünglichen Waferoberfläche und 55 % oberhalb dieser Ebene liegen (s. Abb. 5.14). Für das Wachstum des Oxids ist entscheidend, dass der Oxidationsvorgang selbst nur an der Grenzfläche zwischen dem Silizium und dem bereits gewachsenen Oxid stattfindet. Der Sauerstoff muss also zunächst das bereits vorhandene Oxid durchdringen, bevor er zur weiteren Oxidation beitragen kann. Dieser Transportvorgang wird durch Diffusion verursacht. Diese Diffusion läuft nur bei Temperaturen oberhalb von 800 °C mit nennenswerter Geschwindigkeit ab. Bei Raumtemperatur entsteht deshalb nur ein sehr dünnes, natives Oxid von kaum mehr als einer bis zwei Molekülagen von 1 - 2 nm Dicke. Aber auch oberhalb von 800 °C beträgt die Oxidationsrate wenige nm pro Minute. Die Temperatur wird deshalb möglichst hoch gewählt, wobei die obere Grenze von ca. 1150 °C durch die Materialien in den benutzten Öfen gegeben ist.

Die Atmosphäre bei der Oxidation wird natürlich reiner Sauerstoff sein, wobei ein Überdruck die Oxidationsrate vergrößert. Eine weitere Steigerung der Oxidationsrate wird durch die Anreicherung der Atmosphäre mit Wasserdampf erreicht. Dieser Wasserdampf dringt mit in das Oxid ein, und verursacht eine erhebliche Beschleunigung der Sauerstoffdiffusion. Der

Wasserdampf wird im Allgemeinen durch einen kleinen Wassserstoffbrenner erzeugt, der sich in der Sauerstoffzuführung des Ofens befindet. Es muss allerdings bemerkt werden, dass derart erzeugte Oxide eine geringere Qualität haben, als solche, die in einer trockenen Oxidation erzeugt wurden. Deshalb werden nasse Oxidationen nur für Oxide mit einer Dicke von mehr als 200 nm und nicht für Gateoxide in MOS-Transistoren eingesetzt.

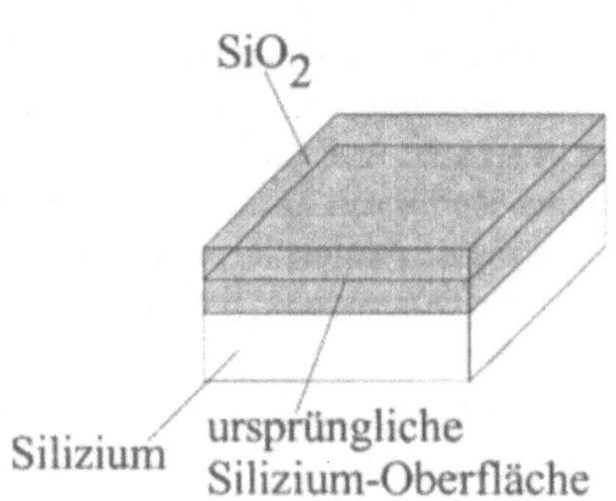

Abb. 5.14: Materialverbrauch bei der Oxidation von Silizium

Weiter ist unbedingt zu beachten, dass sich aufgrund der hohen Temperaturen bei der Oxidation sämtliche Dotierungsprofile durch Diffusion ändern. Daher sollten dicke Oxidschichten mit einem entsprechend hohen thermischen Haushalt (> 100 nm) möglichst früh im Prozess erzeugt werden, bevor die entscheidenden Dotierungsprofile eingestellt werden.

Weiter wird die Dotierstoffkonzentration in der Nähe der Oberfläche durch das wachsende Oxid, welches ja Silizium verbraucht, beeinflusst. Ursache hierfür ist, dass die Löslichkeit der verschiedenen Dotierstoffe in SiO_2 im Vergleich zu kristallinen Silizium sehr unterschiedlich ist. So löst sich Bor in SiO_2 sehr viel besser als in Silizium. Dies führt über einen Diffusionsprozess zum Absinken der Bor-Konzentration im Silizium in der Nähe der Si/SiO_2-Grenzschicht. Demgegenüber steigt die Bor-Konzentration im SiO_2 über den Wert an, der ursprünglich im Silizium vorgegeben war.

Bei Phosphor liegen die Verhältnisse umgekehrt: Hier ist die Löslichkeit in SiO_2 viel geringer als in Silizium. Der Phosphor wird dementsprechend von der, während der Oxidation in die Tiefe wandernden Si/SiO_2-Grenzschicht wie mit einem Schneepflug in das Silizium geschoben. In der Nähe dieser Grenzschicht wird also die Phosphorkonzentration über den Normalwert ansteigen.

Dieser Vorgang wird als Segregation bezeichnet.

Die elektrischen Eigenschaften der durch thermische Oxidation erzeugten SiO_2-Schichten hängt von einer Reihe von Parametern ab, die analytisch kaum zu erfassen sind. Zunächst ist die Qualität des Ausgangsmatrials bzw. dessen Vorgeschichte von großer Bedeutung: Hat das Ausgangsmatrial von sich aus viele Fehler oder Defekte oder sind solche Defekte in den vorangegangenen Prozessschritten erzeugt worden, so steht nicht zu erwarten, dass das auf diesem Material erzeugte Oxid von hoher Qualität sein wird. Defekte im Ausgangsmaterial bilden sich im Oxid ab.

Weiter ist der Oxidationsvorgang selbst Ursache von mehr oder weniger Defekten. Es wurde bereits erwähnt, dass eine trockene Oxidation bessere Oxide liefert als eine Oxidation mit Wasser oder Wasserstoff Beimengung. Eine weitere Verbesserung bringt eine geringe Beimengung von HCl oder Trichlorethan. Hierbei ist aber zu beachten, dass der Ofen durch

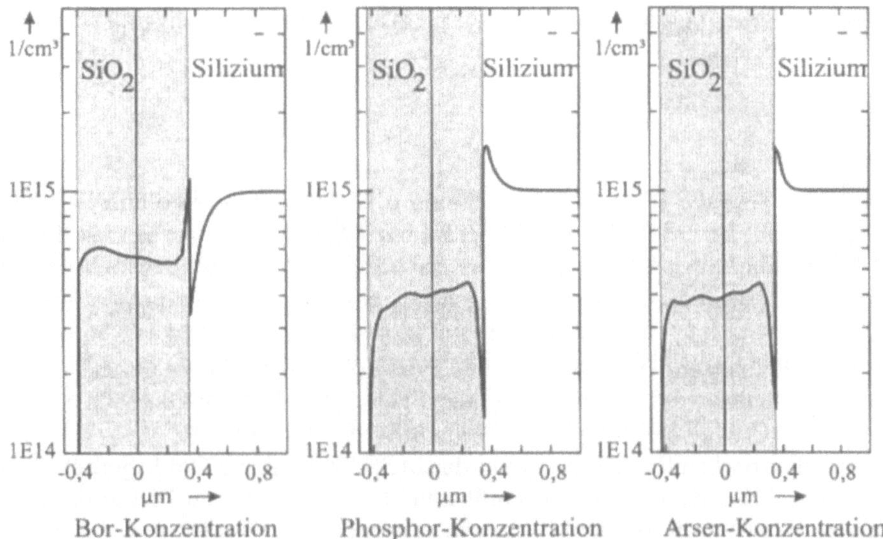

Abb. 5.15: Segregationsverhalten von Bor, Phosphor und Arsen bei der Oxidation von Silizium

die unvermeidlich entstehende Salzsäure Schaden nimmt.

Letztlich können alle nach der Oxidation folgenden Prozessschritte zu Schäden in der Oxidschicht führen und damit die Eigenschaften des Oxids verschlechtern.

Die Qualität des Oxids kann also sinnvoll nur am Ende des gesamten Prozessdurchlaufs und dann auch nur mit statistischen Methoden beurteilt werden.

Eine der wichtigsten Eigenschaften in diesem Zusammenhang ist die elektrische Durchbruchsfeldstärke. Sie wird an einem MOS-Kondensator bestimmt, an dem die Spannung linear geändert wird und der durch den Kondensator fließende Strom gemessen wird. Um den Kondensator nicht zu zerstören, wird der Strom auf einen Wert von wenigen μA begrenzt. Definitionsgemäß ergibt sich die Durchbruchsfeldstärke als Quotient aus der Spannung, bei der der Grenzstrom erreicht wird, und der Oxiddicke. Gute Gateoxide erreichen hier Werte von 1 V/nm. Derartige Messungen werden natürlich nicht an einzelnen Teststrukturen sondern an vielen Proben durchgeführt, um zu statistisch abgesicherten Aussagen zu kommen. Dabei stellt man fest, dass bereits bei sehr geringen Feldstärken ein geringer Anteil der Proben ausfällt. Dieser Anteil hängt, wenn man die Situation genauer untersucht, in etwa linear mit der Fläche der untersuchten MOS-Kondensatoren zusammen. Man kann aus diesem Zusammenhang heraus die sogenannte Nullfeld-Defektdichte angeben, die ein wesentliches Kriterium für die Fertigungsausbeute von integrierten MOS-Schaltungen liefert. Ein MOS-Transistor, der von einem solchen Defekt betroffen ist, kann nicht funktionieren. Gleiches gilt natürlich auch für die Schaltung, in der sich dieser Transistor befindet. Gute Prozesse erreichen hier Werte von weniger als einem Defekt pro cm^2 aktiver Gate-Fläche. Summiert man alle aktiven Gate-Flächen einer MOS-Schaltung auf und bezeichnet diese mit A, so erhält man auf der Grundlage einer Poisson-Verteilung und der Annahme der stochastischen Verteilung der Oxiddefekte D, für die Wahrscheinlichkeit P keinen defekten Transistor in der Schaltung zu haben:

$$P \sim e^{-D \cdot A}$$

Diese Zahl ist identisch mit der Chipausbeute in der Fertigung, die aufgrund der Oxiddefekte zu erwarten ist. Allerdings ist dabei zu berücksichtigen, dass es noch andere Effekte stochastischer aber auch deterministischer Natur gibt, die die Chipausbeute beeinflussen.

Nach diesen Frühausfällen werden mit steigender Spannung bzw. Feldstärke nur selten Ausfälle zu beobachten sein. Erst wenn die Grenzfeldstärke fast erreicht ist, wird die Zahl der Ausfälle stark ansteigen, bis schließlich alle Proben ausfallen. Diese Grenzfeldstärke ist dadurch gekennzeichnet, dass sie nicht von der Fläche der untersuchten MOS-Kondensatoren abhängt. Gute Oxide haben eine Grenzfeldstärke von ca. 1 V/nm.

Neben der dielektrischen Stabilität sind in der MOS-Technologie Oxideigenschaften von Interesse, die den MOS-Kondensator beeinflussen. Dazu gehören die Dichte der beweglichen Metallionen, die Dichte festen Oxidladungen, die Dichte der Oxidfehlstellen und die Dichte der umladbaren Oberflächenzustände. Der Einfluss der Oxidationsparameter auf diese Größen ist kaum geklärt. Dennoch sind einige Maßnahmen und Vorkehrungen bekannt, die diese negativen Oxideigenschaften drastisch reduzieren können.

So kann durch die Spülung des Oxidationsofens mit HCl, sowie die bereits erwähnte Beimengung von HCl während der Oxidation die Dichte der beweglichen Metallionen drastisch reduziert werden. Die Benutzung von phosphordotiertem Zwischenoxid (s. weiter unten) als Deckschicht für die MOS-Transistoren verhindert über die sogenannte Getter-Wirkung der Phosphoratome ein Eindringen von weiteren Metallionen aus folgenden Prozessschritten.

Weiter sind die Oxideigenschaften bezüglich der Oxidladungen und der Oberflächenzustände bei Kristalloberflächen der Orientierung (100) besser als bei der Orientierung (111). Dies ist mit ein Grund, warum heute praktisch nur (100) Wafer verarbeitet werden.

Weitere Verbesserungen bringen eine hochtemperatur Temperung in inerter Atmosphäre direkt vor der Abscheidung der Gateelektrode, sowie eine Formiergas-Temperung in einer H_2 - N_2-Atmosphäre bei 400 - 450 °C möglichst am Prozessende.

CVD-Verfahren

Neben den Schichten, die durch Implantation bzw. Oxidation im bzw. auf dem Wafer selbst erzeugt werden, werden für die Gateelektroden, Zwischenisolator, Verdrahtung usw. weitere Schichten benötigt, für die das entsprechende Material von außen auf den Wafer aufgebracht werden muss. Dazu werden im Wesentlichen zwei Verfahren benutzt: Sputterverfahren zur Herstellung von Metallschichten für die Verdrahtung und sogenannte CVD-Verfahren (Chemical Vapor Deposition) für alle anderen Schichten. Es gab und gibt noch weitere Verfahren, die aber kaum von Bedeutung sind.

Grundlage aller CVD-Verfahren ist eine chemische Reaktion, in der aus, in der Regel gasförmigen Ausgangsstoffen das Material entsteht, welches auf dem Wafer abgeschieden werden soll. Die Reaktion kann sowohl in der Gasphase als auch direkt an der Grenzfläche zwischen

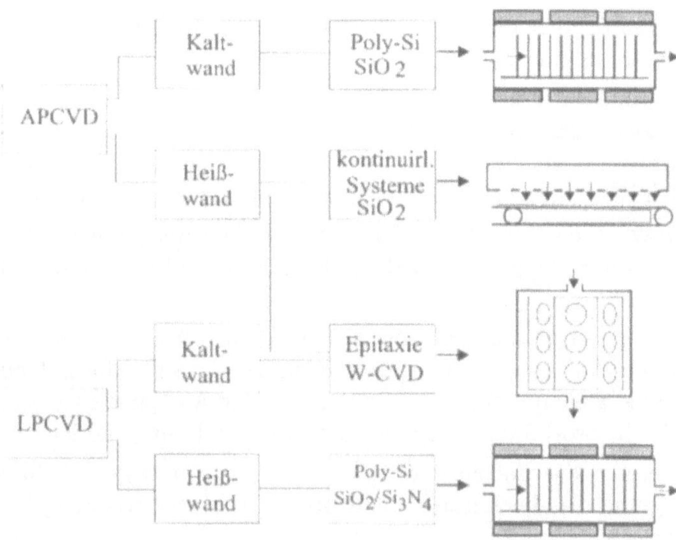

Abb. 5.16: Einteilung der verschiedenen CVD-Verfahren

Wafer und der Gasphase stattfinden, wobei die Waferoberfläche häufig die Funktion eines Katalysators übernimmt. Das Reaktionsprodukt ist zunächst gasförmig, schlägt sich dann auf dem Wafer nieder und bildet so die gewünschte Schicht. Im anderen Fall wächst es direkt an der Waferoberfläche auf. Die Reaktion kann durch ein Plasma oder durch Laserlicht so unterstützt werden, dass die Prozesstemperatur abgesenkt werden kann. Das Wachstum und die Qualität dieser so erzeugten Schicht hängen neben Druck und Temperatur vom Reaktionsmechanismus, der Geometrie des Reaktionsgefäßes und einer Reihe von weiteren Parametern ab, auf die hier im Detail nicht eingegangen werden kann.

Die verschiedenen CVD-Verfahren lassen sich nach unterschiedlichen Kriterien klassifizieren (s. Abb. 5.16):

Einmal unterscheidet man nach dem Reaktionsdruck zwischen CVD-Verfahren bei normalem atmosphärischen Druck (Atmospheric Pressure CVD: APCVD) und solchen, die bei verringertem Druck (Low Pressure CVD: LPCVD) ablaufen.

Weiter kann man nach der Temperatur des Reaktionsgehäuses oder Reaktors zwischen Kaltwand- und Heißwandverfahren unterscheiden: Bei dem Kaltwandverfahren wird nur der Wafer auf die Prozesstemperatur gebracht, während die Wand des Reaktors kalt bleibt. Dadurch findet der Abscheidungs- oder Depositionsprozess bevorzugt auf der Scheibenoberfläche nicht aber an den Reaktorwänden statt. Schwierig ist dabei über den Wafer eine gleichmäßige Temperatur einzustellen, damit über den Wafer eine gleichmäßige Schichtdicke erzielt wird. Bei Heißwandverfahren besteht diese Schwierigkeit nicht. Allerdings besteht hier die Gefahr, dass sich schon in der Gasphase und nicht erst auf der Waferoberfläche kleinste Partikel bilden, die auf der Waferoberfläche die Schichtqualität erheblich beeinträchtigen. Weiter können aus der auf der Reaktorwand erzeugten Schicht durch thermische Spannungen beim Aufheizen und Abkühlen des Reaktors Partikel abplatzen und so ebenfalls zu Verunreinigungen führen.

Eine Dritte Klassifizierung kann danach vorgenommen werden, ob die Wafer einzeln, zu mehreren gleichzeitig oder aber kontinuierlich durchlaufend im Reaktor beschichtet werden. Man spricht dementsprechend von Single-Wafer-, Batch- oder kontinuierlichen Prozessen. Dabei spielt auch die Lage der Wafer, stehend oder liegend, eine große Rolle.

Schließlich muss zwischen den verschiedenen chemischen Reaktionsmechanismen unterschieden werden, wobei hier die Pyrolyse, die Reduktion, die Oxidation und die Hydrolyse zu nennen sind.

Während des Depositionsvorganges muss sichergestellt sein, dass die Temperatur möglichst stabil und über die Waferoberfläche gleichmäßig ist. Das gleiche gilt auch für den Druck, wobei auch für eine gleichmäßige Durchmischung der Ausgangsgase zu sorgen ist. Weiter müssen die Reaktionsprodukte, soweit sie gasförmig sind, aus dem Reaktor entfernt werden.

Neben den Materialeigenschaften der verschiedenen so erzeugten Schichten selbst, ist die Stufenbedeckung und die gleichmäßige Schichtdicke das wesentliche Qualitätsmerkmal eines Depositionsprozesses.

Epitaxie

Unter Epitaxie versteht man das Aufwachsen einkristalliner Schichten auf einem einkristallinen Substrat, wobei sich die Atome der abgeschiedenen Schicht an der Struktur des Substrats ausrichten, die kristallographische Orientierung also erhalten bleibt. Dabei kann gleichzeitig die abgeschiedene Schicht dotiert werden. Dieses Verfahren wird eingesetzt um auf hoch dotierten, niederohmigen Substraten niedrig dotierte, hochohmige dünne Schichten zu erzeugen. Diese Schichtenfolge ist in Bipolar-Prozessen notwendig um einen kleinen Kollektorbahnwiderstand zu erzeugen. Bei CMOS-Prozessen kann mit dieser Schichtenfolge der sogenannte Latch-Up (s. a. Kap. 4) verhindert werden. Die umgekehrte Schichtenfolge, hoch dotierte Schicht auf niedrig dotiertem Substrat, ist einfacher durch Implantation zu erzielen.

Ausgangsgase bei der Silizium-Epitaxie sind siliziumhaltige Verbindungen wie Siliziumtetrachlorid ($SiCl_4$), Trichlorsilan ($SiHCL_3$), Dichlorsilan (SiH_2Cl_2) und Silan (SiH_4) die über z.T. mehrstufige Reaktionsprozesse in das abzuscheidende Silizium und die flüchtigen Endprodukte H_2 und HCl zerlegt werden. Die Wachstumsraten der aufwachsenden Schicht beträgt dabei zwischen 0,2 und 3 μm pro Minute. Dabei muss die Prozesstemperatur je nach Ausgangsgas zwischen 950 °C und 1250 °C liegen. Der Prozessdruck liegt dabei in der Regel zwischen 50 und 100 hPa. Zur Dotierung werden dem Ausgangsgas die gasförmigen Dotierstoffträgergase Diboran (B_2H_6), Phosphin (PH_3) oder Arsin (AsH_3) beigefügt. Die für eine bestimmte Dotierung notwendige Beimischung muss weitgehend empirisch bestimmt werden. Alle diese Gase sind giftig bis hoch giftig und zum Teil explosiv. Daher müssen im Bereich der Gasver- und Entsorgung strengste Sicherheitsvorschriften beachtet werden.

Aufgrund der hohen Prozesstemperatur ist es nicht möglich stufenförmige Dotierstoffprofile zu erzeugen. Vielmehr ist je nach Prozesstemperatur mit einer mehr oder weniger starken

Ausdiffusion der Substratdotierung in die aufwachsende Schicht zu rechnen. Dies muss entsprechend berücksichtigt werden.

Weit unangenehmer ist, dass bei den üblicherweise sehr hohen Substratdotierungen und den hohen Prozesstemperaturen der Dotierstoff aus dem Wafer ausgasen kann und so die eigentlich gewünschte Dotierung verfälscht. Dieser Vorgang wird als Autodoping bezeichnet. Da die Wafer-Vorderseite relativ schnell mit der Epi-Schicht versiegelt wird, ist hieran im Wesentlichen die Wafer-Rückseite beteiligt. Um dies zu verhindern, wird deshalb die Wafer-Rückseite mit einer für den Dotierstoff möglichst undurchlässigen Schicht versiegelt. Hierzu werden Schichten aus Siliziumdioxid oder Siliziumnitrid benutzt.

Neben der Dotierstoffkonzentration ist das wesentliche Merkmal für die Güte der Epischicht die Qualität der Kristallstruktur, d.h. die Regelmäßigkeit des Kristallgitters. Fehler in diesem Gitter wie fehlende Si-Atome oder Verunreinigungen führen zu Verzerrungen der Bandstruktur oder zu Defekten in auf der Epischicht erzeugten Gateoxiden. Sie können also die Funktion einer auf diesem Material gefertigten Schaltung beeinträchtigen oder gar verhindern. Ganz zu vermeiden sind derartige Kristallfehler nicht, noch zumal auch die Substrate schon solche Fehler unvermeidlich aufweisen und diese sich in der Epischicht abbilden. Ihre Flächendichte muss aber so klein wie irgend möglich gehalten werden, um die durch sie verursachten Ausbeuteverluste klein zu halten.

Poly-Silizium

Poly-kristalline Siliziumschichten werden in MOS- und CMOS-Schaltungen im Wesentlichen als Gateelektrode in den MOS-Transistoren und im begrenzten Umfang zur Verdrahtung benötigt. Auch zur Herstellung von Kapazitäten eignet sich dieses Material. In seltenen Fällen wird es auch zur Realisierung von Widerständen benutzt. Der Depositionsprozess ähnelt dem Epitaxieprozess. Er beruht auf der pyrolytischen Zersetzung von Silan (SiH_4) bei einer Temperatur von 600 °C bis 650 °C und reduziertem Druck (< 1 Torr) in einem LPCVD Reaktor. Dabei werden Aufwachsraten von 10 bis 100 nm pro Minute erreicht.

Da die Oberfläche auf der die Poly-Siliziumschicht aufwächst meistens eine durch thermische Oxidation erzeugte, amorphe SiO_2-Schicht ist, ist keine bevorzugte Richtung für das Kristallwachstum vorgegeben. So werden auf der Oberfläche kleine Kristallite mit völlig regelloser Ausrichtung entstehen, die im Laufe des Depositionsprozesses zusammen wachsen. Daher die Bezeichnung poly-kristallines Silizium oder kurz Poly-Silizium. Die Größe dieser Kristallite, die sogenannte Korngröße, hängt linear von der Prozesstemperatur ab, sie ist um so größer je höher die Temperatur ist. Die Korngröße kann Werte von 200 - 300 nm erreichen. Dementsprechend rauh ist nach der Deposition auch die Oberfläche des Poly-Siliziums, was in den nachfolgenden Prozessschritten zu erheblichen Problemen führt. Man wird also bestrebt sein die Korngröße möglichst klein zu halten, wobei ein Kompromiss zwischen Wachstumsrate (Depositionszeit), Stufenbedeckung und der Korngröße zu suchen ist. Dabei ist zu beachten, dass sich die Korngröße in nachfolgenden Hochtemperaturprozessen durch Rekristallisation noch einmal ändern (vergrößern) kann.

Undotiertes Poly-Silizium ist wie undotiertes einkristallines Silizium sehr hochohmig, es muss daher dotiert werden. Da die angestrebten Schichtwiderstände möglichst niedrig sein sollen, sind die notwendigen Dotierstoffkonzentrationen sehr hoch und liegen meist über der Entartungsgrenze. Eine Beimischung von Dotierstoffträgergasen in den hierfür notwendigen Konzentrationen beeinträchtigt das Schicht- und Kornwachstum sehr stark und hat sich wegen des hohen technischen Aufwandes nicht durchgesetzt. Eine Dotierung durch Ionenimplantation nach der Deposition ist wegen der hohen Implantationsdosen sehr zeitaufwendig. Weiterhin muss bei der Implantation gewährleistet sein, dass dabei nur ein vernachlässigbar geringer Anteil durch das Poly-Silizium und das Gateoxid in das Substrat und damit in die Kanalzone des zukünftigen MOS-Transistors eindringt. Die Implantation wird daher sehr selten eingesetzt.

Üblicherweise wird das Poly-Silizium durch eine anschließende Abscheidung eines hoch dotierten Siliziumdioxids dotiert. Durch die hohe Temperatur während dieses Abscheidevorganges diffundiert der Dotierstoff aus dem Siliziumdioxid in das Poly-Silizium und sorgt so für die Dotierung. Anschließend wird das Siliziumdioxid in einem Nassätzverfahren mit Flusssäure wieder entfernt. Auch hier muss natürlich darauf geachtet werden, dass der Dotierstoff nicht durch Poly-Silizium und Gateoxid hindurch dringt. Dies gilt besonders für Bor mit seiner hohen Diffusionskonstanten und seiner guten Löslichkeit in SiO_2. Bei Phosphor hingegen bildet das Gateoxid wegen der sehr geringen Löslichkeit des Phosphors in SiO_2 eine natürliche Barriere. Darüber hinaus hat Phosphor gegenüber Alkalimetallionen eine Getter-Wirkung, d.h. sie werden von den Phosphoratomen festgehalten und können so nicht mehr die Schwellenspannung beeinflussen. Aus diesen Gründen ist phosphordotiertes Poly-Silizium das mit Abstand häufigste Gatematerial in modernen MOS-Prozessen.

Siliziumnitrid

Die wesentliche Bedeutung von Siliziumnitrid Si_3N_4 im Halbleiterprozess beruht darauf, dass es für fast alle Stoffe eine undurchdringliche Diffusionsbarriere darstellt. So dient es zum einen als Passivierung, d.h. als letzte und oberste Schicht, die die darunterliegende Schaltung vor schädlichen Umwelteinflüssen, insbesondere den Alkaliionen, schützt. Zum anderen wird es bei der weiter unten zu besprechenden lokalen Oxidation eingesetzt: Dabei werden die Bereiche des Siliziumsubstrates, auf denen kein thermisches Oxid wachsen soll, mit Siliziumnitrid abgedeckt. In der anschließenden Oxidation kann der Sauerstoff trotz der hohen Temperatur die Nitridschicht nicht durchdringen, so dass in diesen Bereichen auch kein Oxid wachsen kann. Anschließend muss allerdings das Nitrid wieder entfernt werden, da es sich nicht als Gateisolator eignet: Der Grenzbereich zwischen Siliziumsubstrat und Nitridschicht weist eine derart hohe und vor allem nicht reproduzierbare Oberflächenzustands- und Oberflächenladungsdichte auf, dass die MOS-Transistoren nicht einwandfrei und stabil funktionieren. Eine weitere Anwendung findet das Nitrid in Prozessen mit mehreren Poly-Siliziumschichten als Dielektrikum in Kondensatoren, die aus zwei Poly-Siliziumschichten gebildet werde.

Der Depositionsprozess beruht auf einer chemischen Reaktion zwischen einer gasförmigen Si-Verbindung, wie Dichlorsilan (SiH_2Cl_2) oder Silan (SiH_4), und Stickstoff N_2 oder Ammoniak (NH_4). Dabei ist N_2 nur schwer zur Reaktion zu bewegen, weshalb Ammoniak bevorzugt wird. Die Reaktion findet in einem LPCVD-Reaktor bei Temperaturen zwischen 700 °C und 800 °C statt. Die Aufwachsraten liegen dabei im Bereich von 20 bis 30 nm pro Minute, wobei die Schichtstruktur amorph ist. Die so erzeugte Schicht steht von Anfang an unter hohem mechanischem Stress, der bei Schichtdicken über 200 nm zum Reißen oder gar Abblättern der Schicht führen kann.

Diese Temperatur ist allerdings für Passivierungsschichten viel zu hoch, da dass zur Verdrahtung benutzte Aluminium diese Temperaturen nicht verträgt. In diesem Fall muss die Reaktion durch ein Plasma unterstützt werden (PECVD), so dass die Temperatur auf verträglichere 250 °C - 350 °C abgesenkt werden kann. Das hierbei entstehende Nitrid hat allerdings die unangenehme Eigenschaft stöchiometrisch nicht sauber zu sein und außerdem einen hohen Gehalt an Wasserstoff zu haben. D.h. Silizium und Stickstoffatome stehen nicht im Verhältnis 3 zu 4, sondern haben wechselnde Prozentanteile an der Masse des Materials. Der mechanische Stress ist bei diesem PECVD-Material erheblich geringer als beim LPCVD-Material.

Eine Verbesserung der Materialeigenschaften kann durch eine Beimengung von Sauerstoff erzielt werden. Dadurch entsteht sogenanntes Oxinitrid, chemisch Si_2ON_2, wobei aber das stöchiometrische Verhältnis durch die Wahl der Prozessparameter stufenlos zwischen reinem Oxid und reinem Nitrid eingestellt werden kann.

Erwähnt werden muss noch, dass Nitrid und Oxinitrid nach einem Hochtemperaturprozess über 1000 °C so hart und chemisch stabil werden, dass sie nur noch mit großen Schwierigkeiten wieder zu entfernen sind.

Siliziumdioxid

Siliziumdioxid ist neben Silizium selbst das mit Abstand wichtigste Material zur Herstellung von integrierten Schaltungen. Außer den guten Isolationseigenschaften ist hier die relativ einfache Erzeugung und die gute Weiterbearbeitung des Materials von Ausschlag gebender Bedeutung. Neben den oben beschriebenen Verfahren der direkten, thermischen Oxidation von Silizium gibt es eine Reihe von CVD-Verfahren um SiO_2-Schichten zu erzeugen, die sich durch Temperatur, Druck und Ausgangsstoffe unterscheiden. Entscheidend für das benutzte Verfahren ist der Anwendungszweck, wobei hauptsächlich zwischen der ersten Isolationsschicht nach der Erzeugung der Poly-Gates, den Isolationsschichten zwischen den Metall-Verdrahtungsebenen, der Passivierung und der Dotierung des Poly-Siliziums zu unterscheiden ist.

Im Bereich zwischen 650 °C und 750 °C hat sich die pyrolytische Zersetzung von Tetraäthylorthosilikat (TEOS) bei vermindertem Druck in einem LPCVD-Reaktor durchgesetzt. Da diese Temperaturen oberhalb der Schmelztemperatur von Aluminium liegt, kann dieses Verfahren nur für die erste Isolationsschicht und für die später noch zu besprechende Spacer-Technik angewendet werden. Die Aufwachsraten liegen hier zwischen 5 und 25 nm pro Minute.

Im Bereich von 300 °C - 500 °C basieren die Prozesse auf der Oxidation von Silan SiH_4 in APCVD- und PECVD-Reaktoren. Diese Low Temperature Oxide (LTO) werden insbesondere für die Intermetall-Isolation und zur Passivierung der Schaltungen benutzt. Die Aufwachsraten betragen hier bis zu 50 nm pro Minute.

Für die erste Isolationsschicht wird TEOS-Oxid bevorzugt, da es bezüglich Verunreinigungen, Fehlstellen, fester Oxidladungen und mechanischem Stress erheblich bessere Ei-

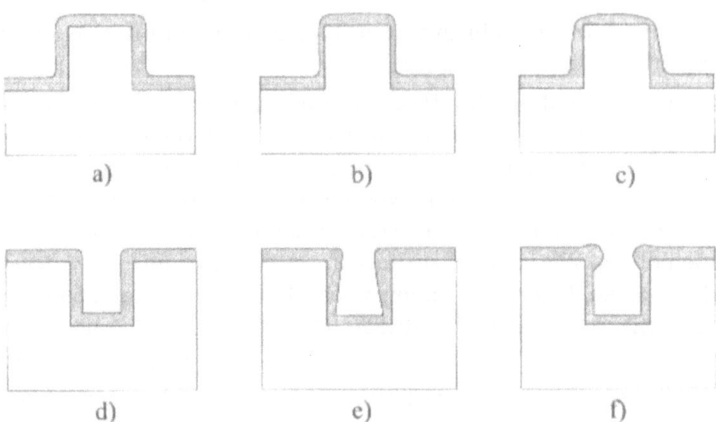

Abb. 5.17: Bedeckung von Stufen und Gräben: a) und d) ideal; b) und c): schlechte Isolationseigenschaften; e) und f) problematische bei folgenden Beschichtungen

genschaften hat als die LTO. Diese Defekte können, da der erste Isolator z.T. direkt auf dem Substrat und den Gates aufliegt, die elektrischen Eigenschaften der Transistoren und Dioden erheblich beeinträchtigen.

All diese so erzeugten Oxide werden zumindest zum Teil dotiert. Zum einen um den mechanischen Stress und die Fließtemperatur in der Schicht herabzusetzen. So kann zumindest bei der ersten Isolationsschicht durch kurzes Erhitzen des Wafers auf 600 °C - 850 °C ein Verfließen der Oxidschicht erreicht werden, wodurch die steilen Kanten an den Poly-Gates eingeebnet werden. Zum anderen hat Phosphor, wie bereits erwähnt, die Eigenschaft Alkaliionen zu gettern. Sie werden von den Phosphoratomen festgehalten und können so nicht mehr bis in das Gateoxid vordringen.

Zur Dotierung wird also Phosphor und, wenn eine besonders niedrige Fließtemperatur benötigt wird, zusätzlich Bor eingesetzt. Im letzten Fall muss allerdings darauf geachtet werden, dass das Bor nicht durch Diffusion in das aktive Silizium eindringt und beispielsweise die Schwellenspannung der MOS-Transistoren verändert. Die Dotierstoffkonzentration im Oxid beträgt bis zu einigen Volumenprozenten.

Stufenbedeckung

Ein wichtiges Kriterium für die Qualität aller abgeschiedenen Schichten ist die Stufenbedeckung: So ist nur im Idealfall zu erwarten, dass die Dicke der abgeschiedenen Schicht auch an senkrechten Flächen, wie sie z.B. an den Kanten der Poly-Gates auftreten, genauso groß sein wird, wie auf den waagerechten Flächen. Üblicherweise werden hier die Schichten dünner sein und einen Winkel gegenüber der Fläche aufweisen, auf der sie abgeschieden wurden. Besonders nachteilig sind für nachfolgende Abscheideprozesse negative Winkel (s. Abb. 5.17). Zu beachten ist auch, dass durch nachfolgende Fließprozesse die Dicke der Schicht an Stufen abnimmt, was die elektrische Durchschlagsfestigkeit beeinträchtigen kann.

Metallisierung

Um innerhalb der integrierten Schaltung kurze Signallaufzeiten zwischen verschiedenen Schaltungsteilen garantieren zu können, ist mindestens eine, besser mehrere niederohmige Verdrahtungsebenen erforderlich. Hier kommen nur Metalle in Frage, da sie einmal ausreichend niederohmig sind und zum anderen im Allgemeinen gut zu verarbeiten sind.

An diese Verdrahtung werden recht hohe Anforderungen gestellt:

- Sie müssen, wie bereits erwähnt, möglichst niederohmig sein.
- Sie dürfen sich auch bei hohen Stromdichten möglichst nicht verändern. Bei hohen Stromdichten kann die Elektronenbewegung eine Verschiebung oder Wanderung der Metallatome auslösen (Elektromigration). Diese Elektromigration kann im Laufe der Zeit an dünnen Leiterbahnstellen zu Unterbrechungen oder an eng benachbarten Leitungen zu Kurzschlüssen führen
- Die Kontakte zwischen der Verdrahtung und dem Silizium bzw. dem Poly-Silizium sollten niederohmig sein und möglichst lineare Spannungscharakteristik haben, d.h. ohmsch sein.
- Sie sollten gut auf den anderen im Prozess vorkommenden Schichten haften und gut zu strukturieren sein.
- Sie sollten gegen äußere Einwirkungen und Umwelteinflüsse möglichst resistent und Korrosionsbeständig sein.
- Letztendlich müssen sie, um die Schaltung mit dem Rest der Welt zu verbinden, selbst gut kontaktierbar sein.

Es gibt aber einige Metalle, die hierfür nicht geeignet sind, da sie als sogenannte Halbleitergifte, die Störstellen in der Bandmitte erzeugen, die Eigenschaften von pn-Übergängen erheblich verschlechtern oder wegen ihrer Härte und Sprödigkeit hier nicht zu verarbeiten sind. Daher ist Aluminium das heute immer noch weit verbreitetste Material für die Verdrahtung. Zum Teil wird reines Aluminium verwendet, häufig findet man Beimischungen von einigen Prozent Kupfer. In speziellen Fällen wird die Aluminiumoberfläche mit Titan bzw. Titannitrid veredelt. Für spezielle Kontakttechnologien wird ebenfalls Titan oder auch Wolfram eingesetzt.

In der Anfangsphase der integrierten Schaltungen wurde das Aluminium in einer Bedampfungsanlage auf die Wafer aufgebracht. Dazu wurden die Wafer, meist bis zu 20 Wafer, in ein Vakuumreaktor gebracht, in dem sich auch ein Heizgefäß mit dem aufzubringenden Metall befand. Unter Vakuum wurde das Metall soweit erhitzt, dass sich im Reaktor Metalldampf bildete, der sich dann auf den kälteren Wafern und aber auch der Reaktorwand niederschlug und so die gewünschte Metallisierung bildete. Die Eigenschaften der so erzeugten Metallisierung hängt neben der Qualität des Ausgangsmaterials von der Güte des

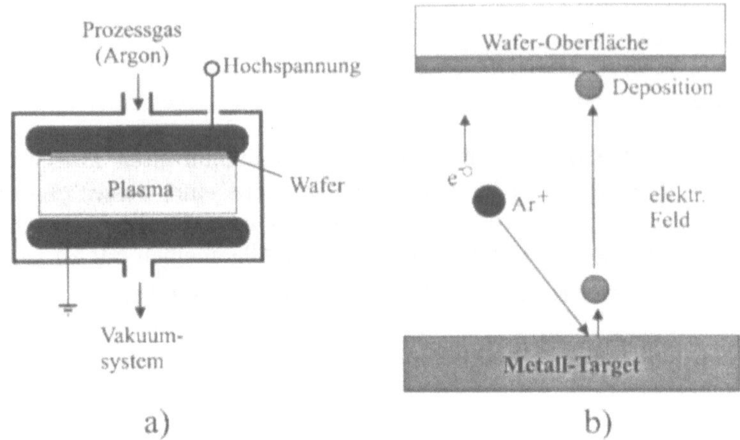

Abb. 5.18: Schematische Darstellung einer Sputteranlage a) und des Sputtervorganges b).

Vakuums, der Reaktorgeometrie und der Wafertemperatur ab. Um gute Schichteigenschaften zu erzielen war eine relativ hohe Wafertemperatur erforderlich. Dies führt im Bereich des Metall-Halbleiter-Kontaktes zu großen Problemen: Aluminium ist ein dreiwertiges Element also ein Akzeptor. Darüber hinaus löst es sich gut in Silizium. Es besteht also immer die Gefahr, dass sich anstelle des gewünschten ohmschen Metall-Halbleiter-Kontaktes ein pn-Übergang bildet. Schlimmer noch ist die Gefahr, dass das Aluminium in den Halbleiter soweit eindringt, dass ein unter dem Kontakt liegender pn-Übergang kurzgeschlossen wird.

Deshalb werden heute fast ausschließlich sogenannte Sputteranlagen benutzt. Bei einer Glimmentladung in einem verdünnten Gas werden die positiv geladenen Gasionen in Richtung auf die Kathode beschleunigt. Ist ihre kinetische Energie beim Auftreffen auf die Kathode groß genug, so können aus der Kathodenoberfläche Atome heraus geschlagen werden. Diese Atome verlassen die Kathodenoberfläche bevorzugt in senkrechter Richtung mit einer kinetischen Energie von einigen eV und schlagen sich auf Oberflächen gegenüber der Kathode durch Kondensation nieder. Man spricht daher von Kathodenzerstäuben oder Sputtern. Bringt man also gegenüber der Kathode einen Wafer an, so wird dieser mit dem Kathodenmaterial beschichtet werden. In diesem einfachsten Fall bildet der Wafer also die Anode, man spricht von Dioden-Sputtern. Als Sputtergas wird hier fast ausschließlich chemisch inertes Edelgas zumeist Argon benutzt, um unerwünschte chemische Reaktionen zu verhindern.

Bemerkenswert ist, dass dieser Vorgang durch Änderung der Potentialverhältnisse natürlich auch umgekehrt werden kann, d.h., dass Material von der Oberfläche des Wafers abgetragen wird. Man nennt dies Sputterätzen oder Rücksputtern. Dieser Vorgang spielt bei den noch zu besprechenden Ätzverfahren zur Schichtstrukturierung eine große Rolle.

Moderne Sputteranlagen unterscheiden sich vom einfachen Diodensputtern vor allem durch die Art der Plasmaerzeugung. Unter Plasma versteht man das Gemisch aus positiven Gasionen und den dazugehörigen Elektronen. Hier ist eine hohe Ionendichte erwünscht um die Depositionsrate möglichst groß zu machen. Ein Großteil der zugeführten elektrischen Energie führt aber nicht zur Ionisation des Gases, sondern führt nur zu den bekannten mit der Glimmentladung immer verbundenen Leuchterscheinungen. Um die Ionenausbeute zu erhöhen wird das Plasma daher mit einer hochfreqenten Entladung erzeugt (HF-Sputtern) und häufig noch durch ein magnetisches Feld unterstützt (Magneto-Sputtern).

Weiter wird zwischen Anlagen unterschieden, in denen mehrere Wafer gleichzeitig besputtert werden (Batch-Anlagen) und solchen, in denen jeweils nur eine Wafer beschichtet wird. Dabei geht der Trend eindeutig in Richtung der letzteren, sogenannten Singel-Wafer-Anlagen. In vielen modernen Anlagen sind mehrere Targets mit verschiedenen Materialien angebracht, so dass in einem Prozessdurchgang verschiedene Schichten aufgebracht werden können. Diese Verfahren werden als Sandwich-Verfahren bezeichnet.

5.2.5 Schichtstrukturierung

Schichten, die nicht von vornherein in der gewünschten Geometrie erzeugt werden können, müssen nach der Deposition mit Hilfe einer Fototechnik strukturiert werden. In den Bereichen, in denen die betreffende Schicht unerwünscht ist, muss sie also abgetragen werden. Dazu werden verschiedene Ätzprozesse benutzt, die sehr unterschiedliche Anforderungen erfüllen müssen:

Zum einen muss die Schicht möglichst schnell, vor allem aber sauber abgetragen werden. Es dürfen natürlich keine Reste, insbesondere keine Partikel auf dem Wafer zurückbleiben.

Weiter soll die durch die Fototechnik vorgegebene Geometrie möglichst genau in die Schicht übertragen werden. Der Fotolack, der die nicht zu ätzenden Bereiche abdeckt, sollte also durch den Ätzprozess nicht angegriffen werden. An den Fotolackkanten sollte es möglichst keine Unterätzung geben, wobei aber die entstehenden Stufen nicht so steil werden dürfen, dass es Probleme mit der Stufenbedeckung der folgenden Schichten gibt.

Letztlich dürfen natürlich tiefer liegende Schichten durch den Ätzprozess nicht angegriffen werden. Dabei ist vorausgesetzt, dass die unter der zu ätzenden Schicht liegende Schicht sich in geeigneter Weise von der zu ätzenden unterscheidet, denn es ist kaum möglich von z.B. zwei direkt aufeinander liegenden Oxidschichten exakt nur die obere zu entfernen ohne die untere Oxidschicht anzugreifen.

All diese Forderungen für die verschiedenen vorkommenden Schichten und Materialien zu erfüllen hat zur Entwicklung einer Vielzahl von unterschiedlichen Prozessen und Verfahren geführt, die hier im Detail nicht behandelt werden können. Insbesondere der letzte Punkt kann fast immer nur durch entsprechende Wahl der Geometrie gewährleistet werden.

Grundsätzlich ist zwischen nasschemischen Ätzverfahren und Trockenätzverfahren zu unterscheiden.

Nassätzverfahren

In der Anfangsphase der integrierten Schaltungen wurden ausschließlich Nassätzverfahren benutzt. Dazu dienten Säuren oder Basen, die die zu ätzende Schicht angreifen ohne den Fotolack oder andere Materialien zu zerstören. Die Wafer wurden dazu mit Hilfe eines

Gestells in ein Gefäß mit der Ätzflüssigkeit gestellt. Um einen gleichmäßigen Ätzverlauf zu erzielen wurde die Ätzflüssigkeit mit Hilfe von Pumpen oder aber das gesamte Ätzgefäß bewegt.

All diese Ätzverfahren wirken rein isotrop, d.h., dass der Ätzvorgang im Material in alle Raumrichtungen gleich schnell voranschreitet. Dies führt immer zu einer Unterätzung der Lackschicht, so dass die stehenbleibenden Strukturen immer kleiner sind als die im Fotolack abgebildete Geometrie. Wie stark diese Unterätzung ist hängt neben der Schichtdicke und der Schichtqualität von den Eigenschaften der Ätzflüssigkeit und von der Dauer des Ätzvorganges ab. Hier ist ein schwieriger Kompromiss zwischen der sauberen Entfernung der Schicht in den zu ätzenden Bereichen und einer möglichst kleinen Unterätzung zu finden. Dies führte regelmäßig zu recht großen Toleranzen in den Strukturgeometrien, die natürlich auch die minimal mögliche Strukturgröße stark beschränkte.

Weiter sind die Ätzflüssigkeiten naturgemäß sehr aggressiv und z.T. hoch giftig, so dass deren Handhabung gefährlich und nur unter strengen Sicherheitsauflagen möglich ist. Ebenso ist die Entsorgung des verbrauchten Materials unter dem Aspekt des Umweltschutzes ausgesprochen problematisch.

Letztlich gibt es schon bei der Herstellung der Ätzflüssigkeiten recht große Probleme, diese Stoffe in der geforderten Reinheit und vor allem partikelfrei zu erzeugen. Verunreinigungen müssen heraus gefiltert werden und diese Filter müssen erstens entsprechend fein sein, um auch kleinste Partikel zu erfassen und zweitens gegen die Ätzflüssigkeit resistent sein.

All diese Schwierigkeiten haben dazu geführt, dass Nassätzverfahren in modernen Halbleiter-Prozessen so gut wie gar nicht mehr eingesetzt werden.

Zwei Ausnahmen, die allerdings nicht zur Schichtstrukturierung zu rechnen sind, sind hier zu nennen: Zum Reinigen der Wafer und zum Entfernen von nicht mehr benötigten Hilfsschichten werden auch heute noch Nassätzverfahren eingesetzt.

So wird zur Entfernung von Nitridschichten nach einer lokalen Oxidation konzentrierte Phosphorsäure bei einer Temperatur von 150 °C eingesetzt. Das Oxid wird von der Phosphorsäure überhaupt nicht angegriffen, während das Nitrid mit einer Rate von einigen Nanometern pro Minute abgetragen wird. Voraussetzung ist allerdings, dass das Nitrid keine Temperaturbehandlung oberhalb von 1100 °C erfahren hat. Bei derartig hohen Temperaturen verändert das Nitrid seine Struktur durch einen Sinterprozess und wird so hart, dass es von der Phosphorsäure nicht mehr angegriffen wird.

Zum Abtragen von dünnen, z.B. nativen Oxidschichten und zum Reinigen von Oxidschichten wird sogenannte Flusssäure HF in einer Konzentration zwischen 1 und 10 % eingesetzt. Auch hier liegen die Ätzraten im Bereich von einigen Nanometern pro Minute. Der Reinigungseffekt wird hier einfach durch das Abtragen der verunreinigten Oberfläche erzielt. Flusssäure ist eine sehr gefährliche Substanz, die fast unbemerkt die menschliche Haut durchdringt und im Knochen einen lang andauernden, nicht mehr zu stoppenden Zerstörungsprozess in Gang setzt, der schwere Schäden zur Folge hat. Dementsprechend darf Flusssäure nur mit entsprechender Schutzbekleidung gehandhabt werden.

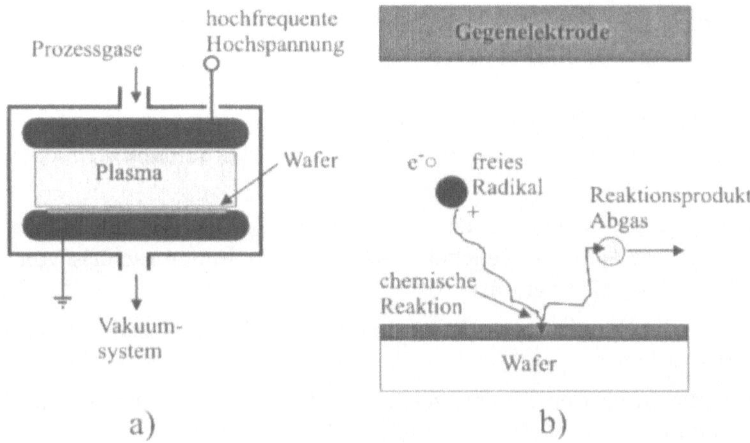

Abb. 5.19: Schematische Darstellung einer Plasmaätzanlage a) und des Ätzvorganges b)

Trockenätzverfahren

Zur Strukturierung von zuvor abgeschiedenen Schichten werden in modernen Halbleiterprozessen ausschließlich Trockenätzverfahren eingesetzt. Nur diese Verfahren arbeiten so anisotrop, dass die immer kleiner werdenden Maskenstrukturen mit hinreichender Genauigkeit in die Schichten übertragen werden können. Hierbei werden im Gegensatz zu den Nassätzverfahren Gase benutzt. Diese Gase werden kontinuierlich in den Reaktor geleitet und die Ätzprodukte werden abgepumpt. Der Ätzvorgang selbst beruht dabei auf zwei Mechanismen: Zum einen auf einer chemischen Reaktion zwischen der zu ätzenden Oberfläche und dem Prozessgas, an deren Ende natürlich ein gasförmiges Endprodukt stehen muss. Zum anderen wird die zu ätzende Oberfläche häufig rein physikalisch durch Beschuss mit Ionen abgetragen (Sputtern).

Um die chemische Reaktion zu beschleunigen oder aber überhaupt erst in Gang zu setzen, werden die Prozessgase fast immer in einer Gasentladung (Plasma) dissoziiert, d.h. in Ionen und Neutralteilchen zerlegt. Die dabei entstehenden sogenannten Radikale reagieren mit dem zu ätzenden Material so, dass ausreichende Ätzraten erzielt werden. Wenn aber schon eine Gasentladung benutzt wird, dann ist es nur eine Frage der Reaktor- und Elektroden-Geometrie, sowie der Prozessparameter, die schon vorhandenen Ionen so in Richtung der Waferoberfläche zu beschleunigen, dass sie beim Auftreffen rein physikalisch Teilchen aus der Oberfläche herausschlagen und so ebenfalls Material abtragen. Dieser Vorgang wird als Sputterätzen bezeichnet und wurde, wenn auch mit anderen Vorzeichen bereits im Abschnitt Metallisierungen besprochen.

Die meisten Trockenätzverfahren laufen bei niedrigem Druck im Bereich von 0,1 bis 10 Torr ab. Zur Erzeugung des Plasmas werden hochfrequente Wechselspannungen mit einer Frequenz von 5 kHz bis zu einigen GHz benutzt. Dabei liegen die Dissoziationsgrade bei einigen Prozent und die Ionisationsrate zwischen 0,001 % und 0,01 %. Diese so erzeugten

Plasmen sind kalt, d.h., dass die Gastemperatur nicht wesentlich über der Umgebungstemperatur liegt. Nur so können die wenig hitzebeständigen, organischen Fotolacke dem Plasma ausgesetzt werden.

Durch geeignete Wahl der Prozessparameter können die chemischen und physikalischen Anteile der Ätzrate variiert werden, wobei sich allerdings die beiden Mechanismen gegenseitig beeinflussen:

Zum einen kann durch eine chemische Oberflächenreaktion die Oberflächenbindung so geschwächt werden, dass sich die Teilchen leichter durch Ionenbeschuss von der Oberfläche lösen, der Sputtereffekt also verstärkt wird.

Zum zweiten kann die chemische Reaktion an einer durch Ionenbeschuss geschädigten Oberfläche verstärkt werden.

Und letztlich kann durch den Ionenbeschuss die Energie zugeführt werden, die chemische Reaktion überhaupt erst ermöglicht (Endogene Reaktion).

Wichtig ist dabei, dass die chemische Reaktion i.A. zu einem isotropen Ätzvorgang führt, der sehr selektiv wirkt. Der Fotolack und Schichten aus anderem Material werden also nicht angegriffen. Der Sputtervorgang dagegen ist sehr anisotrop und wirkt fast ausschließlich senkrecht zur Waferoberfläche. Dafür ist hier die Selektivität gering, der Fotolack und andere Materialien werden wie das zu ätzende Material abgetragen.

Der Ätzvorgang muss also so gesteuert werden, dass zunächst mit einem hohen anisotropen Anteil die Fotomaske möglichst genau in die zu ätzende Schicht übertragen wird. Dazu muss der Fotolack erstens ausreichend dick und zweitens durch entsprechende Vorbehandlung so gehärtet sein, dass er durch den Ätzvorgang nicht übermäßig abgetragen wird. Wenn der Ätzvorgang fast beendet ist, muss dafür Sorge getragen werden, dass die zu ätzende Schicht sauber abgetragen wird und keine Reste zurückbleiben, ohne dass die darunter liegende Schicht angegriffen wird. Hier ist also ein hoher isotroper Ätzanteil gefordert. Hier wird auch über die Flankensteilheit der geätzten Struktur entschieden, was für die Stufenbedeckung der nachfolgenden Schicht wichtig ist. Um nun den Zeitpunkt für das Umschalten von anisotropen zu isotropen Ätzen zu bestimmen wurden verschiedene Verfahren zur Endpunktdetektion entwickelt. Sie beruhen darauf, dass bestimmte charakteristische Ätzprodukte aus dem Reaktor verschwinden, nachdem die Schicht durchgeätzt ist. Ihre Konzentration wird während des Ätzvorgangs ständig gemessen. Die am weitesten verbreitete Methode ist die Messung bestimmter charakteristischer Linien im Spektrum des leuchtenden Plasmas. Aber auch massenspektroskopische und laserspektroskopische Messungen finden Anwendung.

In der letzten Phase des Ätzvorganges wird es also immer noch zu einer, wenn auch geringeren Unterätzung des Lackes durch den hohen isotropen Ätzanteil kommen. Diese kann in einigen Fällen durch eine geschickte Wahl der Ätzchemie vermieden werden. Hier werden Ätzreaktionen benutzt bei denen nicht flüchtige Ätzprodukte entstehen, die sich auf dem Wafer niederschlagen. Diese sogenannten Polymere werden chemisch nicht mehr angegriffen und können nur noch durch Sputtern entfernt werden. Dies wird durch den anisotropen Anteil des Ätzvorgangs erledigt, so dass die Polymer-Schicht von der zu ätzenden Schicht ständig wieder entfernt wird, während sie auf den Seitenwänden erhalten bleibt. Auf diese Weise kann eine Unterätzung in der letzten isotropen Phase des Ätzvorganges verhindert

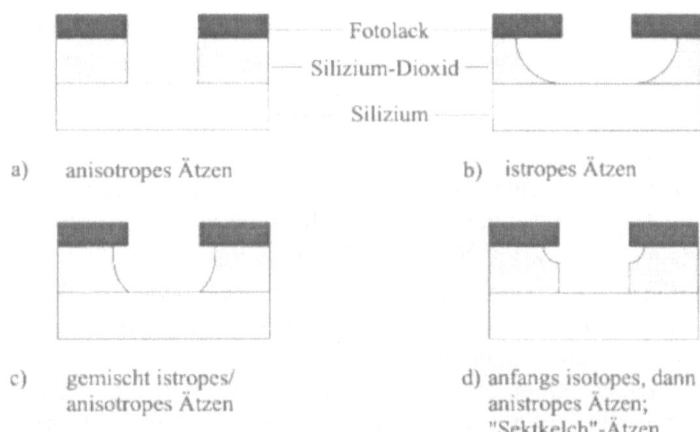

Abb. 5.20: Strukturierung von Schichten mit Ätzverfahren mit unterschiedlichen isotropen bzw. anistropen Anteilen.

werden. Allerdings muss erwähnt werden, dass die Polymer-Schicht nach dem Ätzvorgang wieder entfernt werden muss, was aufgrund ihrer chemischen Stabilität nicht immer sehr einfach ist.

Zu erwähnen ist noch, dass auch die beim Trockenätzen benutzten Gase häufig sehr giftig sind und deshalb entsprechende Sicherheitsvorkehrungen einzuhalten sind. Zwar sind die Reaktoren moderner Ätzanlagen geschlossene Systeme, die ständig unter Unterdruck gehalten werden und die Wafer nur durch Schleusen eingebracht werden. Die Abluft aus diesen Reaktoren muss aber dennoch gereinigt und gefiltert werden. Außerdem verbleibt ein Teil des Gases im Fotolack und dampft anschließend wieder aus, so dass auch die geätzten Scheiben sofort gereinigt werden müssen.

5.2.6 Reinigungsprozesse

Die Reinigung der Wafer ist der mit Abstand häufigste Herstellungsschritt in einem Halbleiter-Prozess. Trotzdem finden die verschiedenen zur Reinigung benutzten Prozesse in der Literatur kaum eine Erwähnung. Der Grund mag darin liegen, dass die Wafer-Reinigung auf die Funktion der Bauelemente keine Einfluss hat oder zumindest nicht haben sollte. Eine unzureichende Reinigung hat aber fatale Folgen, denn schon kleinste Partikel oder Chemikalienreste auf dem Wafer führen zu Ausbeuteverlusten bis zum Totalverlust eines Wafers oder gar der ganzen Charge.

Dass diese Wafer so häufig gereinigt werden müssen hat zwei Gründe: Erstens kommen die Wafer bei jedem Prozessschritt mit verschiedenen Chemikalien in Berührung, die danach vollständig von dem Wafer entfernt werden müssen. Dazu gehören Ätzflüssigkeiten, Benetzungsmittel, Fotolacke, Entwickler und diverse Prozessgase. Zweitens werden die Wafer bei jedem Prozessschritt mechanisch bewegt um sie den verschiedenen Bearbeitungs-, Mess-

und Kontrolleinrichtungen zuzuführen und anschließend wieder in die Aufbewahrungsbox zurückzuführen. Jede dieser Bewegungen ist zwangsläufig immer mit mechanischer Reibung verbunden. Und jede Reibung erzeugt Partikel, die auch auf die Wafer gelangen können. Weiter können auch die Prozesse selbst, insbesondere Ätz- und Abscheideprozesse Partikel erzeugen. Nicht zuletzt sind die Mitarbeiter, die die Wafer bearbeiten und kontrollieren, eine der größten Partikelquellen. Bei dieser Diskussion muss man sich vor Augen führen, dass schon ein Partikel von weniger als einem Mikrometer Durchmesser zur Zerstörung bzw. zur Nicht-Funktion einer ganzen Schaltung führen kann.

Der einfachste Reinigungsprozess ist das Spülen in entionisiertem Wasser. Das hierfür benutzte Wasser wird in einer speziellen, sehr aufwendigen Aufbereitungsanlage gewonnen. Zunächst werden in mehrstufigen Ionentauschern alle im Wasser gelösten polaren Stoffe entfernt, bis das Wasser einen spezifischen Widerstand von mehr als 10 MΩcm hat. Für nicht polare, organische Stoffe hat sich noch kein einheitliches Verfahren durchgesetzt. Anschließend wird das Wasser in einem ebenfalls mehrstufigen Filter von Partikeln befreit um schließlich in einer Entkeimungsanlage mit UV-Licht keimfrei gemacht zu werden. In einer letzten Filterstufe werden die abgetöteten Keime heraus gefiltert. Über ein Rohrleitungssystem aus innen elektropolierten Rohren wird das Wasser schließlich den Reinigungsanlagen zugeführt. Die Wasserqualität, insbesondere der spezifische Widerstand und die Keimfreiheit werden ständig kontrolliert.

Nach dem Spülen werden die Wafer bei 90 °C in einer Stickstoffatmosphäre trockengeschleudert.

Neben entionisiertem Wasser werden Reinigungsbäder mit heißer Schwefelsäure, der oben schon erwähnten Flusssäure sowie verschiedenen organischen Substanzen und Lösungsmitteln benutzt. Diese Reinigungsbäder werden aber immer von einem Spülen mit entionisiertem Wasser gefolgt.

Hartnäckige Fotolackreste oder Polymere aus einem Trockenätzprozess können häufig nur in einem kalten Sauerstoffplasma in einem sogenannten Verascher so von den Wafern gelöst werden, dass sie sich in einem anschließenden Spülprozess entfernen lassen.

Kleine Partikel lassen sich durch einen einfachen Spülprozess nicht vom Wafer entfernen. Sie werden durch die van-de-Waals-Kraft auf dem Wafer festgehalten und bieten der Strömung beim Spülen kaum Angriffsfläche. Hier kommen Ultraschall-Reinigungsbäder oder sogenannte Scrubber zum Einsatz. Unter Scrubbern versteht man eine schnell rotierende Bürste die unter einem Wasserstrahl dicht über den Wafer geführt wird, ohne allerdings den Wafer zu berühren. So wird im Wasserfilm auf dem Wafer lokal eine sehr viel höhere Strömungsgeschwindigkeit erzielt, so dass die van-de-Waals-Kraft überwunden und die Partikel entfernt werden. Einen ähnlichen Effekt erzielen die Stoßwellen im Ultraschallbad.

Letztendlich ist aber die beste Methode die Partikel-Vermeidung. Die Mitarbeiter einer Halbleiterfabrik werden von Kopf bis Fuss in einem fusselfreien Kunstfaser-Overall gesteckt, so dass nur die Augen frei bleiben. Plastikhandschuhe sind obligatorisch. Die Luft im sogenannten Reinraum wird mehrfach gefiltert und ständig durch die Fabrik gepumpt, um vorhandene Partikel hinaus zu spülen. Dabei wird die Temperatur auf wenige zehntel Grad genau bei 20°C gehalten. Die Luftfeuchtigkeit wird konstant bei 30 % gehalten. Das Betreten eines solchen Reinraumes erfolgt nur durch aufwendige Luftschleusen. Diese aufwendige Klimatechnik verschlingt meist mehr als 50 % der Investitionskosten und häufig mehr als 70 % der laufenden Betriebskosten einer Halbleiter-Fabrik.

5.3 Halbleiter-Prozesse

Nachdem nun alle Einzelschritte zur Herstellung integrierter Schaltungen bekannt sind, soll nun der Gesamt-Herstellungsprozess erläutert werden. Dies soll anhand eines hypothetischen aber realisierbaren CMOS-Prozesses geschehen, der bis zu Strukturabmessungen von 2 μm tauglich ist. Dies ist zwar eine sehr konservative um nicht zu sagen überholte Zielvorstellung, es geht hier aber um die grundsätzliche Darstellung einer Prozessfolge, die nicht durch die komplexen Details eines 0,2 μm Prozesses unüberschaubar werden darf. Anschließend werden einige Ergänzungen und Varianten beschrieben, die für die weitere Strukturverkleinerung und für andere Bauelemente, wie Kondenstoren, Bipolar-Transistoren und EEPROM notwendig sind. Diese Betrachtungen können nur beispielhafter Natur sein, da es mehr unterschiedliche Halbleiter-Prozesse als Halbleiter-Fabriken gibt. Jeder Hersteller benutzt seine sorgfältig optimierte und wohl gehütete Rezeptur, die stark von dem vorhandenen Maschinenpark abhängt.

5.3.1 Ein hypothetischer CMOS-Prozess

Bevor die Prozessabfolge im Einzelnen beschrieben wird, sollte klar sein, welches Ziel mit diesem Prozess angestrebt wird. D.h., die elektrischen Eigenschaften bzw. Parameter der Transistoren müssen klar definiert sein. Mit diesem Prozess sollen integrierte Schaltungen für eine Versorgungsspannung von 5 V gefertigt werden. Die Schwellenspannung der Transistoren soll so niedrig wie möglich gehalten werden, um eine ausreichende Geschwindigkeit zu ermöglichen, aber gleichzeitig so hoch sein, dass sie auch unter Berücksichtigung von Fertigungstoleranzen bei 0 V Gatespannung keinen Leckstrom ziehen. Die Schaltzeiten der logischen Gatter sollten weiter symmetrisch sein, d.h., der Wechsel von logisch 1 nach logisch 0 sollte genau so lange dauern wie der Wechsel von logisch 0 nach logisch 1. Deshalb wird für die NMOS-Transistoren eine Schwellenspannung von ca. 1 V und für die PMOS-Transistoren eine Schwellenspannung von -1 V gefordert. Um bei hinreichender Gateoxidqualität eine hohe Leitwertkonstante (Schaltungsgeschwindigkeit) zu erzielen soll die Gateoxiddicke 40 nm betragen. Daraus ergibt sich für die Oberflächen-Dotierstoffkonzentration im Kanalbereich der NMOS- und PMOS-Transistoren von ca. $2 \cdot 10^{16}$ 1/cm^3 Bor bzw. Phosphor. Die Schwellenspannung der parasitären Feldoxid-Transistoren sollte auf jeden Fall größer als 10 V sein, um auch bei schnellen Schaltvorgängen, die zu kapazitiven Spannungsüberhöhungen führen können, Leckströme zwischen verschiedenen Schaltungsteilen zu verhindern. Daher liegt die Feldoxiddicke im Bereich von 800 nm.

Ausgangsmaterial

Als Ausgangsmaterial werden Bor-dotierte Siliziumscheiben, sogenannte Wafer oder auch Substrate, von 100 mm Durchmesser und einer Dicke von ca. 500 μm gewählt. Es sind auch

Scheiben von 150 bis 300 mm Durchmesser erhältlich. Die kristallographische Orientierung der Oberfläche wird mit (100) bezeichnet. Diese Oberfläche liefert die besten Gateoxideigenschaften. Die Dotierstoffkonzentration liegt bei ca. $5 \cdot 10^{14}$ $1/cm^3$ Bor und ist damit fast zwei Größenordnungen kleiner als die angestrebte Oberflächenkonzentration. Dies hat zwei Gründe: Zum einen lässt sich die Dotierstoffkonzentration bei der Scheibenherstellung nicht so reproduzierbar und genau einstellen, dass eine ausreichende Homogenität der Schwellenspannungen über die Scheibe gewährleistet werden kann. Zum zweiten müssen die Bereiche der Scheibe in denen sich später die PMOS-Transistoren befinden umdotiert werden und dies geht natürlich leichter und vor allem genauer wenn die Scheibendotierung nicht so hoch ist.[1]

n-Wanne

Um auf der Scheibe auch p-Kanal MOS-Transistoren herstellen zu können, müssen die Bereiche, in denen sich später diese Transistoren befinden umdotiert werden. Diese n-dotierten Gebiete müssen erstens lateral ausreichend groß und zweitens entsprechend tief sein, damit die PMOS-Transistoren durch den pn-Übergang von den p-dotierten Gebieten der NMOS-Transistoren sauber isoliert sind. Der erste Punkt wird durch die Fototechnik und die entsprechenden Designregeln erledigt. Zum zweiten Punkt ist zu sagen, dass die Tiefe dieser n-dotierten Gebiete einige μm betragen muss. Man kann dies zwar grundsätzlich mit einer entsprechend hochenergetischen Implantation von Phosphor erreichen. Dazu sind aber Beschleunigungsspannungen von mehreren Mega-Volt erforderlich, die Implanter sind dementsprechend teuer. Weiter muss natürlich auch der Fotolack auf den nicht zu implantierenden Gebieten entsprechend dick sein, was zu erheblichen Problemen in der Fototechnik führt. Daher wird die Implantation mit Phosphor relativ flach gehalten und die Tiefe der n-dotierten Gebiete in einem anschließenden Diffusionsprozess bei hohen Temperaturen eingestellt. Die Tiefe und die Oberflächenkonzentration der n-dotierten Gebiete werden durch die Implantationsdosis sowie Dauer und Temperatur des Diffusionsprozesses bestimmt. Dabei ist zu beachten, dass der Phosphor natürlich nicht nur in die Tiefe sondern auch lateral, in Richtung der Scheibenoberfläche diffundiert, die Gebiete werden also größer als von der Fototechnik vorgegeben und erhalten einen wannenartigen Querschnitt. Man spricht daher von n-Wannen. Die laterale Ausdiffusion muss in den Designregeln berücksichtigt werden, damit benachbarte NMOS-Transistoren nicht durch die n-Wannen beeinträchtigt werden.

Zunächst wird, um die empfindliche Oberfläche der Scheibe und das Substrat zu schützen, ein kurze Oxidation durchgeführt. Die Oxiddicke, die hier erzeugt wird beträgt 20 - 30 nm. Anschließend wird die Scheibe belackt, mit der Fotomaske für die Wannen belichtet und entwickelt. Anschließend wird in den freibelichteten Feldern das Oxid entfernt und eine kleine Stufe von ca. 100 nm Tiefe in das Silizium geätzt, um so für die nachfolgenden Fotolithographieschritte Justiermarken zu erzeugen.Es folgt die Implantation von Phosphor mit einer Dosis von $3 \cdot 10^{12}$ pro cm^2 bei einer Energie von 180 keV. Nach dem Entlacken kommen die Scheiben in den Diffusionsofen. Vor dem eigentlichen Diffusionsprozess wird hier zunächst wieder eine dünne Oxidschicht erzeugt (ca. 20 nm) die dafür sorgt, dass der

[1] Man könnte natürlich ein n-dotiertes Substrat als Ausgangsmaterial benutzen, in dem dann p-Wannen für die n-Kanal Transistoren erzeugt werden.

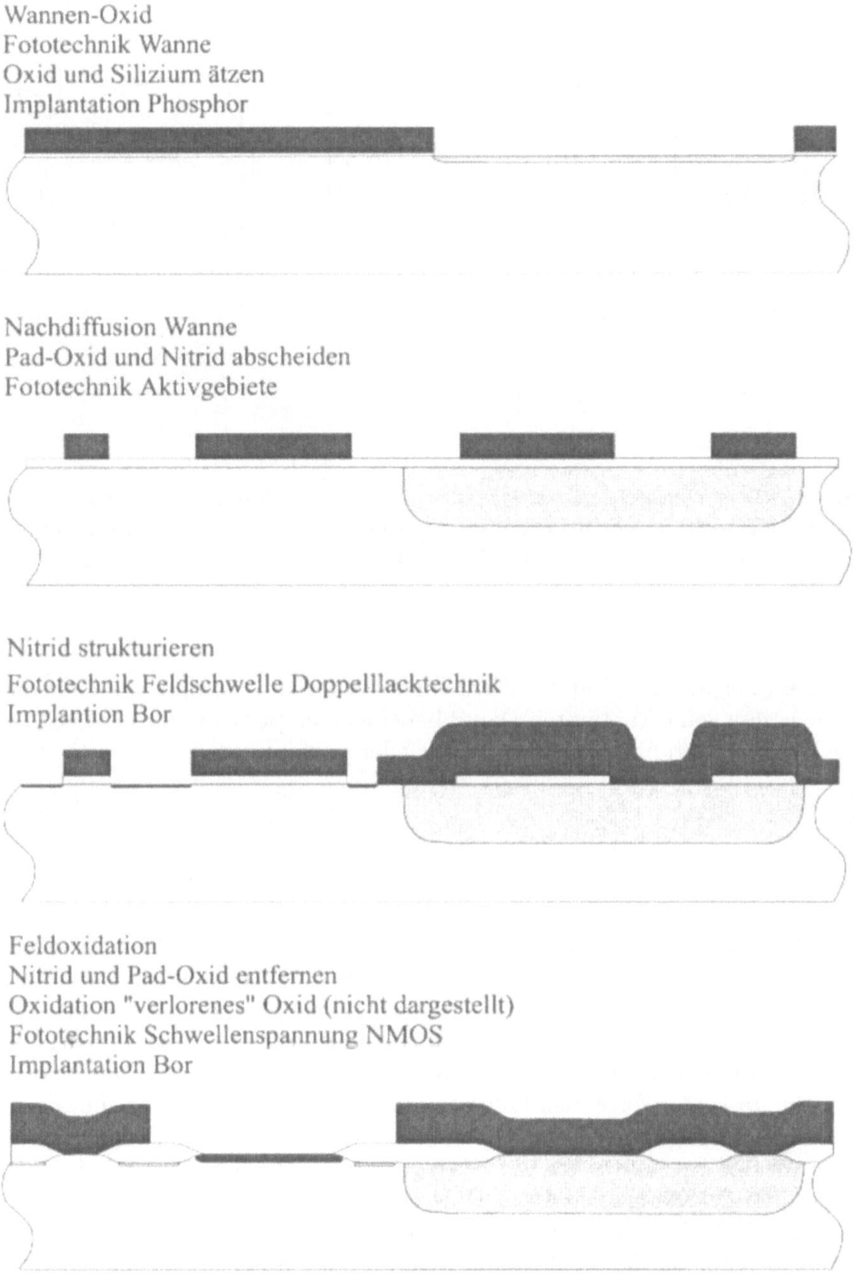

Wannen-Oxid
Fototechnik Wanne
Oxid und Silizium ätzen
Implantation Phosphor

Nachdiffusion Wanne
Pad-Oxid und Nitrid abscheiden
Fototechnik Aktivgebiete

Nitrid strukturieren
Fototechnik Feldschwelle Doppelllacktechnik
Implantion Bor

Feldoxidation
Nitrid und Pad-Oxid entfernen
Oxidation "verlorenes" Oxid (nicht dargestellt)
Fototechnik Schwellenspannung NMOS
Implantation Bor

Abb. 5.21: Hypothetischer n-Wannen CMOS-Prozeß; Teil I

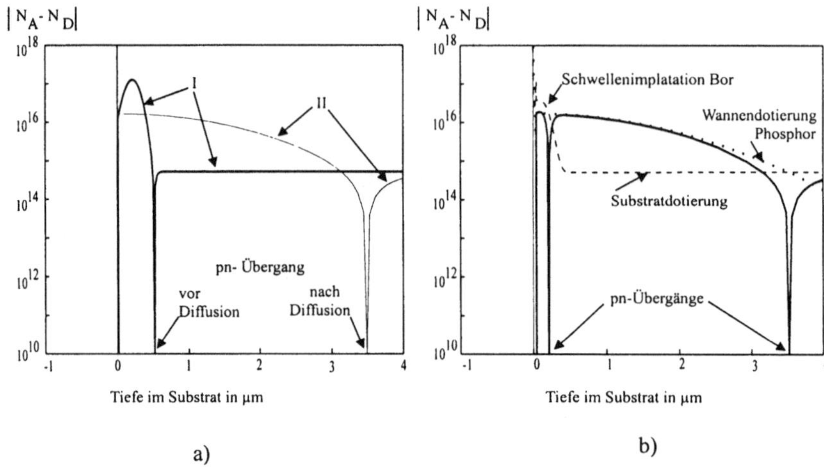

Abb. 5.22: Aktive Wannen-Dotierstoffprofile: a) Direkt nach der Phosphor-Implantation (I) und nach der Diffusion (II); b) Aktives Profil im Kanalbereich eines PMOS-Transistors (durchgezogen) sowie die Bor-Konzentration (gestrichelt) und die Phosphor-Konzentration (punktiert) am Ende des Prozesses

implantierte Phosphor nicht aus der Scheibenoberfläche abdampft. Es folgt der eigentliche Diffusionsprozess von 420 Minuten Dauer bei einer Temperatur von 1170 °C. Das hierdurch erzeugte Dotierstoffprofil ist in Abb. 5.22 wiedergegeben.

Aktivgebietsdefinition

Feldoxidgebiete und Aktivgebiete werden in diesem Prozess, wie heute fast ausschließlich üblich, durch lokale Oxidation erzeugt. Dazu wird zunächst das Oxid vollständig in einem Nassätzprozess entfernt und in einem weiteren Oxidationsprozess ein gleichmäßig dickes, sogenanntes Pad-Oxid von 30 nm Dicke erzeugt, auf diesem Oxid wird in einem Plasma-Depositionsprozess eine Nitridschicht von 150 nm Dicke erzeugt. Das Pad-Oxid hat die Aufgabe, die im später folgenden Oxidationsprozess auftretenden Spannungen und Kräfte im Nitrid aufzufangen und so Schäden im Substrat zu vermeiden. Es folgt das Belacken und Belichten mit der Fotomaske für die Aktivgebiete. Nach dem Entwickeln wird das Nitrid in den späteren Feldoxidgebieten mit Hilfe eines Plasmaätzprozesses entfernt. Nun könnte eigentlich die Feldoxidation folgen. Da nun aber aufgrund der niedrigen Substratdotierung die Schwellenspannung der Feldoxid-Transistoren außerhalb der Wannen selbst bei einer Oxiddicke von 800 nm nur bei ca. 1,2 V liegt, muss vorher die Bor-Konzentration in diesen Feldoxidgebieten angehoben werden, ohne dass die Aktivgebiete davon beeinträchtigt werden. Innerhalb der Wannen reicht die Oberflächenkonzentration des Phosphors schon aus um für die PMOS-Transistoren eine ausreichende Feldschwellenspannung zu garantieren.

Feldschwellenimplantation

Dazu ist eine weitere Fototechnik erforderlich. Zunächst wird der Fotolack von der Aktivgebietsdefinition bei ca. 200 °C lichtunempfindlich gemacht. Er wird also nicht entfernt. Anschließend werden die Scheiben erneut belackt. Belichtet wird mit einer Maske die zur Wannen-Maske invers ist und deren Strukturen etwas vergrößert wurden, um die laterale Ausdiffusion der Wannen zu berücksichtigen. Nach der Entwicklung sind also alle Aktivgebiete durch die alte Lackschicht und zusätzlich die Wannen, die jetzt nicht mit Bor implantiert werden dürfen abgedeckt. Man nennt dies Doppelllacktechnik. Es folgt eine Implantation mit Bor mit einer Dosis von $1{,}0 \cdot 10^{13}$ pro cm^2 und einer Energie von 80 keV. Die Dosis muss so hoch gewählt werden, um Verluste an aktivem Bor durch die Segregation während der Oxidation auszugleichen.

Feldoxidation

Anschließend werden beide Lackschichten entfernt und es folgt die Feldoxidation. Diese wird bei einer Temperatur von 1020 °C in einer feuchten Sauerstoffatmosphäre durchgeführt und dauert 205 Minuten. Durch diesen hohen thermischen Haushalt wird auch das Wannen-Profil noch etwas verändert. Zu beachten ist, dass der Sauerstoff zwar nicht durch das Nitrid hindurch diffundiert aber doch von der Seite unter das Nitrid unterdiffundiern kann. Dadurch wächst das Oxid eine gewisse Strecke unter das Nitrid und es entsteht eine Struktur, die als Vogelschnabel (Bird's Beak) bezeichnet wird. Form und Länge dieser Struktur hängen von Nitrid- und Pad-Oxiddicke sowie den Oxidationsparametern ab. Da das Nitrid in diesem Bereich aufgewölbt wird, entstehen hier besonders große mechanische Spannungen, die trotz des schützenden und puffernden Pad-Oxids zu Fehlstellen und Versetzungen im Substrat führen können. Auf derartig belastetem Substrat besteht die Gefahr, dass das Gateoxid von minderer Qualität ist.

Schwellenspannungsimplantationen

In zwei Ätzschritten wird nun das Nitrid und auch das Pad-Oxid entfernt. Um sicher zu gehen das die oberste Substratschicht in den Aktivgebieten völlig defektfrei ist, wird diese schonend entfernt. Dazu wird ein sogenanntes verlorenes Oxid von 30 nm aufoxidiert, welches später mitsamt der Defekte abgeätzt wird. Zuvor dient es jedoch noch als Oberflächenschutz, sowie als Implantationsbremse für die jetzt vorzunehmenden Schwellenspannungsimplantationen. In den Aktivgebieten der n-Kanal Transistoren wird die Oberflächenkonzentration noch durch die Substratdotierung bestimmt und ist daher viel zu niedrig um eine Schwellenspannung von 1 V für die NMOS-Transistoren zu ermöglichen. Deshalb wird jetzt mit Hilfe einer Fototechnik und einer Bor Implantation mit einer Dosis von $1{,}0 \cdot 10^{12}$ pro cm^2 und einer Energie von 50 keV die Oberflächenkonzentration des Bor auf $2 \cdot 10^{16}$ $1/cm^3$ angehoben.

Bei den p-Kanal Transistoren ist die Oberflächenkonzentration des Phosphors innerhalb der Wanne zu hoch. Dies ist notwendig um eine entsprechende Feldschwellenspannung zu garantieren. Die aktive Dotierung wird daher mit einer Bor-Implantation abgesenkt.

Aufgrund der Austrittsarbeitsdifferenz zwischen der Siliziumoberfläche und der später aufzubringenden hoch n-dotierten Poly-Silizium Gateelektrode, muss die Dosis relativ hoch gewählt werden. Dies führt direkt an der Oberfläche zu einem Umschlag von n- zu p-dotierten Silizium, es entsteht also ein pn-Übergang. Dieser pn-Übergang birgt gewisse Gefahren in sich, insbesondere darf er nicht zu weit von der Oberfläche entfernt liegen. Die Energie der Implantation wird daher mit 30 keV sehr niedrig gewählt, um die Implantation möglichst flach zu halten. Die Dosis beträgt ca. $0{,}8 \cdot 10^{12}$ pro cm^2.

Nach dem Entlacken wird in einem kurzen Nassätzprozess das verlorene Oxid entfernt und anschließend das endgültige Gateoxid von 40 nm Dicke erzeugt.

Poly-Silizium

Direkt anschließend an die Gateoxidation wird das Poly-Silizium in einer Dicke von 450 nm Dicke abgeschieden. Da dieses Poly-Silizium teilweise auch zur Verdrahtung benutzt wird, sollte es einen möglichst niedrigen Widerstand haben, es sollte also möglichst hoch bis zur Entartung dotiert werden. Da dies während des Abscheidevorganges nicht ohne weiteres möglich ist, wird auf das undotierte Poly-Silizium ein phosphor-haltiges Siliziumoxid abgeschieden. Schon während dieses zweiten Abscheidevorgangs diffundiert der Phosphor aus dem sogenannten Phosphorglas in das Poly-Silizium und sorgt so für die gewünschte Dotierung. Direkt anschließend wird das Phosphorglas nasschemisch wieder abgeätzt und es folgt die Fototechnik für die Strukturierung des Poly-Siliziums. Zusammen mit dem dazugehörigen Trockenätzprozess ist dies einer der kritischen Punkte des Prozesses, der mit besonderer Sorgfalt durchgeführt werden muss. Hier kommt es besonders auf eine maßgenaue Übertragung der Maske ins Poly-Silizium an, da hier die Kanallänge der Transistoren bestimmt wird.

Drain/Source-Implantationen

Die beiden folgenden Fototechniken sind relativ unkritisch, da es sich um reine Implantationssmasken handelt und die wesentliche Geometriebestimmung selbstjustiert erfolgt. Die Implantationsenergie wird dabei so gewählt, dass die Ionen sicher in die Drain- und Sourcegebiete eindringen, die nur vom dünnen Gateoxid bedeckt sind, nicht aber durch das Poly-Silizium in den Kanal oder durch das Feldoxid in die Feldbereiche. Es muss nur sichergestellt sein, dass die jeweils nicht zu implantierenden Gebiete sicher mit Lack abgedeckt sind. Es folgen also eine Fototechnik mit anschließender Implantation mit Bor (Dosis $5 \cdot 10^{15}$ pro cm^2 ; Energie 50 keV) für die PMOS Drain/Sourcegebiete und eine Fototechnik mit anschließender Implantation Arsen (Dosis $1 \cdot 10^{16}$ pro cm^2 ; Energie 100 keV). Es schließt sich eine kurze Oxidationsphase an, um durch die auf dem Poly-Si entstehende Oxidschicht, den darin enthaltenen hohen Phosphoranteil am Ausdiffundieren zu hindern. Es folgt ein sogenannter Ausheilschritt der bei möglichst hoher Temperatur aber in möglichst kurzer Zeit die voran gegangenen Implantationen aktiviert: Durch die sehr hohen Implantationsdosen wird die Kristallstruktur in den Drain- und Sourcegebieten fast vollständig zerstört. Um die Kristallstruktur und damit die elektrischen Halbleiter-Eigenschaften wieder herzustellen muss das zerstörte Material wieder rekristallisiert werden. Bei ausreichend hohen Temperaturen (größer 960 °C) nehmen die zerstörten Gebiete wieder die Struktur des darunter liegenden unzerstörten Substrats an. Dieser Vorgang darf allerdings nicht zu lange dauern, da sonst der Dotierstoff aus den Drain- und Sourcegebieten lateral unter das Gate diffundiert und so die elektrische Kanallänge reduziert und im Extremfall den Kanal kurzschließt.

Zwischenoxid

Als Zwischenisolator zwischen dem Poly-Silizium und der zur weiteren Verdrahtung notwendigen Metallschicht wird nach den Drain/Source-Implantationen SiO_2 in einer Dicke von ca. 650 nm abgeschieden. Dabei bilden sich die Stufen an den Aktivgebietskanten und insbesondere an den sehr steilen Poly-Kanten an der Oberfläche des Zwischenoxids ab. Dies führt später beim Aufsputtern der Metallisierung zu Problemen, da dabei steile oder senkrechte Kanten nur schlecht oder gar nicht bedeckt werden. Es muss also dafür gesorgt werden, dass die steilen Kanten im Zwischenoxid abgeflacht oder abgerundet werden. Dazu werden die ersten 100 nm des Zwischenoxids undotiert abgeschieden, während die restlichen 550 nm stark phosphordotiert sind (1 %). Dieses Phosphorglas hat die Eigenschaft schon bei 960°C so weich zu werden, dass es anfängt zu fließen. Dadurch werden die steilen Kanten abgerundet und etwas eingeebnet. Dieser Vorgang darf natürlich nur sehr kurz dauern, da er ja wieder mit der lateralen Diffusion der Dotierstoffe in den Drain- und Sourcegebieten verbunden ist.

Kontaktlöcher

Die Erzeugung der Kontaktlöcher, die eine Verbindung zwischen den Poly-Gates bzw. den Drain- und Sourcegebieten und der Metallverdrahtung ermöglichen, gehört wiederum zu den kritischen Schritten im Halbleiter-Prozess. Diese Kontaktlöcher sind mit die kleinsten Strukturen, die in einem Prozess erzeugt werden und liegen daher an der Grenze der lithographisch möglichen reproduzierbaren Auflösung. Weiter sollen diese Kontaktlöcher möglichst maßgenau in die Zwischenoxidschicht abgebildet werden, der Ätzprozess muss also weitgehend anisotrop geführt werden. Andererseits entstehen dabei wieder sehr steile oder senkrechte Kanten die wiederum, wie bereits beim Zwischenoxid erwähnt, Probleme in der Stufenbedeckung in der nachfolgenden Metallisierung verursachen. Ein Reflow ist hier nicht mehr möglich, da die Gefahr besteht, dass die Löcher zufließen. Außerdem würde die Ausdiffusion des Phosphors in den Kontaktlöchern zu p-dotierten Substratgebieten zu schlechten Kontakteigenschaften führen. Hier besteht nur die Möglichkeit zwischen der Forderung nach möglichst kleinen und maßgenauen Kontaktlöchern und nach einer guten Stufenbedeckung in der Metallisierung einen Kompromiss zu finden, indem isotrope und anisotrope Anteile im Ätzprozess geeignet kombiniert werden. Dazu gibt es eine Reihe von Methoden:

Einmal kann man den Fotolack durch Erhitzen so weich machen, dass er anfängt zu fließen. Dadurch werden die ursprünglich steilen Lackkanten verrundet und abgeflacht. Im anschließend rein anisotrop geführten Ätzprozess, indem der Lack fast so stark wie das Oxid geätzt wird, wird diese verrundete Lackkante ins Oxid übertragen.

Eine zweite Möglichkeit besteht darin zunächst rein isotrop ins Oxid und auch unter den

Fototechnik Schwellenspannung PMOS
Implantation Bor

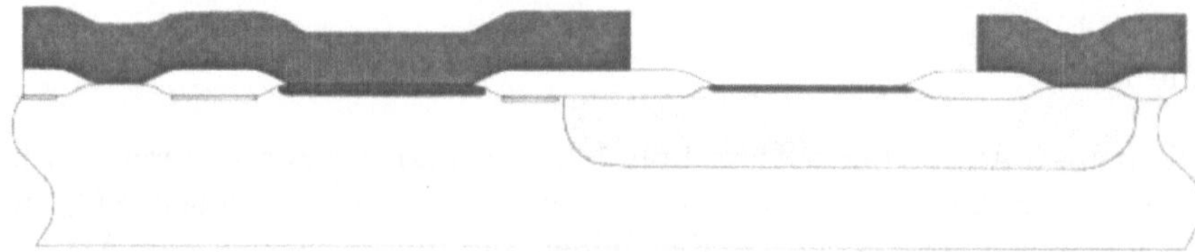

Entfernen des "verlorenen" Oxids
Oxidation Gate-Oxid
Deposition Poly-Silizium
Fototechnik Poly-Gates
Strukturierung Poly-Gates
Entlacken

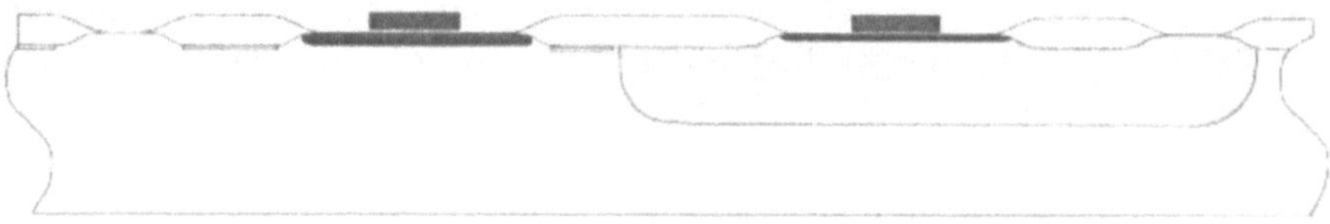

Fototechnik NMOS Drain/Source
Implantation Arsen

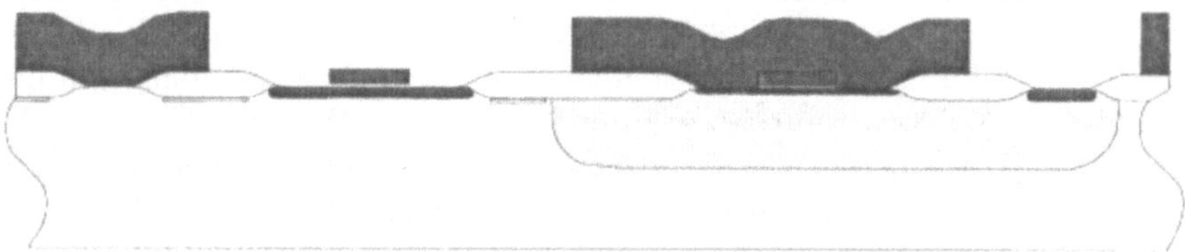

Fototechnik PMOS Drain/Source
Implantation Bor

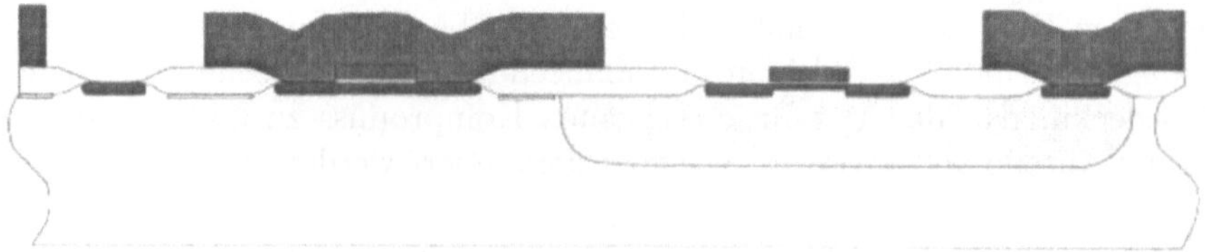

Abb. 5.23: Hypothetischer n-Wannen CMOS-Prozeß; Teil II

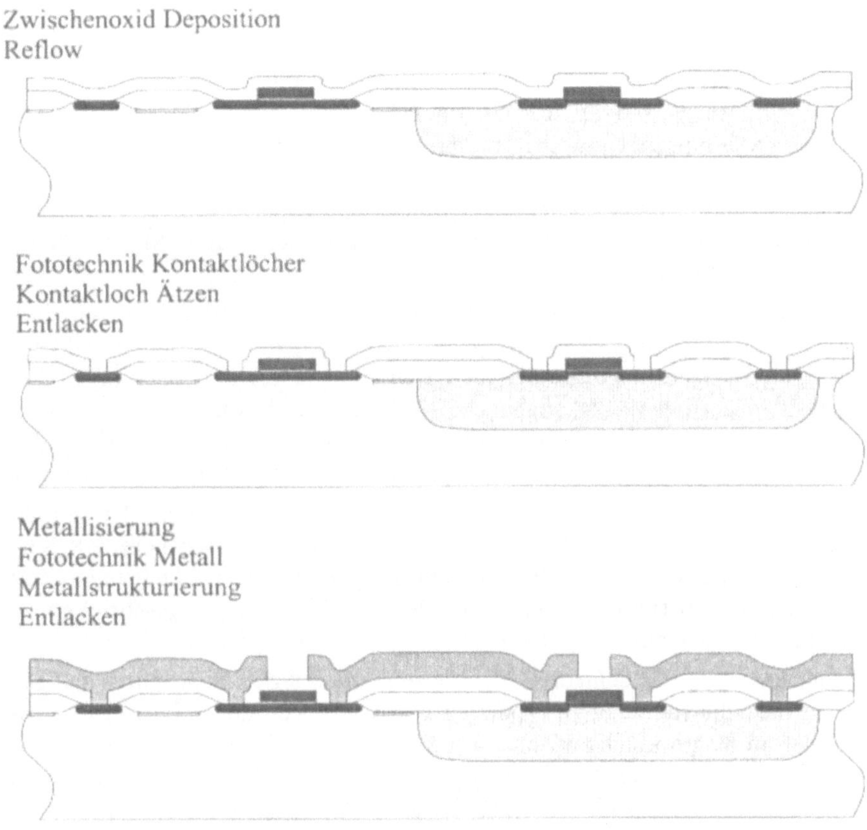

Abb. 5.24: Hypothetischer n-Wannen CMOS-Prozeß; Teil III

Lack zu ätzen. In der zweiten Phase wird der Ätzprozess rein anisotrop geführt. Auf diese Weise entsteht im Oxid eine Struktur, die als Sektkelch-Struktur bezeichnet wird und die nur noch eine kurze senkrechte Kante hat, die in der Metallisierung keine Probleme mehr bereitet(s. Abb. 5.20).

Schließlich können in modernen Ätzanlagen fast beliebige Kantenwinkel eingestellt werden, so dass hier abgesehen von den entstehenden Maßtoleranzen keine Probleme mehr entstehen.Diese Maßtoleranzen müssen dann allerdings entsprechend im Layout bzw. den Designregeln berücksichtigt werden.

Die modernste Methode umgeht dieses Problem, indem die völlig anisotrop geätzten Kontaktlöcher vor der Metallisierung in einem speziellen Prozess mit sogenannten Wolfram-Stopfen (Tungsten-Plug) aufgefüllt werden. Dies erfordert aber derzeit noch sehr aufwendige und damit teuere Maschinen und Prozessführungen, da auch der Wolfram-Halbleiterkontakt nicht ganz unproblematisch ist.

Metallisierung

Nachdem der Lack der Kontaktlochmaske entfernt ist, müssten die Scheiben eigentlich unverzüglich mit Metall besputtert werden, da sich sehr schnell in den freigelegten Siliziumgebieten wieder ein dünnes natives Oxid bildet. Diese Isolationschicht führt zu schlechten oder nicht funktionierenden Kontakten. Dieses Oxid muss vor dem Besputtern entweder durch einen kurzen Nassätzprozess, einem sogenannten Dip-Etch in Flusssäure oder in der Sputteranlage selbst durch sogenanntes Rücksputtern entfernt werden. Anschließend werden die Scheiben mit Metall gesputtert.

Die Fototechnik für die Strukturierung der Metallisierung stellt wieder sehr hohe Anforderungen an die Lithographie: Das Metall hat bekanntlich eine hohe Reflektivität. Stufen und Kanten in der Metalllage verursachen Reflexionen, die den Lack an Stellen belichtet, die eigentlich durch die Maske abgedeckt sind. Dadurch können Leiterbahnen schmaler werden als ursprünglich geplant. Dies führt zumindest zu einem Zuverlässigkeitsproblem, wenn nicht schon die betroffenen Leiterbahnen an kritischen Stellen unterbrochen sind.

Um diesem Problem zu begegnen gibt es verschiedene Methoden. Die einfachste ist sicherlich die Leiterbahnen im Metall so breit zu führen, dass diese Verengungen keine Rolle spielen. Man kann auch in den Designregeln entsprechende Vorkehrungen treffen, indem ein entsprechender Abstand von den reflektierenden Kanten vorgeschrieben wird. Damit wird das Problem aber nur umgangen und kostet i.A. viel Fläche.

Mehr Erfolg hat man mit gefärbten Fotolacken, die bei der Belichtung das Licht so stark absorbieren, dass die Reflexionen erheblich verringert werden. Allerdings ist dies auch mit einem Verlust an Empfindlichkeit, also mit längeren Belichtungszeiten verbunden. Deshalb ging man zu Lacksystemen über, die aus zwei Lackschichten bestehen: Einer gefärbten Lackschicht direkt auf dem Metall (Anti-Reflectiv-Coating) und einer zweiten ungefärbten darüber. Abgesehen von der sehr begrenzten Haltbarkeit dieses Anti-Reflective-Coatings erzielt man damit gute Erfolge.

Die beste, wenn auch aufwendigste Methode beruht auf dem wellenlängenabhängigen Reflexionskoeffizienten bestimmter Metalle bzw. Metallverbindungen. So ist der Reflexionskoeffizient von Titan bzw. von Titannitrid im Bereich der für die Belichtung UV-Strahlung sehr klein. Wird also die Metallisierung mit einer dünnen Schicht dieser Verbindungen vergütet, so treten kaum Reflexionen auf. Dazu werden die Scheiben, in einer entsprechend ausgerüsteten Sputteranlage mit einer dünnen zweiten Metallage besputtert. Diese muss u. U. noch in einer speziellen Anlage nitridiert werden. Es folgen eine Fototechnik und die Strukturierung in einem Pasma-Ätzprozess.

Passivierung

Mit der Metallisierung ist der CMOS-Prozess eigentlich abgeschlossen. Die Schaltungen könnten jetzt schon getestet werden. Da aber die Scheiben noch zersägt, die so vereinzelten Chips in Gehäuse geklebt oder gelötet und mit Kunststoff umgossen werden müssen, ist es notwendig, die doch sehr empfindliche Schaltung und insbesondere die Metallisierung vor Beschädigungen zu schützen. Dazu wird eine Schutzschicht, die sogenannte Passivierung auf die Scheiben aufgebracht. Dazu wird ein Siliziumdioxid und/oder ein Siliziumnitrid

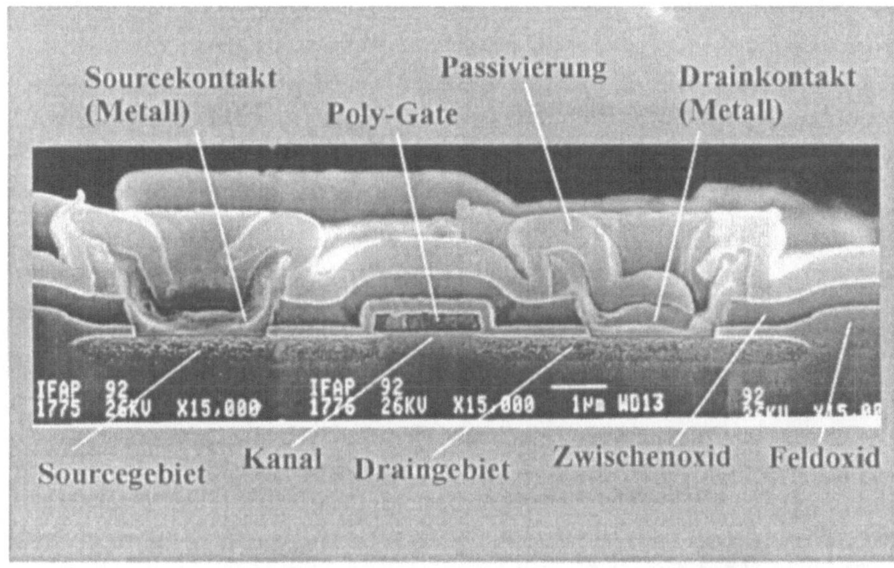

Abb. 5.25: REM-Aufnahme eines MOS-Transistors aus einem 2 μm CMOS-Prozeß

benutzt. Beide Materialien werden im Allgemeinen in einem Plasma-CVD-Verfahren auf die Scheiben abgeschieden, wobei zu beachten ist, dass die Metallisierung keine Temperaturen größer 450°C verträgt, da hier das Aluminium schon sehr weich wird.

Neben dem Schutz der Schaltungen bei den abschließenden Verarbeitungsschritten zur Verpackung, der sogenannten Assemblierung, dient diese Passivierung auch dem langfristigen Schutz vor Umwelteinflüssen. Dies ist insbesondere bei Schaltungen für den industriellen oder automobilen Einsatz notwendig, da das Vergießen mit Kunststoff das Eindringen von Feuchtigkeit oder schädlichen Gasen nicht 100%ig verhindern kann. In diesen Einsatzbereichen hat sich eine Doppelschicht aus Oxid und Nitrid bewährt, wobei das Nitid besonders dicht ist und das Oxid den hohen mechanischen Stress aus dem Nitrid abpuffert.

Natürlich muss diese Passivierung mit Hilfe einer letzten Fototechnik und eines Ätzprozesses in den Bereichen der Anschlusspads wieder entfernt werden.

Als letzter Schritt erfolgt eine letzte Temperung bei ca 450 °C in Wasserstoffatmosphäre um Schäden aus den letzten Plasma-Prozessen auszuheilen.

In Abb. 5.25 ist die Aufnahme eines Raster-Elektronen-Mikroskops eines Querschnitts durch einen MOS-Transistor wiedergegeben, der das Ergebnis eines solchen Prozesses ist.

In Abb. 5.26 sind die, sich aus diesem Prozessablauf ergebenden, elektrisch aktiven Dotierungsprofile $N_{Akt.} = N_A - N_D$ für die verschiedenen Bereiche der N- und PMOS-Transistoren wiedergegeben, wie sie sich aus der Simulation ergeben. Dabei wurde weitgehend auf die Darstellung der Schichtenfolge oberhalb des aktiven Siliziumsubstrats verzichtet.

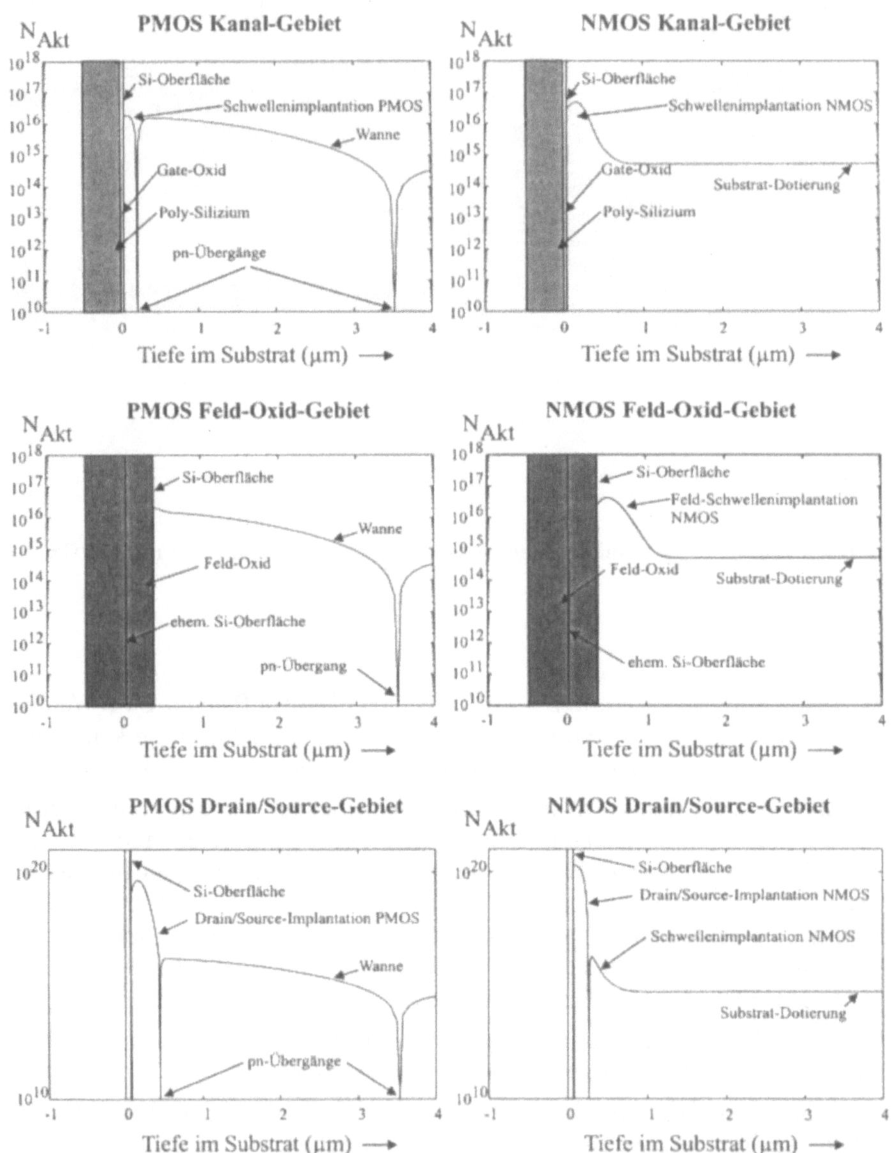

Abb. 5.26: Elektrisch aktive Dotierung des Siliziums in den verschiedenen Bereichen der N- und PMOS-Transistoren am Prozeßende

5.3.2 Prozessergänzungen

Der oben beschriebene, recht einfache CMOS-Prozess ist für Strukturabmessungen von minimal 2 μm geeignet. Gemeint sind damit vor allem die Kanallängen der Transistoren. Moderne CMOS-Prozesse fertigen heute Strukturen bis hinab zu 0,16 μm mit bis zu 4 Metalllagen für die Verdrahtung. Dazu müssen aber, neben den rein maschinentechnischen Voraussetzungen (lithographische Auflösungsvermögen, anisotrope Ätztechnik), auch eine Reihe von Änderungen und Ergänzungen vorgenommen werden, von denen hier nur einige, wichtige kurz erläutert werden sollen. Zum Schluss folgen einige Prozesserweiterungen, die für Sonderbauelemente, wie Kondensatoren notwendig sind.

Rapid Thermal Processing

Die erste Einschränkung für die minimale Kanallänge wird durch die Unterdiffusion der Drain- und Sourceimplantationen unter das Poly-Gate verursacht: Jede Implantation stört die Kristallstruktur des Siliziums und muss um elektrisch aktiv zu werden und die Kristallstörungen zu beseitigen einer Temperaturbehandlung bei ca. 1000 °C unterzogen werden. Dies führt unweigerlich zur Diffusion der Dotanden nicht nur in die Tiefe des Substrats sondern auch zur Seite unter das Poly-Gate. Damit wird die elektrische, effektive Kanallänge gegenüber der geometrischen Kanallänge, die durch die Breite des Poly-Gates gegeben ist, verkürzt. Besonders p-Kanal Transistoren mit ihren bordotierten Drain- und Sourcegebieten sind hiervon wegen der großen Diffusionskonstanten von Bor betroffen. Herkömmlich wird diese Temperaturbehandlung in Rohröfen, die auch für Oxidationen genutzt werden, in Chargen bis zu 200 Wafern durchgeführt. Die thermische Trägheit dieser Öfen bedingt eine recht lange Prozessdauer: bei 600 bis 700 °C werden die Wafer in den Ofen eingefahren, anschließend die Temperatur mit 2 - 10 °C pro Minute bis zu Zieltemperatur erhöht, diese für einige Minute gehalten und anschließend mit der gleichen Rate bis zur Ausfahrtemperatur von 600 - 700 °C heruntergefahren. Die Wafer werden also recht lange auf sehr hohen Temperaturen gehalten. Dadurch kann die effektive Kanallänge um bis zu 1 μm kürzer sein als die Poly-Gatebreite. Diese Transistoren lassen sich nicht mehr kürzer machen, ohne dass ein Punch-Through auftritt. Für den Ausheilprozess ist aber nicht die Dauer der Temperaturbehandlung sondern im Wesentlichen die Höhe der Temperatur von Bedeutung. Daher wurden in den letzten Jahren Einzel-Wafer-Anlagen zur schnellen Temperaturbehandlung entwickelt, die als RTA- (Rapid Thermal Annealing) bzw. RTP-Anlagen (Rapid Thermal Processing) bezeichnet werden. In diesen Anlagen werden einzelne Wafer unter Vakuum oder einer Schutzgasatmosphäre unter einer Hochleistungslampe, i.a. Halogenlampen von 1 - 2 kWatt Leistung, innerhalb weniger Sekunden bis auf über 1000 °C erhitzt, auf dieser Temperatur einige Sekunden gehalten und fast genau so schnell wieder abgekühlt. Die zum großen Teil gelösten Probleme bei dieser Vorgehensweise liegen in der genauen Messung der Wafertemperatur und in der Homogenität der Temperaturverteilung über den Wafer. Nicht zuletzt gibt es bei diesen Einzel-Wafer-Anlagen gegenüber den normalen Öfen Einschränkungen im Durchsatz. Vorausgesetzt dass im weiteren Prozessverlauf, also insbesondere bei der Verdrahtung, keine weitere hohe thermische Belastung auftritt, kann mit Hilfe dieser RTA-Anlagen die Kanallänge bis in den Bereich von 1,5 μm verkürzt werden.

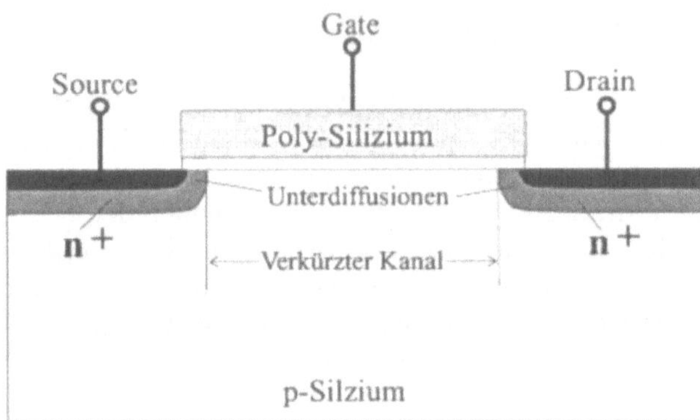

Abb. 5.27: Die Unterdiffusion der Drain/Sourceimplantation unter das Gate durch die Ausheilung sowie weiterer Temperaturbehandlungen verkürzt die Kanallänge.

Drain-Anpassungen

Wie bereits unter dem Stichwort RTA angedeutet ist der Punch-Through bei kürzer werdenden Kanallängen der begrenzende Effekt. Hierbei spielt die Ausdehnung der Raumladungszone um den drainseitigen pn-Übergang die entscheidende Rolle. Um diese Raumladungszone zu verkleinern, und damit zu kürzeren Kanallängen übergehen zu können, ist es notwendig die Substratdotierung zu erhöhen. Damit steigt aber auch die Schwellenspannung der Transistoren, was wiederum durch ein dünneres Gateoxid ausgeglichen werden muss. Beide Maßnahmen verursachen eine erhebliche Zunahme der elektrischen Feldstärke im Bereich des drainseitigen Kanalendes. Der Transistor wird dadurch bei kleineren Drain-Source-Spannungen in den Lawinendurchbruch gehen und auch empfindlicher gegenüber dem Hot-Electron-Effect. Hiervon sind insbesondere die n-Kanal Transistoren betroffen. Um die Feldstärke in diesem Bereich wieder zu verringern, kann nur die Dotierung des Draingebietes abgesenkt werden. Man muss dann noch dafür sorgen, dass die Transistoren durch den dabei entstehenden Serienwiderstand in ihrem Schaltverhalten nicht beeinträchtigt werden und dass ein guter Metall-Halbleiterkontakt für das Drain möglich ist. Dazu wird dann eine zweite Implantation notwendig. Allgemein hat sich hierzu ein Verfahren in verschiedenen Varianten durchgesetzt, welches als LDD-Verfahren (Lightly Doped Drain; schwach dotiertes Drain) bezeichnet wird (s. Abb. 5.28). Dazu wird nach der Strukturierung der Poly-Gates eine erste Drain-Sourceimplantation mit Arsen oder Phosphor in einer Vergleichsweise geringen Dotierung vorgenommen, die möglichst flach gehalten wird. Anschließend erfolgt die konforme Abscheidung eines Oxids in der Dicke der Poly-Schicht. Dieses Oxid wird in einem anisotropen Ätzprozess wieder bis auf die Siliziumoberfläche zurück geätzt. Dabei entstehen an den Poly-Kanten vom Querschnitt her dreieckige Oxidstege, die als Spacer bezeichnet werden. Sie sorgen dafür, dass in der anschließenden hoch dotierten zweiten Drain-Sourceimplantation ein ausreichender Abstand zwischen dem Kanalende und dem hoch dotiertem Draingebiet liegt. Auf diese Weise (höhere Dotierung, dünneres Gate-Oxid, LDD) kann die Kanallänge bis in den Bereich von 0,8 μm verkürzt werden.

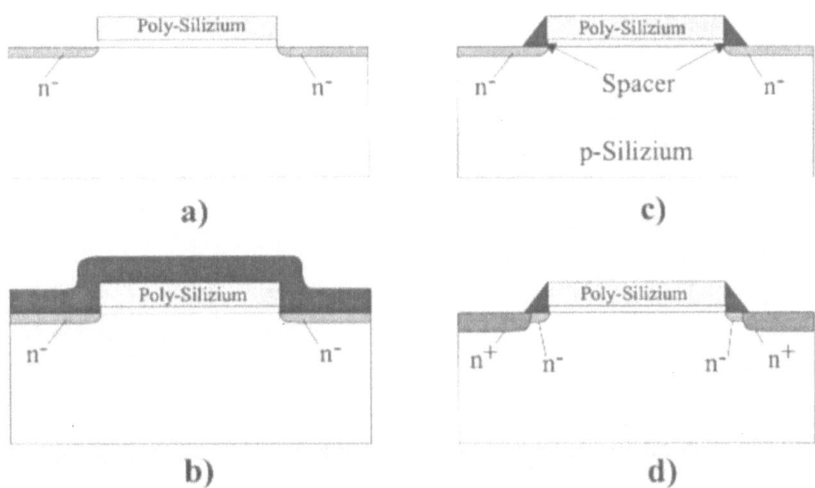

Abb. 5.28: Darstellung der verschiedenen Phasen der Herstellung von Lightly Doped Drain (LDD) Strukturen mit Spacern

Weitere Verkürzungen können nur mit einer Verringerung der Drain-Sourcespannung bzw. Betriebsspannung erzielt werden, weshalb moderne Prozessoren nur noch eine Versorgungsspannung von 2,2 V aufweisen.

Verdrahtung

Die Transistoren können inzwischen, wie oben gezeigt, vergleichsweise klein gebaut werden, womit auch mehr Transistoren und damit Schaltungsfunktionen auf einer gegebenen Fläche untergebracht werden. Damit steht aber auch weniger Fläche für die Verdrahtung dieser Transistoren und Schaltungen zur Verfügung. Hier mussten eine ganze Reihe von Veränderungen vorgenommen werden um die Fortschritte, die im Silizium erzielt wurden auch tatsächlich nutzen zu können. Ursache ist hier, dass die Schichtdicken innerhalb der Verdrahtung nicht verringert werden können, da sonst die Bahnwiderstände zu groß würden oder die Isolationseigenschaften der Zwischenschichten (Stichwort Stufenbedeckung) negativ beeinflusst würden.

Die Anpassungen, die notwendig sind, beginnen schon in der ersten Isolatorschicht: anisotrope Ätzprozesse und konforme Schichtabscheidungen führen zu fast senkrechten Stufen, die in der nachfolgenden Metallisierung bei kleiner werdenden Abmessungen nur schwer konform zu bedecken und noch schwieriger zu strukturieren sind. Um diese Stufen abzuflachen wurde auch bisher schon ein sogenannter Reflow-Prozess benutzt. Dazu wurde dem abgeschiedenen Zwischenoxid einige Volumenprozente Phosphor beigefügt, so dass die Fließtemperatur des Oxids bis auf etwa 900 °C abgesenkt wird. Im Reflow werden die Wafer in einer Atmosphäre mit Wasserdampf auf über 900 °C aufgeheizt, das Oxid fängt an zu fließen und die Stufen werden so abgeflacht. Leider benötigt dieser Prozess recht lange

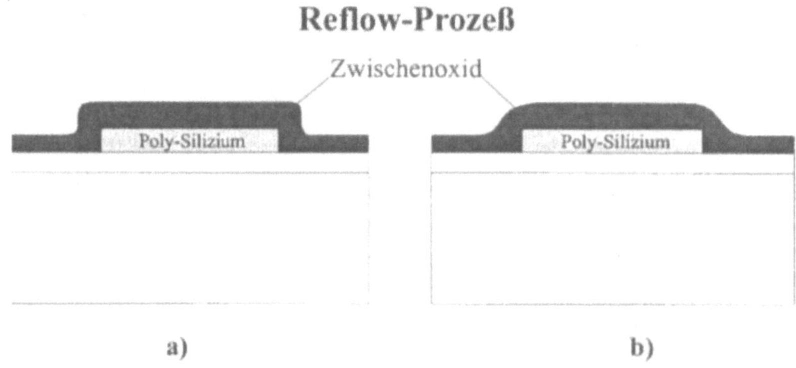

Abb. 5.29: Das konform abgeschiedene Zwischenoxid a) verfließt bei einer Temperaturbehandlung b).

Zeit bei diesen hohen Temperaturen, so dass hier in Hinblick auf die gewünschten flachen pn-Übergänge RTP-Verfahren nicht eingesetzt werden können. Eine weitere Absenkung der Fließtemperatur erreicht man durch eine zusätzliche Beimengung von Bor, wodurch die Reflowtemperatur bis auf ca. 800 °C abgesenkt werden kann. Allerdings besteht hierbei die Gefahr, dass das Bor, mit seiner großen Diffusionskonstanten, die darunter liegenden Schichten durchdringen kann und im Silizium zu Veränderungen der Schwellenspannung führen kann.

Die nächste Änderungen betrifft den Metall-Halbleiterkontakt. Da die pn-Übergänge der Drain-Sourcegebiete immer flacher werden (s.a. RTA) besteht die Gefahr, dass diese pn-Übergänge durch den Kontakt gestört werden. Ergebnis wären leckende bzw. kurzgeschlossene Dioden oder schlechte Kontakte. Ursache sind die Löslichkeitsverhältnisse im Aluminium-Siliziumsystem. Einmal löst sich Silizium gut im Aluminium, so dass sich in diesem Bereich regelrecht Hohlräume bilden können, die bei zu kleinen Kontaktflächen zu schlechten Kontakten führen. Zum anderen besteht die Gefahr, dass Aluminium in Form sogenannter Spikes ins Silizium eindringt und die flachen pn-Übergänge kurzschließt. Daher werden Barrieren in Form dünner Titan/Titannitridschichten eingebaut, die vor der eigentlichen Metallisierung aufgesputtert werden. Dies ist nicht unproblematisch, da praktisch in eine und derselben Maschine unter Vakuum zunächst das natürliche Oxid aus den Kontakten entfernt, dann die Barriere aufgesputtert und direkt anschließend die eigentliche Metallisierung aufgesputtert werden muss.

Bei der Metallisierung selbst rückt man von reinem Aluminium bzw. Aluminium/Siliziumlegierungen ab, da dieses Material sehr weich und bei den kleiner werdenden Querschnitten und damit wachsenden Stromdichten durch Elektromigration zu Unterbrechungen bzw. Kurzschlüssen führen kann. Ersetzt wird diese Art der Metallisierung durch härtere Aluminium/Kupferlegierungen oder durch Mehrschichtsysteme aus Aluminium und Titan/Titannitrid. Diese erfordern aber wiederum mehr Aufwand beim Ätzen.

Letztlich stellt man fest, dass ein großer Teil der Chipfläche nicht durch Transistoren son-

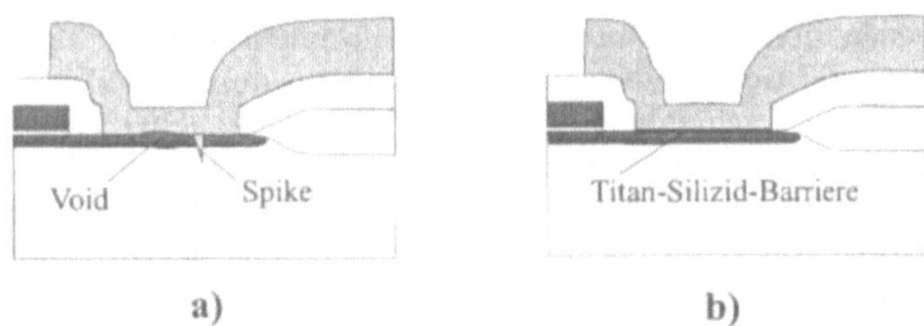

Abb. 5.30: Die Ausbildung von Hohlräumen (Void' s) und Kurzschlüssen durch Aluminiumspikes a) wird durch eine Titan-Silizid-Barriere b) verhindert.

Abb. 5.31: Bei Intermetallkontakten (Via' s) entstehen Probleme durch hohe Stufen und schlechte Stufenbedeckung. Diese werden durch Wolfram-Plugs vermieden.

dern durch die Verdrahtung verbraucht wird. Dieser Anteil kann bis zu 70% betragen. Dies kann nur mit einer zweiten oder dritten Verdrahtungsebene verbessert werden. Führt man mehrere solcher Ebenen ein, so wird es Stellen innerhalb der Schaltung geben, an denen drei Leiterbahnen getrennt durch Isolatoren übereinander liegen, während an anderen Stellen nur eine bzw. keine Leiterbahn zu finden ist. Die Oberfläche der fertigen Schaltung kann daher Höhenunterschiede von bis zu einigen μm aufweisen. Hier sind also neben dem Problem mit der Stufenbedeckung auch Schwierigkeiten in der Fototechnik zu erwarten, da es kaum möglich ist die Strukturen auf so unterschiedlichen Höhen scharf abzubilden. Diese Höhenunterschiede müssen also eingeebnet werden, man spricht von Planarisierung. Ein Reflow kann hier nicht durchgeführt werden, da die Metallisierung derart hohe Temperaturen nicht verträgt. Daher werden hier einmal spezielle Kunststoffe und Gläser eingesetzt, die wie Fotolack auf den Wafer aufgebracht werden und dann aushärten (Spin-On-Glas). Die Eigenschaften dieser Gläser sind allerdings nicht sehr gut. Sie haften zum Teil sehr schlecht und neigen zu starker Partikelbildung, wodurch nachfolgende Prozessschritte sehr erschwert werden.

Bessere Eigenschaften aber schlechtere Planarisierungsergebnisse erzielt man mit sogenannten Rückätzverfahren. Dazu werden auf dem Wafer bei niedrigen Temperaturen dicke Oxidschichten abgeschieden und anisotrop zurück geätzt, wodurch besonders die hohen Erhebungen wieder abgetragen werden. Dieses Abscheiden wird für jeden Zwischenisolator z.T. mehrfach wiederholt.

Dabei entsteht das nächste Problem, nämlich bei den Kontakten zwischen den einzelnen

Verdrahtungsebenen, den sogenannten Via' s. Je nachdem wo diese Verbindung vorgesehen ist, muss ein mehr oder weniger dicker Zwischenisolator durchgeätzt werden. Dabei entstehen an den dicken Stellen schmale und sehr tiefe Löcher, die in der folgenden Metallisierung gar nicht oder nur unzureichend mit Metall bedeckt und aufgefüllt werden können. Das Ergebnis sind schlechte oder unzuverlässige Intermetallkontakte. Für diesen Zweck wurden Maschinen entwickelt, die diese Löcher mit "Stopfen" aus Metall, zumeist Wolfram (engl. Tungsten), auffüllen. Das dazu benutzte Verfahren ähnelt einer Galvanisierung, bei der nur auf leitenden Bereichen, also in den Via' s, Metall selektiv abgeschieden wird (s. Abb. 5.31).

Kondensatoren

In einigen Fällen sind innerhalb von Schaltungen Kondensatoren erforderlich. Dies betrifft vornehmlich analoge Schaltungen aber auch digitale Schaltungen, die zum Beispiel einen internen Oszillator benötigen. Nun kann man grundsätzlich jeden MOS-Transistor als Kondensator betreiben (s. a. MOS-Kapazität), diese sind aber naturgemäß sehr spannungsabhängig und deshalb in vielen Fällen nicht zu gebrauchen. Es gibt zwei Möglichkeiten, derartige Kondensatoren innerhalb eines CMOS-Prozesses zu realisieren:

Mit Hilfe einer zusätzlichen Fototechnik incl. einer besonderen Maske wird vor der Abscheidung der Poly-Si-Schicht eine Dotierung mit recht hoher Dosis eingebracht, so dass nach der Poly-Abscheidung eine MOS-Kapazität mit einer extrem hohen Schwellenspannung entsteht. Auf diese Weise erhält man Kapazitäten, die der Gateoxidkapazität bezogen auf die Fläche entsprechen und Spannungsabhängigkeiten von weniger als 200 ppm/V haben. Nachteil dieser Kapazitäten ist, dass die untere Elektrode im Substrat bzw. der Wanne liegt und daher keine völlig beliebigen Potentiale führen kann.

Ebenfalls eine zusätzliche Fototechnik benötigen Kapazitäten, die mit Hilfe einer zweiten Poly-Si-Lage erzeugt werden. Dazu wird die erste Poly-Siliziumschicht nach der Strukturierung einer Oxidation unterzogen. Da dieses Oxid zu schlechte Eigenschaften hat, um allein als Dielektrikum zu dienen, wird meist eine Schicht Nitrid aufgebracht, die selbst noch einmal oxidiert wird. Erst dann erfolgt die Abscheidung der zweiten Poly-Schicht und deren Strukturierung mit Hilfe der zusätzlichen Fototechnik. Die Kondensatoren, die dann aus den beiden übereinander liegenden Poly-Schichten gebildet werden, haben meist etwas geringere Kapazitäten als die Gate-Kapazitäten, sind dafür aber völlig potentialfrei. Neben rein analogen Schaltungen werden solche Kapazitäten überwiegend in EEPROM-Prozessen eingesetzt (s.a. Kap. 4).

Tunneloxid

Ausschließlich für EEPROMs werden Tunneloxide benötigt (s.a. Kap. 4). Sie ermöglichen den weitgehend zerstörungsfreien Ladungsfluss zum und vom sogenannten Floating Gate. Diese Oxide dürfen nur 8 bis 12 nm dick sein und stellen höchste Ansprüche an die Qualität. Sie werden fast ausschließlich in den bereits weiter oben besprochenen RTP-Anlagen hergestellt. Dazu wird kurz vor der Poly-Abscheidung mit Hilfe einer zusätzlichen Fototechnik das bereits erzeugte Gateoxid lokal geätzt. Nach der Entfernung des Fotolacks wird

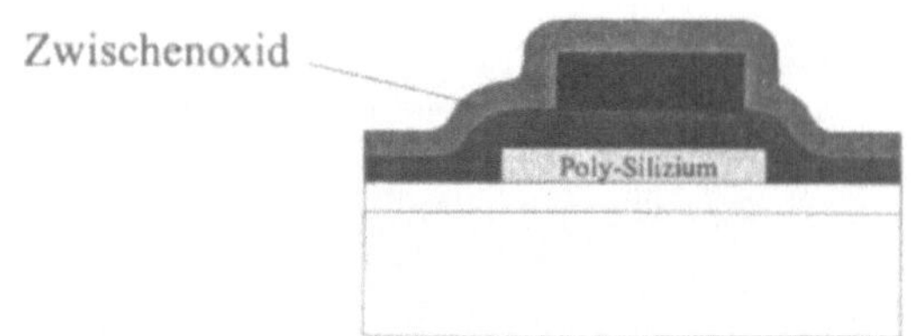

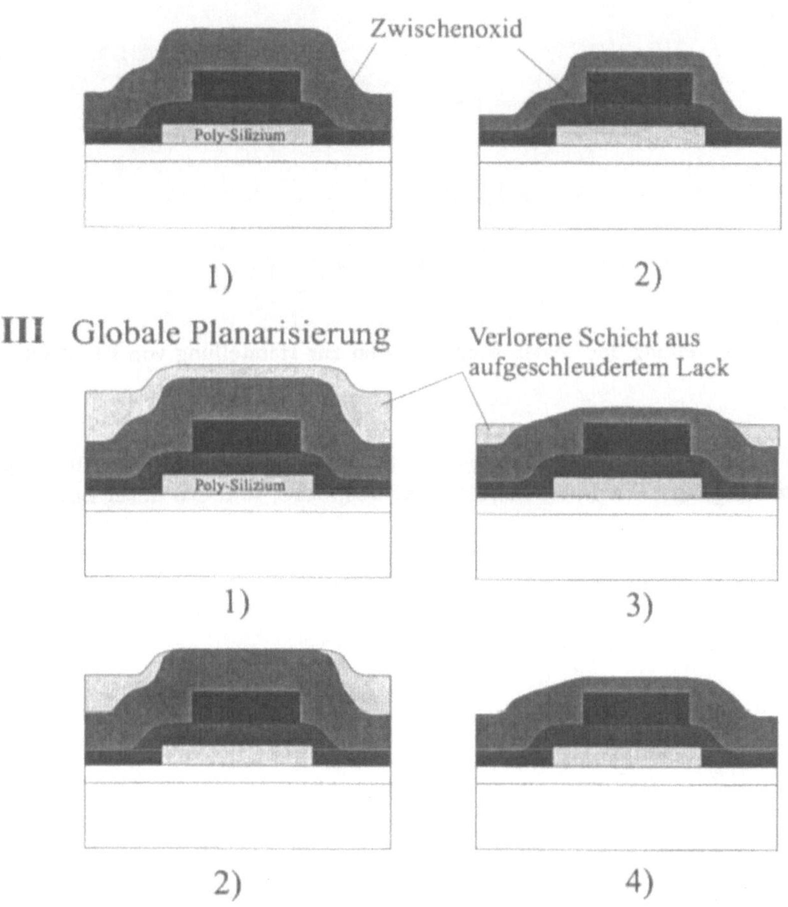

Abb. 5.32: Darstellung des Problems der Hohen Stufen bei Mehrlagenverdrahtungen (I) und der beiden gängigen Planarisierungsmethoden (II + III) zu ihrer Verringerung.

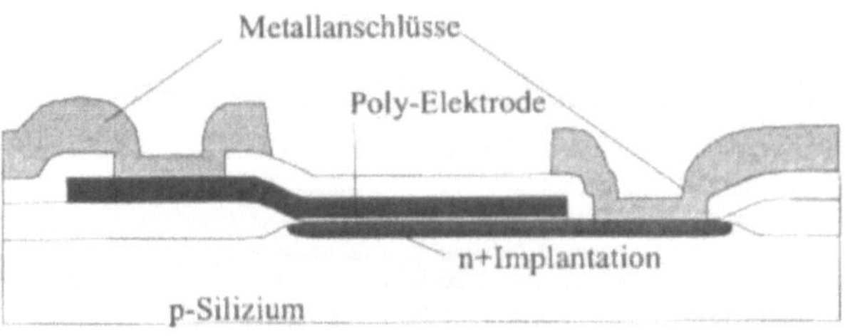

a) Poly-Aktiv-Kondensator

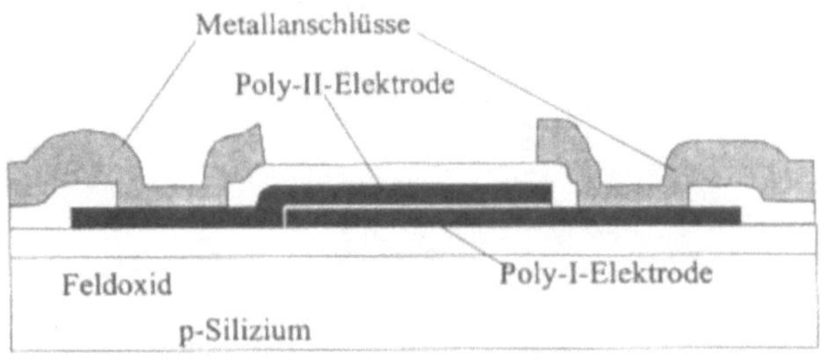

b) Doppel-Poly-Kondensator

Abb. 5.33: Darstellung der beiden Möglichkeiten zur Herstellung von Kondensatoren in CMOS-Prozessen

das Tunneloxid in einer RTP-Anlage erzeugt. Im Gegensatz zu den Ausheilprozessen (s.o.) erfolgt der Vorgang nicht unter Schutzgasatmosphäre, sondern unter Sauerstoffatmosphäre.

6 Der Inverter

6.1 Last- und Schaltelemente, Grundfunktionen

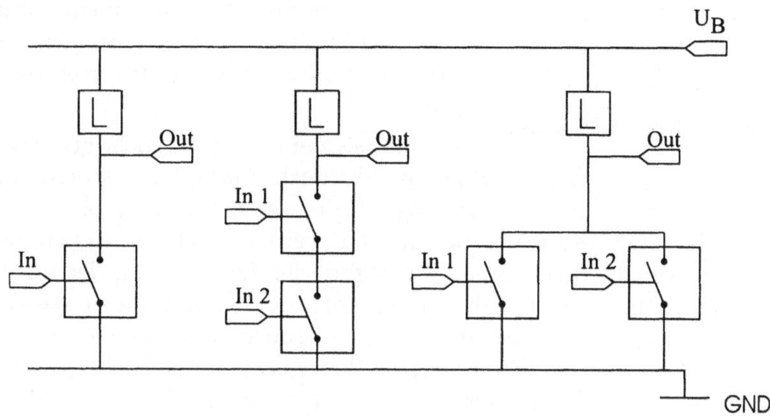

Abb. 6.1: Grundsätzliche Funktion des Inverters, der NAND-Funktion und der NOR-Funktion

Der Inverter ist die wichtigste Grundschaltung jeder integrierten digitalen Schaltung, da jede kombinatorische Logik, jeder Treiber, ja selbst Flip-Flops sich in ihrem statischen und dynamischen Verhalten auf einen Inverter zurückführen lassen. Daher soll im Folgenden das statische und dynamische Verhalten der verschiedenen Invertertypen genauer untersucht werden.

In1	OUT
0	1
1	0

Tabelle 6.1: Wahrheitstabelle Inverter

Ein Inverter besteht grundsätzlich aus einem Schalt- und einem Lastelement (s. Abb. 6.1). Die Funktion dieser Schaltung ist einleuchtend: Liegt am Eingang des Schaltelements eine Spannung von 0 V an, leitet das Schaltelement nicht und das Lastelement zieht den Ausgang auf die Betriebsspannung hoch. Liegt am Eingang die Betriebsspannung an, leitet das Schaltelement und zieht den Ausgang nach Masse. Die dazugehörige Wahrheitstabelle in positiver Logik (d.h., ein Spannungspegel im Bereich der Betriebsspannung entspricht einer logischen "1") findet sich in der Tabelle 6.1.

Bevor der Inverter weiter analysiert wird, noch ein wenig Motivation: Durch Einbau eines weiteren Schaltelements in Reihe mit dem ersten Schaltelement entsteht aus dem einfachen Inverter ein Gatter mit der logischen Funktion "NAND" ("Nicht UND", siehe Abb. 6.1). Liegt der Eingang In2 dieses Gatters auf Masse, so sperrt dieses Schaltelement und es ist gleichgültig, welches Potential am Eingang In1 anliegt: der Ausgang liegt auf Betriebspotential. Umgekehrt ist es gleichgültig welches Potential an In2 anliegt, wenn der Eingang In1 auf Masse liegt. Erst wenn beide Eingänge auf Betriebspotential liegen, die Schaltelemente also beide leiten, wird der Ausgang nach Masse gezogen. Die sich daraus ergebende Wahrheitstabelle findet sich in der Tabelle 6.2.

In1	In2	OUT
0	0	1
0	1	1
1	0	1
1	1	0

Tabelle 6.2: Wahrheitstabelle "NAND"

Schaltet man zwei Schaltelemente parallel, erhält man ein Gatter der logischen Funktion "NOR" (Nicht ODER") mit unten stehender Wahrheitstabelle 6.3.

Man sieht also, dass (die entsprechende Spannung am Eingang des zweiten Schaltelements einmal vorausgesetzt) diese logischen Funktionen in ihrem Übertragungsverhalten durch einen Inverter beschrieben werden.

Als Schaltelemente eignen sich grundsätzlich sowohl Bipolar- als auch MOS-Transistoren vom Anreicherungstyp (Enhancement-Transistor), wobei im Folgenden ausschließlich MOS-Techniken besprochen werden. Dabei eignen sich sowohl p-Kanal- als auch n-Kanal-Transistoren. Zu Beginn der Entwicklung der integrierten MOS-Schaltungen wurden überwiegend p-Kanal-Transistoren benutzt, da sie etwas einfacher herzustellen sind. Sie haben gegenüber den n-Kanal-Transistoren jedoch den Nachteil der geringeren Leitfähigkeit aufgrund der geringeren Beweglichkeit der Löcher, so dass sehr schnell fast ausschließlich n-Kanal-Transistoren zum Einsatz kamen.

In1	In2	OUT
0	0	0
0	1	1
1	0	1
1	1	1

Tabelle 6.3: Wahrheitstabelle "NOR"

Als Lastelement kann man einen einfachen Widerstand benutzen und dieser Fall wird hier wegen seiner grundsätzlichen Bedeutung auch diskutiert werden. Praktisch werden jedoch ausschließlich MOS-Transistoren als Lastelemente eingesetzt. Hier sind zwei Fälle zu unterscheiden: Einmal kann man den gleichen Transistor, den man bereits als Schaltelement benutzt (also vom Anreicherungstyp) auch als Lastelement benutzen. Zweitens kann man auch einen Transistor vom Verarmungstyp (Depletion-Transistor) verwenden, was, wie wir sehen werden einige Vorteile mit sich bringt, technologisch aber aufwendiger ist. Der vierte und eleganteste, aber technologisch aufwendigste Invertertyp ist der CMOS-Inverter. Er verzichtet auf ein Lastelement im eigentlichen Sinne und greift statt dessen auf ein weiteres Schaltelement zurück, welches sich zum ersten komplementär verhält. D.h., immer wenn das erste Schaltelement leitet, sperrt das zweite und wenn das erste sperrt, leitet das zweite. Realisiert wird dies ebenfalls durch einen Enhancement-Transistor, der allerdings vom p-Kanal-Typ ist, wenn der erste Schalttransistor vom n-Kanal-Typ ist.

Damit gibt es i. W. vier Invertertypen die, im Folgenden (mehr oder weniger) genau analysiert werden sollen. Dabei steht zunächst das statische Übertragungsverhalten, d.h., die Abhängigkeit der Ausgangsspannung von der Eingangsspannung im Vordergrund.

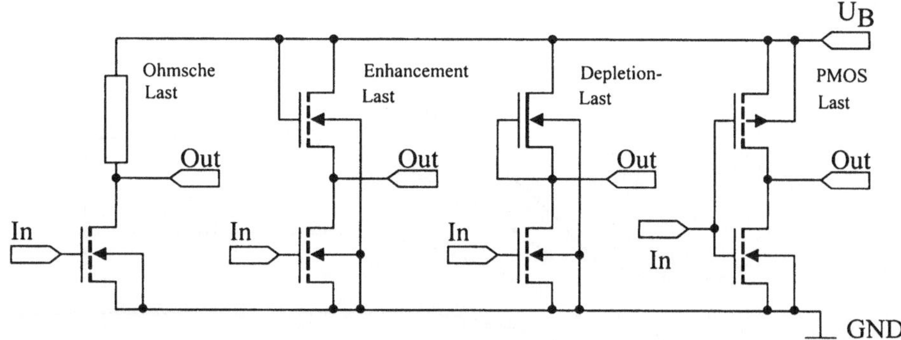

Abb. 6.2: Die verschiedenen Invertertypen: Inverter mit ohmscher Last, mit Enhancement-Last, mit Depletion-Last und der CMOS-Inverter (von links).

6.1.1 Inverter mit ohmscher Last

Um das Übertragungsverhalten zu analysieren, wird zunächst der Strom durch das Lastelement als Funktion der Ausgangsspannung untersucht. Durch das Lastelement des Inverters muss der gleiche Strom fließen wie durch das Schaltelement (jedenfalls solange keine weitere Last am Ausgang liegt). Sperrt das Schaltelement, also der Transistor, so fließt kein Strom durch das Lastelement, in diesem Fall ein ohmscher Widerstand, und es fällt deshalb auch keine Spannung über ihn ab. Der Ausgang liegt daher auf Betriebsspannung U_B. Die Drain/Sourcespannung des Transistors ist gleich U_B (Punkt A in Abb. 6.3). Wäre der Transistor ideal leitend (d.h., kurzgeschlossen), liegt der Ausgang auf Masse. Die Betriebsspannung müsste vollständig über dem Widerstand abfallen, die Drain/Sourcespannung betrüge 0 V und der Drainstrom durch den Transistor wäre durch U_B/R gegeben (Punkt B in Abb. 6.3). Da der Widerstand ein lineares Bauelement ist, liegen alle Zustande zwischen diesen beiden Punkten auf einer Geraden, deren Steigung umgekehrt proportional zur Größe des Widerstandes ist.

Erhöht man jetzt von 0 V ausgehend die Eingangsspannung des Inverters, d.h. die Gatespannung des Transistors, so passiert zunächst einmal gar nichts, da unterhalb der Schwellenspannung kein Strom durch den Transistor fließt. Die Ausgangsspannung U_A ist gleich U_B. Sobald die Schwellenspannung überschritten ist, fließt ein Strom durch den Widerstand und den Transistor, der am Widerstand einen Spannungsabfall verursacht. Damit wird die Drain/Sourcespannung des Transistor verringert und die Ausgangsspannung nimmt ab. Erhöht man die Gatespannung weiter, so kann mehr Strom durch den Transistor fließen und die Ausgangsspannung sinkt weiter ab. Wir bewegen uns also entlang der Widerstandsgeraden durch das Ausgangskennfeld des Transistors. Für jede Eingangs- bzw. Gatespannung kann man am Schnittpunkt der zugehörigen Ausgangskennlinie mit der Widersandsgeraden die Ausgangsspannung ablesen. Trägt man die Ausgangsspannung über der Eingangsspannung auf, ergibt sich der in Abb. 6.4 wiedergegebene Verlauf. Da die Eingangsspannung in der Regel nicht über die Betriebsspannung erhöht werden kann, so kann der Transistor nicht weiter aufgesteuert werden (Punkt C in Abb. 6.3), die Ausgangsspannung kann al-

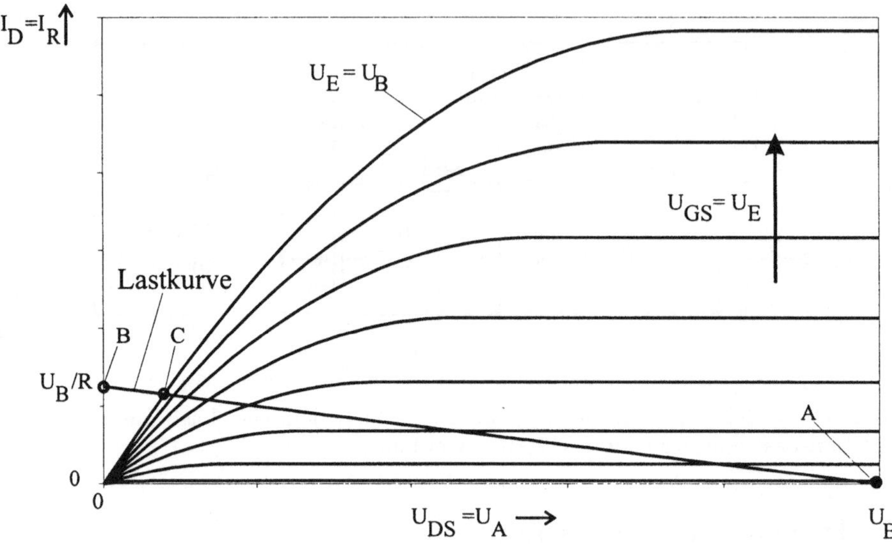

Abb. 6.3: Inverter mit ohmscher Last; Lastkurve und Kennlinie des Schalttransistors zur Bestimmung der Übertragungskennlinie.

so nicht weiter absinken. Dies ist unangenehm, da ja i.A. der Ausgang des Inverters die Eingänge anderer Schaltungsteile steuert, die wiederum auf gleiche Inverterstrukturen rückführbar sind. Diese Restspannung am Ausgang des Inverters darf also nicht größer sein als die Schwellenspannung der Schalttransistoren und sollte, um eine gewisse Störsicherheit zu gewährleisten, kleiner als $U_T/2$ sein.

Wie kann man nun diese Restspannung beeinflussen? Einmal über den Widerstand (Steigung der Lastgeraden): Ein höherer Widerstand ergibt kleinere Restspannung.

Zum zweiten über die Geometrie des Schalttransistors: Durch eine größere Weite fließt bei gleicher Gatespannung mehr Strom durch den Transistor.

Abgesehen davon, dass beide Maßnahmen mit einem höheren Flächenbedarf verbunden sind, haben sie auch erheblichen Einfluss auf das dynamische Verhalten des Inverters. Weiter ist zu beachten, dass in diesem Zustand ständig der sogenannte Ruhestrom oder Querstrom fließt, der ausschließlich Verlustleistung erzeugt, die ja abgeführt werden muss.

Beispiel 17: Gegeben sei ein Inverter bestehend aus einem NMOS-Schalttransistor und einem Widerstand. Der Transistor habe folgende Eigenschaften:

$U_T = 1$ V; $B_0 = 40\ \mu A/V^2$; $W = 5\ \mu m$; $L = 2\ \mu m$

Der Widerstand betrage 100 kOhm.

Bestimmen Sie die Übertragungskennlinie $U_A(U_E)$ für eine Betriebsspannung von 5 V.

Gehen Sie dazu wie folgt vor:

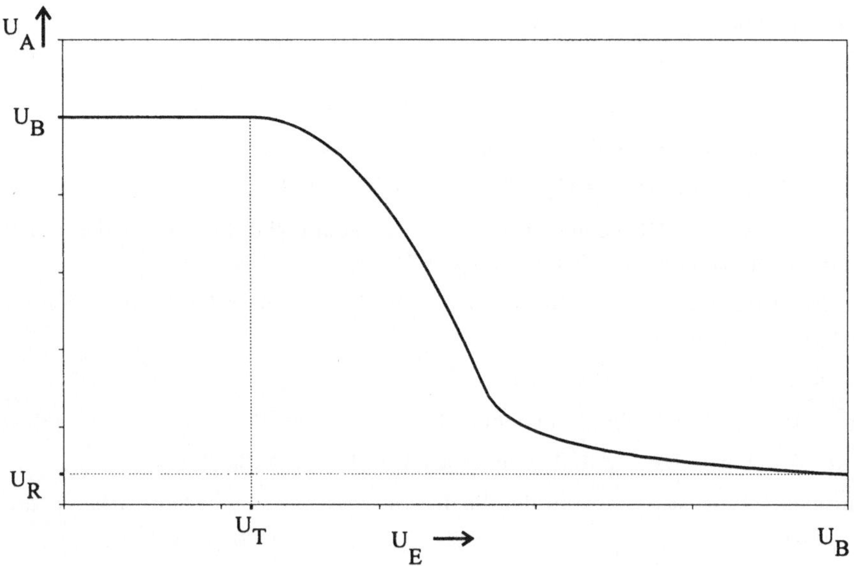

Abb. 6.4: Übertragungskennlinie des Inverters mit ohmscher Last

- Bestimmen Sie zunächst die Spannungen U_E und U_A, bei denen der Transistor vom Sättigungs- in den Trioden-Bereich wechselt.
- Bestimmen Sie dann die Restspannungen für $U_E = 5V$.
- Bestimmen Sie die Ausgangsspannung U_A für jeweil 4 bis 5 Spannungswerte U_E im Sättigungs- und im Trioden-Bereich.
- Stellen Sie das Ergebnis grafisch dar.

Lösung

Zunächst einige Zusammenhänge zwischen äußeren Spannungen und Spannungen am Schalttransistor: $U_{GS} = U_E$; $U_{DS} = U_A$

Grundsätzlich ist hier immer: $I_D = I_R$

Am Übergangspunkt vom Sättigungs- ins Triodengebiet gilt:

$I_{D,Sat} = \frac{\beta}{2} \cdot (U_E - U_T)^2 = \frac{U_B - U_A}{R} = I_R$

mit $\beta = B_0 \cdot \frac{W}{L} = 100 \frac{\mu A}{V^2}$ und R = 100 kOhm ergibt sich weiter:

$5 \cdot \frac{1}{V} \cdot (U_E - U_T)^2 = U_B - U_A$

Mit der Sättigungsbedingung $U_{DS} = U_A = U_{GS}$ - $U_T = U_E$ - U_T ergibt sich

$5 \cdot \frac{1}{V} \cdot U_A^2 = U_B - U_A$ *oder*

$U_A^2 + \frac{V}{5} \cdot U_A - \frac{V}{5} \cdot U_B = 0$

Als sinnvolle Lösung erhält man aus dieser quadratischen Gleichung: U_A = 0,905 V und damit über die Sättigungsbedingung für U_E = 1,905 V

Restspannung

Hier ist $U_E = U_B$ und der Transistor ist im Triodegebiet:

$I_D = \beta \cdot \left[(U_E - U_T) \cdot U_A - \frac{1}{2} \cdot U_A^2\right] = \frac{U_B - U_A}{R} = I_R$

Durch Einsetzen der Werte von ß und R und Umstellung folgt:

$U_A^2 - \left(2 \cdot (U_E - U_T) + \frac{2}{10}V\right) \cdot U_A + \frac{2}{10}V \cdot U_B = 0$ *

Diese quadratische Gleichung wird später noch gebraucht. Mit $U_E = U_B = 5$ V ergibt sich für die Restspannung als sinnvolle Lösung $U_{A,Rest} = 0{,}124$ V

Es gibt also für die weiteren Berechnungen drei Arbeitsbereiche für den Schalttransistor, die zu berücksichtigen sind:

$U_E < U_T$:T_S gesperrt: $U_A = U_B$

$U_T < U_E < 1{,}905$ V:T_S in Sättigung: $U_B > U_A > 0{,}905$ V

$1{,}905$ V $< U_E < U_B$:T_S in Triode: $0{,}905$ V $< U_A < 0{,}124$ V

Um nun weitere Stützwerte in den beiden interessanten Bereichen zu bekommen geht man wie folgt vor:

Sättigung

Bei einer Eingangsspannung von 1,2 V ist der Transistor in der Sättigung. Unabhängig von U_{DS} fließt ein Strom von

$I_{D,Sat} = \frac{\beta}{2} \cdot (U_E - U_T)^2 = 50\frac{\mu A}{V}(1,2V - 1V)^2 = 2\mu A$

Dieser verursacht am Widerstand einen Spannungsabfall von:

$I_{D,Sat} \cdot R = U_B - U_A = 0,2V$

Für U_A ergibt sich daraus: $U_A = 4{,}8$ V

Ähnlich erhält man:

$U_E = 1{,}4$ V: $I_D = 8$ μA:$U_A = 4{,}2$ V

$U_E = 1{,}6$ V: $I_D = 18$ μA:$U_A = 3{,}2$ V

$U_E = 1{,}8$ V: $I_D = 32$ μA:$U_A = 1{,}8$ V

Für das Triodengebiet erhält man mit der sinnvollen Lösung der quadratischen Gleichung *

$U_E = 2$ V: $U_A = 0{,}64$ V

$U_E = 3$ V: $U_A = 0{,}253$ V

$U_E = 4$ V: $U_A = 0{,}166$ V

Die sich aus diesen Punkten ergebende Übertragungsfunktion ist in Abb. 6.5 wiedergegeben.

6.1.2 Inverter mit Enhancement-Last

Bei diesem Inverter stellen wir ähnliche Überlegungen an, d.h., wir bestimmen die Lastkurve im Ausgangskennlinienfeld des Schalttransistors und erzeugen dann die statische Übertragungsfunktion. Allerdings ist hier zu berücksichtigen, dass der Lasttransistor ein nichtlineares Bauelement ist. Da das Gate fest mit der Versorgungsspannung verbunden ist gilt

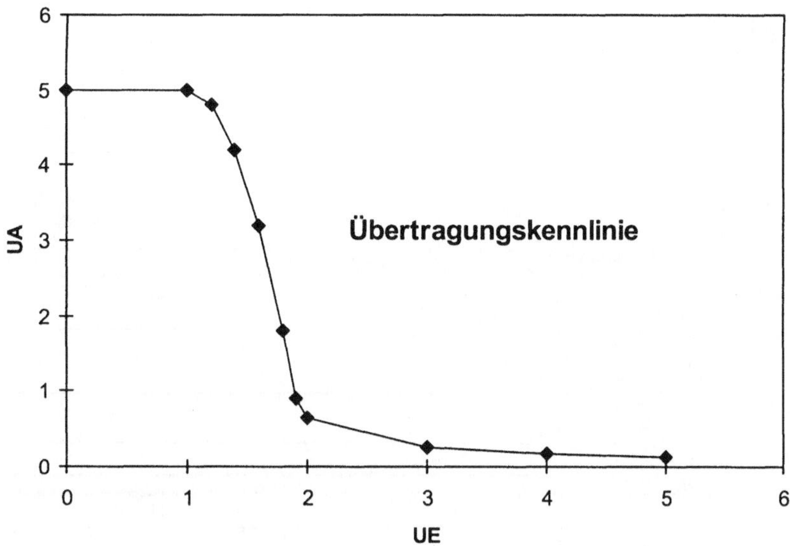

Abb. 6.5: Übertragungskennlinie des Inverters aus Beispiel 17

immer:

$$U_{GS,L} = U_B - U_A = U_{DS,L} > U_{GS,L} - U_{TL} \tag{6.1}$$

D.h., der Lasttransistor befindet sich immer in der Sättigung und es gilt:

$$I_{D,L} = \frac{1}{2}\frac{W}{L}B_0 \cdot (U_{GS,L} - U_{TL})^2 = \frac{1}{2}\frac{W}{L}B_0 \cdot (U_B - U_A - U_{TL})^2 \tag{6.2}$$

Wenn also der Schalttransistor kurzgeschlossen wäre, U_A also gleich 0 V wäre, dann flösse ein Strom (Punkt A in Abb. 6.6):
$\frac{1}{2}\frac{W}{L}B_0 \cdot (U_B - U_{TL})^2$
Nimmt der Widerstand des Schalttransistors nun zu, steigt die Ausgangsspannung und der Strom durch den Lasttransistor nimmt parabelförmig ab. Erreicht die Ausgangsspannung den Wert $U_A = U_B - U_{TL}$ so gilt für den Strom durch den Lasttransistor offensichtlich:

$$I_{D,L} = \frac{1}{2}\frac{W}{L}B_0 \cdot (U_B - U_B + U_{TL} - U_{TL})^2 = 0 \tag{6.3}$$

Der Strom durch den Lasttransistor verschwindet also bereits bevor der Ausgang die Versorgungsspannung erreicht (Punkt B in Abb. 6.6). Für die statische Übertragungsfunktion hat das zur Konsequenz, das am Ausgang dieses Inverters nie das Betriebspotential erreicht wird, selbst wenn der Eingang auf 0 V liegt.

Erhöht man nun von 0 V ausgehend die Eingangsspannung, so fließt bis zum Erreichen der Schwellenspannung U_{TS} kein Strom, der Ausgang verharrt also auf U_B - U_{TL}. Danach

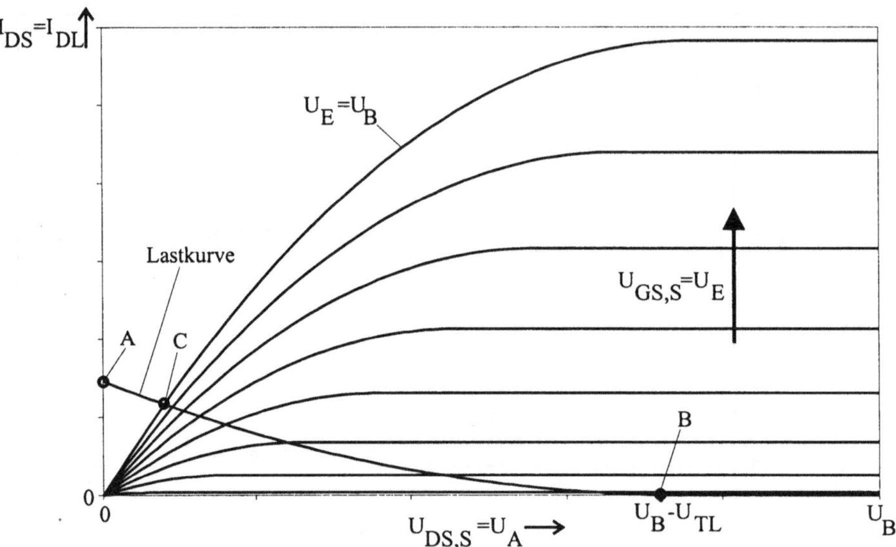

Abb. 6.6: Inverter mit Enhancement-Last; Lastkurve und Kennlinie des Schalttransistors zur Bestimmung der Übertragungskennlinie

bewegt man sich auf der Sättigungsparabel des Lasttransistors durch das Ausgangskennlinienfeld des Schaltransistors und endet schließlich bei $U_E = U_B$ in Punkt C. Auch hier ist eine Restspannung und ein Ruhestrom zu verzeichnen. Der Vorteil gegenüber dem Inverter mit ohmscher Last besteht darin, dass sich hochohmige Transistoren auf viel kleinerer Fläche (Faktor 10 und mehr) realisieren lassen als hochohmige Widerstände.

Beispiel 18: In der beigefügten Abbildung finden Sie das Kennlinienfeld eines MOS-Transistors, der eine Schwellenspannung $U_T = 1$ V und ein W/L-Verhältnis von 1 hat.

1. Berechnen Sie die Leitwertkonstante B_0 aus dem Kennlinienfeld.
2. Mit zwei dieser Transistoren wird ein Inverter mit Enhancement-Last aufgebaut.
   In welchem Arbeitsgebiet befindet sich T_L immer?
   Welcher Zusammenhang besteht zwischen U_B, U_A, $U_{DS,L}$, und $U_{DS,S}$?
   Tragen Sie den Strom durch T_L als Funktion von $U_{DS,S}$ in das Kennlinienfeld ein.
3. Welche Ausgangsspannung liefert die Schaltung, wenn die Eingangsspannung 9 V beträgt?
4. Welches W/L-Verhältnis muss T_L haben, wenn bei einer Eingangsspannung von 9 V die Ausgangsspannung 1 V betragen soll?
5. Tragen Sie den Strom durch T_L als Funktion von $U_{DS,S}$ in das Kennlinienfeld ein. Erzeugen Sie auf grafischem Wege die Übertragungsfunktion $U_A(U_E)$.

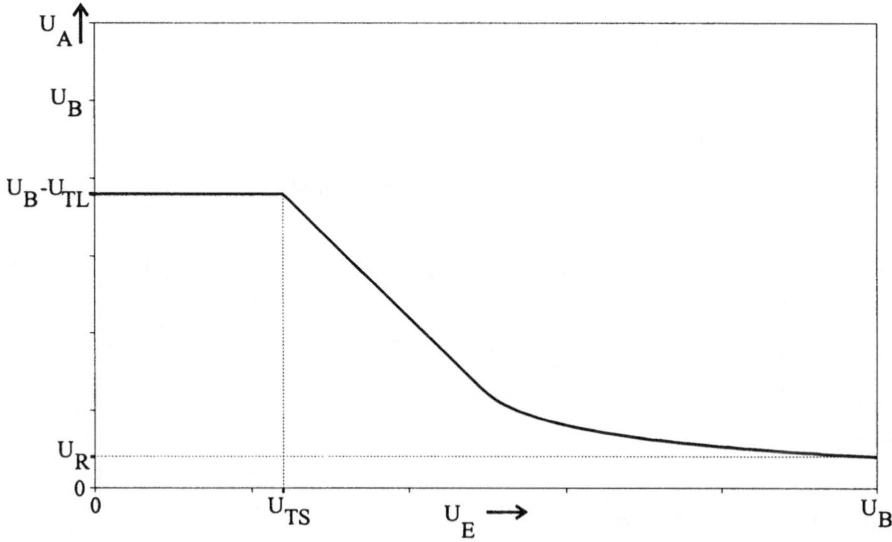

Abb. 6.7: Übertragungskennlinie des Inverters mit Enhancement-Last

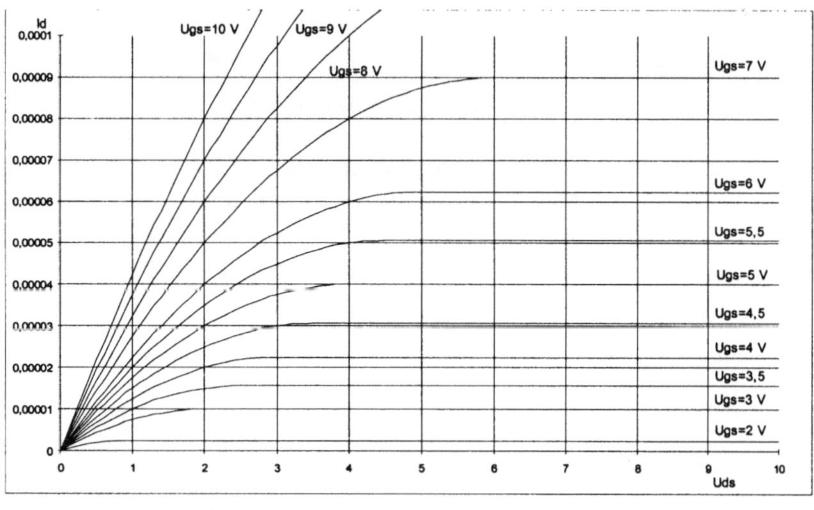

Abb. 6.8: Ausgangskennlienenfeld des NMOS-Transistors aus Beispiel 18

Lösung

zu 1).Zur Berechnung der Leitwertkonstanten B_0 gibt es viele Möglichkeiten. (Prinzipiell kann man aus solchen Kennlinienfeldern B_0 und U_T gleichzeitig bestimmen.) Beispielsweise U_{GS} = 5 V und U_{DS} = 10 V: Transistor in Sättigung:

$$I_{D,Sat} = \frac{\beta}{2} \cdot (U_{GS} - U_T)^2 = \frac{B_0}{2} \cdot \frac{1}{1} \cdot (5V - 1V)^2 = 40\mu A$$
$$\Rightarrow B_0 = \frac{40\mu A}{16V^2} \cdot 2 = 5\frac{\mu A}{V^2}$$

zu 2).Für den Lasttransistor T_L gilt in dieser Schaltung

$U_{GS,L} = U_{DS,L} \Rightarrow U_{GS,L} - U_T < U_{DS,L}$

D.h., der Lasttransistor ist immer in Sättigung (wenn er nicht sperrt). Weiter gilt:

$U_{DS,L} = U_B - U_A$; $U_{DS,S} = U_A$; $U_{GS,S} = U_E$

Lastkennlinie

$$I_{D,L} = \frac{B_0}{2} \cdot 1 \cdot (U_B - U_A - U_T)^2 = I_{D,S}$$

Daraus folgt:

$U_A = 9$ V: $I_{D,L} = 0$

$U_A = 8$ V: $I_{D,L} = 2{,}5\ \mu A$

$U_A = 7$ V: $I_{D,L} = 10\ \mu A$

$U_A = 6$ V: $I_{D,L} = 22{,}5\ \mu A$

$U_A = 5$ V: $I_{D,L} = 40\ \mu A$

$U_A = 4$ V: $I_{D,L} = 62\ \mu A$

$U_A = 3$ V: $I_{D,L} = 90\ \mu A$

$U_A = 2$ V: $I_{D,L} = 122{,}5\ \mu A$

$U_A = 1$ V: $I_{D,L} = 160\ \mu A$

Eingetragen in das Kennlinienfeld ergibt sich die obere, gestrichelte Kurve im Kennlinienfeld (Abb. 6.9). Da durch beide Transistoren der gleiche Strom fließen muss, ergeben sich als erlaubte Zustände die Schnittpunkte der Lastkurve mit den Kennlinien der jeweiligen Gate- bzw. Eingangsspannung. Man kann hier schon erkennen, dass selbst bei einer Eingangsspannung von 10 V die Ausgangsspannung nicht unter 2,5 V absinken kann.

zu 3) Für den Strom durch den Schalttransistor als Funktion von U_A und U_E ergibt sich:

$$I_{D,S} = B_0 \cdot \left[(U_E - U_T) \cdot U_A - \tfrac{1}{2}U_A^2\right]$$

Da die Ströme durch die beiden Transistoren gleich sein müssen folgt:

$$I_{D,S} = I_{D,L}$$
$$B_0 \cdot \left[(U_E - U_T) \cdot U_A - \tfrac{1}{2}U_A^2\right] = \frac{B_0}{2} \cdot (U_B - U_A - U_T)^2$$

Durch Umstellung ergibt sich:

$$U_A^2 - [(U_B - U_T) + (U_E - U_T)] \cdot U_A + \tfrac{1}{2} \cdot (U_B - U_T) = 0$$

Mit U_E = 9 V und U_B = 10 V ergibt sich als sinnvolle Lösung: U_A= 2,87 V

Dies ist als Restspannung im Low-Zustand viel zu viel, da nachfolgende Gatter oder Inverter nicht mehr durchgeschaltet werden.

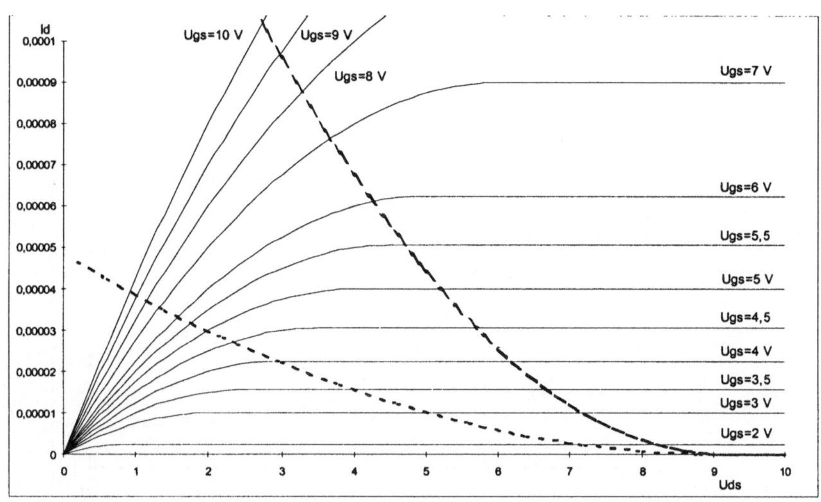

Abb. 6.9: Lastkurven im Ausgangskennlinienfeld des NMOS-Transistors aus Beispiel 18

zu 4) Um dieses sicherzustellen muss die Restspannung bis auf höchsten $U_T = 1$ V abgesenkt werden. Dies kann erreicht werden, indem entweder das W/L-Verhältnis des Schalttransistors vergrößert oder aber das W/L-Verhältnis des Lasttransistor verkleinert wird. Soll der Schalttransistor unverändert bleiben, dann fließt bei den hier vorgegebenen Bedingungen durch ihn ein Strom:

$$I_{D,S} = B_0 \cdot \left[(9V - 1V) \cdot 1V - 0,5V^2\right] = 37,5\mu A$$

Der gleiche Strom muss auch durch den Lasttransistor fließen, wobei jetzt das W/L-Verhältnis als freier Parameter auftritt:

$$I_{D,L} = \frac{B_0}{2} \cdot \left(\frac{W}{L}\right)_L \cdot (U_B - U_A - U_T)^2 = I_{D,S} = 37,5\mu A$$

Durch Umstellung folgt:

$$\left(\frac{W}{L}\right)_L = \frac{2 \cdot 37,5\mu A}{B_0 \cdot (U_B - U_A - U_T)^2} = 0,23$$

D.h., $W_L = 0,23 * L_L$.

Damit ergeben sich folgende Ströme für die Lastkurve:

$U_A = 9$ V: $I_{D,L} = 0$

$U_A = 8$ V: $I_{D,L} = 0{,}586$ μA

$U_A = 7$ V: $I_{D,L} = 2{,}34$ μA

$U_A = 6$ V: $I_{D,L} = 5{,}27$ μA

$U_A = 5$ V: $I_{D,L} = 9{,}38$ μA

$U_A = 4$ V: $I_{D,L} = 14{,}6$ μA

$U_A = 3$ V: $I_{D,L} = 21{,}1$ μA

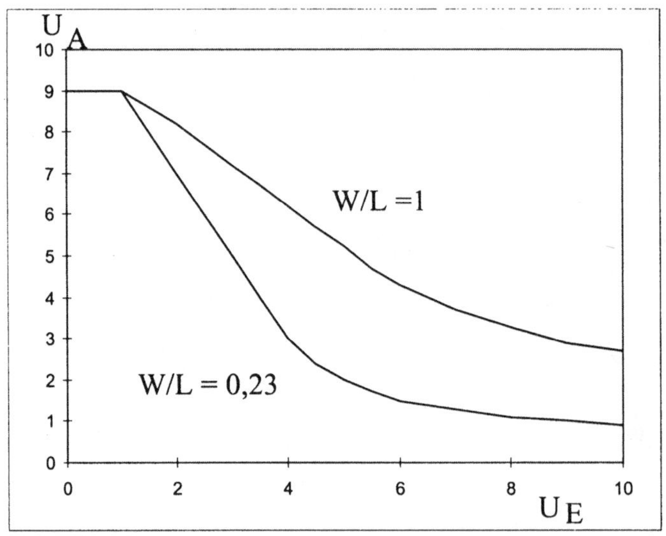

Abb. 6.10: Übertragungskennlinien zum Inverter aus Beispiel 18

$U_A = 2$ V: $I_{D,L} = 27\ \mu$A

$U_A = 1$ V: $I_{D,L} = 37{,}5\ \mu$A

Eingetragen in das Kennlinienfeld ergibt sich die untere, gestrichelte Kurve im Kennlinienfeld.

Zu 5) Trägt man nun die Spannung $U_A = U_{DS,L}$ der Schnittpunkte zwischen den Lastkurven und den Kennlinien über den zugehörigen Gatespannungen $U_{GS,S} = U_E$ auf, erhält man die in Abb. 6.10 dargestellten Übertragungsfunktionen.

6.1.3 Inverter mit Depletion-Last

Einen erhebliche Fortschritt erzielte man durch Einführung des n-Kanal-Transistors vom Verarmungs- bzw. Depletion-Typs. Diese Transistoren haben eine negative Schwellenspannung, d.h., selbst bei $U_{GS} = 0$ V befinden sie sich im leitenden Zustand.

Wieder stellen wir die gleichen Überlegungen an. Ist der Schalttransistor kurzgeschlossen fällt die Betriebsspannung über dem Lasttransistor ab. Da das Gate des Lasttransistors mit dessen Source verbunden ist, $U_{GS,L}$ also immer 0 V ist, gilt:

$$\begin{array}{l} U_{DS,L} = U_B > U_{GS,L} - U_{TL} \\ \Rightarrow I_{D,L} = \frac{1}{2}\frac{W}{L}B_0 \cdot (U_{GS,L} - U_{TL})^2 = \frac{1}{2}\frac{W}{L}B_0 \cdot (-U_{TL})^2 \end{array} \tag{6.4}$$

Der Lasttransistor befindet sich also im Sättigungsbereich. Daran ändert auch die Erhöhung des Widerstandes des Schalttransistors zunächst nichts, auch wenn die Ausgangsspannung steigt.

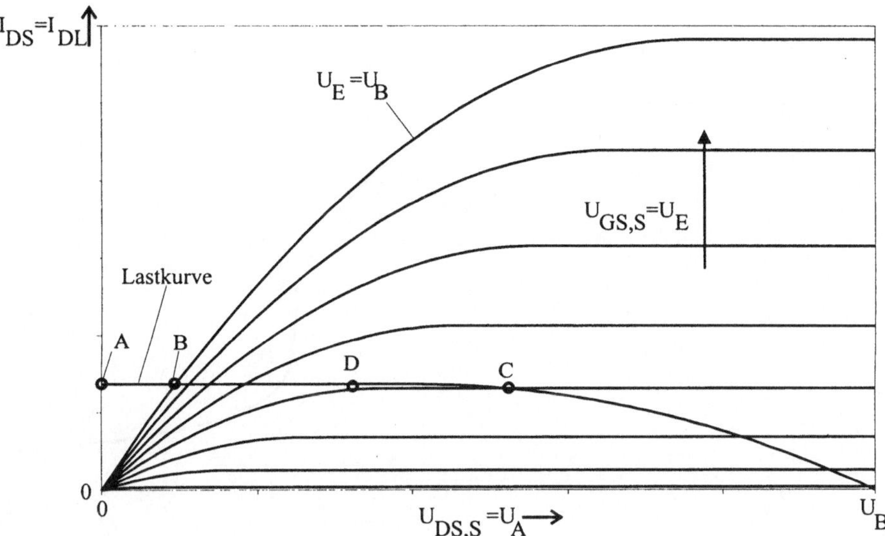

Abb. 6.11: Inverter mit Depletion-Last; Lastkurve und Kennlinie des Schalttransistors zur Bestimmung der Übertragungskennlinie.

Erst wenn U_A den Wert $U_B + U_{TL}$ ($U_{TL} < 0$!) erreicht hat und damit $U_{DS,L} = -U_{TL}$ ist, wechselt der Lasttransistor vom Sättigungs- ins Triodengebiet (Punkt C in Abb. 6.11). Danach nimmt der Strom durch den Lasttransistor nach der Formel:

$$I_{D,L} = \frac{W}{L} B_0 \cdot \left[(0 - U_{TL})(U_B - U_A) - \frac{1}{2}(U_B - U_A)^2 \right] \tag{6.5}$$

ab, so dass schließlich bei $U_A = U_B$ kein Strom mehr fließt. Wir erreichen also im Gegensatz zum Inverter mit Enhancement-Last am Ausgang die Betriebsspannung.

Nun erhöhen wir von 0 V ausgehend die Eingangsspannung. Erst bei Erreichen der Schwellenspannung des Schalttransistors, fängt die Ausgangsspannung an zu sinken. Wird der Punkt C (Wechsel des Lasttransistors vom Trioden- ins Sättigungsgebiet) erreicht, verursacht die geringste Erhöhung der Eingangsspannung einen Sprung in der Ausgangsspannung(Von Punkt C nach Punkt D in Abb. 6.11). Dann hat der Schalttransistor vom Sättigungs- ins Triodengebiet gewechselt und es geht wieder etwas gemächlicher zu, bis schließlich bei $U_E = U_B$ der Endzustand bei Punkt B in Abb. 6.11 mit der Restspannung und dem schon bekannten Ruhestrom erreicht ist.

Mit dieser Art der Schaltungstechnik (Logik mit Depetion-Lastelementen) begann der rasante Aufstieg der MOS-Technologie. Herausragende Vertreter dieser Ära sind die 16 k und die 64 k dynamischen RAM' s sowie die Prozessoren Z80 und 6502, die in den ersten 8 Bit Personal-Computern verbaut wurden und diese überhaupt erste möglich gemacht haben. Aber auch die ersten 16 Bit Prozessoren TI 9000, 68000 und 8088/8086 sind nach dieser Schaltungstechnik und in dieser Technologie gefertigt worden.

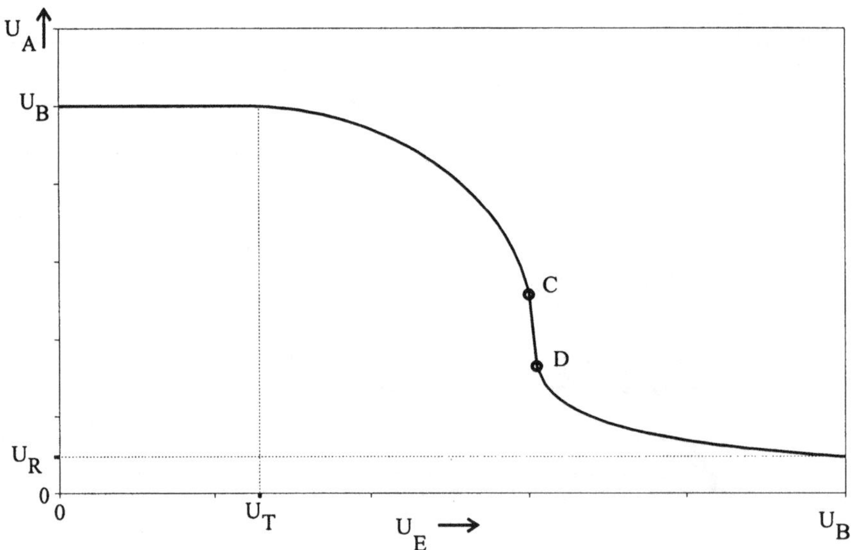

Abb. 6.12: Übertragungskennlinie des Inverter mit Depletion-Last

6.1.4 Der CMOS-Inverter

Ganz anders als in den bisher betrachteten Ein-Kanal-Varianten des Inverters liegen die Verhältnisse beim sogenannten CMOS-Inverter (CMOS: **C**omplemantary **MOS**), in dem statt eines ungesteuerten Lastelementes ein zweites Schaltelement benutzt wird. Dieses zweite Schaltelement sperrt, wenn das erste Schaltelement leitet und umgekehrt. Es ist in seinem Verhalten also komplementär zum ersten Schaltelement. Möglich wird dies, wenn ein n-Kanal- und ein p-Kanal-Transistor in Reihe geschaltet und die Gates beider Transistoren mit dem Eingang verbunden werden. Dabei ist allerdings zu beachten, dass die Kennlinienfelder des NMOS nur im ersten, die des PMOS jedoch im dritten Quadranten des Strom/Spannung-Koordinatensystems definiert sind. Das Drain des NMOS kann also nicht mit der Source des PMOS verbunden sein, sondern ist mit dem Drain des PMOS verbunden. Da das Bauelement vom Schaltsymbol und auch vom physikalischem Layout symmetrisch ist, scheint dies zunächst belanglos zu sein. Für die Schaltungsanalyse und auch die Schaltungssimulation ist dies aber außerordentlich wichtig (Jeder Schaltungssimulator produziert u. U. Blödsinn, wenn die Netzliste diesbezüglich nicht sauber ist). Die Transistoren sind also eigentlich nicht in Reihe sondern gegeneinander geschaltet.

Wieder soll die Lastkennlinie in das Kennlinienfeld des NMOS-Schalttransistor eingetragen werden. Da nun aber das Lastelement selbst gesteuert ist, erhalten wir hier nicht nur eine Lastkurve sondern ein Kurvenfeld. Dazu wird zunächst nur die obere Hälfte des CMOS-Inverters, also der PMOS-Transistor betrachtet. Liegt U_E zunächst auf Masse und der Ausgang auf U_B, so ist der Transistor voll leitend, da $U_{GS,PMOS}$ = -U_B ist; es fließt aber kein Strom da es keine Potentialdifferenz zwischen Drain und Source gibt ($U_A = U_B$ in

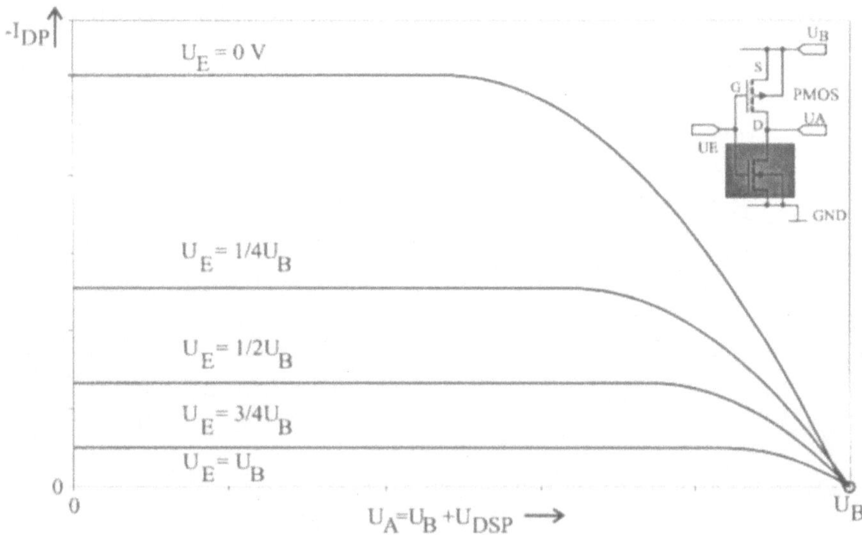

Abb. 6.13: "Lastkurvenfeld" des CMOS-Inverters

Abb. 6.13). Wird nun U_A langsam abgesenkt, durchläuft man von rechts nach links eine ganz normale Ausgangskennlinie des PMOS-Transistors. Zunächst fließt wenig Strom, da die Potentialdifferenz zwischen Drain und Source relativ klein ist. Hier ist zunächst

$|U_{DS,PMOS}| = U_B - U_A < |U_{GS,PMOS} - U_{T,PMOS}|$,

der Transistor ist also im Triodengebiet und der Strom wächst mit abnehmender Ausgangsspannung an. Bei

$|U_{DS,PMOS}| = U_B - U_A = |U_{GS,PMOS} - U_{T,PMOS}|$

wechselt der Transistor in den Sättigungsbereich und der Strom bleibt auch bei weiter abnehmender Ausgangsspannung konstant.

Erhöht man in einem zweiten Durchgang die Eingangsspannung auf z.B. $U_B/2$, wird damit die Gate-Sourcespannung für den PMOS kleiner und damit natürlich auch der Strom durch den PMOS. Wieder erhält man, wenn man den Ausgang potentialmäßig von U_B nach Masse bewegt, eine Ausgangskennlinie, aber mit geringerem Strom. Bei einem dritten Durchgang, z.B. mit $U_E = \frac{3}{4}\ U_B$, ergibt sich eine weitere Ausgangskennlinie auf wiederum reduziertem Stromniveau.

Bei $U_E \geq U_B - |U_{T,PMOS}|$ sperrt der PMOS, da dann $|U_{GS,PMOS}| \leq |U_{T,PMOS}|$ ist, so dass sich für $U_E = U_B$ die Nulllinie als Kurve ergibt. Zur Verdeutlichung ist noch die Kurve für $U_E = \frac{1}{4}\ U_B$ eingefügt.

Trägt man nun das Ausgangskennfeld des NMOS-Transistors für gleiche Eingangsspannungen ein, ergibt sich das in Abb. 6.14 wiedergegebene Bild:

Der Strom durch beide Transistoren ist gleich!

Ist U_E = 0V so sperrt der NMOS-Transistor während der PMOS-Transistor leitet, der

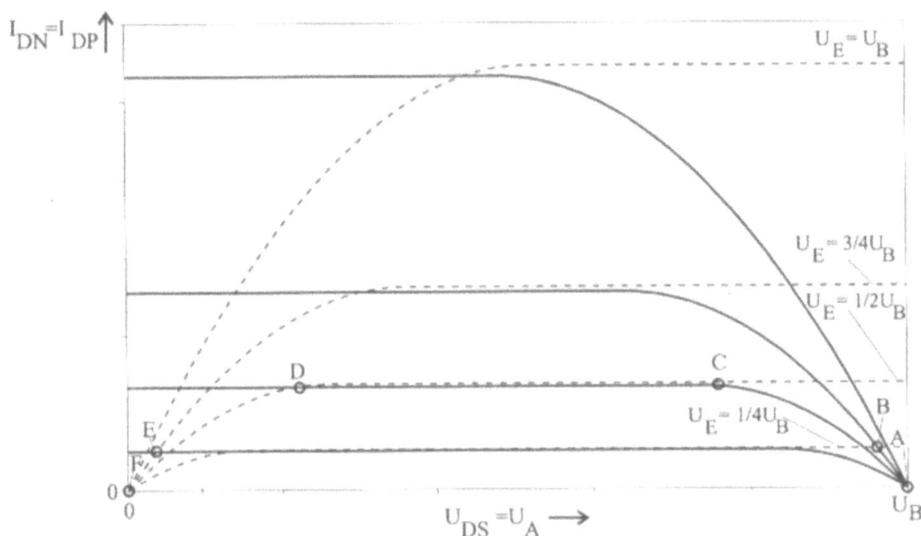

Abb. 6.14: Lastkurvenfeld und Kennlinie des Schalttransistors für den CMOS-Inverter zur Bestimmung der Übertragungskennlinie

Schnittpunkt der beiden Kennlinien liegt auf der U_A-Achse bei U_B. Daran ändert sich auch nichts, solange die Eingangsspannung kleiner als die Schwellenspannung des NMOS-Transistors ist.

Bei $U_E = \frac{1}{4}\ U_B$ befindet sich der NMOS-Transistor in Sättigung, der PMOS-Transistor im Triodengebiet. Der Schnittpunkt der Kennlinien liegt bei Punkt B.

Bei $U_E = \frac{1}{2}\ U_B$ sind beide Transistoren in Sättigung. Es gibt in diesem Fall keinen eindeutigen Schnittpunkt, da die Kennlinien genau übereinanderliegen. Dies liegt zum einen daran, dass ideale Transistoren nach dem einfachsten Modell angenommen werden, deren Ausgangskennlinien in Sättigung parallel zur U_A-Achse verlaufen. Zum anderen daran, dass in diesem Fall die Transistoren entsprechend dimensioniert sind. Nähert man sich mit der Eingangsspannung der halben Betriebsspannung (d.h. dem Punkt C), so bewirkt die geringste Überschreitung dieses Wertes eine sprungartige Änderung in den Punkt D und damit eine sprungartige Änderung der Ausgangsspannung.

Bei $U_E = \frac{3}{4}\ U_B$ befindet sich der NMOS-Transistor im Triodengebiet, der PMOS-Transistor in Sättigung. Der Schnittpunkt der Kennlinien liegt bei Punkt E.

Bei $U_E = U_B + U_{TP}$ ($U_{TP} <\ 0$ V!) schließlich sperrt der PMOS-Transistor, während der NMOS-Transistor immer noch leitet. Der Schnittpunkt liegt jetzt wieder auf der U_A-Achse, allerdings bei 0 V. Daran ändert sich auch nichts mehr, wenn man die Eingangsspannung bis auf U_B erhöht.

Trägt man nun die Drainspannungen des NMOS-Transistors (die identisch mit der Ausgangsspannung ist) der Schnittpunkte über den zugehörigen Gatespannungen (also den Eingangsspannungen) auf, erhält man die in Abb. 6.15 wiedergegebene Übertragungskenn-

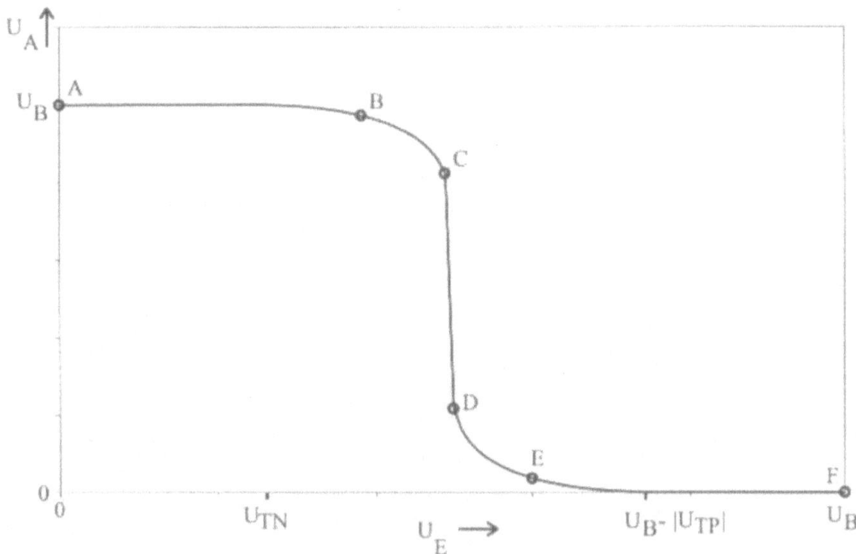

Abb. 6.15: Übertragungskennlinie des CMOS-Inverters.

linie des CMOS-Inverters. Im Vergleich zu den bisher betrachteten Invertern fällt auf, dass keine Restspannungen auftreten. Auch wird die Betriebsspannung am Ausgang erreicht (im Gegensatz zum Enhancement-Inverter) und es fließt kein statischer Querstrom wenn der NMOS-Transistor durchgeschaltet ist.

6.1.5 Störfestigkeit

Bevor nun aber der Vergleich der Invertertypen fortgesetzt wird, soll noch ein weiterer Begriff erläutert werden, der auch bei digitalen Schaltungen eine wichtige Rolle spielt: Die Störfestigkeit.

Dazu geht man davon aus, dass der betreffende Inverter von einem gleichartigen Inverter angesteuert wird. Die dabei auftretenden Spannungsverluste bzw. die Restspannungen müssen dabei berücksichtigt werden. Dazu wird die Abb. 6.16 betrachtet. Gesucht sind die Bereiche der Übertragungskennlinie, in denen kleine Störungen der Eingangsspannung keine Änderung des logischen Zustandes am Ausgang zur Folge haben. Der mittlere Teil der Kennlinie scheidet damit sofort aus, da hier kleine Änderungen der Eingangsspannung verstärkt am Ausgang erscheinen. Begrenzt wird dieser Bereich durch die Punkte A und B, an denen die Übertragungskennlinie die Steigung -1 hat. Hier ist definitionsgemäß die differentielle Verstärkung gleich 1. Außerhalb dieses Bereiches wirken sich Störungen also nicht so gravierend aus. Weiter ist zu berücksichtigen, dass je nach ansteuernden Invertertyp eine Restspannung U_{RL} auftritt bzw. die Betriebsspannung nicht ganz erreicht wird, sondern nur die Spannung U_{RH}. Um nun eine möglichst Störfestigkeit zu haben, müssen die Bereiche U_{NL} = U(A) - U_{RL} und U_{NH} = U(B) - U_{RH} möglichst groß sein. Daraus folgt

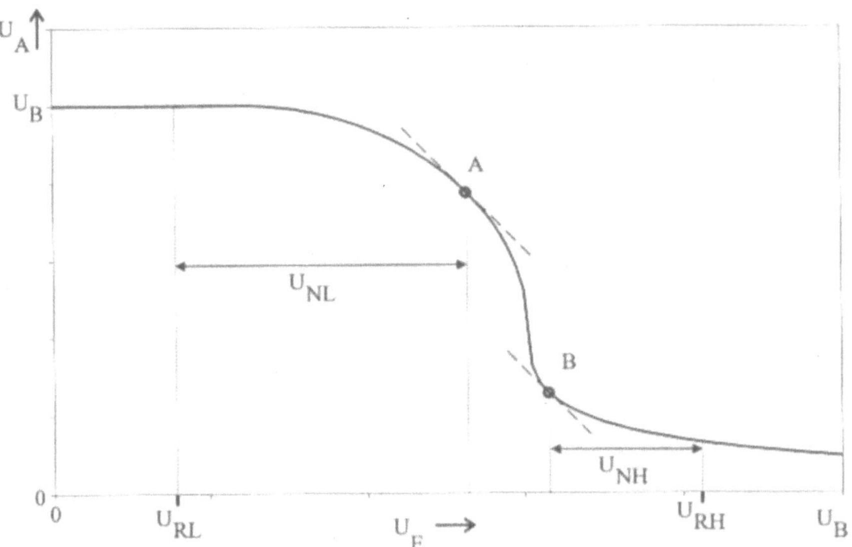

Abb. 6.16: Übertragungskennlinie eines Inverters zur Erläuterung der Störfestigkeit.

Inverter-Typ	Stör-festigkeit	Flächen-bedarf	techn. Aufwand	stat. Verlustleist.
Ohmsche Last	schlecht	groß	gering	groß
Enhancement-L.	schlecht	gering	gering	groß
Depletion-Last	mittel	gering	mittel	groß
CMOS	gut	groß	groß	null

Tabelle 6.4: Vergleich der Invertertypen

sofort, dass U_{RL} und U_B - U_{RH} möglichst klein sein sollten. Weiter sollte die differentielle Verstärkung möglichst groß sein damit der Schaltbereich U(B) - U(A) möglichst klein wird.

6.1.6 Vergleich der Invertertypen

Um die vier Invertertypen direkt miteinander vergleichen zu können, sind die Übertragungskennlinien in Abb. 6.17 zusammen dargestellt. Dabei muss aber beachtet werden, dass die Übertragungskennlinien und damit auch die Restspannungen durch Veränderung der Lasteigenschaften, also des Widerstandes bzw. des W/L-Verhältnisses der Lasttransistoren, in gewissen Grenzen verändert werden können.

Damit können die Ergebnisse der bisherigen Überlegungen zu den verschiedenen Invertertypen in Tabelle 6.4 zusammen gefasst werden:

Aus heutiger Sicht hat trotz des großen technologischen Aufwands und des großen Flächenbedarfs die CMOS-Technologie das Rennen gemacht, da die Störfestigkeit und die fehlende

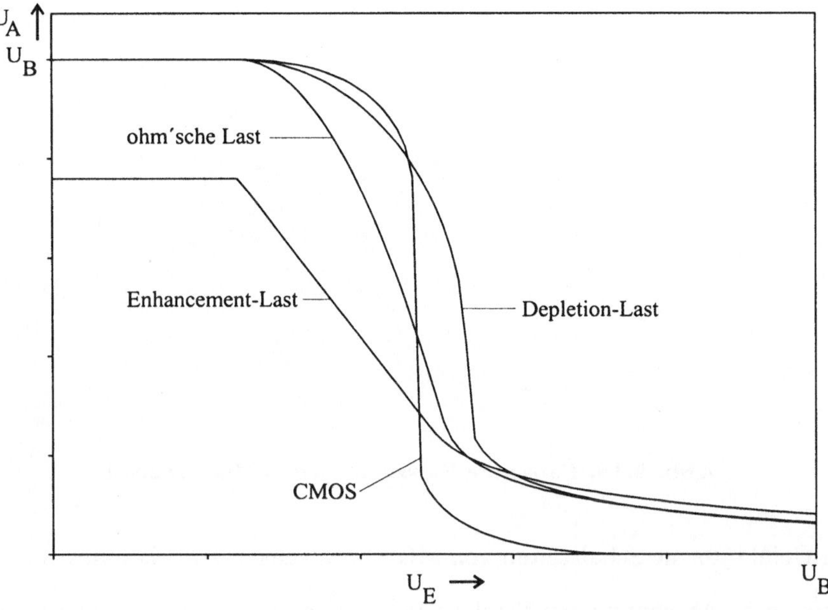

Abb. 6.17: Übertragungskennlinien der vier Invertertypen.

Verlustleistung die Nachteile überwiegen.

6.2 Dynamisches Verhalten von MOS-Invertern

Neben dem statischen Verhalten von logischen Schaltungen, insbesondere Invertern, spielt auch das dynamische Verhalten eine wesentliche Rolle, denn hier zeigt sich wie groß die Verzögerungen sind, die in Gattern auftreten. Gemeint ist hier die Zeit zwischen dem Anliegen eines Eingangssignals und dem Erreichen eines definierten Ausgangszustandes. Diese Zeiten bestimmen letztlich die Schaltungsgeschwindigkeit, mit der Informationen innerhalb einer Schaltung verarbeitet werden können. Dies wird i.A. nicht nur vom Gatter selbst sondern vor allem von der Last abhängen, die den Ausgang belastet. Da wir hier nur über MOS-Schaltungen reden, werden dies vor allem kapazitive Lasten sein.

Nun treten innerhalb eines MOS-Transistors eine ganze Reihe, zum großen Teil parasitärer Kapazitäten auf, die in Abb. 6.18 dargestellt sind.

Diese Kapazitäten sind außerdem auch noch spannungsabhängig, sind also Funktionen der Eingangs- und Ausgangsspannungen. Es ist also fast nicht möglich, eine genaue Berechnung des dynamischen Verhaltens eines Transistors, geschweige denn einer Schaltung von Hand vorzunehmen. Dies bleibt Netzwerk-Analyseprogrammen vorbehalten und selbst diese sind z.T. auf krude Näherungen angewiesen.

Trotzdem sollen hier einige grobe Handrechnungen für Inverter vorgestellt werden um

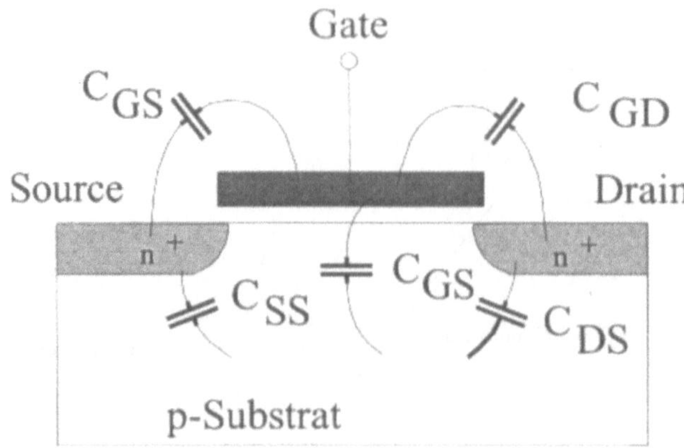

Abb. 6.18: Parasitäre Kapazitäten eines MOS-Transistors

1. ein Gefühl für die Schaltzeiten von MOS-Schaltungen zu bekommen und so
2. erste grobe Abschätzungen für die Dimensionierung einer Schaltung machen zu können.

Dazu werden einige Vereinfachungen vorgenommen:

1. C_L sei eine mittlere, spannungsunabhängig Lastkapazität.
2. Der Substrateffekt wird vernachlässigt (beim Lasttransistor in Einkanal-Technik)
3. Der statische Querstrom durch den Inverter wird vernachlässigt.

Damit ergibt sich das in Abb. 6.19 wiedergegebene Ersatzschaltbild.

Weiter werden ideale Eingangssignale vorausgesetzt, d.h. das Eingangssignal springt mit unendlicher Flankensteilheit zwischen Masse und Versorgungspotential hin und her.

Damit sind zwei Fälle zu unterscheiden:

1. Entladung von C_L über T_S von U_B-U_{RH} bis U_{RL} bzw. 0 V.
2. Aufladung von C_L über die Last von U_{RL} bzw. 0 V bis U_B-U_{RH}.

Der erste Fall ist für alle Inverter-Typen gleich, da der durch die Last verursachte Querstrom vernachlässigt wird. Im zweiten Fall muss die Art der Inverter-Last berücksichtigt werden.

6.2.1 Entladung (Abfallzeit)

Betrachtet wird hierzu ein Eingangssignal für das gilt:

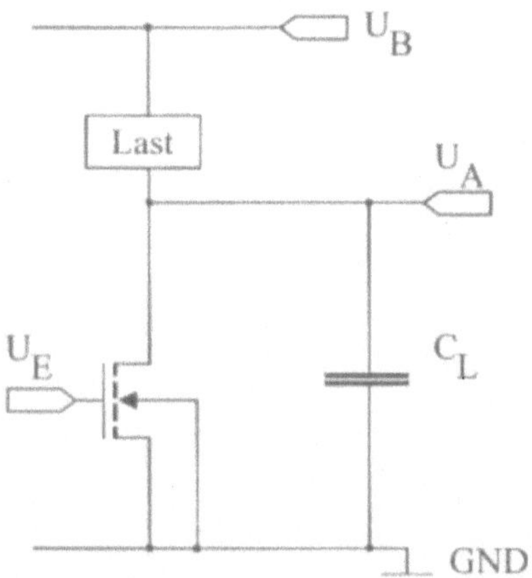

Abb. 6.19: Ersatzschaltbild zur Bestimmung der Schaltzeiten eines Inverters.

$$U_E = \begin{cases} 0\text{ V für } t < 0 \\ U_B \text{ für } t \geq 0 \end{cases}$$

Für die Zeit t < 0 ist der Schalttransistor also gesperrt und der Kondensator C_L wird von der Last bis auf die Betriebsspannung aufgeladen (Der Fall des Inverters mit Enhancement-Last soll hier einmal außer Acht bleiben, ist aber mathematisch völlig analog zu behandeln). Für t > 0 leitet der Schalttransistor und entlädt den Kondensator. Unter Vernachlässigung des für t > 0 durch den Transistor fließenden Stromes aus der Last (die also ausreichend hochohmig sein sollte) ergibt sich als Entladekurve die Ausgangskennlinie von T_S für U_{GS} = U_E = U_B (s. Abb. 6.20).

Da zunächst U_{DS} = U_A = U_B > U_{GS} - U_{TS} ist der Transistor zunächst in Sättigung und C_L wird mit einem konstanten Strom entladen.Zum Zeitpunkt t = t_1, bei dem die Spannung U_A den Wert U_B - U_{TS} erreicht, wechselt der Transistor ins Trioden-Gebiet. Danach nimmt der Strom stetig ab bis die Kapazität C_L zum Zeitpunkt t_2 entladen ist.

Für die Ladung Q des Kondensators C_L gilt:

$$Q = C_L \cdot U_A \tag{6.6}$$

und damit für den Entladestrom I:

$$I = \frac{dQ}{dt} = C_L \cdot \frac{dU_A}{dt} \tag{6.7}$$

Dabei ist zu beachten, dass dU_A/dt für die Entladung negativ ist. Dieser Strom muss durch den Transistor fließen. Für 0 < t < t_1 (Sättigung) gilt dann unter Berücksichtigung des Vorzeichens:

$$-C_L \cdot \frac{dU_A}{dt} = \frac{\beta}{2} \cdot (U_{GS} - U_{TS})^2 = \frac{\beta}{2} \cdot (U_B - U_{TS})^2 \tag{6.8}$$

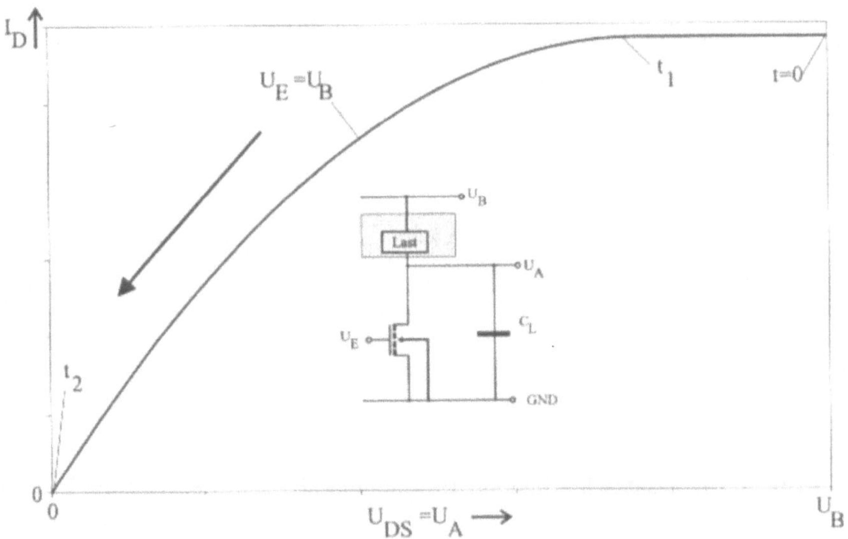

Abb. 6.20: Entladekurve des Lastkondensators über den Schalttransistor

$$\Rightarrow -dt = \frac{2 \cdot C_L}{\beta \cdot (U_B - U_{TS})^2} dU_A \Rightarrow -\int_0^{t_1} dt = \frac{2 \cdot C_L}{\beta \cdot (U_B - U_{TS})^2} \int_{U_A(0)}^{U_A(t_1)} dU_A \tag{6.9}$$

$$\Rightarrow 0 - t_1 = \frac{2 \cdot C_L}{\beta \cdot (U_B - U_{TS})^2} \left[(U_B - U_{TS}) - U_B\right] = \frac{-2 \cdot C_L \cdot U_{TS}}{\beta \cdot (U_B - U_{TS})^2} \tag{6.10}$$

Für $t_1 < t < t_2$ ergibt sich (Triodengebiet):

$$-C_l \cdot \frac{dU_A}{dt} = \beta \cdot \left[(U_B - U_{TS}) \cdot U_A - \frac{1}{2} \cdot U_A^2\right] \tag{6.11}$$

$$\Rightarrow -dt = \frac{C_L}{\beta \cdot \left[(U_B - U_{TS}) \cdot U_A - \frac{1}{2} \cdot U_A^2\right]} dU_A \tag{6.12}$$

Als Stammfunktion findet man:
$\int \frac{dx}{a \cdot x^2 + b \cdot x} = \frac{1}{b} \cdot \ln \frac{2 \cdot a \cdot x}{2 \cdot a \cdot x + 2 \cdot b}$ mit $a = -\frac{1}{2}$ und $b = (U_B - U_{TS})$
und damit für das Integral:

$$-(t_2 - t_1) = \frac{C_L}{\beta} \cdot \left(\frac{1}{(U_B - U_{TS})} \cdot \ln \left. \frac{-U_A}{-U_A + 2 \cdot (U_B - U_{TS})} \right|_{U_B - U_{TS}}^{0} \right) \tag{6.13}$$

Hier gibt es offensichtlich ein Problem, da der ln(0) nicht definiert ist, es also unendlich lange dauert, bis die Ausgangsspannung bis auf 0 V abgesunken ist. Deshalb beschränken wir uns auf die Forderung, dass ein nachgeschalteter Inverter sicher geschaltet sein muss. Dies ist bei $U_A = U_{TS}/2$ sicherlich garantiert. So ergibt sich unter Berücksichtigung des Vorzeichens:

$$-(t_1 - t_2) = \frac{C_L}{\beta} \cdot \left(\frac{1}{(U_B - U_{TS})} \cdot \ln \frac{-U_A}{-U_A + 2 \cdot (U_B - U_{TS})} \Bigg|_{U_{TS}/2}^{U_B - U_{TS}} \right) \tag{6.14}$$

$$\Rightarrow -(t_1 - t_2) = \frac{C_L}{\beta \cdot (U_B - U_{TS})} \cdot \left(\ln \frac{(U_{TS} - U_B)}{U_{TS} - U_B + 2 \cdot U_B - 2 \cdot U_{TS}} - \ln \frac{-\frac{1}{2} \cdot U_{TS}}{-\frac{1}{2} \cdot U_{TS} + 2 \cdot U_B - 2 \cdot U_{TS}} \right)$$

$$\Rightarrow -(t_1 - t_2) = \frac{C_L}{\beta \cdot (U_B - U_{TS})} \cdot \left(\ln \frac{(U_{TS} - U_B) \cdot \left(2 \cdot U_B - \frac{5}{2} \cdot U_{TS}\right)}{(U_B - U_{TS})\left(-\frac{1}{2} \cdot U_{TS}\right)} \right)$$

$$-(t_1 - t_2) = \frac{C_L}{\beta \cdot (U_B - U_{TS})} \cdot \ln \left(4 \cdot \frac{U_B}{U_{TS}} - 5 \right) \tag{6.15}$$

Die Gesamt-Abfallzeit beträgt somit:

$$t_2 - t_1 + t_1 = t_f = \frac{C_L}{\beta \cdot (U_B - U_{TS})} \left[\frac{2 \cdot U_{TS}}{(U_B - U_{TS})} + \ln \left(4 \cdot \frac{U_B}{U_{TS}} - 5 \right) \right] \tag{6.16}$$

Als Faustformel kann folgende vereinfachte Gleichung benutzt werden

$$t_f = \frac{C_L}{\beta} \cdot \{0,8...1,2\,V^{-1}\}$$

Der Wert in der geschweiften Klammer hängt nur noch von der Betriebs- bzw. Schwellenspannung ab.

Beispiel 19: Der Schalttransistor eines Inverters für eine Betriebsspannung von 5 V habe folgende Eigenschaften

$U_{TS} = 1\,V$; $t_{OX} = 40\,nm$; $B_0 = 40\,\frac{\mu A}{V^2}$; $L(T_S) = 2\,\mu m$;
$W(T_S) = 5\,\mu m$; $\epsilon_0 = 8,84 \cdot 10^{14} \frac{F}{cm}$; $\epsilon_{OX} = 4$

Mit diesem Inverter wird ein weiterer Inverter identischer Bauart angesteuert, d.h., die Lastkapazität wird im Wesentlichen von der Gatekapazität des Schalttransistors des nachgeschalteten Inverters gebildet. Wie groß ist die Abfallzeit?

$C_L = \frac{\epsilon_0 \cdot \epsilon_{OX}}{t_{OX}} \cdot W \cdot L = 8,84 \cdot 10^{-15} F$; $\beta = B_0 \cdot \frac{W}{L} = 100 \frac{\mu A}{V^2}$

$\Rightarrow t_f = \frac{C_L}{\beta \cdot 4\,V} \cdot (0,5 + \ln(15)) = 3 \cdot 10^{-11}\,\text{sec} = 30\,p\,\text{sec}$

6.2.2 Aufladung über eine Depletion-Last (Anstiegszeit)

Dieser Vorgang wird in Abb. 6.21 verdeutlicht, wobei folgendes Eingangssignal betrachtet wird:

$$U_E = \begin{cases} U_B \text{ für } t < 0 \\ 0 \text{ V für } t \geq 0 \end{cases}$$

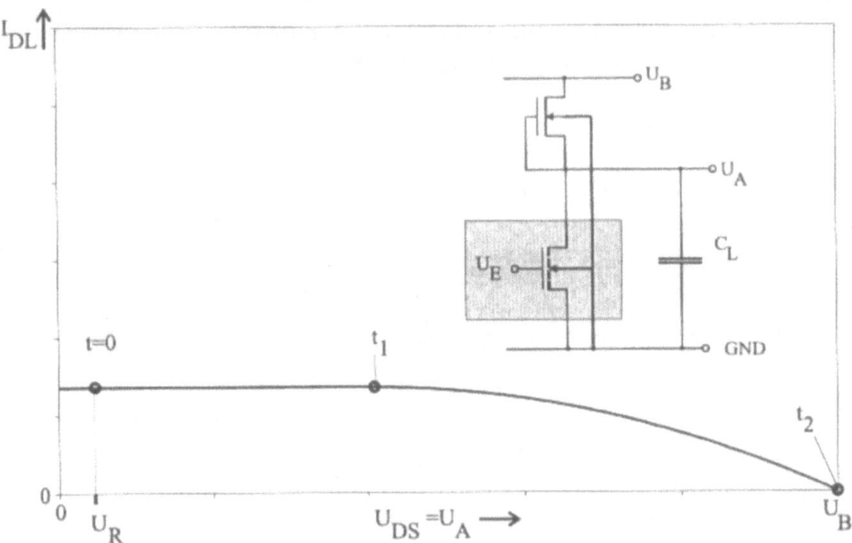

Abb. 6.21: Aufladekurve einer Lastkapazität über eine Depletion-Last

Für t > 0 ist der Schalttransistor nichtleitend, kann daher also für die folgenden Betrachtungen außer Acht gelassen werden. Allerdings ist zu berücksichtigen, dass für t < 0, wie oben gezeigt, am Ausgang eine Restspannung anliegt. Diese sollte unter dem Aspekt der Störsicherheit nicht größer sein als U_A=$U_{TS}/2$.

C_L wird also über die Last aufgeladen und dU_A/dt ist positiv. Wir bewegen uns dabei mit der Zeit entlang der Lastkurve des Depletion-Transistors. Dieser befindet sich für 0 < t < t_1 in Sättigung und da $U_{GS,L}$ = 0 V für alle Zeiten t gilt:

$$C_L \frac{dU_A}{dt} = \frac{\beta_L}{2} \cdot (-U_{TL})^2 \text{ solange } U_{DS,L} \geq (U_{GS,L} - U_{TL}) \tag{6.17}$$

also U_B -U_A > -U_{TL} (Depletion: U_{TL} < 0) und weiter U_B + U_{TL} > U_A

$$\int_{t_0=0}^{t_1} dt = \int_{\frac{U_{TS}}{2}}^{U_B+U_{TL}} \frac{2 \cdot C_L}{\beta_L \cdot (-U_{TL})^2} dU_A \tag{6.18}$$

$$\Rightarrow t_1 = \frac{2 \cdot C_L}{\beta_L \cdot (-U_{TL})^2} \cdot \left[U_B + U_{TL} - \frac{1}{2} U_{TS}\right] \tag{6.19}$$

Für t_1 < t < t_2 befindet sich der Transistor im Trioden-Gebiet und hier gilt:

$$C_L \cdot \frac{dU_A}{dt} = \beta_L \cdot \left[(-U_{TL})(U_B - U_A) - \frac{1}{2}(U_B - U_A)^2\right] \tag{6.20}$$

$$\Rightarrow \int_{t_1}^{t_2} dt = \frac{C_L}{\beta_L} \cdot \int_{U_B+U_{TL}}^{U_B} \frac{dU_A}{(-U_{TL})(U_B - U_A) - \frac{1}{2}(U_B - U_A)^2} \tag{6.21}$$

mit der Substitution x = U_B - U_A erhält man das Integral

$$\frac{C_L}{\beta_L} \cdot \int \frac{(-1)\, dx}{(-U_{TL}) \cdot x - \frac{1}{2} \cdot x^2} = \frac{C_L}{\beta_L} \cdot \frac{-1}{U_{TL}} \cdot \ln\left(\frac{-x}{-x - 2 \cdot U_{TL}}\right) \tag{6.22}$$

und damit für das bestimmte Integral

$$t_2 - t_1 = \frac{C_L}{\beta_L} \cdot \frac{-1}{U_{TL}} \cdot \left[\ln\left(\frac{-(U_B - U_A)}{-(U_B - U_A) - 2 \cdot U_{TL}}\right)\Bigg|_{U_B - U_{TL}}^{U_B}\right] \tag{6.23}$$

Dies ergibt, wie nicht anders zu erwarten, das Problem, dass man unendlich lange warten muss, bis die Ausgangsspannung bis auf das Betriebspotential U_B angestiegen ist (ln(0) = -∞). Wenn man sich damit begnügt, dass die Ausgangsspannung auf U_A = 0,9 U_B ansteigt, erhält man:

$$\begin{aligned} t_2 - t_1 &= \frac{C_L}{\beta_L} \cdot \frac{1}{|U_{TL}|} \cdot \left[\ln\left(\frac{-0,1 \cdot U_B}{-0,1 \cdot U_B - 2 \cdot U_{TL}}\right) - \ln\left(\frac{U_{TL}}{U_{TL} - 2 \cdot U_{TL}}\right)\right] \\ &= \frac{C_L}{\beta_L} \cdot \frac{1}{|U_{TL}|} \cdot \left[\ln\left(\frac{(-0,1 \cdot U_B) \cdot (-U_{TL})}{(-0,1 \cdot U_B - 2 \cdot U_{TL}) \cdot (U_{TL})}\right)\right] \\ &= \frac{C_L}{\beta_L} \cdot \frac{1}{|U_{TL}|} \cdot \ln\left(\frac{0,1 \cdot U_B}{-0,1 \cdot U_B - 2 \cdot U_{TL}}\right) \end{aligned} \tag{6.24}$$

Als Gesamt-Anstiegszeit ergibt sich:

$$\begin{aligned} t_2 - t_1 + t_1 &= t_r \\ &= \frac{C_L}{\beta_L} \cdot \left[\frac{2 \cdot \left(U_B + U_{TL} - \frac{1}{2} \cdot U_{TS}\right)}{(-U_{TL})^2}\right. \\ &\quad \left. + \frac{1}{U_{TL}} \cdot \ln\left(\frac{0,1 \cdot U_B}{-0,1 \cdot U_B - 2 \cdot U_{TL}}\right)\right] \end{aligned} \tag{6.25}$$

Als Faustformel kann benutzt werden:

$$t_r = \frac{C_L}{\beta_L} \cdot \{0,9...2\ V^{-1}\} \tag{6.26}$$

Dies ist aber mit sehr viel Vorsicht zu genießen, da der Substrateffekt nicht berücksichtigt ist und sich die Leitwertkonstante B_0 des Lasttransistors sich erheblich von der des Schalttransistors unterscheiden kann. Für das Verhältnis t_r/t_f ergibt sich:

$$\beta_R = \frac{t_r}{t_f} = \frac{\beta_S}{\beta_L} \tag{6.27}$$

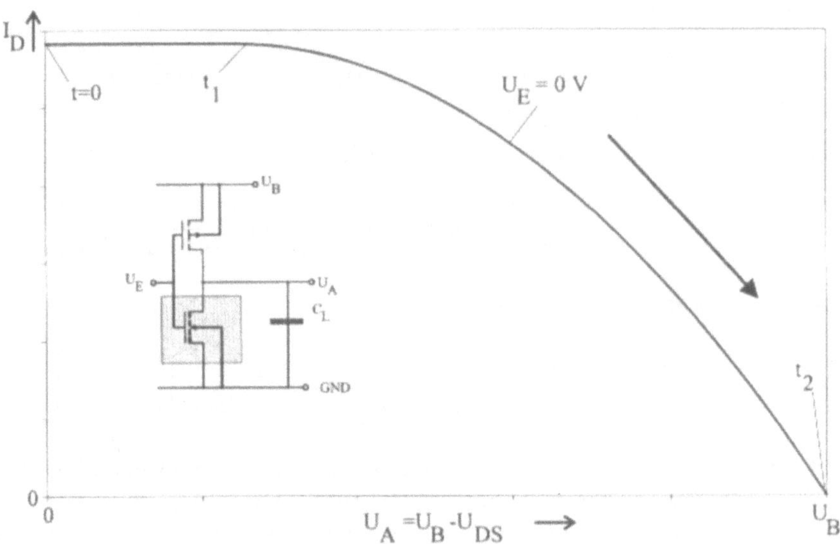

Abb. 6.22: Aufladekurve einer Lastkapazität über einen PMOS-Transistor.

6.2.3 Anstiegszeit des CMOS-Inverters

Auch hier spielt der NMOS-Schalttransistor für die Zeiten t > 0 keine Rolle, da er dann nicht leitet, wenn folgendes Eingangssignal betrachtet wird:

Eingangssignal

$$U_E = \begin{cases} U_B \text{ für } t < 0 \\ 0 \text{ V für } t \geq 0 \end{cases}$$

Im Unterschied zum Inverter mit Depletion-Last tritt für t < 0 am Ausgang keine Restspannung auf, da im CMOS-Inverter kein Querstrom fließt. Für t > 0 fließt der Strom durch den PMOS-Transistor in den Kondensator. Dabei bewegen wir uns mit der Zeit entlang der Lastkurve des PMOS-Transistors mit $U_{GS,P} = 0 - U_B$ (s. Abb. 6.22). Die Formeln, die sich ergeben, sind abgesehen von einigen Vorzeichen identisch mit denen der Entladung von C_L . Sind also die Schwellenspannungen symmetrisch (d.h. z.B. $U_{TN} = 1V$ für den NMOS-Tr. u. $U_{TP} = -1V$ für den PMOS-Tr.) hängt das Verhältnis t_r / t_f nur von β_n und β_p ab. Fordert man, was einleuchtet, $t_r = t_f$ so ergibt sich:

$$\frac{W_P}{L_P} = \frac{\mu_n}{\mu_p} \cdot \frac{W_N}{L_N} \tag{6.28}$$

und da μ_n ca. dreimal größer ist als μ_p, sollte bei gleicher minimaler Kanallänge der PMOS-Transistor dreimal weiter sein als der NMOS-Transistor.

An den vorangegangenen Abschnitten wird deutlich, dass es schon bei einem einfachen Inverter unter idealisierenden Annahmen (ideales Eingangssignal; Vernachlässigung des Querstromes) nicht ganz einfach ist, das zeitliche Verhalten zu bestimmen. In logischen Schaltungen sind derartige Berechnungen nicht mehr analytisch durchführbar und man ist auf Simulationsprogramme angewiesen. Die hier hergeleiteten Zusammenhänge sind trotzdem von großer Bedeutung, da selbst die besten Simulationsprogramme keinen Hinweis darauf liefern, welches W/L-Verhältnis in welche Richtung geändert werden muss, um das zeitliche Verhalten der Schaltung zu optimieren.

Beispiel 20: Für Eine CMOS- Technologie seien folgende Daten gegeben:

$$\begin{aligned} U_{TN} &= 1V; U_{TP} = -1V; U_B = 5V; \mu_n = 600cm^2/Vs; \mu_p = 200cm^2/Vs; \\ t_{OX} &= 40nm \end{aligned}$$

Minimalabmessungen für die n- Kanal- Transistoren 3 μm

Minimalabmessungen für die p- Kanal- Transistoren 2 μm

a) Mit dieser Technologie sollen u. a. Inverter gefertigt werden. Wie sind die Geometrien der Transistoren zu wählen, wenn die Anstiegs- und Abfallzeit gleich lang und die Fläche der Transistoren minimal sein sollen? (Als Maß für die Fläche diene das Produkt W·L)

b) An den Eingang des Inverters wird ein Signal $U_E(t)$ gelegt für das gilt:

$$U_E(t) = \begin{cases} U_B \text{ für } t < 0 \\ 0 \text{ V für } t \geq 0 \end{cases}$$

Der Ausgang sei mit einem nachfolgenden gleichartigen Inverter belastet. Berechnen Sie die Zeit, die notwendig ist um nachfolgenden Inverter sicher durchzuschalten.

Hinweis:

$\int \frac{dx}{a \cdot x - \frac{x^2}{2}} = \frac{1}{a} \cdot \ln\left(\frac{x}{2 \cdot a - x}\right)$

Lösung:

zu a) Nach den eben gemachten Ausführungen gilt für $t_r = t_f$

$\frac{W_p}{L_p} = \frac{\mu_n}{\mu_p} \cdot \frac{W_n}{L_n}$ mit $\frac{\mu_n}{\mu_p} \approx 3$

$\Rightarrow \frac{W_p}{L_p} = 3 \cdot \frac{W_n}{L_n}$

Annahme: $L_N = 3$ μm; $L_P = 2$ μm d.h. minimal.

$\Rightarrow \frac{W_p}{W_n} = 3 \cdot \frac{L_p}{L_n} = 2$

Annahme $W_N = 3$ μm d.h. minimal.

$$\begin{aligned} \Rightarrow W_p &= 6\ \mu m \\ \Rightarrow F_n &= 3\ \mu m \cdot 3\ \mu m = 9\ \mu m^2 \\ \Rightarrow F_p &= 2\ \mu m \cdot 6\ \mu m = 12\ \mu m^2 \\ \Rightarrow F &= F_n + F_p = 21\ \mu m^2 \end{aligned}$$

Eine regelrechte Extremwertrechnung mit Randbedingungen liefert unter der Annahme $W_N = 3\ \mu m$ und $L_P = 2\ \mu m$:

$L_n = \sqrt{12}\ \mu m = 3,46\ \mu m$ und $W_p = \frac{18}{\sqrt{12}}\ \mu m$
und damit $F = 20,77\ \mu m^2$

zu b) Für $t > 0$ ist T_N gesperrt und C_L wird über T_P von $U_A = 0$ bis $U_A = U_B + \frac{1}{2}\ U_{TP}$ aufgeladen (Damit ist sichergestellt, dass der p- Kanal Transistor des Folge-Inverters sicher abgeschaltet wird). T_P ist für $0 < t < t'$ im Sättigung und für $t' < t < t''$ im Triodengebiet.

Für die Lastkapazität gilt:

$$C_L = \frac{\epsilon_0 \cdot \epsilon_{Ox}}{t_{Ox}} \cdot F = \frac{8{,}86 \cdot 10^{-14} \frac{F}{cm} \cdot 4}{40 \cdot 10^{-7}\ cm} \cdot 21 \cdot 10^{-8}\ cm^2 = 18,6\ fF$$

Man könnte nun die Stromgleichung für den T_P Vorzeichen richtig aufstellen und so die Schaltzeiten in Sättigungs- und Triodengebiet ausrechnen. Da aber die Schwellspannungen symmetrisch sind ist es einfacher die Formeln für den völlig komplementären Auflade Vorgang zu benutzen:

$$t' = \frac{2C_L \cdot |U_{TP}|}{\beta_p \cdot (U_B - |U_{TP}|)^2} \text{ mit } \beta_p = C_{Ox} \cdot \mu_p \cdot \frac{W}{L} = 53,2\ \frac{\mu A}{V^2}$$

$$\Rightarrow t' = 4,37 \cdot 10^{-11}\ s$$

$$t'' - t' = \frac{C_L}{\beta_p \cdot (U_B - |U_{TP}|)} \cdot \ln\left(4 \frac{U_B}{|U_{TP}|} - 5\right) = 8{,}74 \cdot 10^{-11}\ \text{s} \cdot 2{,}71 = 23{,}7 \cdot 10^{-11}\ s$$

$$\Rightarrow t'' - t' + t' = 28,0 \cdot 10^{-11}\ s = 0,28\ ns$$

Mit der Abschätzung $(C_L/\beta_L) \cdot 1\ V^{-1}$ hätten wir erhalten: $t_r = 34{,}9 \cdot 10^{-11}$ s = 0,34 ns, also einen 20% Fehler gemacht.

In Abb. 6.23 sind noch einmal in einer numerischen Simulation das zeitliche Verhalten der verschiedenen Invertertypen bei gleichem Eingangssignal und bei gleicher Lastkapazität dargestellt. Hierbei werden auch die Querströme durch die Lasten bei der Entladung des Kondensators mit berücksichtigt, was im unterschiedlichen Verhalten der Invertertypen in der abfallenden Flanke und den auftretenden Restspannungen zum Ausdruck kommt. Hier wird auch deutlich warum die Inverter mit ohmscher bzw. Enhancement-Last kaum praktische Anwendung erfahren haben: Die Anstiegszeiten sind einfach zu lang. Eine Verringerung des Lastwiderstandes bzw. eine Vergrößerung des W/L-Verhältnisses des Enhancement-Lasttransitors würde dies zwar verbessern, führt aber sofort zu inakzeptabel hohen Restspannungen.

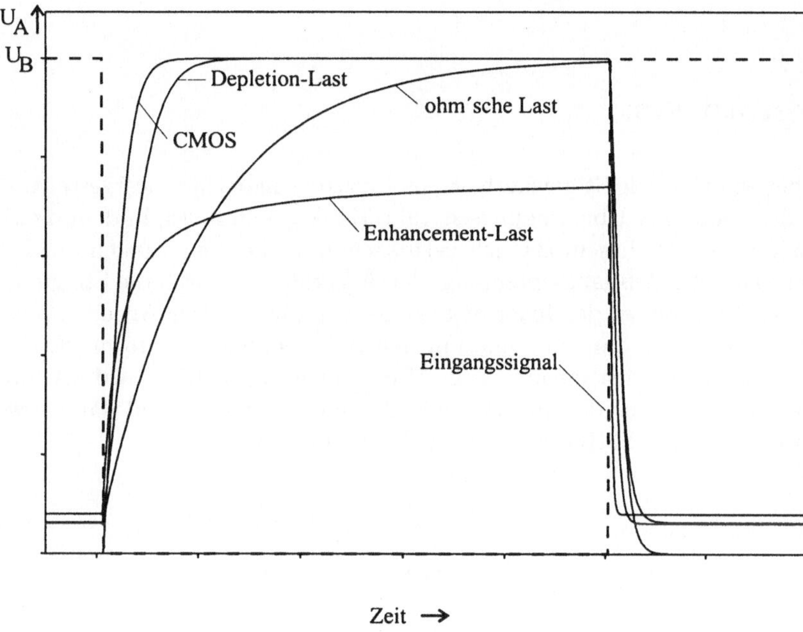

Abb. 6.23: Dynamisches Verhalten der verschiedenen Inverter bei gleicher Lastkapazität und gleichem Eingangssignal

7 Verstärker, Treiber und Gatter

Was macht man nun mit den Invertern, mit denen wir uns so ausgiebig befasst haben. Nun, wie bereits früher angedeutet lassen sich viele (wenn nicht die meisten) Schaltungen auf einen Inverter zurückführen, um ihr Übertragungsverhalten (statisch) und ihr zeitabhängiges, dynamisches Verhalten zu beschreiben. Bevor wir aber darauf eingehen, sollen noch zwei wichtige Funktionen des Inverters an sich betrachtet werden.

7.1 Verstärker

Bei den Überlegungen zur Störsicherheit des Inverters haben wir festgestellt, dass es einen Bereich in der statischen Übertragungscharakteristik geben muss, in dem die Steigung größer als 1 sein muss. In diesem Bereich verursachen kleine Änderungen der Eingangsspannung Änderungen der Ausgangsspannung, deren Verhältnis durch die Steigung gegeben ist. In diesem Bereich arbeitet der Inverter also als Verstärker. Der Arbeitspunkt muss dabei so gewählt werden, dass die Kennlinie um den Arbeitspunkt herum möglichst steil (große Verstärkung) und möglichst linear (kleine Verzerrungen) ist. Dies wird i.A. im Bereich $U_E = U_B/2$ der Fall sein. Für den Inverter mit Enhancement-Last sind dann sowohl Last- als auch Schalttransistor in Sättigung und für den Querstrom gilt:

$$\begin{aligned} I_{D,S} &= I_{D,L} \\ \frac{1}{2} \cdot \beta_L \cdot (U_B - U_A - U_{TL})^2 &= \frac{1}{2} \cdot \beta_s \cdot (U_E - U_{TS})^2 \end{aligned} \tag{7.1}$$

Nach dem Wurzelziehen auf beiden Seiten und Ableiten nach U_E ergibt sich:

$$\begin{aligned} &\sqrt{\beta_L} \cdot \left(-\frac{dU_A}{dU_E}\right) = \sqrt{\beta_S} \\ &\Rightarrow v = \sqrt{\frac{\beta_S}{\beta_L}} \end{aligned} \tag{7.2}$$

Dabei ist v die Verstärkung.

Bei dem Inverter mit Depletion-Last bzw. beim CMOS-Inverter hatte sich aus den idealisierten Annahmen ein regelrechter Sprung in der Übertragungskennlinie ergeben, was einer unendlichen Verstärkung entspräche. Aufgrund der dabei nicht berücksichtigten Kanallängenmodulation ergibt sich aber auch hier eine endliche Verstärkung, die allerdings sehr groß sein kann. Dies ist unter anderem ein Grund dafür, dass MOS- und CMOS-Schaltungen auch im analogen Bereich zunehmend an Bedeutung gewinnen.

7.2 Treiberschaltungen

Bei unseren Überlegungen zu den Schaltzeiten des Inverters haben wir gesehen, dass diese im Wesentlichen von der zu treibenden Lastkapazität und von der Größe des treibenden Transistors (d.h., von W/L) abhängt. Es galt:

$$t_{r,f} \approx \frac{C_L}{\beta} \tag{7.3}$$

Dabei sind wir davon ausgegangen, dass der betreffende Inverter nur einen gleichartigen Inverter zu treiben hatte. Nun liegen am Ausgang eines Inverters oder eines größeren Schaltungsteils, zahlreiche Eingänge anderer Schaltungsteile, ganze Bussysteme oder sogar Ausgänge aus der Gesamtschaltung und C_L kann so über mehrere Größenordnungen größer werden. Dementsprechend verlängert sich, ohne Gegenmaßnahmen, auch die Schaltzeit. Vergrößert man das W/L-Verhältnis des Transistors, erreicht man zwar eine Verringerung der Schaltzeit. Aber damit nimmt die Eingangskapazität des Inverters dramatisch zu. Und dies wiederum belastet die vorgeschaltete Logik.

Als Konsequenz aus diesem Dilemma benutzt man eine Kette von N Invertern, wobei die Transistoren eines Inverters um den Faktor f größer sind, als die des vorgeschalteten Inverters. Damit gilt für die Verzögerungszeit des i-ten Inverters der Kette:

$$t_i = f \cdot t_{r,f} \tag{7.4}$$

wobei $t_{r,f}$ die Verzögerungszeit eines Inverters mit gleicher Eingangs- und Lastkapazität ist. Für die Inverterkette ergibt sich daraus eine Gesamtverzögerungszeit von

$$T = N \cdot f \cdot t_{r,f}.$$

Für f gilt weiter:

$$f^N = \frac{C_L}{C_0} \tag{7.5}$$

wobei C_L die zu treibende Lastkapazität und C_0 die Eingangskapazität des ersten Inverters ist. Daraus folgt:

$$N \cdot \ln f = \ln\left(\frac{C_L}{C_0}\right)$$

und damit:

$$T = \ln\left(\frac{C_L}{C_0}\right) \cdot \frac{f}{\ln f} \cdot t_{r,f} \tag{7.6}$$

Nun gilt es T in Abhängigkeit von f zu minimieren, wobei C_L/C_0 und $t_{r,f}$ vorgegeben sind:
$\frac{dT}{df} = 0 = \ln\left(\frac{C_L}{C_0}\right) \cdot t_{r,f} \cdot \left(\frac{1}{f^2} - \frac{\ln f}{f^2}\right)$

$$\Rightarrow \left(\frac{1}{f^2} - \frac{\ln f}{f^2}\right) = 0 \Rightarrow \ln f = 1 \Rightarrow f = e \tag{7.7}$$

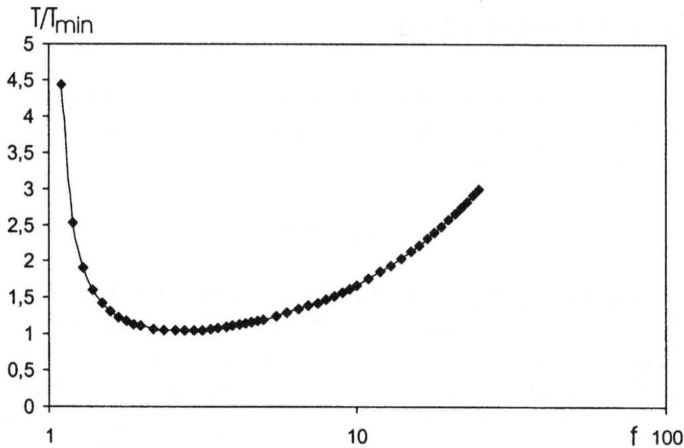

Abb. 7.1: Normierte Verzögerungszeit als Funktion des Vergrößerungsfaktors f.

Von Stufe zu Stufe müssen also die Weiten der Transistoren um den Faktor e (eulersche Zahl) größer gemacht werden. Damit ergibt sich für die Gesamtverzögerungszeit T_{min}:

$$T_{\min} = e \cdot \ln\left(\frac{C_L}{C_0}\right) \cdot t_{r,f} \tag{7.8}$$

und für die Anzahl N der Inverter:

$$N = \ln\left(\frac{C_L}{C_0}\right) \tag{7.9}$$

Normiert man T auf T_{min} so folgt:

$$\frac{T}{T_{\min}} = \frac{\ln\left(\frac{C_L}{C_0}\right) \cdot \frac{f}{\ln f} \cdot t_{r,f}}{e \cdot \ln\left(\frac{C_L}{C_0}\right) \cdot t_{r,f}} = \frac{f}{e \cdot \ln f} \tag{7.10}$$

Trägt man dieses Verhältnis gegen f auf (s. Abb. 7.1), so wir deutlich, dass das Minimum relativ breit ist. I.A. genügt es daher, für f einen Wert zwischen 2 und 3 zu wählen.

Als letzte Bemerkung zu Treiberstufen muss noch erwähnt werden, dass insbesondere bei Treibern, die auf Bussystemen arbeiten, neben dem eindeutigen "0"- bzw. "1"-Zustand noch ein dritter, hochohmiger Zustand notwendig ist, damit auch andere Schaltungsteile störungsfrei die gleiche Busleitung treiben können. In n-Kanaltechnik ist dies ein relativ einfach zu realisierendes Unterfangen(S. Abb. 7.2 a).

Liegt U_C auf 0 V, so sind T_1 und T_2 unabhängig von U_E gesperrt und damit U_A hochohmig von U_E entkoppelt. Andere Treiber (möglichst nur einer) können also auf die am Ausgang liegende Leitung zugreifen, ohne dass durch den Treiber Querstrom fließt. Liegt U_C auf U_B, arbeitet T_1 als Last und T_2 ist durchgeschaltet, U_A hängt also von U_E ab. Allerdings

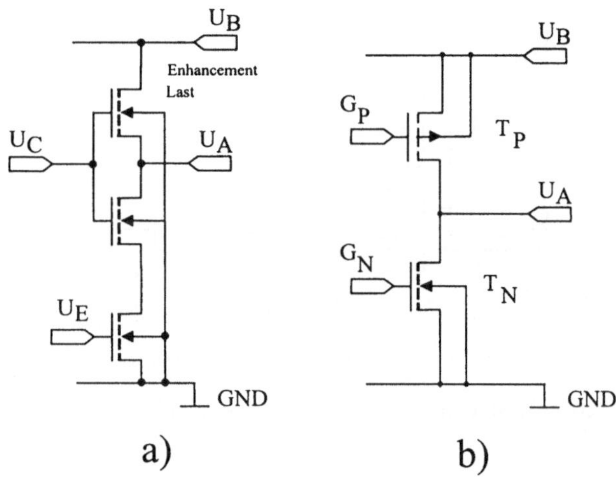

Abb. 7.2: Tri-State-Treiber: a) n-Kanal Technik; b) End-Stufe in CMOS-Technik

treten hier, wie beim Inverter mit Enhancement-Last, die Probleme mit der Restspannung und dem Nichterreichen der Betriebsspannung auf. Dies passiert nicht bei Tri-State-CMOS-Ausgängen, wird aber mit einem schaltungstechnisch größeren Aufwand erkauft, siehe Abb. 7.2 b).

E	C	G_P	G_N	U_A
X	0	1	0	Z
1	1	1	1	0
0	1	0	0	1

Tabelle 7.1: Wahrheitstabelle CMOS-Tri-State-Treiber

Liegt das Gate des PMOS-Transistors auf U_B und das Gate des NMOS-Transistors auf GND, so sind beide Transistoren gesperrt und der Ausgang wie gewünscht hochohmig von der vorangehenden Schaltung entkoppelt. Damit am Ausgang ein High-Pegel also U_B erscheint, müssen die Gates beider Transistoren auf GND liegen. Um am Ausgang einen Low-Pegel also GND zu erzeugen, müssen die Gates auf U_B liegen. Die Zusammenhänge sind in der Wahrheitstabelle dargestellt.

Dabei bezeichnet E den logischen Eingang des Treibers, C den zusätzlich erforderlichen Kontrolleingang, G_P und G_N die Pegel der Gates und U_A den Ausgang des Treibers. Z bezeichnet den hochohmigen Zustand des Treibers am Ausgang. In diesem Zustand ist es irrelevant, welcher Zustand am Eingang ansteht, was hier mit X bezeichnet wird. Analysiert man die Situation etwas genauer, so wird ersichtlich, dass der Pegel am Gate des PMOS-Transistors durch eine ODER-Verknüpfung des Eingangs und des invertierten Kontrolleingangs gegeben ist. Für das Gate des NMOS-Transistors ergibt sich eine UND-Verknüpfung. Mit Hilfe des DeMorgan' schen Gesetzes lässt sich dies in die in Abb. 7.3 wiedergebene Schaltung umsetzen.

Eine weitere Möglichkeit Tri-State-Ausgänge zu realisieren, besteht in den sogenannten

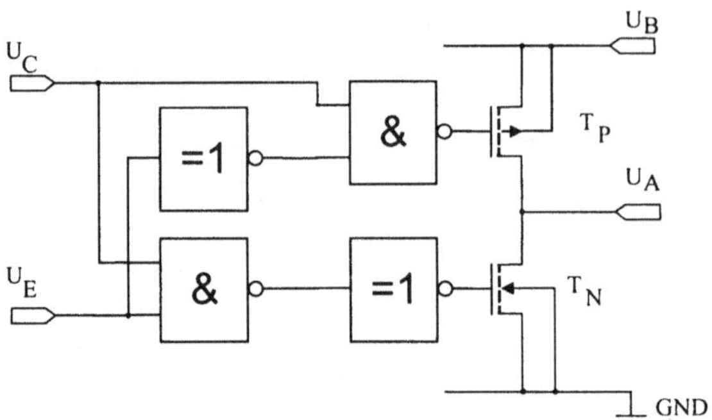

Abb. 7.3: CMOS-Tri-State-Ausgang mit Ansteuerlogik

Transfer-Gates, die später zu besprechen sein werden.

7.3 Logische Gatter

Zunächst wollen wir uns aber darum bekümmern, wie die eben beim Tri-State-CMOS-Treiber auftretenden logischen Verknüpfungen realisiert werden können. Es geht also um die Grundfunktionen UND und ODER bzw. Nicht-UND und Nicht-ODER. Im Folgenden werden wir die gebräuchlicheren englischen Bezeichnungen AND und OR bzw. NAND und NOR verwenden.

In Einkanal-Technik sind solche Funktionen relativ leicht zu realisieren: Baut man in einen Inverter statt eines Schalttransistors zwei Transistoren in Reihe ein, so erfüllt diese Schaltung, wie die Wahrheitstabelle zeigte, die Funktion NAND. Um eine AND zu realisieren brauchen wir nur einen einfachen Inverter nachzuschalten. Um eine NAND- oder AND-Verknüpfung mit drei oder mehr Eingängen zu erhalten müssen bloß entsprechend viele Schalttransistoren in Reihe geschaltet werden. Doch Vorsicht! Transistoren in Reihenschaltung haben einen höheren Gesamtwiderstand und beeinflussen so die auftretende Restspannung und auch die Schaltzeiten negativ. Hierzu kommt der Substrateffekt. Als Faustregel kann gelten, dass bei einer Reihenschaltung von N Transistoren die Weite der Einzeltransistoren N-mal so groß werden muss, um die Schaltzeit des vergleichbaren Inverters nicht wesentlich zu überschreiten. Auf jeden Fall ergibt sich ein wesentlich erhöhter Flächenbedarf und eine erhöhte Eingangskapazität.

Die zweite Grundfunktion das NOR bzw. OR erhält man indem man zum Schalttransistor eines Inverters in NMOS-Technik einen zweiten Transistor parallel schaltet. Diese Schaltung realisiert die Funktion NOR. Um die Funktion OR zu erhalten muss wiederum ein Inverter nachgeschaltet werden.

Ein NOR mit drei oder mehr Eingängen ergibt sich durch Parallelschaltung von entsprechend vielen Transistoren. Hier braucht man sich auch um die Dimensionierung der Schalttransistoren keine so großen Gedanken zu machen wie beim NAND, da ja jeder einzelne Schalttransistor im NOR die Mindestbedingung an den einfachen Inverter erfüllt. U. U.

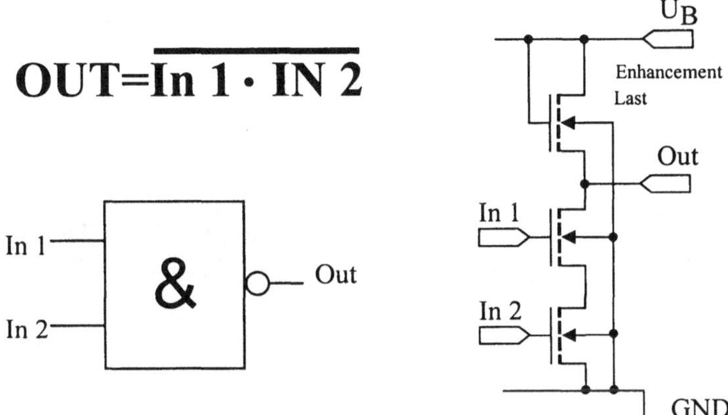

Abb. 7.4: NAND als Gatterschaltbild und als Realisierung in n-Kanal Enhancement-Technik.

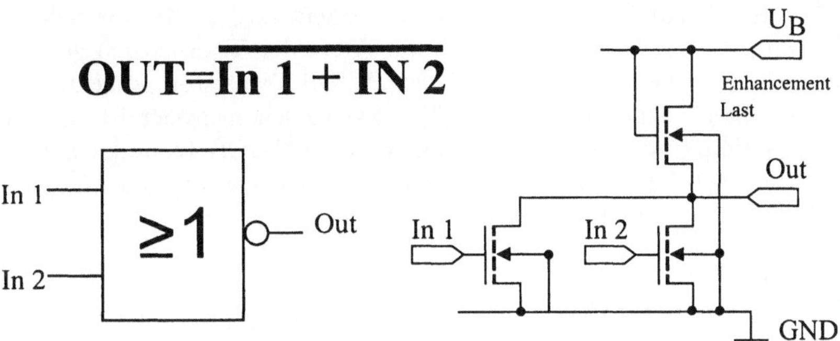

Abb. 7.5: NOR als Gatterschaltbild und als Realisierung in n-Kanal Enhancement-Technik.

kann man die Einzeltransistoren sogar etwas verkleinern.

Etwas anders liegen die Verhältnisse bei den logischen Grundfunktionen in CMOS-Technik. Hier benötigt man für jeden Schalttransistor grundsätzlich einen "Lasttransistor". Eigentlich handelt es sich hierbei um geschaltete Lasten, also auch um Schalttransistoren. Beim NAND besteht der NMOS-Teil, wie in der Einkanal-Technik aus zwei oder mehr in Reihe geschalteter NMOS-Transistoren. Die "Lasten" bestehen aus entsprechend vielen parallel geschalteten PMOS-Transistoren, deren Gates mit den Gates der zugehörigen NMOS-Transistoren verbunden sind. Dies ist notwendig um sicherzustellen, dass der Ausgang nicht unbeabsichtigt in einen nicht definierten hochohmigen Zustand gerät.

Das CMOS-NOR besteht im NMOS-Teil aus zwei oder mehr parallel geschalteten NMOS-Transistoren, während die "Lasten" aus entsprechend vielen in Reihe geschalteten PMOS-Transistoren bestehen. Die Gates der PMOS-Transistoren sind wiederum mit den Gates der zugehörigen NMOS-Transistoren verbunden. Es ist dabei wichtig, dass auch hier die

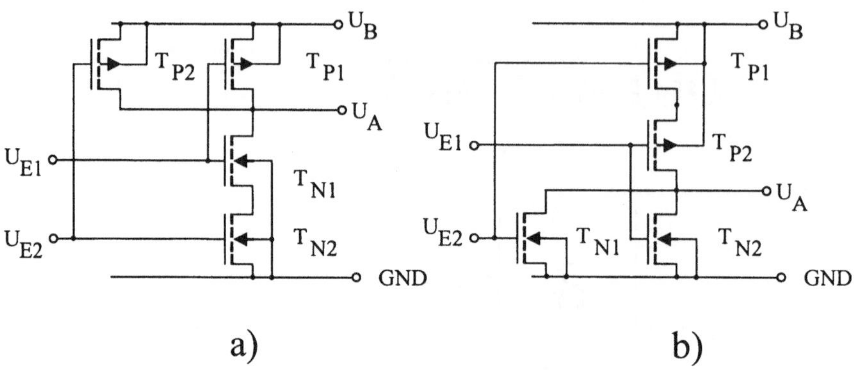

Abb. 7.6: Logische Funktionen in CMOS-Technik: a) NAND; b) NOR

Aussagen über die Dimensionierung der Transistoren, insbesondere bei Reihenschaltung, die schon bei der Einkanal-Technik erläutert wurden, ihre Gültigkeit behalten: Bei einer Reihenschaltung von N Transistoren muss die Weite der Transistoren gegenüber dem einfachen Inverter ver-N-facht werden. Da der PMOS-Transistor, aufgrund der geringeren Ladungsträgerbeweglichkeit (ca. Faktor 3), sowieso schon größer ist als der NMOS, hat die NAND-Funktion gegenüber der NOR-Funktion in CMOS-Technik einen Flächenvorteil, insbesondere bei vielen Eingängen. Dies kann eine Umwandlung der Logik mit Hilfe des DeMorgan' schen Gesetzes rechtfertigen.

7.4 Komplex-Gatter

Die bisher besprochenen logischen Grundfunktionen lassen sich fast beliebig auf komplexe logische Funktionen erweitern. Dabei ist nur zu beachten, dass im NMOS-Zweig eine OR-Verknüpfung immer durch eine Parallelschaltung von Transistoren, eine AND-Verknüpfung dagegen durch eine Reihenschaltung realisiert wird. Bei CMOS-Schaltungen bleibt der NMOS-Zweig so erhalten, der PMOS-Zweig muss aber komplementär aufgebaut werden: Eine OR-Verknüpfung wird durch eine Reihenschaltung, eine AND-Verknüpfung durch eine Parallelschaltung von PMOS-Transistoren erzeugt. So wird zum Beispiel die logische Funktion

$$\overline{(In1 + In2) \cdot In3} = \overline{(In1\ OR\ In2)\ AND\ In3}$$

normalerweise mit drei Gattern dargestellt. Durch den Aufbau eines Komplexgatters kann der Aufwand erheblich reduziert werden. Die OR-Verknüpfung der Eingänge In1 und In2 erfolgt durch Parallelschaltung von zwei NMOS-Transistoren, zu denen, für die AND-Verknüpfung mit In3, ein weiterer NMOS-Transistor in Reihe geschaltet wird. Zusammen mit einer NMOS-Last ist damit die logische Funktion komplett (s. Abb. 7.8). In CMOS-Technik spiegelt sich die OR-Verknüpfung in der Reihenschaltung zweier PMOS-Transistoren, zu denen ein weiterer PMOS-Transistor parallel geschaltet ist, der die OR-Verknüpfung besorgt(s. Abb. 7.9).

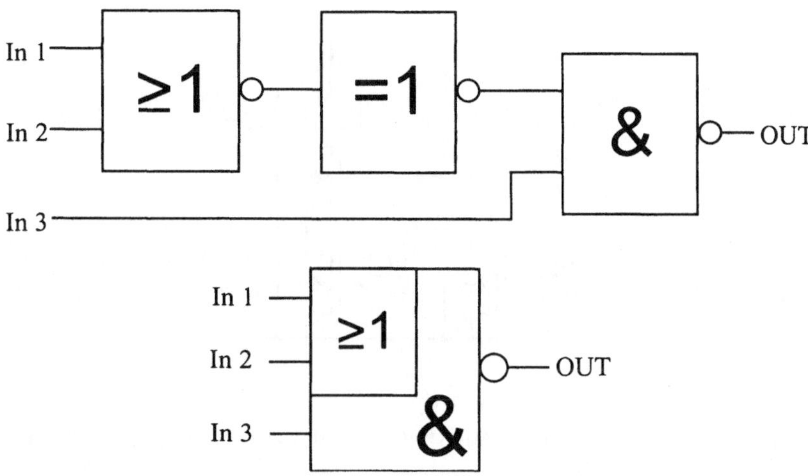

Abb. 7.7: Gatterschaltbild und Komplex-Gatter der Funktion NICHT((In1 ODER In2) UND In3).

Auf diese Weise lassen sich fast beliebige AND/OR-Kombinationen von mehreren Eingängen realisieren. Es ist nur zu beachten, dass die Reihenschaltung von Transistoren die Schaltzeiten des Gatters negativ beeinflussen, und daher die Transistoren eine doppelte bzw. mehrfache Weite erhalten müssen. Deshalb macht es kaum Sinn, derartige Gatter für mehr als fünf oder sechs Eingänge zu bauen.

Beispiel 21: Im Abschnitt Treiberschaltungen wurde die Ansteuerlogik für einen CMOS- Tri-State-Treiber entwickelt. Setzen Sie diese Logik in eine CMOS- Schaltung um.Zur Lösung s. Abb. 7.10

Pfiffiger weil kompakter und einfacher ist die Idee, die In Abb. 7.11 wiedergegeben ist, die auf der Logik des Tri-State-Treibers in Ein-Kanal-Technik beruht.

Beispiel 22: Eins der wichtigsten Komplexgatter ist das Exklusiv- Oder- Gatter (XOR) mit folgender logischen Funktion:

$(A \cdot \overline{B}) + (\overline{A} \cdot B)$

a) Geben Sie die Wahrheitstabelle für diese Funktion an.

b) Entwickeln Sie eine Gatterdarstellung aus NAND- und NOR- Gattern und Invertern.

c) Geben Sie die Schaltung in Ein- Kanal- Technik mit Depletion- Lasten an.

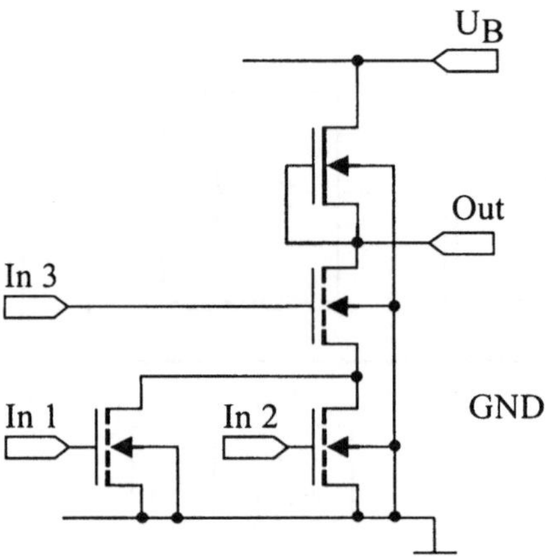

Abb. 7.8: Realisierung der Funktion NICHT((In1 ODER In2) UND In3) in n-Kanaltechnik.

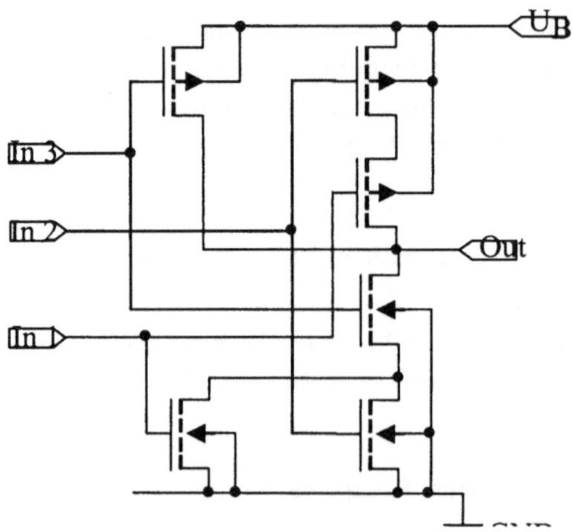

Abb. 7.9: Realisierung der Funktion NICHT ((In1 ODER In2) UND In3) in CMOS-Technik

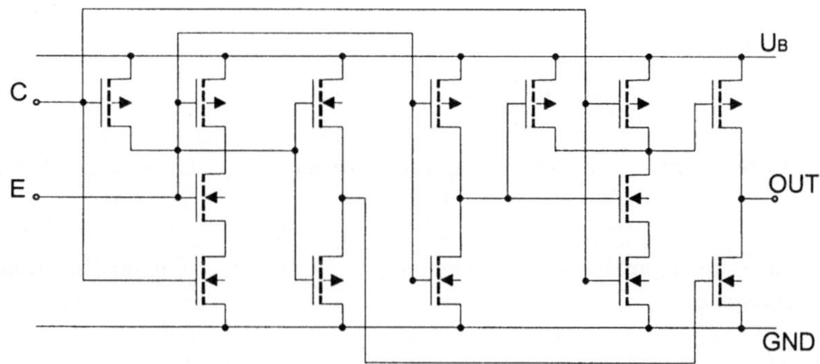

Abb. 7.10: CMOS-Schaltung des Tri-State-Ausganges nach Abb. 7.3

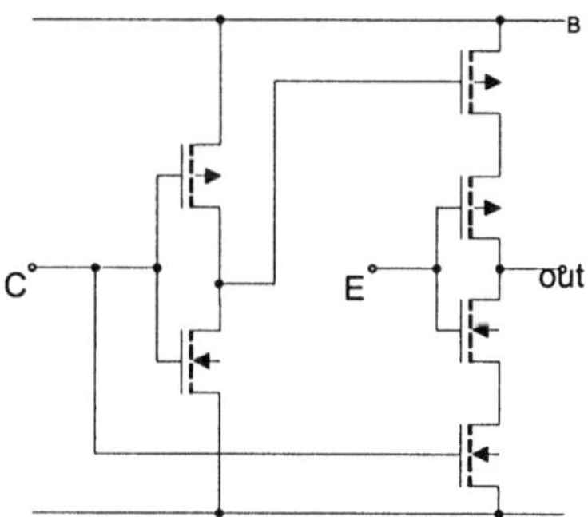

Abb. 7.11: "Pfiffige" CMOS-Schaltung des Tri-State-Ausganges

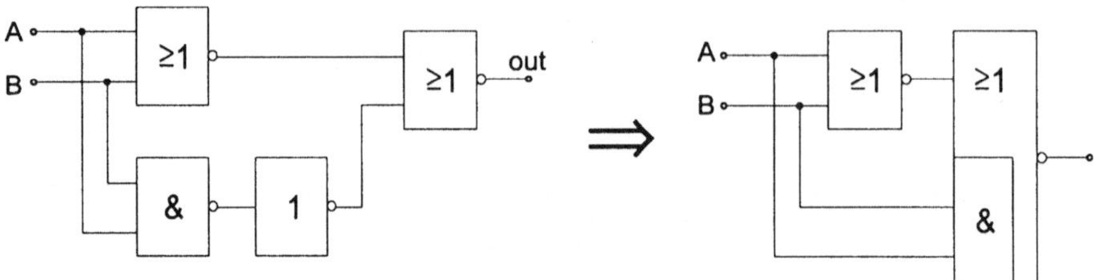

Abb. 7.12: Gatter-Schaltung des Exklusiv-ODER (Aus Beispiel 22)

d) Es stehen Ihnen nur 4 NAND- Gatter zur Verfügung. Geben Sie, wenn möglich, die Gatterstellung an.

Lösung

zu a) Wahrheitstabelle

A	B	out
0	0	0
0	1	1
1	0	1
1	1	0

zu b)

$$\begin{aligned}
&(A \cdot \overline{B}) + (\overline{A} \cdot B) \\
&= \left(\overline{\overline{A} + B}\right) + \left(\overline{A + \overline{B}}\right) \text{ nach DeMorgan} \\
&= \overline{(\overline{A} + B) \cdot (A + \overline{B})} \text{ nach DeMorgan} \\
&= \overline{(\overline{A} \cdot A + B \cdot A + \overline{B} \cdot \overline{A} + B \cdot \overline{B})} \text{ Distributivgesetz} \\
&= \overline{(B \cdot A + \overline{B} \cdot \overline{A})} \\
&= \overline{\left(B \cdot A + \overline{(A + B)}\right)} \text{ nach DeMorgan (s. Abb. 7.12)}
\end{aligned}$$

zu c) s. Abb. 7.13

zu d)

$$\begin{aligned}
out &= A \cdot \overline{B} + \overline{A} \cdot B \\
out &= (A \cdot \overline{B} + \overline{A} \cdot A) + (\overline{A} \cdot B + \overline{B} \cdot B) \text{ geschickt 2 mal 0 addiert} \\
out &= ((\overline{B} + \overline{A}) \cdot A) + ((\overline{B} + \overline{A}) \cdot B) \text{ Distributivgesetz} \\
&= ((\overline{B \cdot A}) \cdot A) + ((\overline{B \cdot A}) \cdot B) \text{ nach DeMorgan} \\
&= \overline{\overline{\left(\overline{(B \cdot A)} \cdot A\right)} \cdot \overline{\left(\overline{(B \cdot A)} \cdot B\right)}} \text{ nach DeMorgan}
\end{aligned}$$

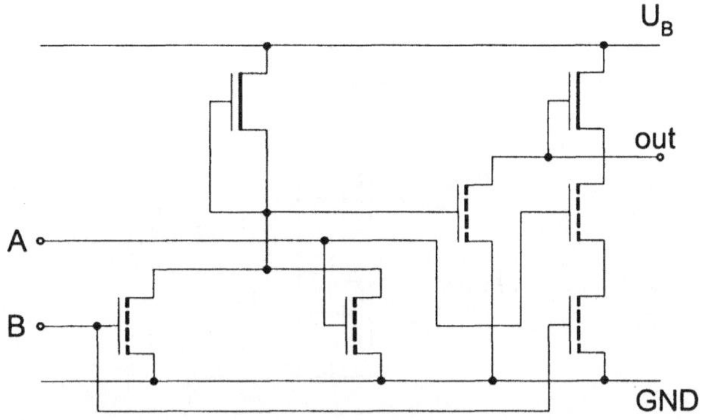

Abb. 7.13: Transistor-Schaltung des Exklusiv-ODER in NMOS-Technologie (Aus Beispiel 22)

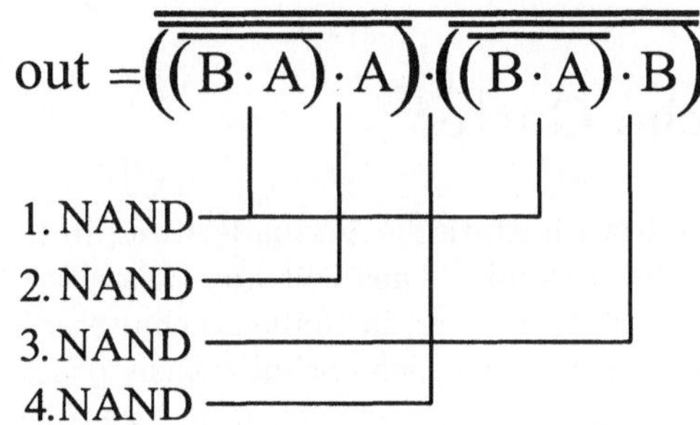

Abb. 7.14: Exlusiv-ODER mit 4 NAND (Aus Beispiel 22)

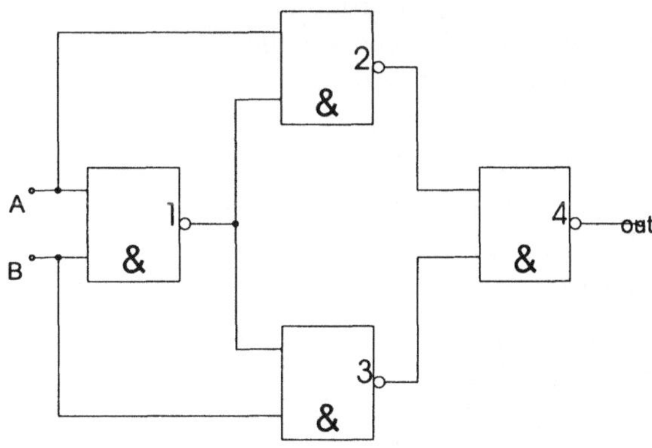

Abb. 7.15: Gatter-Schaltung des Exlusiv-ODER mit 4 NAND (Aus Beispiel 22)

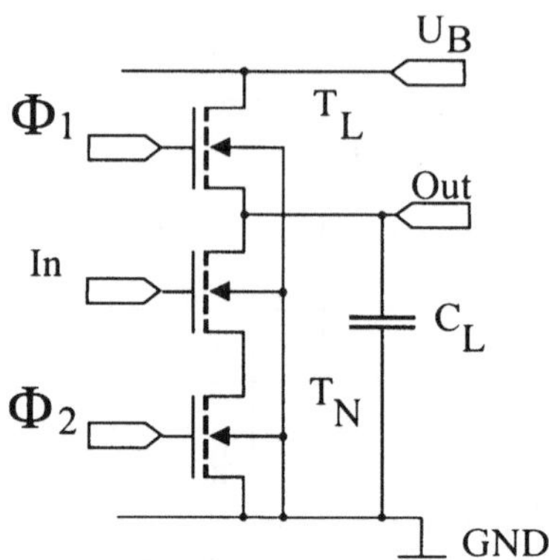

Abb. 7.16: Dynamischer Inverter in NMOS-Technik; Der mittlere Transistor kann durch ein logisches Netzwerk ersetzt werden, um so auch logische Verknüpfungen in dynamischer Technik zu realisieren.

7.5 Dynamische Gatter

Eine Methode um zumindest die statische Verlustleistung in der Einkanal-Technik zu vermeiden ist die dynamische Technik. Dies soll am Beispiel eines dynamischen Inverters erläutert werden. Dieser besteht aus drei in Reihe geschalteter Transistoren (s. Abb. 7.16), wobei der mittlere Transistor der eigentliche Schalttransistor ist. Er kann gegen ein NMOS-Logiknetzwerk ausgetauscht werden, so dass auch komplexe Gatter realisiert werden können. Der Trick besteht nun darin, dass zunächst die Last aktiv geschaltet wird und in einer zweiten Phase mit einem weiteren Transistor die Logik aktiv geschaltet wird. Dazu wird ein nicht überlappender Zwei-Phasen-Takt mit den Bezeichnungen Φ_1 und Φ_2 benötigt. Zu Beginn ist $\Phi_1 = 1$ und $\Phi_2 = 0$, somit leitet T_L und T_N sperrt. Die Knotenkapazität C_L wird also aufgeladen aber es kann kein Querstrom fließen. Dann wird Φ_1 auf null gesetzt. Jetzt beginnt die kritische Phase: Alle Eingangssignale der Logik müssen jetzt stabil anstehen. Dann wird Φ_2 auf eins gesetzt. Jetzt wird C_L entweder bei durchgeschalteter Logik über T_N entladen, oder es bleibt der Ausgang bei gesperrter Logik auf High.

Der Ausgang darf also erst nach einer bestimmten Zeit abgefragt werden.

Gleichzeitig ist zu beachten, das C_L auch über Junction-Leckströme und parasitäre Kapazitäten ständig entladen wird, so dass bei dieser Technik eine genaue Timing-Simulation und -Analyse notwendig ist.

In CMOS-Technik sind derartige Gatter noch etwas eleganter zu realisieren, da man mit nur einem Takt auskommt (s. Abb. 7.17). Hier liegt zu Beginn Φ auf 0, T_P leitet und lädt C_L auf, da T_N sperrt. Wechselt Φ auf 1 sperrt T_P, T_N leitet und C_L, wird je nachdem T_S bzw. das entsprechende Logik-Netzwerk leitet oder sperrt; entladen oder nicht. Das Logik-Netzwerk besteht dann nur aus NMOS-Transistoren, wodurch erheblich Fläche gespart wird. Baut man aus solchen komplexen dynamischen Gattern eine komplexe Logik auf , muss besonders dafür Sorge getragen werden, dass Laufzeitunterschiede in verschiedenen Zweigen

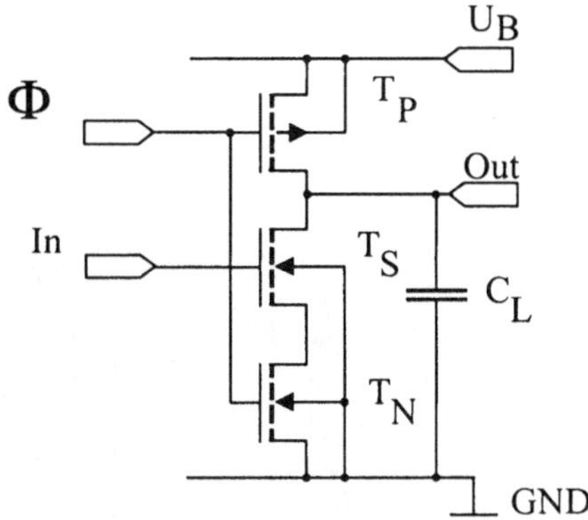

Abb. 7.17: Dynamischer Inverter in CMOS-Technik; Der mittlere Transistor kann auch hier durch ein logisches Netzwerk ersetzt werden, um so auch logische Verknüpfungen in dynamischer Technik zu realisieren.

nicht zu Fehlern führen. Bei CMOS erreicht man dies durch nicht getaktete einfache Trenn-Inverter. Während des Vorlade-Taktes ($\Phi = 0$; T_P leitend) liegt der Ausgang des Gatters auf 1, alle nachfolgende Logiken wären also durchgeschaltet und könnten bei unsauberem Timing zur ungewollten Entladung von C_L führen. Ein Trenn-Inverter macht aus der 1 eine 0 und so sind alle nachfolgenden Logik-Netze gesperrt. Wechselt nun Φ von 0 auf 1 kippen alle Netzwerke der einzelnen Gatter der Reihe nach um, man spricht daher auch von Domino-Technik.

Aber auch hier können allzu große Laufzeitunterschiede noch zu Fehlfunktionen führen. Hier hilft nur die Zwischenspeicherung von Zwischenergebnissen. Dazu gibt es, wie immer, zwei Möglichkeiten:

Einmal können Zwischenergebnisse in statischen Speichern, wie Flip-Flops oder Latches, die wir später besprechen werden, praktisch unbegrenzt zwischengespeichert werden und wenn benötigt abgerufen werden.

Die zweite Möglichkeit ist eine dynamische Zwischenspeicherung. Dazu werden aufeinander folgende logische Gatter durch Schalter voneinander getrennt:

Diese Kette von Schaltern und Gattern wird durch zwei nicht überlappende Takte gesteuert. Während Φ_1 auf 1 und Φ_2 auf 0 liegt, werden die Ausgänge von Gatter 1 und 3 auf die Eingänge von Gatter 2 und 4 durchgeschaltet und dort verarbeitet. Wechselt Φ_1 von 1 auf 0 bleiben die Eingangssignale auf den Eingangskapazitäten gespeichert. Wechselt nun Φ_2 von 0 auf 1, so wird der Ausgang von Gatter 2 auf den Eingang von 3 durchgeschaltet. Die Signale wandern also mit jedem Takt ein Gatter weiter. Im einfachsten Fall handelt es sich bei den Gattern um Inverter und wir haben ein dynamisches Schieberegister vor uns, das man auch als digitale Verzögerungsleitung benutzen kann (s. Abb. 7.19).

Als Schalter kann man einfache MOS-Transistoren benutzen.

Diese werden allgemein als Transfer-Gates bezeichnet. Zu beachten ist dabei, dass diese Transistoren in Reihe mit Schalt- bzw. Lasttransistoren liegen und so zur Schaltzeitverlän-

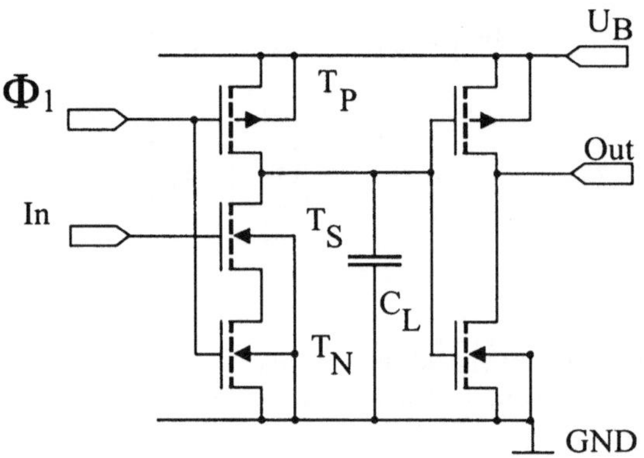

Abb. 7.18: Dynamischer Inverter in CMOS-Technik mit Trenn-Inverter; Domino-Technik.

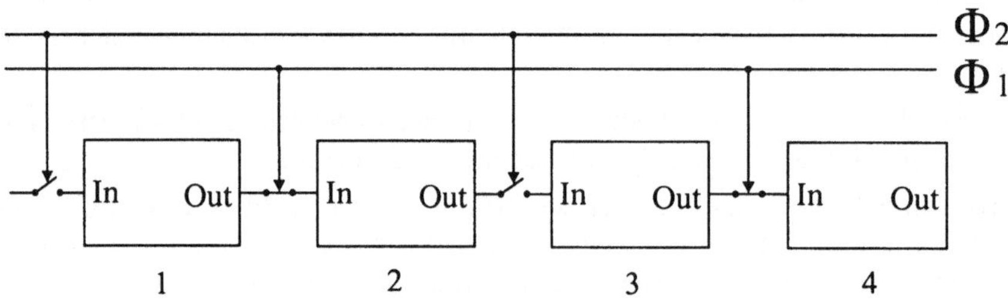

Abb. 7.19: Zur dynamischen Zwischenspeicherung von Zuständen auf den Eingangskapazitäten von Gattern; Dynamisches Schieberegister.

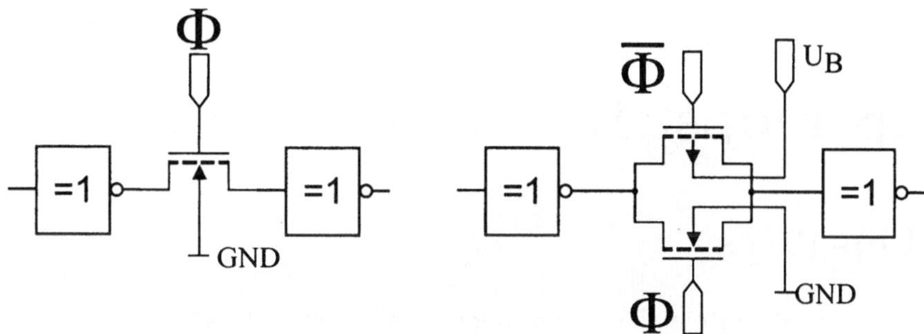

Abb. 7.20: Transfergates in NMOS- und in CMOS-Technik.

gerung und Restspannungen führen. In CMOS kann man die Restspannungen vermeiden, benötigt dann aber zu jedem Taktsignal ein inverses Taktsignal (s. Abb. 7.20).

8 Flip-Flops, RAM und ROM

8.1 Flip-Flops

Wie bereits erwähnt besteht die Notwendigkeit (Zwischen-) Ergebnisse auch über längere Zeit zu speichern. Auch hier kommt der einfache Inverter zu hohen Ehren: Ein solcher Speicher besteht im Wesentlichen aus zwei rückgekoppelten Invertern. Die Abb. 8.1 zeigt die Grundschaltung eines Flip-Flops in NMOS- und CMOS Technik. Es ist bereits anschaulich klar, dass diese Schaltung (halbwegs vernünftig dimensioniert) nur zwei stabile Arbeitspunkte hat, daher auch die Bezeichnung "bistabile" Kippstufe:

1.Arbeitspunkt:

Eingang 1. Inverter Low $\Rightarrow$ Ausgang 1. Inverter High $\Rightarrow$ Eingang 2. Inverter High $\Rightarrow$ Ausgang 2. Inverter Low $\Rightarrow$ Eingang 1. Inverter Low

2.Arbeitspunkt

Eingang 1. Inverter High $\Rightarrow$ Ausgang 1. Inverter Low $\Rightarrow$ Eingang 2. Inverter Low $\Rightarrow$ Ausgang 2. Inverter High $\Rightarrow$ Eingang 1. Inverter High

Das statische und dynamische Verhalten dieser Schaltung ist, obwohl sie doch recht einfach ist, eine ziemlich komplizierte Angelegenheit, die analytisch kaum befriedigend gelöst werden kann. Wir wollen deshalb hier auf eine genauere Betrachtung verzichten. Die Ansteuerung eines solchen Flip-Flops soll allerdings noch kurz erläutert werden:

Um das Flip-Flop in einen definierten Zustand zu bringen, muss mindestens ein Ausgang, u. U. mit Gewalt, entsprechend angesteuert werden. Dies ist im Übrigen einer der ganz wenigen Fälle in denen der Ausgang eines Gatters angesteuert wird. Ansonsten ist es allgemein verboten Ausgänge von Gattern zusammenzuschalten. Um nun einen definierten Zustand einzustellen, schaltet man zu den Schalttransistoren der Inverter zwei Transistoren

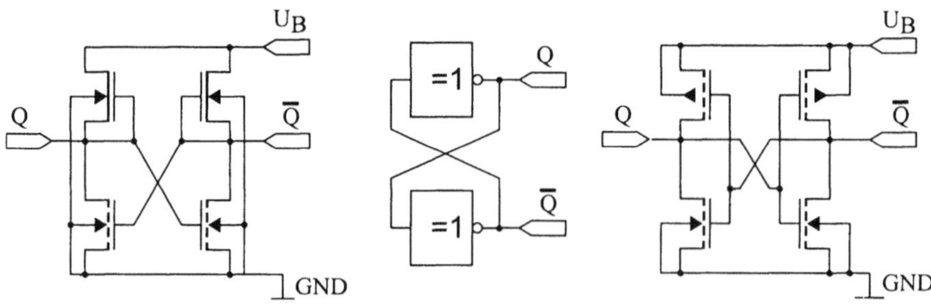

Abb. 8.1: Flip-Flops aus rückgekoppelten Invertern: a) in NMOS-Technik; b) Gatter-Darstellung; c) in CMOS-Technik.

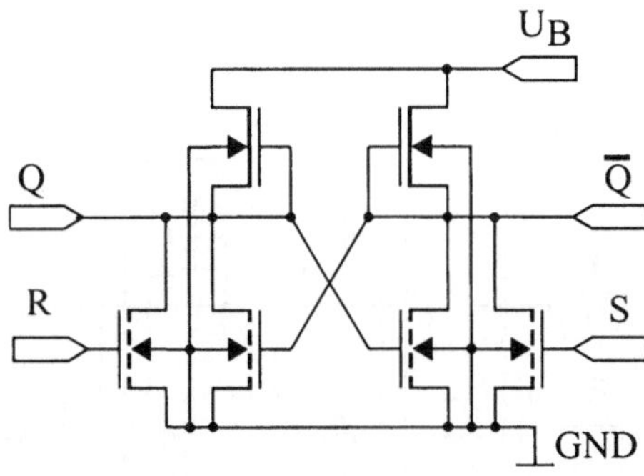

Abb. 8.2: RS-Flip-Flop in NMOS-Technik.

parallel. Durch die Ansteuerung des einen oder des anderen Transistors mit einem High-Pegel am Gate kann der gewünschte Zustand eingestellt werden. Diese Eingänge werden mit Reset bzw. Set bezeichnet. Es handelt sich bei dieser Schaltung um ein RS-Flip-Flop. Um diese Eingänge sperren zu können, schaltet man zu den RS-Transistoren jeweils einen weiteren Transistor in Reihe, so dass das Eingangssignal an R bzw. S nur dann übernommen wird, wenn der Takt auf 1 liegt. Schaltet man zwischen den Eingängen R und S einen Inverter, erhält man ein sogenanntes D-Flip-Flop oder D-Latch, welches immer wenn $\Phi = 1$ ist, das am Eingang R anliegende Signal übernimmt und speichert (s. Abb. 8.3).

8.2 Speicher, RAM und ROM

Wie allgemein bekannt besteht nicht nur die Notwendigkeit Zwischenergebnisse in einem logischen Netzwerk zu speichern, sondern es müssen auch größere Datenmengen gespeichert bzw. zwischengespeichert werden. Wir wollen hier nicht auf die Möglichkeiten großer Halbleiterspeicher eingehen, sondern grundsätzlich auf physikalisch-elektronische Effekte der Speicherung eines einzelnen Bits und die Anordnung solcher Elementar-Speicherzellen eingehen.

Da wir zuletzt über das Flip-Flop gesprochen haben, bietet es sich an, zunächst über statische RAM' s (Random Access Memory) also über Schreib-Lese-Speicher zu sprechen. Die Elementarzelle eines statischen CMOS-RAM, die sogenannte 6-Transistor-Zelle, ist in Abb. 8.4 wiedergegeben. Die Ansteuerung (R/S-Eingänge und Clock) des RS-Flip-Flops sind durch die Transfergates ersetzt worden, wodurch pro Zelle zwei Transistoren und entsprechend viel Fläche eingespart werden kann. Durch Aneinanderreihung von solchen Elementarzellen in vertikaler und horizontaler Richtung entsteht eine Matrix oder Array, in dem man jede einzelne Zelle beschreiben oder lesen kann. Dazu wählt man über die Ansteuerung einer Wortleitung WL die Zeile aus und kann dann über ein Daten-Leitungspaar die gewünschte Zelle lesen bzw. beschreiben.

Die Größe des Arrays ist im Prinzip nur durch die Fläche, die benötigt wird, begrenzt.

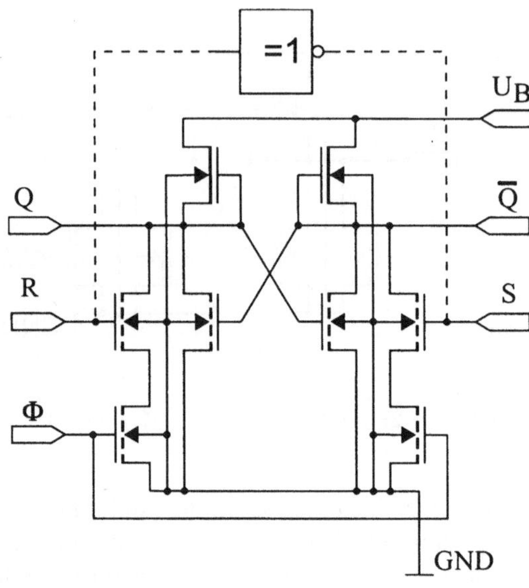

Abb. 8.3: D-Flip-Flop in NMOS-Technik

Einmal nimmt die Ausbeute in der Fertigung mit wachsender Fläche ab. Dies ist ein fertigungstechnisches und statistisches Problem: pro Fläche muss in jedem Prozess mit einer gewissen Anzahl von Fehlern gerechnet werden, je größer das Array um so größer ist die Wahrscheinlichkeit einen Defekt zu erhalten.

Zum zweiten aber wachsen auch die Leitungslängen und damit auch die von den Zellen, den Schreib/Leseverstärker und Adress-Dekodern zu treibenden Kapazitäten, der Zugriff wird also langsamer. Hier kann die Speicherarchitektur noch etwas helfen, letztlich setzen aber Ausbeuten und Zugriffszeit Grenzen, die nur durch verkleinerte Geometrien, d.h. durch eine verkleinerte Elementarzelle weiter hinaus geschoben werden können. Es gibt auch Versuche mit weniger als 6 Transistoren auszukommen, bislang ohne durchschlagenden Erfolg.

Wesentlich größeren Erfolg hat man mit der dynamischen Speicherung. Man nutzt dabei aus, dass man Signale für kurze Zeit auf Kapazitäten zwischenspeichern kann, wie wir es schon beim dynamischen Schieberegister gesehen haben. Die ersten Speicher dieser Art hatten eine Elementarzelle, die aus drei Transistoren bestand (s. Abb. 8.5): Die Gate-Kapazität des Transistors T_M bildet die eigentliche Speicher-Kapazität. Ist die Kapazität geladen, leitet T_M. Wird die entsprechende Wortleitung WL_L angesteuert, leitet auch T_L und die Datenleitung DL_L, die über eine Last mit der Betriebsspannung verbunden ist, wird nach Masse gezogen. Also auch hier im Grunde eine Inverterschaltung. Beschrieben wird die Zelle durch Ansteuerung der Leitung WL_S, dann leitet T_S. Dann wird über T_S der an der Leitung DL_S liegende Pegel in C_S übernommen. Das Problem ist, dass sich C_S ständig infolge von Leckströmen in den pn-Übergängen entlädt, die gespeicherte Information verloren geht und daher in regelmäßigen Intervallen wieder aufgefrischt werden muss ("Refresh"). Bei der Drei-Transistorzelle ist dies relativ einfach: Man schaltet dazu

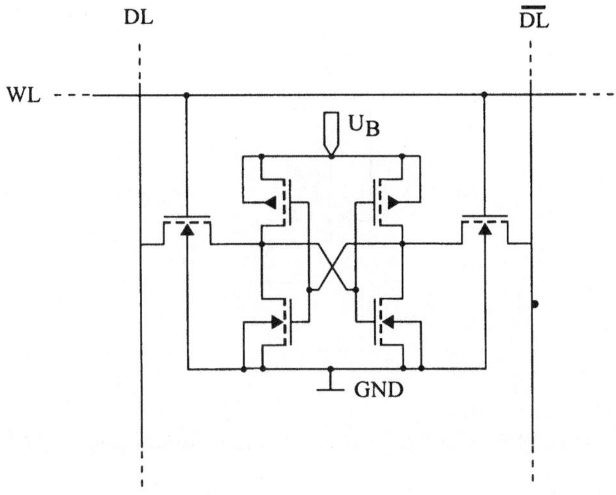

Abb. 8.4: Sechs-Transistorzelle eines statischen RAM in CMOS-Technik.

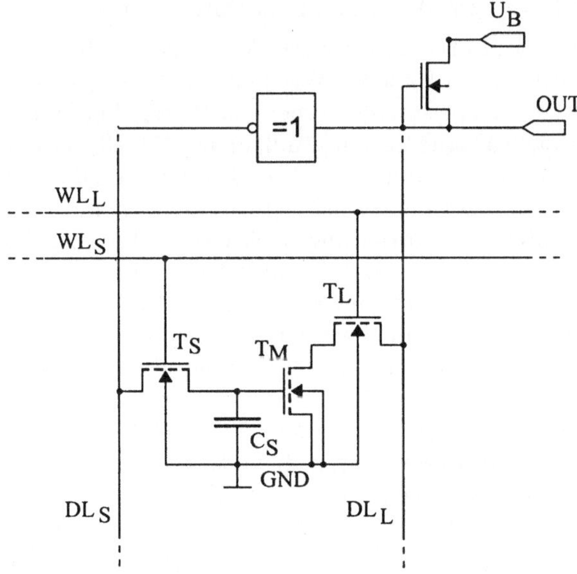

Abb. 8.5: Drei Transistorzelle eines dynamischen RAM in NMOS-Technik.

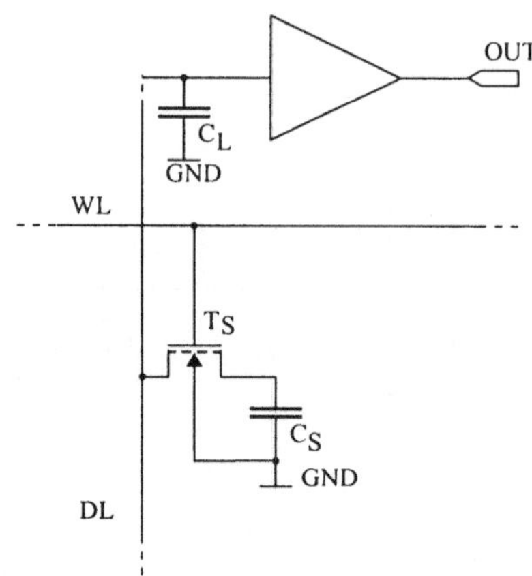

Abb. 8.6: Ein-Transistorzelle eines dynamischen RAM

bei jedem Lesezugriff das Signal der Leitung DL_L über einen Inverter auf die Leitung DL_S und legt an die Leitung WL_L und etwas zeitverzögert an die Leitung WL_S ein High-Signal. Auf diese Weise erfolgt bei jedem Lesezugriff ein Refresh. Damit die Information auf allen Zellen regelmäßig aufgefrischt wird, müssen alle Zellen des Speichers zyklisch gelesen werden. Der Flächenbedarf dieser Zelle ist zwar kleiner als beim statischen RAM, aber der Verdrahtungsaufwand mit zwei Wort- und zwei Datenleitungen ist immer noch recht groß.

Weiteren Vorteil und Fortschritt brachte der Verzicht auf die Transistoren T_L und T_M und es entstand die Ein-Transistorzelle. Wie man sieht, geht es kaum noch simpler. Man spart gegenüber der Drei-Transistorzelle erheblich Platz. Allerdings erkauft man sich diesen Vorteil durch erheblich höheren Aufwand in der Schaltung der Peripherie und auch im Herstellungsprozess für die Kapazität. Der Schreibvorgang ist der gleiche wie bei der Drei-Transistorzelle. Der Lesevorgang ist jedoch eine schaltungstechnische Herausforderung: Wird eine Zelle über die Wortleitung selektiert, findet über T_S ein Ladungsausgleich zwischen der Speicherkapazität C_S und der aus der Leitungskapazität und der Eingangskapazität des Leseverstärkers bestehenden Lastkapazität statt. Der dadurch verursachte Spannungssprung an C_L, der bei modernen RAM' s nur noch 70 - 130 mV beträgt, muss sicher und schnell detektiert werden und im zweiten Teil des Lesezyklus für den Refresh aufbereitet werden. Dieser Leseverstärker kann also nicht mehr so einfach wie die der Drei-Transistorzelle als Inverter aufgebaut werden. Vielmehr werden hier Differenzverstärker in Komparatorschaltung, also rein analoge Schaltungen eingesetzt. Wie aufwendig diese Schaltung sein muss, hängt von dem Spannungshub ab, den man bei dem Umladevorgang erreicht. Dieser wiederum hängt vom Verhältnis der Kapazitäten C_S/C_L ab: $\Delta U \sim C_S/C_L$

Man ist also bemüht C_L klein und C_S groß zu machen. C_L hängt im Wesentlichen von der Länge der D_L-Leitung ab, ist also kaum zu manipulieren. Daher treibt man relativ viel Aufwand um C_S zu vergrößern ohne mehr Fläche zu verbrauchen. Dazu ätzt man 5 - 8 μm tiefe Löcher von 1 - 2 μm Durchmesser ins Silizium, auf deren Wänden ein 10 - 12 nm dickes Oxid als Dielektrikum erzeugt wird. Anschließend werden diese Löcher mit

Poly-Silizium als Gegenelektrode wieder aufgefüllt. Dies ist zwar schnell erklärt, ist aber ein ausgesprochen aufwendiger und empfindlicher Prozess, mit dem Speicher derzeit hergestellt werden.

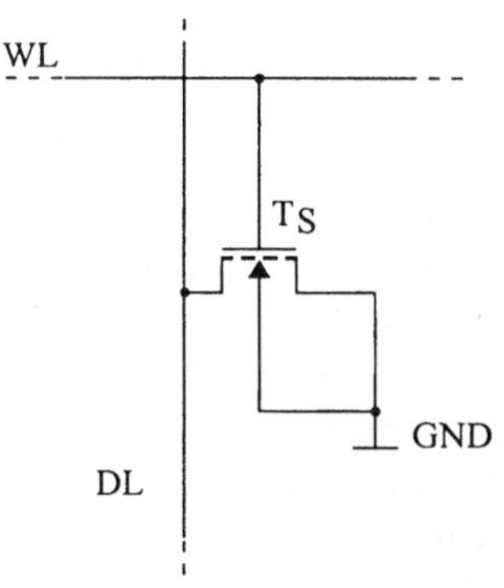

Abb. 8.7: Zelle eines maskenprogrammierbaren ROM

Bleibt noch einige Bemerkung zu den ROM's (Read Only Memory) zu verlieren, also Speicher, die nicht (ohne Weiteres) geschrieben sondern nur gelesen werden können. Hier ist zwischen den maskenprogrammierbaren und den elektrisch programmierbaren ROM's zu unterscheiden.

Bei den maskenprogrammierbaren ROM's werden während des Herstellungsprozesses ausgewählte Leitungen aufgetrennt oder kurzgeschlossen oder bestimmte Transistoreigenschaften ausgewählter Transistoren verändert. Dies geschieht mit Hilfe einer entsprechend hergestellten Fotomaske in der Lithographie und einem darauf folgenden Prozessschritt.

Eine weit verbreitete Technik beruht auf der Veränderung der Schwellenspannung einzelner Transistoren in einer Transistormatrix. Wird beispielsweise in der in Abb. 8.7 wiedergegebenen Anordnung per Fototechnik und Implantation die Schwellenspannung auf einen Wert angehoben, der über der Versorgungsspannung liegt, wird dieser Transistor nie wieder leitend, während die nicht implantierten Transistoren normal angesteuert werden können und dann leiten.

Die elektrisch programmierbaren sogenannten PROM's können nach der Herstellung einmal programmiert werden und zwar indem kleine Sicherungen durchgebrannt werden (Fuse-Technik) bzw. Kurzschlüsse (Anti-Fuse-Technik, Durchbrennen von Dioden) hergestellt werden. Eine weitere Möglichkeit ergibt sich mit sogenannten Floating Gate Transistoren. Diese Transistoren haben ein Gate, welches vollständig dielektrisch isoliert ist und nicht kontaktiert wird. Angesteuert wird dieses Gate kapazitiv über ein Kontroll-Gate, welches sich im Allgemeinen direkt über dem Floating Gate befindet. Die Schwellenspannung dieses Transistors hängt davon ab, wieviel Ladung sich auf dem Floating Gate befindet. Diese Ladungsmenge kann man verändern, indem man den Transistor kurzzeitig in den Avalanche-Durchbruch treibt (EPROM) oder aber über ein besonders dünnen Teil des Gateoxids, dem sogenannten Tunneloxid, durch quantenmechanisches Tunneln Ladungen auf das Floating Gate bringt. Im ersten Fall kann das ROM per UV-Strahlung im zweiten Fall auch elektrisch wieder gelöscht werden (EEPROM).

9 Ein- und Ausgangsschaltungen

Prinzipiell sind jetzt alle Strukturen, die benötigt werden, um auch komplexere digitale Schaltungen zu entwickeln, beisammen. Es stellt sich nur noch die Frage, wie diese Schaltungen Kontakt mit ihrer Umwelt aufnehmen, d.h., wie die Ein- und Ausgangssignale in die Schaltung hinein und auch wieder hinaus kommen. Grundsätzlich werden hierfür die gleichen Schaltungen benutzt, wie sie auch im Inneren der Schaltung zum Einsatz kommen, also Gatter und Flip-Flops, bzw. deren Ein- oder Ausgänge. Allerdings sind dabei einige Besonderheiten zu beachten, wodurch sich diese I/O-Strukturen (Input/Output-Strukturen) oder Pad-Strukturen von den sonst benutzten Gattern unterscheiden.

Zunächst ist zu beachten, dass an und mit diesen Strukturen die elektrische Verbindung mit der Außenwelt hergestellt wird. Dies erfolgt mittels sogenannter Bonddrähte, die die Verbindung zwischen dem Chip und den "Anschlussbeinchen" des Gehäuses, welches den Chip letztlich schützend umgibt, herstellen. Diese Bondrähte bestehen aus Gold oder Aluminium und haben einen Durchmesser von ca. 25 μm, sind also verglichen mit den sonst auf dem Chip auftretenden Geometrieabmessungen relativ groß. Weiter muss zwischen diesen Drähten und der obersten Verdrahtungsebene des Chips eine elektrisch gut leitende und mechanisch stabile und zuverlässige Verbindung hergestellt werden. Die dazu benutzten Kalt-Schweißverfahren stellen eine erhebliche mechanische Belastung der Siliziumoberfläche dar. In der Nähe dieser Schweißstelle sollten sich also keine aktiven Schaltungsteile befinden, die dadurch zerstört oder in ihrer Zuverlässigkeit eingeschränkt werden könnten.

Zu diesem Zweck werden in der obersten Metallisierungsschicht quadratische Anschlussflecken (Bondpads oder kurz Pads) mit einer Kantenlänge von ca. 80 - 100 μm vorgesehen. In der darüberliegenden Schutzschicht, der sogenannten Passivierung ist eine Öffnung anzubringen, deren Kantenlänge 5 - 10 μm kürzer ist. Der Abstand, der nächsten aktiven Struktur zu diesem Pad darf 20 - 30 μm nicht unterschreiten. Auch die Anordnung der verschiedenen Pads innerhalb des Chips ist nicht beliebig: In der Regel müssen die Pads an der Außenseite des Chips angebracht werden, wobei der Abstand zwischen Pad und Chipkante ca. 50 μm beträgt. Auch der Abstand zwischen verschiedenen Pads kann nicht beliebig klein gemacht werden und liegt zwischen 30 und 50 μm. Diese Anschlusspads sind die größten Strukturen, die gewöhnlich auf einem Chip vorkommen und sind fast schon mit dem bloßen Auge sichtbar.

9.1 Ausgangstreiber

An die Ausgänge einer integrierten Schaltung werden besondere Anforderungen gestellt, da diese im Allgemeinen erheblich größere Lasten zu treiben haben, als jene Gatterausgänge, die nur innerhalb der Schaltung von Bedeutung sind. Hier kommen sehr schnell einige 10 pF kapazitiver Last zusammen, und häufig sind ohmsche Verluste oder gar induktive Anteile

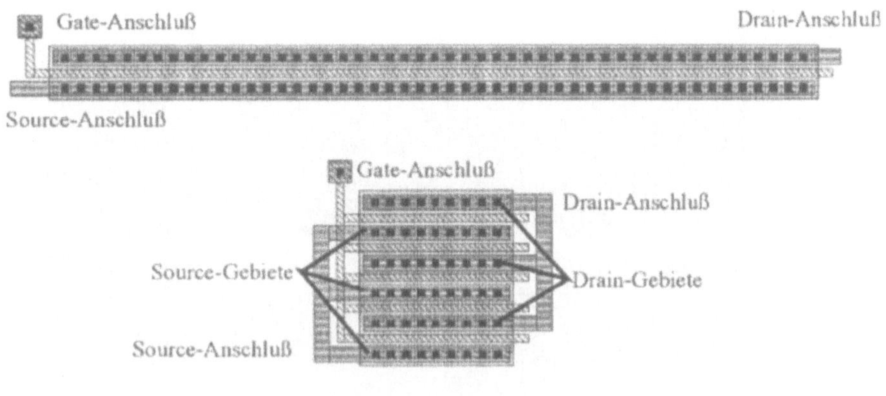

Abb. 9.1: Faltung eines Treiber-Transistors mit großem W/L-Verhältnis

der Last nicht mehr zu vernachlässigen. Dementsprechend kräftig müssen die Treiber-Transistoren der Ausgänge ausgelegt werden und W/L-Verhältnisse von einigen 100 sind durchaus keine Seltenheit. Bei einer Kanallänge von 1 μm haben diese Transistoren also eine Weite von einigen 100 μm. Nun wäre es relativ unpraktisch, diese Transistoren in einem langen Streifen auszuführen, daher werden derart große Transistoren gefaltet. Dazu werden über ein rechteckiges Aktivgebiet mehrere Poly-Silizium-Bahnen geführt und die Gebiete zwischen den Bahnen abwechseln als Source und Drain kontaktiert, so dass man eine Reihe von kleineren Transistoren erhält, die parallel geschaltet werden und in der Summe ein sehr großes W/L-Verhältnis haben. Diese großen, gefalteten Transistoren haben natürlich eine sehr große Eingangskapazität.

Hier müssen also Inverterketten mit steigendem W/L-Verhältnissen als Treiber vorgeschaltet werden. Ein Aspekt, der uns bei den Eingangsschaltungen noch ausführlich beschäftigen wird, der Überspannungsschutz oder ESD-Schutz, wird bei Ausgängen häufig kaum beachtet. Bei CMOS-Ausgängen, sogenannten Push-Pull-Ausgängen, mit je einem NMOS-Transistor nach Masse und einem PMOS-Transistor zur Versorgung sind ja auch in Form der Drain-Dioden Schutzelemente inhärent vorhanden, die Überspannungen niederohmig nach Masse bzw. Versorgung ableiten. Ob diese Dioden aber in jedem Fall schnell genug sind, das direkt an diese Dioden angrenzende, empfindliche Gateoxid zu schützen, ist zumindest fraglich. Sicherheitshalber sollten hier zusätzliche Dioden nach Masse bzw. Versorgung zwischen den Drainanschlüssen und dem Pad vorgesehen werden. Bei Open-Drain-Ausgängen sollte auf jeden Fall, die dann fehlende Diode eingebaut oder durch ein anderes Schutzelement gegen Überspannungen ersetzt werden.

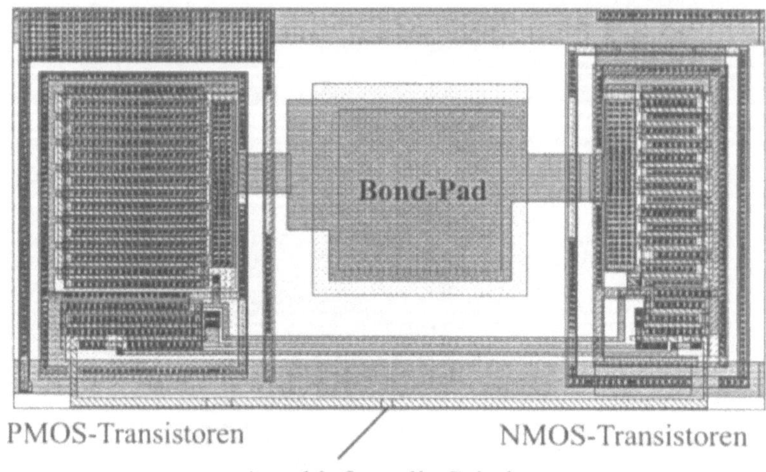

Abb. 9.2: Layout eines Ausgangspads mit Inverterkette als Treiber

9.2 Eingangsschaltungen

Die Eingänge einer integrierten MOS-Schaltung gehören mit zu den kritischsten Baugruppen der Schaltung. Zum einen, weil über sie neben den Eingangssignalen, die selbst gestört oder verzerrt sein können, externe Störungen in die Schaltung gelangen können. Zum anderen liegt an diesen Eingängen direkt das Gateoxid der Eingangstransistoren, und dieses ist besonders spannungsempfindlich.

Ersteres kann mit Hilfe von Schmitt-Triggerschaltungen und anderen bekannten Schaltungen zur Signalformung relativ sicher abgefangen werden. Im Notfall muss auch eine entsprechende externe Beschaltung vorgesehen werden.

Der zweite Fall liegt erheblich schwieriger, weil hier die Gefahr nicht im normalen Betrieb am größten ist, sondern während der Verpackung des Chips in sein Gehäuse und bei seinem Einbau in die Schaltung, in der er einmal seine Dienste leisten soll. Alle Maschinen und auch Menschen laden sich infolge von Reibung ständig statisch auf. Hierbei treten Spannungen bis zu 10000 V auf. Zur Erinnerung: Gute Gateoxide verkraften maximal etwa 1 V pro nm Dicke bei derzeit gebräuchlichen Oxiddicken von 15 - 40 nm. Wenn also derartige Spannungen mit einem Eingang in Verbindung gebracht werden, wird das Gateoxid und damit der entsprechende Eingang zerstört.

Zwar werden umfangreiche Maßnahmen getroffen, um derartige Aufladungen während der Verarbeitung und Montage der Chips weitestgehend zu verhindern. So sind Maschinen mit umfangreichen Erdungsmaßnahmen ausgestattet, Fußböden und Tische leitfähig und ebenfalls geerdet, Mitarbeiter werden über leitfähige Armbänder geerdet. Wenn aber schon 40 V zuviel sein können, muss auch die integrierte Schaltung selbst mit ausreichenden Schutzmaßnahmen gegen diese elektrostatischen Entladungen, kurz ESD (Electro-Static-

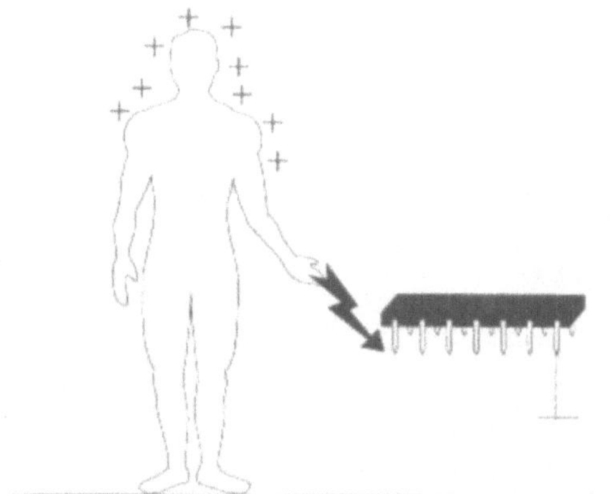

Abb. 9.3: Elektrostatische Aufladungen von Menschen und Maschinen können integrierte Schaltungen zerstören.

Discharge) ausgestattet sein.

Diese Schutzbeschaltungen müssen zwei Bedingungen erfüllen:

- Erstens sollen sie die statischen Ladungen möglichst niederohmig ableiten können, so dass am Gate-Oxid keine schädlichen Spannungen auftreten können und
- zweitens darf durch diese zusätzliche Beschaltung die eigentliche Funktion der Schaltung in keiner Weise beeinträchtigt werden.

Derartige Schutzschaltungen aus analytischen Überlegungen heraus zu entwickeln, erweist sich, aus verschiedenen Gründen, als außerordentlich schwierig. Zum einen sind Ladungsmenge und Spannung der statischen Aufladung kaum vorherzusagen, weil sie von Art und Geometrie der Maschine, bzw. Größe, Masse und Kleidung des Menschen, der Luftfeuchtigkeit und weiteren schwer definierbaren Parametern abhängen. Zum anderen weil der Pfad der Entladung, mit seinen ohmschen, kapazitiven und induktiven Belägen, und die Anschlüsse der betroffenen Schaltung zwischen denen die Entladung stattfindet, ebenfalls nicht im Vorhinein bekannt sind. Drittens handelt es sich bei diesen Entladungen um sehr schnelle, dynamische Vorgänge, die innerhalb weniger nano-Sekunden ablaufen und damit sehr hochfrequente Anteile enthalten. Wie sich derartig schnelle Ereignisse innerhalb einer Halbleiterschaltung ausbreiten, ist stark geometrieabhängig und damit von Anschluss zu Anschluss und von einer integrierten Schaltung zur anderen sehr unterschiedlich.

Um wenigstens die Wirksamkeit von Schutzbeschaltungen bei verschiedenen IC' s miteinander vergleichen zu können, wurden Modelle entwickelt, die einen solchen Entladungsvorgang standardisiert nachbilden. Dazu werden Kondensatoren von 1 pF bis zu 1 nF mit einer Prüfspannung bis zu 10 kV aufgeladen, von der Spannungsquelle getrennt, und über einen Widerstand von 0 Ω bis zu 2 kΩ und dem zu untersuchenden Chip entladen. Weit verbreitet ist ein Modell mit einem Kondensator von 100 pF und einem Widerstand von 1,5 kΩ,

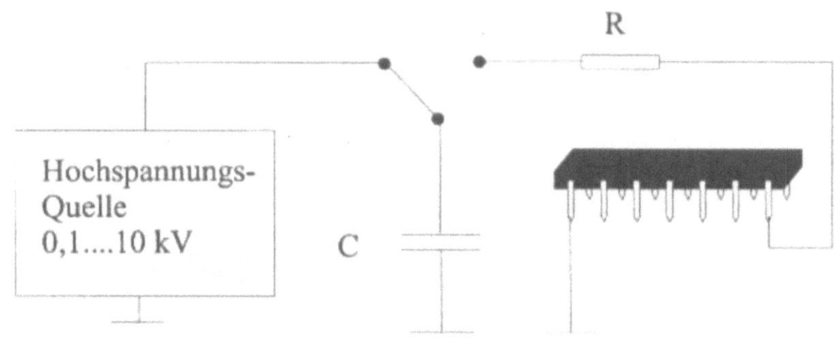

Abb. 9.4: Schematische Darstellung des Human Body Modells

welches einen aufgeladenen menschlichen Körper nachbildet und deshalb als Human Body Model bezeichnet wird. Der zu untersuchende Anschlusspin wird mit der Quelle verbunden, während der Masseanschluss oder der Versorgungsspannungsanschluss geerdet wird. Entladungen zwischen verschiedenen Ein- oder Ausgängen werden sehr selten vorgenommen, weil die Anzahl der möglichen Kombinationen meistens zu groß ist. Vor und nach jedem ESD-Puls wird die elektrische Eingangscharakteristik des Anschlusses gemessen. Veränderungen dieser Charakteristik werden als Schädigung interpretiert. Meist wird diese Prozedur mit einer niedrigen Spannung von 100 V begonnen, die dann von Puls zu Puls solange erhöht wird bis eine Veränderung einen Schaden signalisiert. Diese Prozedur muss natürlich mit positiven und negativen Spannungen für eigentlich jeden Anschluss gegen Versorgungsanschluss und gegen Masseanschluss durchgeführt werden. Diese Prozedur kann für einen einzigen Anschluss bis zu 10 Minuten dauern, ist also sehr aufwendig. Weiter können schon kleinste Geometrieschwankungen oder Partikel im Chip, die die normale Funktion der Schaltung in keiner Weise beeinträchtigen, das Ergebnis der ESD-Messung beeinflussen. Es müssen also immer mehrere Schaltungen eines Typs mit der gleichen Prozedur untersucht werden, um einigermaßen verlässliche Ergebnisse zu erhalten.

Wie nun die Schutzbeschaltung selbst auszusehen hat, um möglichst wirkungsvoll zu sein, ist sehr stark vom benutzten Fertigungsprozess abhängig. Meist beruhen sie auf jahrelanger, mühsamer Messarbeit und auf viel Erfahrung, deren Ergebnisse meist ein wohl gehütetes Geheimnis der Hersteller bleiben. Es gibt jedoch einige Grundideen und Regeln, mit deren Hilfe die gröbsten Fehler vermieden werden können:

Eine Grundschaltung, die sich in verschiedenen Varianten, über die letzten Jahre bewährt hat, besteht aus vier Schutzelementen oder Schutzschaltern, die das Pad paarweise mit der Versorgungsspannung und der Masse verbindet (s. Abb. 9.6). Zwischen diesen Schutzschalterpaaren wird ein Widerstand im Signalpfad eingefügt, der zusammen mit den parasitären Kapazitäten ein Verzögerungsglied bildet und außerdem mit den sonstigen Wider-

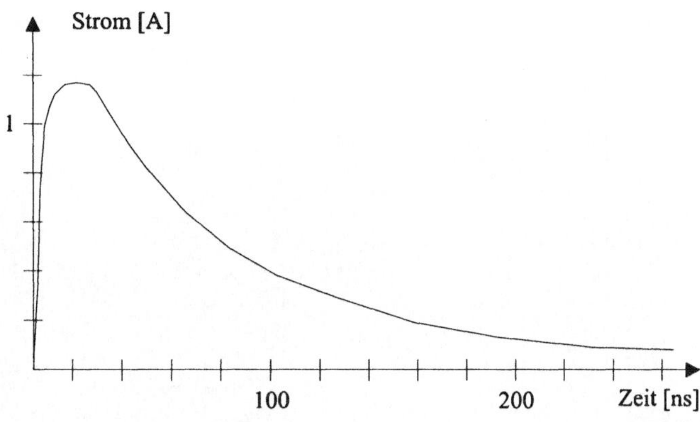

Abb. 9.5: Zeitabhängigkeit des Stromes in das Pad nach dem Human Body Modell

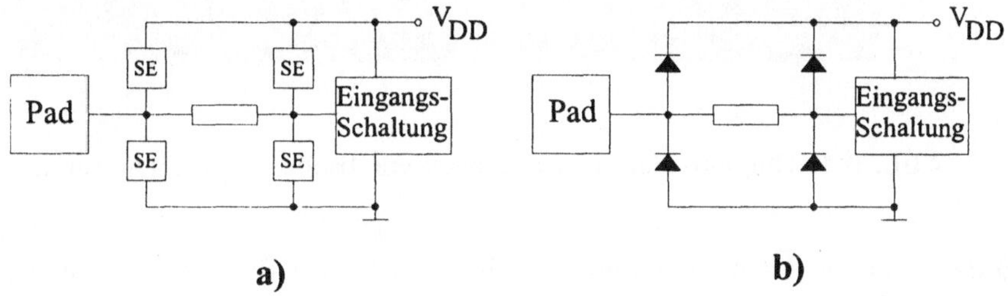

Abb. 9.6: a: Standard Eingangsschutzbeschaltung; b: mit Dioden als Schutzelementen

ständen als Spannungsteiler wirkt.

Diese Schaltung sollte immer im Signalpfad liegen. Schutzschalter, die auf der einen Seite des Pads liegen, während der Signalpfad von der anderen Seite des Pads weggeführt wird, haben sich als nicht so wirkungsvoll erwiesen.

Als Schutzschalter selbst haben sich einfache Dioden bewährt, die die ESD-Pulse zur Versorgungsspannung V_{DD} oder Masse ableiten. Dazu müssen sie aber eine gewisse Größe haben, damit ihr Serienwiderstand und damit die Verlustleistung und die über ihnen abfallende Spannung nicht zu groß wird. Hier muss also zwischen dem Wunsch nach einem hohen Schutzniveau und dem Flächenbedarf ein sinnvoller Kompromiss gefunden werden. Im normalen Betrieb sind die Dioden gesperrt und nur ihr Sperrstrom und ihre Sperrschicht-Kapazität können sich unangenehm bemerkbar machen. Ein Beispiel für ein solches Pad ist in Abb. 9.7 wiedergegebenen. In der Mitte ist der Bonddraht als schwarzer Fleck erkennbar. Links davon sind die Dioden nach Masse und rechts die Diode nach V_{DD} erkennbar. Diese V_{DD}-Diode übernimmt gleichzeitig die Funktion des Widerstandes. Oberhalb bzw. unterhalb des Pads verlaufen die Metallbahnen für Masse und Versorgungsspannung. Am unteren Bildrand wird die Signalleitung mit einer Poly-Siliziumbrücke unter der Versorgungsleitung in die Schaltung hineingeführt.

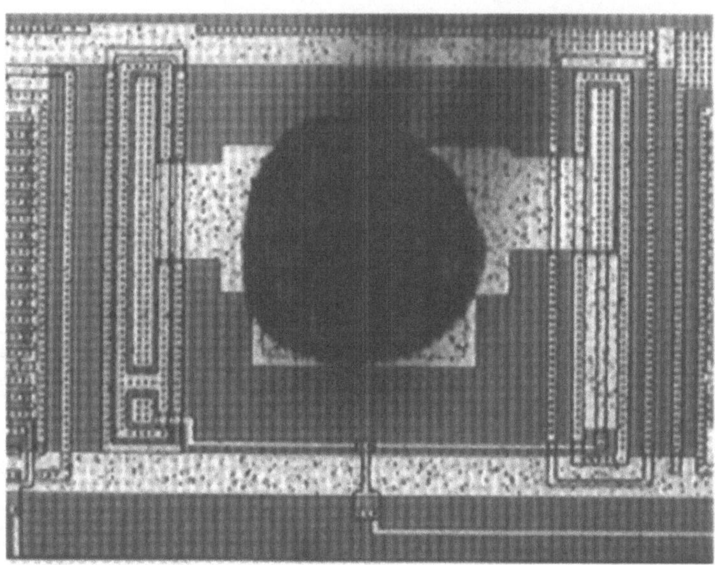

Abb. 9.7: Chipfoto eines Eingangspads mit Dioden-Schutzstrukturen

Diese Dioden-Schutzstrukturen haben allerdings auch ihre Probleme. Zum einen gibt es bei positiven ESD-Pulsen gegen Masse und bei negativen Pulsen gegen V_{DD} keine vorwärts leitende Diode zwischen dem betreffenden Anschluss und dem Gegenpol. Um trotzdem eine Schutzfunktion zu gewährleisten muss also die höchst belastete Diode so dimensioniert werden, dass sie in Sperrichtung in den Durchbruch geht, bevor über ihr eine für das Gateoxid gefährliche Spannung abfällt. Die Durchbruchspannung muss natürlich größer sein als die normale Betriebsspannung. Zu beachten ist auch, dass die lokale thermische Verlustleistung im Durchbruch nicht zu groß werden darf. Es wäre nichts gewonnen, wenn das Gateoxid nach einem ESD-Puls noch in Ordnung wäre, der betreffende Anschluss aber trotzdem, wegen eines Kurzschlusses aufgrund thermischer Zerstörung in einer Schutzdiode, unbrauchbar wäre. In CMOS-Schaltungen in n-Wannen Technik (s. Kap. 5) ist es immerhin hilfreich, dass die über die Versorgungsspannungsleitung zusammenhängenden Wannengebiete mit dem Substrat eine relativ großflächige Diode bilden, die eine entsprechend große Sperrschicht-Kapazität bildet. Diese Sperrschicht-Kapazität kann zumindest einen Teil der Energie abfangen.

Das zweite Problem der Diodenschutzstrukturen tritt im normalen Betrieb auf. Hier sind, je nach Einsatzbereich der Schaltung, Überschwinger über die Versorgungsspannung hinaus bzw. bis unter das Massepotential nicht immer zu vermeiden. Dann werden die Dioden in Vorwärtsrichtung getrieben und es werden große Mengen Minoritätsladungsträger in die Wanne bzw. in das Substrat injiziert. Diese können, wenn sie nicht niederohmig abgeleitet werden, in anderen Bereichen der Schaltung zu einem Latch-Up führen oder auf andere Weise die Funktion der Schaltung stören. Hiergegen helfen in begrenzten Maße nur ausreichend viele Substrat- und Wannen-Kontakte, die niederohmig mit den Versorgungsspannungen verbunden sind.

Daher werden diese Dioden in der Regel mit einem ringförmigen Dummy-Kollektor ausgestattet, der die Minoritätsladungsträger einsammeln soll, falls im normalen Betrieb doch einmal durch Störimpulse die Schutzdioden vorwärts leitend werden sollten. Der so entstandene Bipolar-Transistor (s. Abb. 9.8) kann auch im ESD-Fall von großer Bedeutung sein: Bei negativen ESD-Impulsen gegen die Versorgungsspannung (bei nicht angeschlossener Masse) werden die Dioden nach V_{DD} in Sperrichtung betrieben, während die Dioden nach Masse eigentlich floaten. Gerade letztere sorgen aber dafür, dass das Substrat dem ESD-Impuls folgen kann. Andererseits bildet das Substrat die Basis des eben beschriebenen Bipolar-Transistors, welche über die Sperrschichtkapazitäten zwischen Dummy-Kollektor und Substrat und zwischen Wanne und Substrat an V_{DD} gekoppelt ist. Die Basis kann also dem ESD-Impuls nicht so schnell folgen. Damit wird die Basis/Emitterdiode aufgesteuert, der Bipolar-Transistor gerät in den leitenden Zustand und kann einen großen Teil des ESD-Impulses niederohmig und damit unschädlich ableiten. Mit umgekehrten Vorzeichen gilt dies auch für positive ESD-Impulse gegen Masse und die Diode nach V_{DD}.

Das Problem mit der Minoritätsträgerinjektion haben zu zahlreichen Überlegungen geführt, welche anderen Schutzelemente denkbar sind. Dabei steht im Vordergrund Schaltelemente zu benutzen, deren Schaltspannung größer ist als die Versorgungsspannung und die wenn möglich unipolarar Natur sind, d.h., keine Minoritätsladungsträgerströme in Substrat oder Wanne erzeugen.

Hier sind Dick- oder Feldoxid-Transistoren von großem Interesse: Ihre Schwellenspannung liegt üblicherweise im Bereich von ca. 10 V bis zu etwa 20 V und sie sind wie alle MOS-Transistoren unipolare Schaltelemente. Das Problem dabei ist allerdings, dass sie gegenüber den normalen MOS-Transistoren eine 10 - 40-fach schlechtere Leitfähigkeit haben. Ursache hierfür ist eben ihr dickes Gate- bzw. Feldoxid, welches eine ebenso geringe Oxidkapazität und damit geringe Leitfähigkeitskonstante mit sich bringt. Diese Transistoren sind also an und für sich für einen hinreichenden ESD-Schutz zu hochohmig.

Dies kann aber auf unterschiedliche Weise umgangen werden: Einmal kann die Kanallänge dieser Transistoren so kurz gemacht werden, dass sie zu Punchthrough neigen. Dies ist ein Kurzkanaleffekt der auch bei "normalen" Transistoren auftritt, und der zu einem recht großen, von der Gate-Elektrode nicht mehr zu beeinflussenden Strom von Ladungsträgern zwischen Source und Drain führt. Diese Art von Durchbruch ist unipolar. Weiter besteht auch die Möglichkeit, den Transistor in einen Avalanche-Durchbruch zu führen. Dieser Durchbruch ist über das Layout im Bereich des Drainanschlusses etwas besser zu kontrollieren, als der Punchthrough, ist aber bipolarar Natur und kann durch thermische Überlastung zur Zerstörung der Drain-Substratdiode führen. In beiden Fällen wird das Drain des Feldoxid-Transistors mit dem zu schützenden Eingang verbunden. Bei der Punchthrough-Anordnung wird der Transistor durch Verbindung des Gates mit der Source eigentlich dauerhaft gesperrt. Bei der Avalanche-Anordnung wird der Transistor durch Verbindung des Gates mit dem Drain als Diode geschaltet, die bei Erreichen der Schwellenspannung öffnet.

Eine dritte Möglichkeit, die Schwellenspannung der Feldoxid-Transistoren als Schaltschwelle für ein Schutzelement zu benutzen, besteht darin, ein weiteres Bauelement über diesen Transistor anzusteuern, das selbst sehr niederohmig ist. Hier kommt meist der immer in

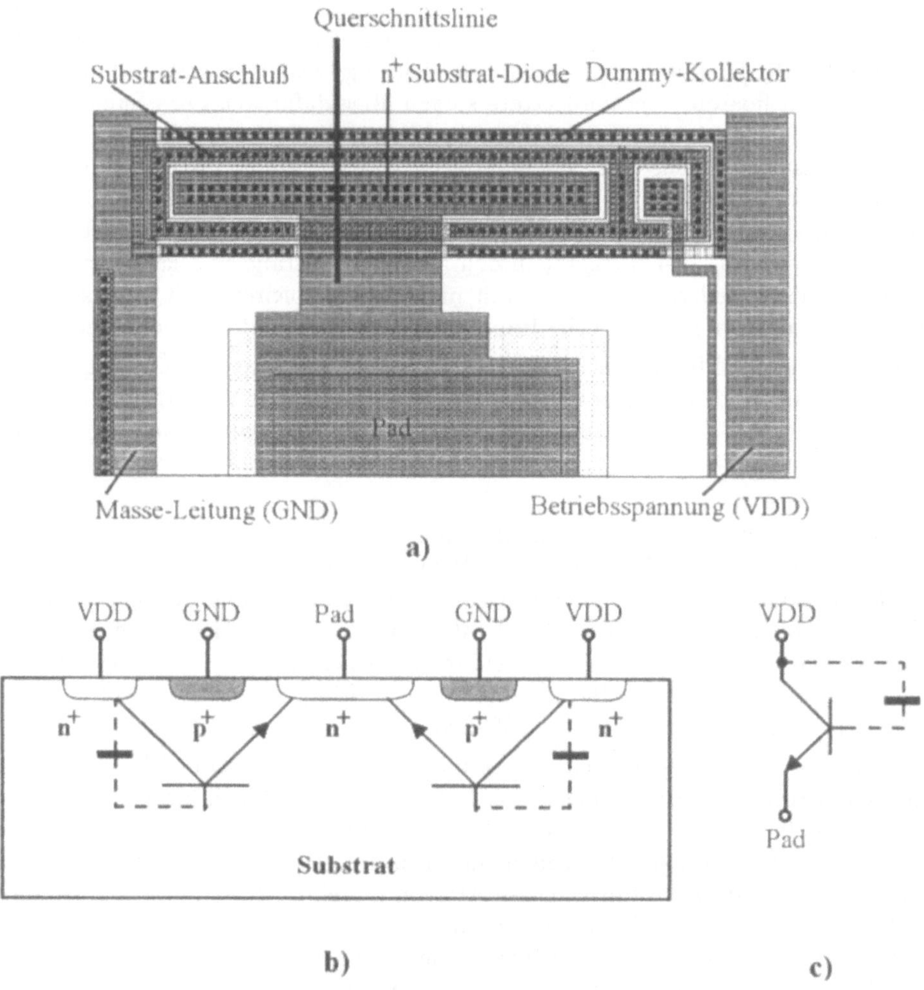

Abb. 9.8: ESD-Schutzdiode vom Pad nach Masse. a) Layout mit Substratkontakt und Dummy-Kollektor; b) Schematischer Querschnitt mit Bipolar-Transistor und Sperrschicht-Kapazität; c) Ersatzschaltung.

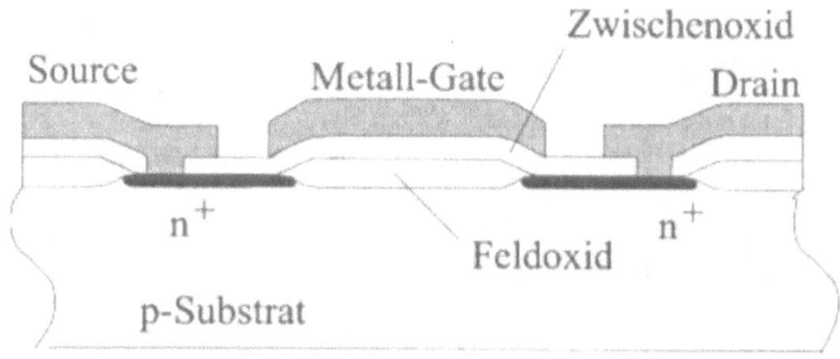

Abb. 9.9: Querschnitt durch einen Metall-Gate Feldoxid-Transistor

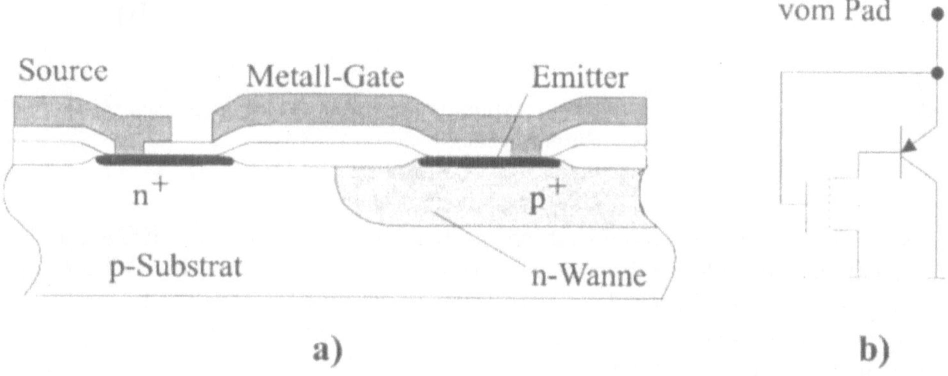

Abb. 9.10: Querschnitt (a) und Ersatzschaltbild (b) eines Bipolar-Transistors als ESD-Schutzelement, der durch einen Feldoxid-Transistor angesteuert wird.

einem n-Wannen CMOS-Prozess vorhandene, aber nur sehr selten aktiv benutzte, vertikale pnp-Bipolar-Transistor zum Einsatz. Dazu wird die n-Wanne, als Basis dieses Bipolar-Transistors, gleichzeitig als Drain eines Feldoxid-Transistors ausgeführt. Der zu schützende Eingang wir sowohl mit dem Gate des Feldoxid-Transistors als auch mit einem p^+-dotiertem Aktivgebiet innerhalb der Wanne verbunden. Letzteres hat die Funktion des Emitters des Bipolar-Transistors, während das Substrat die Kollektor-Elektrode bildet. Da nun über die Basis im Normalfall kein Strom fließen kann, ist der Bipolar-Transistors gesperrt. Erst wenn die Feldschwellenspannung überschritten wird, kann ein Basisstrom fließen, der den Bipolar-Transistor durchsteuert. Obwohl diese parasitären Bipolar-Transistoren so gut wie nie innerhalb aktiver Schaltungen eingesetzt werden (Substratstrom; Gefahr von Latch-Up) haben sie doch eine recht gute Verstärkung und eine relativ hohe Steilheit, so dass sie ESD-Impulse sehr niederohmig ableiten können.

In einigen Bereichen werden auch zunehmend normale MOS-Transistoren als Schutzelemente eingesetzt. Hier wird das Drain eines normalen NMOS-Transistors mit dem Pad verbunden. Das Gate wird über einen hochohmigen Widerstand mit Masse verbunden, so

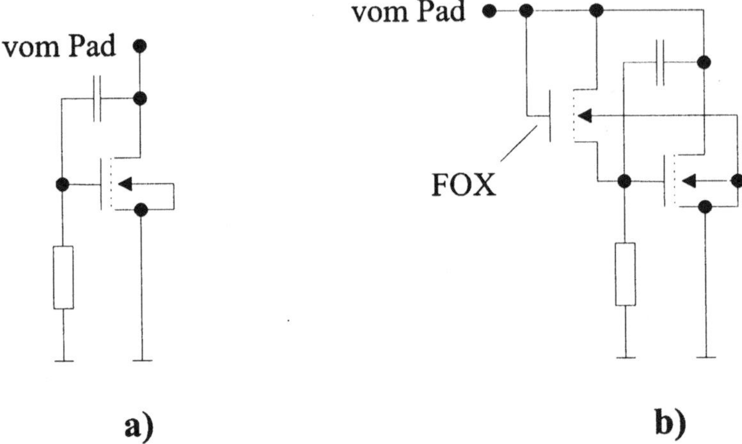

Abb. 9.11: ESD-Schutz mit einfachen NMOS-Transistoren durch kapazitive Mitkoppelung a), und mit Feldoxid-Transistoren zur Unterstützung.

dass der Transistor normalerweise immer gesperrt ist. Bei negativen ESD-Impulsen leitet die Drain/Substratdiode die Energie niederohmig nach Masse ab. Im Fall eines positiven Impulses laufen innerhalb des Transistors eine Reihe von Vorgängen ab, die in komplexer Weise ineinander greifen. Einmal wird das Gate über die Gate/Drainkapazität mitgezogen, der Transistor wird also leitend (Gate Coupled NMOS). Weiter bildet sich im Bereich der Draindiode ein hohes elektrisches Feld aus. Da gleichzeitig aus dem Kanal Ladungsträger in diesen Bereich eindringen, entwickelt sich ein Avalanche- oder Lawinendurchbruch der einen Substratstrom verursacht. Dieser Substratstrom hebt über den unvermeidlichen Substratwiderstand das Substratpotential an, bis schließlich die Source/Substratdiode des MOS-Transistors leitend wird und damit der parasitär immer vorhandene Bipolar-Transistor leitend wird. Hier sorgen also MOS-Transistor und der parasitäre Bipolar-Transistor gemeinsam für die Ableitung des ESD-Impulses. Dies ist auch eine Erklärung dafür, dass Ausgangspads, bei denen auch immer Drainanschlüsse am Pad liegen, recht stabil bezüglich ESD sind. Diese Methode ist aber nicht ganz unumstritten, da hier das empfindliche Gateoxid im Bereich der höchsten Verlustleistungsdichte liegt und daher gefährdet ist. Unterstützt werden kann dies Struktur durch den Einsatz eines Feldoxid-Transistors (s. Abb. 9.11)

Letztlich sollte noch erwähnt werden, dass auch Thyristorstrukturen in diesem Bereich zum Einsatz kommen, die z.B. auch in der in Abb. 9.10 wiedergegebenen Anordnung parasitär auftritt. Im Feldoxidtransistor bilden die Source den Emitter, das Substrat die Basis und das Drain bzw. die Wanne den Kollektor eines npn-Transistors (s. Abb. 9.12). Mit den zugehörigen Bahnwiderständen wird eine zündfähige Thyristorstruktur gebildet, die je nach geometrischer Anordnung erheblichen Anteil an der ESD-Schutzfunktion haben kann.

Welche dieser Schaltelemente in welchen Kombinationen und in welchen konkreten Ausführungsformen zum Einsatz kommen hängt, wie bereits erwähnt, vom letztlich benutzten

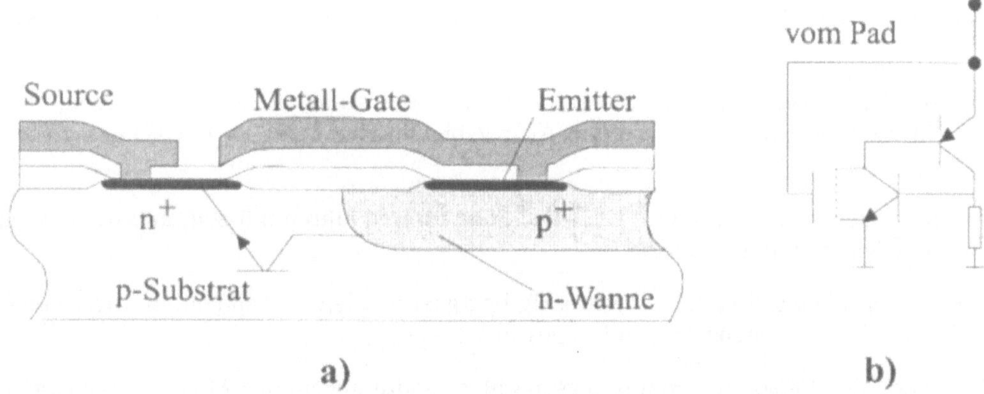

Abb. 9.12: ESD-Schutzstruktur mit Feldoxid-Transistor und dem parasitären npn-Transistor a) und dem Ersatzschaltbild zur Erläuterung des parasitären Thyristors b).

Prozess und seinen Eigenheiten ab. Es können hier deshalb nur einige allgemeine, aber sehr nützliche Regeln zum Umgang mit Schutzstrukturen aufgestellt werden.

- Soweit wie möglich sollten nur getestete und freigegebene Schutzstrukturen verwendet werden, deren Layout niemals eigenmächtig und ohne Rücksprache verändert werden darf.
- Leitungen und Schaltungselemente, die den ESD-Impuls abführen sollen, müssen so niederohmig wie möglich sein.
- Zusätzlich notwendige Beschaltungen, wie Pull-Up' s oder Pull-Down' s, dürfen niemals innerhalb der Schutzstrukturen liegen, auch wenn dies wegen der dort häufig anzutreffenden freien Flächen aus Platzgründen sehr verlockend erscheint.
- Leiterbahnkreuzungen vom Pad unter Versorgungsspannungsleitungen müssen gerade geführt und möglichst klein sein. Winkel sind verboten (Spitzeneffekt). Feld- und Zwischenoxide haben in der Regel eine schlechtere Qualität als das Gateoxid, sind stärker von Partikel-Fehlern oder Defekten betroffen und halten kaum mehr als 0,5 V/nm Durchbruchsfeldstärke aus. Sie vertragen also auch "nur" einige 100 V.
- Gateoxid ist innerhalb der Schutzstrukturen grundsätzlich verboten.
- Als zusätzliche Beschaltung sollten weitestgehend Hochvolttransistoren eingesetzt werden (Pull-Up' s...).
- Kondensatoren (Poly-Akiv), die niederohmig an das Pad angeschlossen werden müssen, sollten wenn irgendmöglich mit der Aktivgebiets-Elektrode am Pad angeschlossen werden. Dann existiert wenigstens noch eine Diode nach Masse.

- Open Drain Ausgänge sind mit einem wirksamen Überspannungsschutz auszustatten, der die Transistoren durchschaltet, wenn die Grenzspannung überschritten wird.
- In Aktivgebieten, die im ESD-Fall hohe Verlustleistungen aushalten müssen, muss der Abstand von Kontakten zu den Aktivgebietskanten bzw. zu Poly-Gates größer sein als normal.
- Metallleiterbahnen, die im ESD-Fall hohe Ströme führen müssen, müssen so breit wie möglich ausgeführt werden.
- Aktivgebiete sollten nicht rechteckig begrenzt werden. Ecken sollten abgerundet werden oder wenigstens 45 Grad abgeschrägt werden.
- Auch der Versorgungsspannungsanschluss sollte gegenüber Masse mit einem Überspannungsschutz versehen werden.

10 Entwurfsunterlagen

Die Grundstrukturen digitaler integrierter Schaltungen kennen wir jetzt. Was fehlt uns jetzt noch um an die Entwicklung einer integrierten Schaltung herangehen zu können?

Das sind zum einen die Entwurfswerkzeuge, denn hier kommt man nicht mehr nur mit Bleistift, Papier, Lötkolben und Multimeter aus. Hier hilft nur noch Kollege Computer mit diversen Simulations- und Hilfsprogrammen.

Es fehlen darüberhinaus aber auch eine große Vielzahl von Daten über elektrische Eigenschaften und Gestaltung der zur Verfügung stehenden Schaltungselemente. Das ist in etwa das, was in konventioneller Schaltungstechnik in diversen Datenbüchern zu finden ist, nämlich die sogenannten Entwurfsunterlagen. Diese Entwurfsunterlagen können grob in zwei Kategorien eingeteilt werden. Da sind einmal alle elektrischen Eigenschaften der zur Verfügung stehenden Schaltungselemente zu nennen. Zum anderen sind dies die Regeln nach denen der physikalische Entwurf all dieser Schaltungselemente, d.h. das Layout für die Fotomasken, zu erfolgen hat. Diese Regeln werden als Design-Regeln (Design-Rules) bezeichnet.

10.1 Design-Regeln

Wir erinnern uns: Ein Halbleiter-Herstellungsprozess besteht aus einer Reihe von Hauptprozessschritten, die jeweils mit einer Fototechnik verbunden sind. Dabei sind prinzipiell zwei Arten von Hauptprozessschritten zu unterscheiden:

	A	B
1.	Schichterzeugung	(entfällt)
2.	Belacken	Belacken
3.	Belichten	Belichten
4.	Entwickeln	Entwickeln
5.	Schichtstrukturierung	Dotieren/ Implantieren
6.	Entlacken	Entlacken

Abgesehen von Schritt 6 haben all diese Schritte Einfluss auf die Abmessungen der Struktur, die letztlich auf dem Silizium-Wafer erzeugt werden. Genau genommen werden die Strukturabmessungen auch durch alle vorangegangenen Prozessschritte beeinflusst, da durch sie die Topologie des Wafers und seine optischen Eigenschaften verändert werden. Als Hauptfaktoren sind hier die Belichtung (sprich die Abbildung der Maske auf den Wafer), sowie die Ätzprozesse zur Schichtstrukturierung zu nennen. Diese Überlegungen werden in den Haupt-Design-Regeln festgehalten, die definieren, wie klein die Strukturen in jeder Schicht sein dürfen und welchen Abstand sie voneinander haben müssen.

Beispiel : Metall-Leiterbahnen

Minimale Breite um absolut sicher zu stellen, dass keine Unterbrechungen auftreten	2,0 μm
Minimaler Abstand um absolut sicherzustellen, dass keine Kurzschlüsse auftreten	1,5 μm

Diese Regeln sind Minimal-Regeln; größere Abmessungen verbessern die Ausbeutesituation und sind vielfach notwendig, wenn z.B. viel Strom geführt werden muss.

Eine weitere Gruppe von Design-Regeln erfasst die Toleranzen, die dadurch entstehen, dass mehrere Schichten und Strukturen nacheinander erzeugt und zueinander justiert werden müssen. Dies ist hauptsächlich ein Problem bei der Belichtung, aber auch die Toleranzen, die bei der Entwicklung und der Schichtstrukturierung auftreten, müssen berücksichtigt werden.

Beispiel : Überlappung Aktivgebiet über Kontaktloch 1,0 μm

Dabei muss die Justiertoleranz der Belichtungsanlage, die Toleranz in der Breite des Aktivgebiets und die Toleranz in der Breite des Kontaktlochs berücksichtigt werden. Andernfalls besteht die Gefahr, dass das Kontaktloch während der Belichtung auf die Kante des Aktivgebiets abgebildet, im anschließenden Oxid-Ätzprozess Teile des Feld-Oxids weggeätzt und der pn-Übergang durch den nachfolgenden Metallisierung kurzgeschlossen wird (s. Abb. 5.9).

Diese zweite Gruppe von Design Rules hat wegen der Vielzahl der Wechselbeziehungen der einzelnen Schichten zueinander einen erheblich größeren Umfang und ist auch sehr viel schwieriger zu überprüfen.

In einer dritten Gruppe von Design Rules werden Grenzen berücksichtigt, die physikalisch-elektronischer Natur sind.

So kann es durchaus sein, dass in einem Prozess Poly-Silizium Bahnen von 2 μm Breite in hervorragender Qualität und Genauigkeit hergestellt werden können, ein MOS-Transistor aber eine Kanallänge (= Poly-Siliziumbreite) von minimal 2,5 μm braucht um bei einer gegebenen Versorgungsspannung einwandfrei zu funktionieren.

Ein weiteres Beispiel ist der Abstand von zwei Aktivgebieten, der mit 2 μm hergestellt werden kann, aber größer gewählt werden muss, da die Implantationen ausdiffundieren, so diesen Abstand verkleinern und so Leckströme oder Kurzschlüsse verursachen.

Alle diese Regeln sind in den Design Rules zusammengefasst und können beträchtlichen Umfang annehmen.

Die Einhaltung dieser Regeln ist von essentieller Bedeutung für die Funktionsfähigkeit einer Schaltung, für die Herstellungs-Ausbeute und nicht zuletzt für die Zuverlässigkeit einer Schaltung. Dazu muss angemerkt werden, dass es sich bei den Design Rules um Minimal-Maße handelt, d.h. dass größere Abmessungen zu besseren Ausbeuten und höherer Zuverlässigkeit führen können.

Fig.	Regel	μm
A	**Wanne**	
A.1	Breite	6
A.2	Abstand	11
B	**Aktivgebiet** (Gate-Oxid-Bereiche)	
B.1	Breite	2,5
B.2	Abstand	2,5
B.3	Abstand p+Aktivgebiet innerhalb der Wanne zum Wannen-Rand	3
B.4	Abstand n+Aktivgebiet außerhalb der Wanne zum Wannen-Rand	6
B.5	Abstand p+Aktivgebiet außerhalb der Wanne zum Wannen-Rand	3
B.6	Abstand n+Aktivgebiet innerhalb der Wanne zum Wannen-Rand	0
C.	**p+Maske**	
C.1	Breite	2
C.2	Abstand	2
C.3	Überlappung über Aktivgebiet	1
C.4	Abstand p+Maske innerhalb Aktivgebiet zum Aktivgebiet-Rand	1
D	**Poly-Silizium**	
D.1	Breite	2
D.2	Abstand	2
D.3	Überlappung überAktivgebiet	1,5
D.4	Abstand Poly innerhalb Aktivgebiet zum Aktivgebiet-Rand	1
D.5	Abstand zu Aktivgebiet	1
E	**Kontaktloch**	
E.1	Breite x Länge (Einheitskontakte)	2 x 2
E.2	Abstand	2
E.3	Überlappung von Poly über Kontaktloch (Poly-Silizium-Kontakt)	v 1,5
E.4	Überlappung von Aktivgebiet über Kontaktloch (Aktivgebiet-Kontakt)	1,5
E.5	Abstand zu Aktivgebiet	2,5
E.6	Abstand zu Poly-Gate	2

Tabelle 10.1: Vereinfachte Design-Rules für einen hypothetischen 5 V 2 μm n-Wannen-CMOS-Prozess; Teil 1; Anmerkung: Aus der p^+-Maske wird die n^+-Maske automatisch generiert. D. h., alle Aktivgebiete, die nicht von der p^+-Maske abgedeckt werden, werden n^+-implatiert.

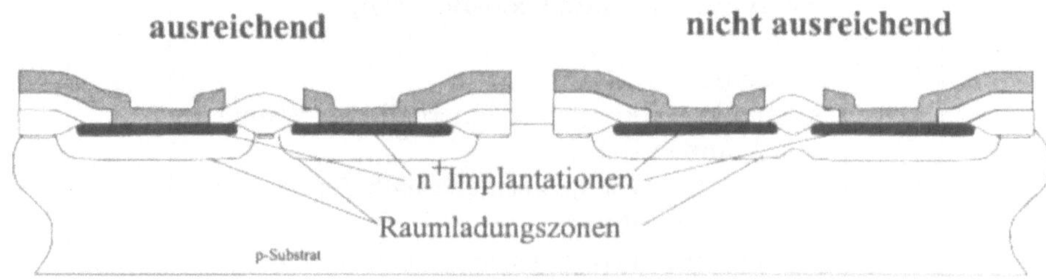

Abb. 10.1: Zur Erläuterung physikalisch elektronischer Design Rules: Zu geringer Aktivgebietsabstand führt zu Leckströmen.

Fig.	Regel	μm
F	**Metall**	
F.1	Breite	2
F.2	Abstand	2,5
F.3	Überlappung über Kontaktloch	1,5
G	**Passivierung**	
G.1	Kantanlänge Passivierungsöffnung	100
G.2	Überlappung Metall über Passivierungsöffnung	5
G.3	Abstand von allen anderen Strukturen	30
G.4	Abstand von der Chipkante	20

Tabelle 10.2: Vereinfachte Design-Rules für einen hypothetischen 5 V 2 μm n-Wannen-CMOS-Prozess; Teil 2

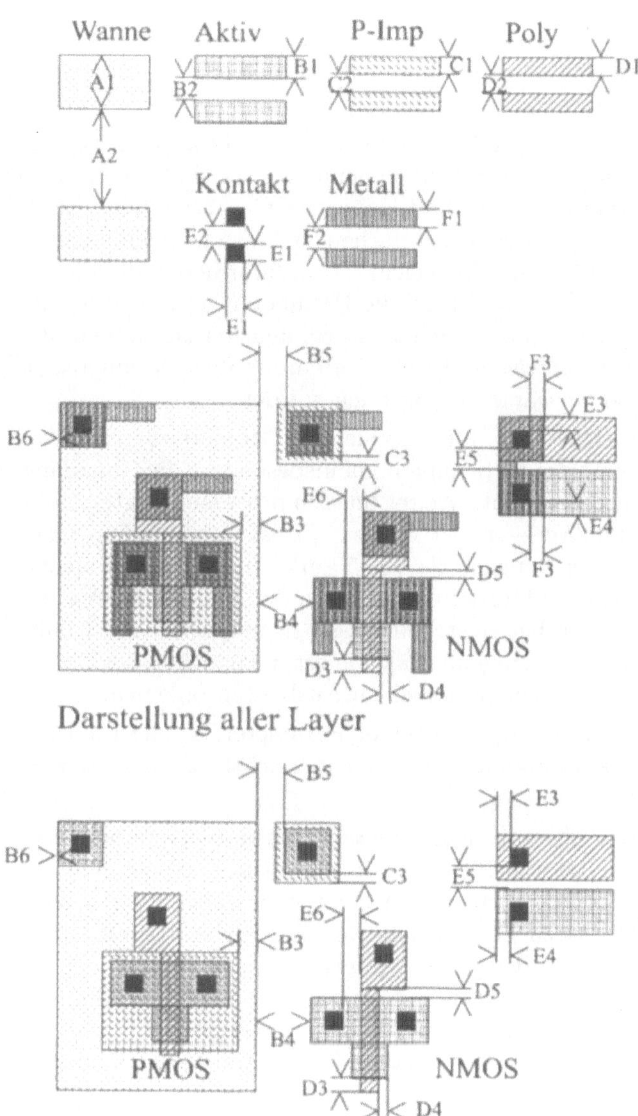

Abb. 10.2: Grafische Darstellung der Design Rules

10.2 Elektrische Entwurfsunterlagen

Die elektrischen Entwurfsunterlagen umfassen all jene Daten, die für den elektrischen Entwurf einer integrierten Schaltung erforderlich sind. Auch hier sind verschiedene Gruppen von Daten und Parametern zu unterscheiden.

Hier sind zunächst die grundlegenden Eigenschaften und Parameter der aktiven Bauelemente, die im Prozess zur Verfügung stehen, zu nennen. Dies sind zuerst die Schwellenspannung U_T, die Leitwertkonstante B_0, die Oxid-Kapazität C_{Ox} sowie eine Reihe weiterer Größen, die in unseren Überlegungen mit dem einfachen Transistormodell nicht vorkamen (s.a. Tab. 11.2). Hier ist sehr darauf zu achten, welches Transistormodell diesen Parametern zu Grunde liegt und mit welchen Messverfahren die Parameter gewonnen werden. Dies hängt eng mit dem Simulationsprogramm zur Schaltungssimulation zusammen, die selbst wieder auf dem Transistormodell aufsetzen und teilweise empfindlich darauf reagieren, mit welchem Messverfahren die Modellparameter gewonnen wurden.

Darüberhinaus ist es erforderlich, für verschiedene Geometriebereiche von Transistoren unterschiedliche Parametersätze zu benutzen, da insbesondere die Kanallänge der Transistoren in verschiedene Parameter eingeht. Weiter müssen prozessbedingte Schwankungen einzelner Parameter in geeigneter Weise erfasst werden: So ist es z.B. kaum möglich die Schwellenspannung von Transistoren genauer als +/- 50 mV einzustellen. Ursache sind unvermeidliche Mess-, Maschinen- und Materialtoleranzen in der Waferfertigung. Diese Daten müssen zur Verfügung stehen um sicher zu stellen, dass beispielsweise eine Schaltung , die bei exakt 1 V Schwellenspannung hervorragend funktioniert, nicht schon bei U_T = 1,05 V ihren Geist aufgibt. Dies führt unweigerlich zu massiven Ausbeuteproblemen.

Aber nicht nur die Schwankungen einzelner Parameter, sondern auch kritische Kombinationen von Parameterschwankungen müssen möglichst schon in der Simulation auf ihre Auswirkungen untersucht werden.

Neben den Transistoren als aktiven Elementen, spielen die verschiedenen, zur Verdrahtung dieser Transistoren benutzten Schichten als passive Bauelemente eine ganz wesentliche Rolle. Einmal sind alle Schichten mit einem nicht vernachlässigbaren ohmschen Widerstand behaftet, der von Schicht zu Schicht sehr verschieden sein kann. Der Widerstand einer Leitbahn ist bekanntlich durch $R = \rho \cdot \frac{L}{D \cdot W}$ gegeben. Die Dicke D der Schicht ist durch den Prozess vorgegeben und kann praktisch vom Designer nicht beeinflusst werden. Daher werden üblicherweise sogenannte Square-Widerstände angegeben $R_{Sq} = \frac{\rho}{D}$ $[\Omega]$, die angeben, welchen Widerstand ein quadratisches Stück Leiterbahn hat.

Dieser Widerstand muss also nur mit dem Verhältnis L/W (oder der Anzahl der Squares) multipliziert werden, um den Widerstand der Leiterbahn zu erhalten. Typische Werte für Square-Widerstände sind

- n^+-Aktivgebiete 25 - 50 Ω/Sq
- p^+-Aktivgebiete 40 - 80 Ω/Sq
- Poly-Silizium 20 - 60 Ω/Sq
- Metall 25 - 50 mΩ/Sq

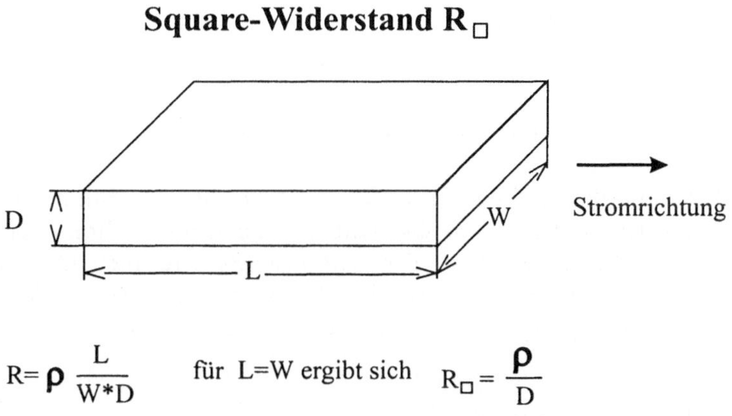

Abb. 10.3: Darstellung zur Verdeutlichung des Begriffs Square-Widerstand

Zu berücksichtigen sind aber nicht nur die Widerstände der Schichten selbst, sondern auch die an den Übergangsstellen, den sogenannten Kontakten, auftretenden Übergangs- oder Kontaktwiderstände. Diese Widerstände liegen im Bereich von einigen 10 Ω für einen Kontakt von 2 μm * 2 μm Fläche und skalieren leider nicht linear mit der Fläche.

Alle bislang betrachteten Parameter sind reine Gleichstrom-Paramter, die zwar das dynamische Verhalten einer Schaltung mitbestimmen, aber für eine dynamische Analyse einer Schaltung reichen sie nicht hin.

Deshalb müssen auch die immer auftretenden, parasitären Kapazitäten einzelner Schichten gegenüber dem Substrat und aber auch untereinander bekannt sein. Dazu werden nicht nur die Flächen-Kapazitäten, sondern auch die Rand-Kapazitäten (Streukapazitäten an den Rändern) angegeben. Schließlich sind leider die Junction-Kapazitäten der Aktivgebiete auch noch spannungsabhängig, und hierüber muss wenigstens eine grobe Information vorhanden sein. Auch in diesem Bereich der Leitungs-Parameter ist eine statistisch gesicherte Aussage über Toleranzen zumindest wünschenswert.

Mit den bislang vorgestellten notwendigen Daten ist schon ein recht umfangreiches Handbuch zu füllen, was aber immer noch nicht vollständig wäre: Fast alle bisher genannten Parameter haben eine gewisse Temperaturabhängigkeit, die z.T. nur unvollständig in Modellen erfasst ist, so dass also weiter Angaben über Temperatur-Koeffizienten notwendig sind.

Zum guten Schluss fehlen uns noch einige absolute Grenzdaten, die einzuhalten sind, um sicherzustellen, dass die Schaltung zuverlässig funktioniert und nicht zerstört wird. Dazu gehören

- maximale Gate-Spannung
- maximale Drain/Source-Spannung
- Feld-Schwellenspannung der Feldoxid-Transistoren

- maximale Sperrschicht-Spannungen
- maximale Stromstärke in Leitungen
- maximal auftretende Junction-Leckströme

Natürlich sind all diese elektrischen Parameter in entsprechenden Handbüchern nachzulesen. Viel wichtiger aber ist es, dass sie in sogenannten Bauelemente-Bibliotheken als Datei für eine Simulation vorgehalten werden. Dies gilt insbesondere auch für daraus abgeleitete Parameter von Teilschaltungen, wie z.B. digitale Gatter. Hier werden Verzögerungszeiten und Treiberleistungen als Entwurfsunterlage in Bibliotheken bereitgestellt.

10.3 Teststrukturen

Wie erhält man nun diese Unmenge von Daten? Nun durch messen, messen und nochmals messen. Auf jeder Scheibe sind spezielle Bereiche mit Teststrukturen vorgesehen, mit denen jeder einzelne überprüft werden kann. Dazu gehören eine Reihe von Transistoren jeder Bauart in verschiedenen Geometrien, Strukturen zur Bestimmung der Schichtwiderstände, Kontaktlochketten und... und...und.

In Abb. 10.4 ist ein Ausschnitt aus einem sogenannten Testchip, in dem solche Strukturen zusammengefasst sind, wiedergegeben.

Es werden nun nicht alle Parameter auf jeder Scheibe auf jeder Position vermessen, aber immerhin ca. 50 - 60 Parameter auf etwa 5 Positionen auf jedem Wafer. Einige weitere Parameter werden nur einmal auf jedem Wafer, andere Parameter werden nur einmal pro Charge vermessen.

Diese Parameter dienen nicht nur dem Entwurf, sondern werden auch zur Fertigungssteuerung und -optimierung, sowie zur Qualitätssicherung benötigt.

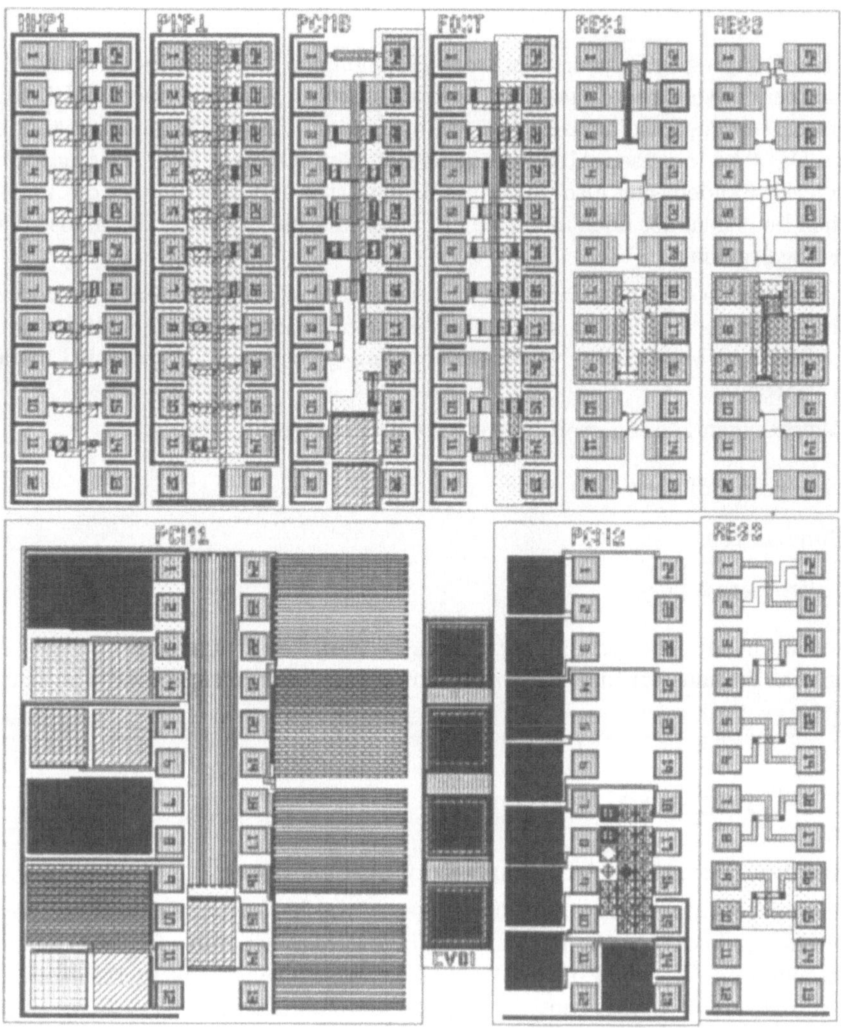

Abb. 10.4: Layout eines Testchips mit Teststrukturen zur Bestimmung von zahlreichen elektrischen Parametern.

11 Entwurfswerkzeuge

Unter dem Oberbegriff Entwurfswerkzeuge können alle für den Entwurfs- und Entwicklungsprozess einer integrierten Schaltung erforderlichen Computer-basierten Hilfsmittel zusammengefasst werden, für die häufig die Abkürzungen CAD/CAE missverständlich gebraucht werden. Das "A" in diesen Abkürzungen steht nämlich nicht für "Automated" sondern für "Aided". Es handelt sich also dabei um Hilfsmittel und Werkzeuge, die nach wie vor des Menschen bedürfen, der noch nicht die Fähigkeit des intelligenten Handelns als überflüssiges Erbgut abgelegt hat.

Alle Versuche den Vorgang des Entwurfs soweit zu automatisieren, dass aus einer groben Schaltungsidee per Computer das Layout einer funktionsfähigen Schaltung generiert, compiliert oder sonst wie erzeugt wird, sind bislang gescheitert. Daran wird auch erst seit 20 Jahren gearbeitet.

Diese Werkzeugen können grob in drei Gruppen eingeteilt werden:

1. Grafische Editoren
2. Simulatoren
3. Hilfsprogramme

Man könnte noch eine vierte Gruppe nennen, die jene Programme umfasst, die die Generierung von Testmustern und Testprogrammen für die fertige integrierte Schaltung unterstützen.

11.1 Grafische Editoren

Hier sind zwei wesentliche Anwendungen zu unterschieden.

Dies ist zunächst die Erzeugung für das geometrische Layout einer Schaltung, die für die Herstellung der Fotomasken für den Fertigungsprozess benötigt werden. Die hierfür benutzten, sogenannten "Layout-Editoren" sind von ihrer Grundstruktur recht einfach gehaltene Zeichenprogramme, die i.A. nur drei grafische Grundelemente erlauben: Boxes, Polygone und Pathes bzw. Wires.

- Boxes sind Rechtecke, die durch zwei gegenüberliegende Eckpunkte definiert werden.
- Polygone beschreiben Flächen in Form von Vielecken, wobei jeder Eckpunkt angegeben werden muss. Die Flächen müssen geschlossen sein, d.h. erster und letzter Punkt des Polygones sind identisch. Selbstüberschneidungen sind zu vermeiden. Ob 45° Winkel oder gar beliebige Winkel möglich bzw. erlaubt sind, hängt von der Maskenfertigung und dem Halbleiter-Prozess ab.

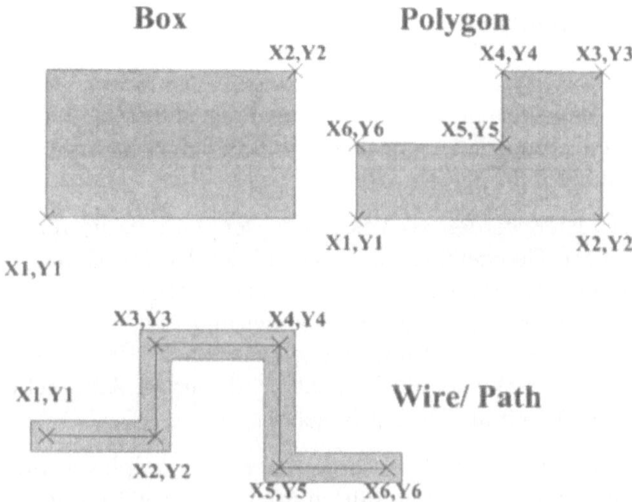

Abb. 11.1: Illustration zu den Grundformen Box, Polygon und Wire bzw. Path

- Pathes bzw. Wires sind Bahnen oder Leitungen, die eine vordefinierte, in der Regel frei wählbare Breite haben und durch die Angabe von Anfangs-, End- und evtl. notwendigen Zwischenpunkten definiert werden. Auch hier sind 45° oder beliebige Winkel nur erlaubt, wenn Maskenfertigung und Halbleiter-Prozess dies gestatten.

Diese geringe Anzahl von sogenannten "Primitives" stellt eine erhebliche aber notwendige Einschränkung dar. Die Mächtigkeit dieser Programme verbirgt sich in anderen Features:

So ist es möglich auf 100 und mehr übereinander liegenden Ebenen oder "Layern" zu arbeiten. Diese Ebenen werden zur besseren Unterscheidung in verschiedenen Farben und Schraffuren (Fill-Codes) auf dem Bildschirm dargestellt. Ob diese Strukturen letztlich auf der Fotomaske lichtdurchlässig (hell) oder undurchlässig (dunkel) erscheinen, hängt vom Prozess und dem betreffenden Prozessschritt ab. Grundsätzlich kann man sagen, dass Ätzmasken von der Struktur her meist dunkel, Implantationsmasken dagegen hell sind. Anschauliche Beispiele für derartige Layouts über mehrere Layer finden sich in verschiedenen Abschnitten, z.B. in 5.2 und 10.1.

Eine weitere Einschränkung besteht in dem zu Grunde liegenden Koordinatensystem. Aufgrund der unvermeidlichen Toleranzen in der Fertigung erscheint es wenig sinnvoll, die Koordinaten der einzelnen Strukturen bis auf 1/100 μm genau festzulegen. Außerdem müssten dann die Koordinaten rechnerintern als Real-Zahlen dargestellt werden, was zu gigantischen Datenmengen führen würde. Daher werden die Strukturen auf einem diskreten Gitter (Grid) erzeugt. Zulässig für die Koordinatenangabe sind nur die Kreuzungspunkte des Gitters. Dadurch können die Koordinaten rechnerintern als Integer dargestellt werden, was die Datenmengen begrenzt und letztlich auch das Artwork und die Maskenfertigung erleichtert. Die Skalierung, d.h. der Abstand der Gitterpunkte liegt im Bereich von 0,05 μm und 0,25 μm. Derzeit wird überwiegend ein 0,1 μm Grid verwendet.

Es sind vier Gruppen von Layern zu unterscheiden:

1. Physikalische Layer: Die auf diesen Ebenen generierten Geometrien werden direkt ohne weitere Bearbeitung auf die Masken übernommen. Diese Ebenen sind für die Schaltungsentwicklung i.A. verboten, da hier keinerlei Überprüfung oder Kontrolle vorgenommen wird.

2. Design Layer: Hier werden vom Schaltungsentwickler die für die betreffende Schaltung notwendigen Geometrien entsprechend den Design-Rules erzeugt. Dabei müssen nicht unbedingt alle physikalisch notwendigen Strukturen erzeugt werden, sondern man versucht die Arbeit durch Automatisierung möglichst einfach zu gestallten: So ist es z.B. grundsätzlich nicht notwendig zwischen n^+-dotierten und p^+-dotierten Aktivgebieten zu unterscheiden. Alle nicht p^+-dotierten Aktivgebiete sind automatisch n^+-dotiert (s.o. Abschnitt Design Regeln) .

3. Text Layer erleichtern die Orientierung in einer komplexen Schaltung. Die dort zu Kennzeichnung erzeugten Texte dürfen aber selbstverständlich nicht auf den Masken erscheinen.

4. Hilfs- und Kontroll-Layer: Hier werden für nachfolgende Umsetzungs- und Kontroll-Programme (wie NCC und DRC, s. u.) notwendige Informationen festgehalten.

Eine der großen Stärken dieser Programme ist die relativ leichte Nachbearbeitung von bereits erzeugten Strukturen über mehrere Ebenen hinweg. So ist es ohne weiteres möglich einen Transistor, der ja aus Strukturen auf vier oder fünf Ebenen zusammengesetzt ist, zu kopieren, zu drehen, zu spiegeln, zu strecken oder zu stauchen. Auch das Kopieren von Strukturen zwischen verschiedenen Ebenen ist möglich. So wird aus einer Metall-Leiterbahn ohne weiteres eine Poly-Si-Leiterbahn.

Darüber hinaus ermöglichen diese Editoren eine starke hierarchische Strukturierung der Schaltung. Es wäre ziemlich unsinnig, z.B. ein NAND, welches einige hundertmal in einer Schaltung vorkommen kann, immer wieder neu zu zeichnen oder zu kopieren. Vielmehr wird dieses NAND einmal gezeichnet und als Unterstruktur abgespeichert und mit einem Referenz-Aufruf in das Layout eingefügt. Auch Teilschaltungen, die selbst aus solchen Unterstrukturen bestehen, können als Unterstrukturen definiert werden.

Auf diese Art werden erstens die zu haltenden Datenmengen erheblich reduziert (auch für eine komplexe Unterstruktur reicht der Strukturname, die Angabe der Aufruf-Koordinaten und eine Information über die Orientierung). Zweitens sind Korrekturen recht einfach: Es müssen nicht einige hundert NAND' s einzeln überarbeitet werden; die Korrektur der Unterstruktur pflanzt sich automatisch in jedem Strukturaufruf fort.

Schließlich und endlich übersetzen diese Layout-Editoren die erzeugten Daten in ein Format, das die weitere Bearbeitung mit anderen Programmen (Artwork, DRC, NCC s. u.) ermöglicht.

Eine etwas andere Art von grafischen Editoren wird zur schematische Schaltungseingabe benutzt. Auch sie sind hierarchisch strukturiert und bieten ähnliche Bearbeitungsmöglichkeiten wie die Layout-Editoren. Allerdings werden hier nur eine bzw. wenige Ebenen gebraucht.

Aus einer vorhandenen und bei Bedarf selbst zu ergänzenden Bibliothek (Datenbank) werden Schaltungselemente (Transistoren, Widerstände, Kondensatoren) und Teilschaltungen entnommen, im Schaltplan plaziert (Gedreht, gespiegelt, verschoben oder kopiert) und verdrahtet. Wichtig ist hierbei, dass weitere notwendige Informationen, wie Bauelemente-Parameter (z.B. Widerstandsangaben), Bauelemente-Bezeichnungen, Versorgungsspannungsanschlüsse, Ein- und Ausgänge, eindeutig angegeben werden. Am Ende steht der fertige und wohldokumentierte Schaltplan.

Viel wichtiger ist aber, dass die Programme zur schematischen Schaltungseingabe sogenannte Netzlisten aus dem Schaltplan generieren. Diese Netzlisten sind eine äquivalente Darstellung des Schaltplans in einem Format, welches von einem Simulationsprogramm verstanden und zur Schaltungssimulation benutzt werden kann.

Nun gibt es eine ganze Reihe von solchen Simulatoren mit jeweils eigener Notation für die Netzlisten, so dass man sehr genau aufpassen muss, ob das letztlich gebrauchte Format auch erzeugt werden kann.

11.2 Simulatoren

Simulatoren sind im Bereich der monolithischen Schaltungsintegration mit Abstand die wichtigsten Entwurfswerkzeuge. Der Grund hierfür ist, dass Versuchsaufbauten und nachträgliche Änderungen praktisch nicht möglich sind und die Fertigungszyklen selbst im schnellen Prototyping einige Wochen bis zu einigen Monaten betragen können. Darüberhinaus ist jeder Fertigungszyklus mit Kosten in Höhe von einigen 50 Kilomark verbunden. Dem gegenüber kann man in konventioneller Technik (Printed Circuit Board) schon einmal ein Bauelement austauschen oder in Grenzen die Verdrahtung ändern.

Daher muss bei der monolithischen Schaltungsintegration möglichst schon in der Entwurfsphase die Funktionsfähigkeit der Schaltung sichergestellt werden, so dass (möglichst) schon der erste Fertigungszyklus funktionierende Schaltungen liefert.

Welche Anforderungen werden nun an den idealen Simulator gestellt?

Er sollte auf der Grundlage der Prozessbeschreibung und des Layouts in Abhängigkeit von äußeren Spannungen und Signalen und auch der Temperatur eine möglichst genaue Beschreibung des elektrischen und zeitlichen Verhaltens der Schaltung liefern.

Dazu müsste zunächst in einer Prozesssimulation aus dem Layout und der Prozessbeschreibung eine dreidimensionale Darstellung aller Bauelemente inklusive der Dotierungsprofile und der Verbindungsleitungen zwischen ihnen erzeugt werden. Auf dieser Grundlage müssten anschließend die Laplace- und Diffusionsgleichungen in Abhängigkeit von äußeren Spannungen und der Zeit gelöst werden. Dies ist selbst bei kleineren Schaltungen mit nur einigen tausend Transistoren, wenn einige 100 Großrechner zur Verfügung ständen, ein Unternehmen von einigen 10 Jahren.

Allein die dreidimensionale Simulation eines einzelnen Transistors für einen einzelnen Spannungspunkt benötigt auf leistungsfähigen Workstations einige CPU-Stunden Rechenzeit.

Also muss die Gesamtaufgabe in lösbare Teilaufgaben zerlegt werden. Dazu werden aus Prozess- und elektrischen Device-Simulationen und natürlich aus Messungen an Teststrukturen Modellbeschreibungen einzelner Bauelemente gewonnen. Diese Modellbildung ist immer mit einer Abstraktion verbunden, d.h., es geht Information über das Bauelement verloren. So ist z.B. bekannt, dass bei MOS-Transistoren auch unterhalb der Schwellenspannung ein, wenn auch geringer Strom zwischen Drain und Source fließen kann. Dieser Strom wird in den einfachen Modellen schlicht vernachlässigt. Spielt dieser Effekt eine wichtige Rolle, beispielsweise bei batteriebetriebenen Schaltungen mit nur 2 V Versorgungsspannung, so muss das Modell entsprechend ergänzt werden, wodurch es in der Regel erheblich komplizierter wird.

Mit diesen Modellen können auf einer höheren Abstraktionsebene kleinere Schaltungen bis zu einigen hundert aktiven Bauelementen recht genau elektrisch und zeitabhängig simuliert werden. Aus diesen Simulationen (die wiederum durch Messungen verifiziert werden sollten) werden wiederum durch Abstraktion Modelle für das elektrische und auch zeitliche Verhalten von Grundschaltungen wie Gatter, Register und aber auch der Verbindungen gewonnen. Diese wiederum werden auf der nächst höheren Abstraktionsebene für eine zeitabhängige logische Simulation von komplexeren logischen Strukturen benutzt. Diese liefern nun letztlich die Informationen, die auf der obersten Abstraktionsebene für die Simulation von komplexen Rechenwerken, Bussteuerungen usw. benötigt werden und damit die Beschreibung ganzer, kompletter Systeme ermöglichen.

Diese Hierarchie von Abstraktionsebenen führt natürlich dazu, dass die Simulation einer komplexen integrierten Schaltung in mehreren Stufen erfolgt.Ausgehend von einer rein logischen und funktionalen Beschreibung und Simulation auf der obersten Abstraktionsebene, wird die Gesamtschaltung in eine Reihe von Teilschaltungen zergliedert, welche auf der nächst niedrigeren Abstraktionsebene simuliert werden können. Diese Teilschaltungen werden wiederum in Gatterschaltungen aufgelöst und so logisch und zeitabhängig simuliert. Und die Gatter werden in Transistorschaltungen zerlegt und anschließend elektrisch und zeitabhängig simuliert. Die Tabelle 2.1 zeigt eine Zusammenfassung der Abstraktionsebenen, wobei noch einige Zwischenebenen aufgeführt sind, die zunehmend an Bedeutung verlieren, da die zunehmende Rechenleistung der Workstations zu einer Verschmelzung einzelner Ebenen führt. So ist derzeit zu beobachten, dass die elektrische, eigentlich rein analoge Schaltkreissimulation, zunehmend gemischt analog/digitale Simulationen bis in die Registerebene hinein erlauben. Auf den höheren Ebenen werden die Systembeschreibungssprachen derzeit bis in die Gatterebene hinein weiterentwickelt. Mittelfristig werden also nur zwei Abstraktionsebenen übrig bleiben.

Welche Informationen können nun auf den verschiedenen Abstraktionsebenen gewonnen werden?

- Prozess-Simulation: Schichtenfolgen und Dotierungsprofile in 1,2 und 3 Dimensionen.
- Device Simulation: Verteilungen und Strömungen von Ladungsträgern, Potentialverlauf, Stärke und Richtung des elektrischen Feldes innerhalb eines Bauelementes in ein, zwei und drei Dimensionen in Abhängigkeit von äußeren Spannungen und Strömen. Darauf aufbauend können komplette Kennlinienfelder der Bauelemente gewonnen werden. Zeitabhängige Simulationen werden hier nur äußerst selten vorgenommen, da sie extrem zeitaufwendig sind. Aus den so gewonnenen Kennlinien können Parameter für die Bauelementemodelle gewonnen werden.

Simulator	Eingabe	Ausgabe
System-Simulator	Systembeschreibung Daten	Daten zu diskreten Zeitpunkten
Register-Simulator	Registerbeschreibung Registerinhalte	Registerinhalte zu diskreten Zeitpunkten
Logik-Simulator	Gatter-Modelle Netzliste; Eingangssign.	Ausgangssignale interne Signale quasi zeitkontinuierlich
Schaltkreis-Simulator	Transistormodelle Netzliste; Eingangssign.	Spannungen u. Stöme an beliebigen Knoten quasi zeitkontinuierlich
Device-Simulator	Schichtenfolgen Dotierungsprofile Spannungen u. Ströme	Ladungsträger- verteilungen u. -ströme; Potentiale Felder
Prozess-Simulator	Prozessbeschreibung Layout	Schichtenfolge Dotierungsprofile

Tabelle 11.1: Hirarchie der Simulatoren

- Schaltkreis-Simulation: Kontinuierliche Ströme und Spannungen in Abhängigkeit von äußeren Strömen und Spannungen an beliebigen Knoten einer Schaltung zu diskreten in der Regel frei wählbaren Zeitpunkten. Hieraus lassen sich Verzögerungszeiten, Schaltungszustände und Signalwerte für die Logik-Simulation entnehmen.

- Logik-Simulation: Diskrete Signalwerte in Abhängigkeit von diskreten Signalwerten an beliebigen Knoten der logischen Schaltung zu diskreten nicht immer frei wählbaren Zeitpunkten. Hieraus lassen sich Zustandsbeschreibungen für größere Teilschaltungen entwickeln.

- System-Simulation: Zustandsbeschreibungen in Abhängigkeit von Anfangszuständen und Zustandsänderungen zu diskreten Zeitpunkten, die allerdings die physikalischen Zeitabhängigkeiten innerhalb der Schaltung nicht mehr berücksichtigen.

Diese Simulationsebenen werden in den folgenden Abschnitten kurz beschrieben. Dabei kann kein Anspruch auf Vollständigkeit erhoben werden, da auf jeder Ebene eine Anzahl von Simulatoren zur Verfügung stehen, die sich mehr oder weniger von einander unterscheiden. Es geht vielmehr darum, die grundsätzlichen Möglichkeiten darzustellen. Der Schwerpunkt liegt dabei im Bereich der Schaltkreissimulatoren, da sie für den Entwickler von größerer Bedeutung sind.

11.2.1 Prozesssimulatoren

Ausgangspunkt der Prozesssimulation ist eine Prozessbeschreibung, d.h., die Angabe des Ausgangsmaterials und aller Fertigungsschritte, die dieses Ausgangsmaterial strukturell verändern bzw. ergänzen. Ein Beispiel für eine solche Prozessbeschreibung ist im Folgenden wiedergegeben. Die folgenden Zeilen dienen als Eingabefile für die Simulation.

```
! EINGABEDATEN FUER PROZESS-
! SIMULATION
! **************************
! Filename: AHTP.PEA
! LOCOS-Prozess-Simulation
NASK
! p-dotiertes Substrat
BULK OHMC 25.0 B SI
! PadOXID
OXID TEMP 960.0 TIME 20.0
+ TOX 0.03
! Fototechnik fuer die
! Wannenimplantation
$ 'Wanne'
MASK J
IMPL P ENER 180 DOSE 3.0E12
! Nach-Diffusion
DIFF TEMP 1170 TIME 420 ANAS
! Abscheidung des Nitrids
EPIT TEPI 0.3 NITD
MASK -B
ETCH NITD
$ 'FELDIMPLANTATION NMOS'
MASK A
IMPL B ENER 80.0 DOSE 1.0E13
$ 'Feld-Oxidation'
OXID TEMP 1020.0 TIME 205
+ TOX 0.8
! Entfernen des Nitrids
ETCH NITD
! Verlorens Oxid
$ 'Scrificial Oxid'
ETCH SIO2 DEPT 0.04
OXID TEMP 960.0 TIME 10.0
+ TOX 0.02
$ 'N-SCHWELLE'
MASK A
IMPL B ENER 50.0 DOSE 1.0E12
$ 'P-SCHWELLE'
MASK P
IMPL B ENER 30.0 DOSE 8.0E11
$ 'GATEOXID'
ETCH SIO2 DEPT 0.03
OXID TEMP 960.0 TIME 51.0
+ TOX 0.045
$ 'POLYABSCHEIDUNG'
DIFF TEMP 975.0 TIME 27.0
EPIT TEPI 0.45 POLY VZH 1
+ CONC 2.0E20 P
$ 'POLYAETZEN'
MASK D
ETCH POLY
$ 'DS IMPLANTATION PMOS'
MASK P
IMPL B ENER 50 DOSE 0.8E15
$ 'DS IMPLANTATION NMOS'
MASK N
IMPL AS ENER 100 DOSE 1.0E16
$ 'AUSHEILEN'
DIFF TEMP 960 TIME 15
! Polyoxid
OXID TEMP 900 TIME 40
+ TOX 0.08
$ 'ZWISCHENOXID ABSCHEIDEN'
EPIT SIO2 TEPI 0.7 VZH 1
$ 'FLOW'
diff temp 960 time 10
outp
! Maskendefinition/
! zu simulierende Schnitte
! 1 = maskiert; 0 = unmaskiert
DEMA
A 1 0 0 1 0 1
B 1 1 0 0 0 0
D 1 1 1 1 0 0
F 1 1 1 1 1 1
J 0 1 1 0 1 0
N 1 1 0 1 0 1
P 1 1 1 0 1 0
!
! Geometrieangaben fuer
!das Simulationsgitter
GEOM DEP1 5 MES1 50
+ DEP2 2 MES2 75
```

```
! Auswahl des zu
! Simulierenden Schnitts
MSET 2
! Ausgabeanweisungen
file AHTP
prof
! Ausfuehrung
exec
! Parameter Berechnung
! NMOS/PMOS
DEVI NMOS
PARM EXEC
AB
```

Einige der Schlüsselbegriffe sollen noch erläutert werden. So bezeichnet BULK das Ausgangsmaterial, in diesem Fall Bor-dotiertes Silizium mit einem spezifischen Widerstand von 25 Ωcm. OXID ist der Steuerbefehl für eine Oxidation, der ergänzt wird durch die Temperatur, die Dauer und u. U. der angestrebten Zieldicke. EPIT bewirkt eine Schichtabscheidung, wobei die Angabe des abgeschiedenen Materials und die Schichtdicke nicht fehlen darf. Durch den Befehl IMPL wird eine Implantation unter der Angabe der implantierten Ionen, der Energie und der Dosis simuliert. Eine Besonderheit ist der Befehl MASK. Mit ihm werden die verschiedenen fototechnischen Schritte nachgebildet. Bei einer eindimensionalen Simulation ist dies relativ einfach: Ein oder mehrere Prozessschritte werden in der Simulation einfach übersprungen, da der "Fotolack" eine Veränderung des Materials verhindert, also beispielsweise ein Ätzprozess gar nicht auf die Oberfläche wirken kann. Bei zwei- oder gar dreidimensionalen Simulationen muss an dieser Stelle für jede Maske eine Angabe der Geometrie zugefügt werden, die genau beschreibt, welche Bereiche des Simulationsgebietes durch Fotolack abgedeckt sind.

Nun hängt die Genauigkeit des Simulationsergebnisses und damit auch die notwendige Rechenzeit erheblich davon ab, wie genau die einzelnen Prozessschritte beschriebene werden. So kann es einen erheblichen Unterschied machen, ob bei einer Oxidation nur die Temperatur und die Dauer oder zusätzlich die Partialdrücke der beteiligten Gase, die Temperatur beim Ein- und Ausfahren in den Ofen und die Dauer der Aufheizphase auf die Prozesstemperatur mit angegeben werden.

Noch stärker wirkt sich dies bei zwei- oder dreidimensionalen Simulationen aus. Beispielsweise muss bei Ätzprozessen genau beschrieben werden, wie isotrope und anisotrope Anteile am Ätzprozess gesteuert werden, um verlässliche Ergebnisse über die Form einer geätzten Stufe zu erhalten.

Als Beispiel für das Ergebnis einer solchen Prozesssimulation können die im Kapitel 5 wiedergegebenen Dotierungsprofile dienen, die mit dem oben angeführten Eingabefile erzeugt wurden. Nun sind diese Profile keine kontinuierlichen Funktionen, denn sie basieren auf einer numerischen Simulation. Die zugehörigen mathematischen Gleichungen werden nicht analytisch gelöst, vielmehr werden sie aktuell numerisch nur für diskrete Punkte im Simulationsgebiet berechnet. Diese Punkte bilden ein Gitter, das sogenannte Simulationsgitter. Zwischen diesen Punkten kann das Simulationsergebnis nur interpoliert werden, was natürlich zu Fehlern führen kann. Daher wird hier kein starres, äquidistantes Gitter benutzt. Vielmehr werden in den Bereichen, in denen besonders starke Veränderungen stattfinden, beispielsweise im Bereich eines pn-Überganges nach einer Implantation, zusätzliche Gitterpunkte dynamisch eingefügt. Ein zweidimensionales Beispiel zeigt Abb. 11.2. Hier ist die Dotierstoffkonzentration eines NMOS-Transistors in logarithmischer Skalierung (z) in

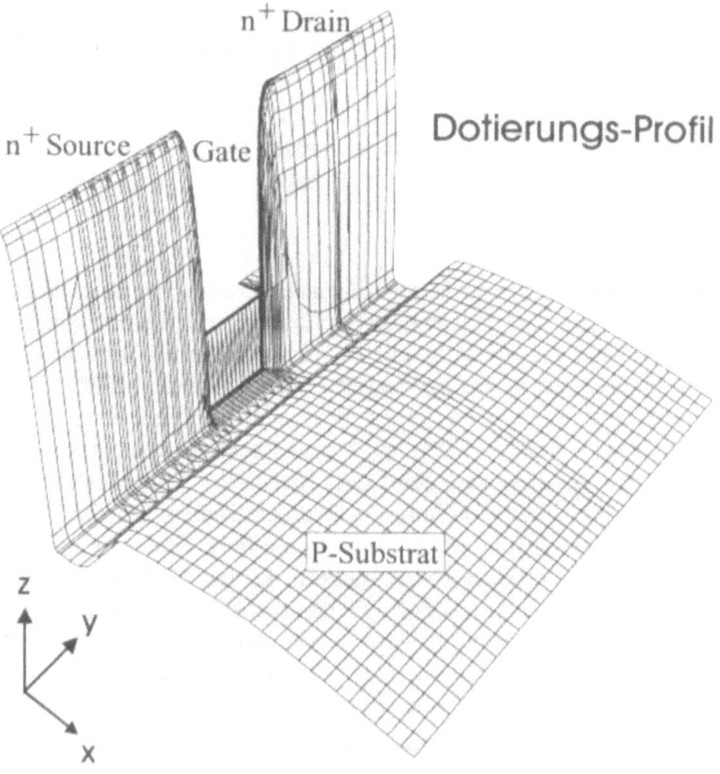

Abb. 11.2: Zweidimensionales Dotierstoffprofil eines NMOS-Transistors

Abhängigkeit von der Tiefe im Substrat (x) und der Richtung von Source nach Drain aufgetragen (y). Deutlich sind die hochdotierten Source- und Draingebiete, der Kanalbereich und das dichtere Simulationsgitter im Bereich der pn-Übergänge erkennbar.

11.2.2 Devicesimulation

Das Ergebnis der oben beschriebenen Prozess-Simulation bildet den Ausgangspunkt für die Bauelemente- bzw. Devicesimulation. Ziel dieser Simulation ist es, Aussagen über die elektrischen Eigenschaften des Bauelementes und deren Verbesserungsmöglichkeiten zu gewinnen. Dazu müssen in der Regel die elektrischen Anschlüsse zum Bauelement in ihrer Geometrie festgelegt und die anliegenden Spannungen bzw. Ströme angegeben werden. Weiter ist es meist erforderlich, das zu Grunde liegende Simulationsgitter für die elektrische Simulation anzupassen. Das Simulationsgitter der Prozesssimulation ist in den Bereichen starker Veränderungen während des Prozesses besonders dicht. Also beispielsweise im Bereich von oxidierten Oberflächen oder von pn-Übergängen. Diese Bereiche spielen aber in der Devicesimulation häufig keine entscheidende Rolle. So ist die Unterseite der Drain- und

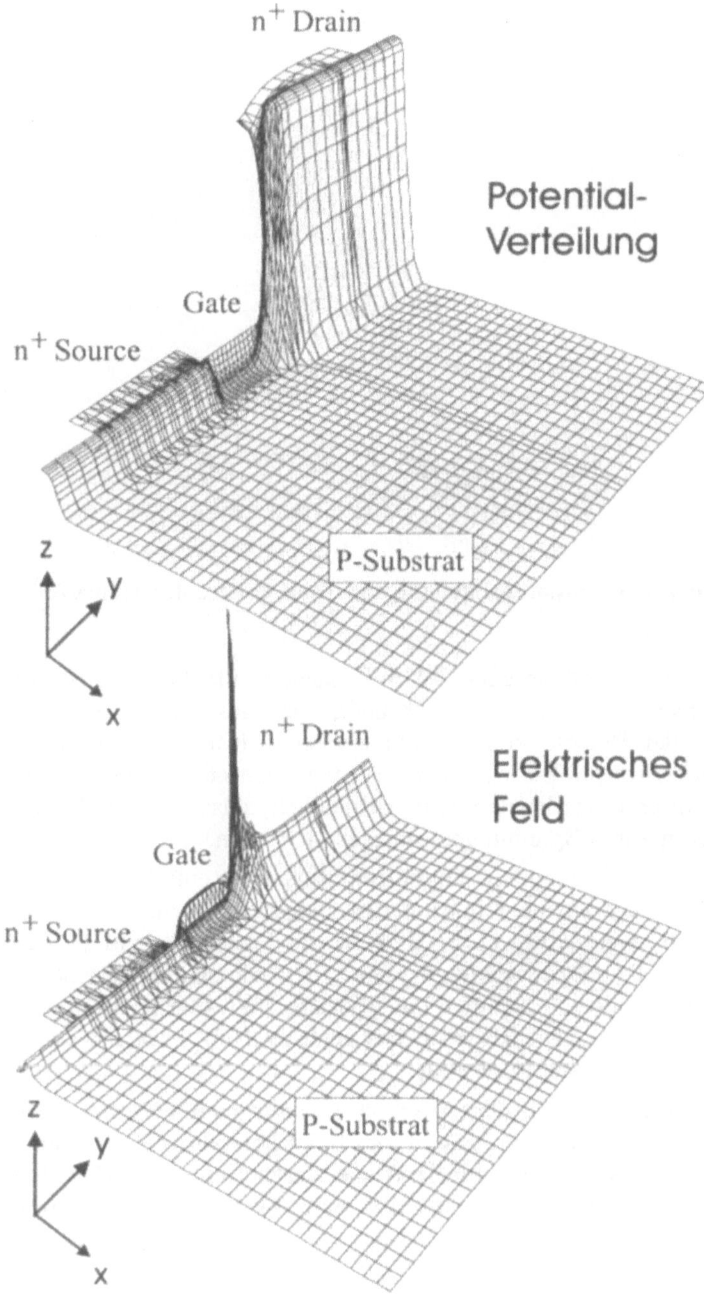

Abb. 11.3: Potentialverteilung und elektrisches Feld in einem NMOS-Transistor bei $U_{DS} = 5$ V und $U_{GS} = 0$ V

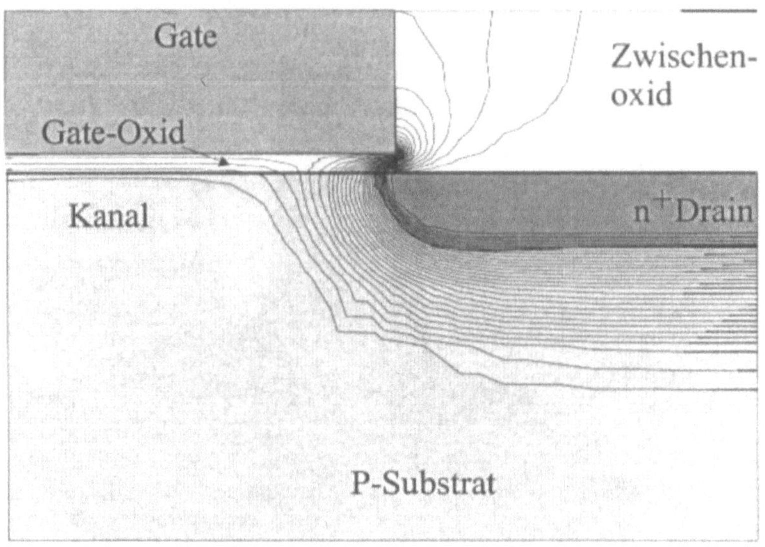

Abb. 11.4: Äquipotential-Darstellung des Draingebietes des Transistors aus Abb. 11.3

Source-seitigen pn-Übergänge eines MOS-Transistors für die elektrische Simulation relativ unwichtig. Entscheidend ist hier das Kanalgebiet, das meist ein flaches Dotierstoffprofil und damit von der Prozessimulation her ein recht grobes Gitter aufweist. Hier müssen also zusätzliche Gitterpunkte eingefügt werden, während an den o. g. pn-Übergängen Gitterpunkte entfernt werden können. Schließlich müssen noch die an den Anschlüssen anliegenden Ströme und Spannungen angegeben werden.

Als Ergebnis der anschließenden Simulation stehen Potential und Feldverläufe, Ladungsträger- und Stromdichten als Funktion des Ortes zur Verfügung. Ein Beispiel für eine solche Simulation zeigt Abb. 11.3. Hier ist die Potential- und Feldverteilung in einem gesperrten NMOS-Transistor wiedergegeben. Deutlich ist die extreme Feldstärkespitze am drainseitigen Kanalende zu erkennen, die letztlich, bei weiter zunehmender Drainspannung, zum Durchbruch führt. Deutlich wird dies auch in Abb. 11.4, die die Äquipotentiallinien im Draingebiet dieses Transistors zeigt.

Natürlich werden auch die an den Anschlüssen anliegenden Ströme und Spannungen ausgewiesen, so dass mit mehreren Simulationsläufen komplette Kennlinienfelder erzeugt werden können. Weiter können anschließend aus diesen Kennlinien die Modellparameter, wie Schwellenspannung, Leitwertkonstante usw. extrahiert werden, um damit eine Schaltkreissimulation durchzuführen.

11.2.3 Schaltungs-Simulatoren (analog)

Der mit Abstand weitest verbreitete Simulator zur Untersuchung analoger Schaltungen ist das Programm SPICE, das 1974 an der Universität Berkley entwickelt wurde. SPICE steht für **S**imulation **P**rogram with **I**ntegrated **C**ircuit **E**mphasis. SPICE wurde ständig weiterentwickelt und steht heute in zahlreichen Varianten für alle gängigen Computersysteme zur Verfügung. An dieser Stelle kann nicht auf die zahlreichen Möglichkeiten, die dieses komplexe Simulationsprogramm bietet oder gar auf seine innere Struktur eingegangen werden. Im Folgenden wird nur beispielhaft der Umgang mit diesem Simulator erläutert. Es sei aber dringend empfohlen, sich eine der vielen, frei verfügbaren SPICE-Programme zu besorgen und sich näher damit auseinander zu setzen.

Ausgangspunkt jeder Simulation ist die sogenannte Netzliste, die die zu untersuchende Schaltung alphanumerisch in einer Form beschreibt, die vom Simulator umgesetzt werden kann. Diese Form ist der üblichen grafischen Schaltplandarstellung völlig äquivalent. Jedes Bauelement erhält einen Kennbuchstaben sowie eine Nummer bzw. einen Namen, um es von anderen, gleichartigen Bauelementen in der Schaltung zu unterscheiden. So stehen die Buchstaben "R" für Widerstände, "C" für Kondensatoren und "M" für MOS-Transistoren. Für die elektrischen Anschlüsse werden entsprechend ihrer Anzahl Nummern vergeben, die als Knotennummern oder kurz Knoten bezeichnet werde. Darüberhinaus müssen, abhängig von der Art des Bauelementes ein oder mehrere Parameter angeben werden, die das Bauelement näher spezifizieren, also etwa der Widerstands- oder Kapazitätswert. Elektrische Verbindungen zwischen den einzelnen Bauelementen werden nun so dargestellt, dass sie an den entsprechenden Anschlüssen die gleichen Nummern erhalten. Die folgende Netzliste eines RC-Tiefpasses soll dies kurz illustrieren:

```
R5 1 2 1k
C6 2 0 1m
```

Ein Widerstand von 1 k mit der Bezeichnung "5" liegt zwischen den Knoten 1 und 2. Zwischen den Knoten 2 und 0 ist eine Kapazität von 1 mF mit der Bezeichnung "6" geschaltet. Der Knoten 1 bildet den Eingang und der Knoten 2 den Ausgang des Tiefpasses. Der Knoten 0 bildet den Masseanschluss.

Bei aktiven Bauelementen, wie MOS-Transistoren, ist die Darstellung etwas komplizierter. Zunächst haben MOS-Transistoren vier Anschlüsse und erhalten dementsprechend vier Knotennummern in der Reihenfolge Drain, Gate, Source und Substrat. Sodann muss angegeben werden, ob es ein NMOS oder ein PMOS-Transistor ist und mit welchen Modellgleichungen und Modellparametern simuliert werden soll. Das einfachste Modell, welches auch hier in den vorangegangenen Abschnitten benutzt wurde, benötigt nur zwei Gleichungen für Trioden- und Sättigungsgebiet und die beiden Modellparameter Schwellenspannung und Leitwertkonstante. Bessere Genauigkeit, aber auch höhere Rechenzeiten erzielt man mit komplizierteren Modellen, welche die Querfeldbeweglichkeitsreduktion, die Kanallängenmodulation, die schwache Inversion und weitere Effekte berücksichtigen. Das derzeit wohl häufigst benutzte Modell trägt die Bezeichnung Level 3 und benötigt über 60 Modellparameter. Die Tabelle 11.2 gibt eine Übersicht über die wichtigsten hier auftretenden Parameter.

Die in Klammern angegebenen Bezeichnungen hinter den Parameternamen verweisen auf die in dem Kapitel zum MOS-Transistor benutzten Bezeichnungen.

Damit in der Netzliste die Übersicht nicht verloren geht, werden all diese Angaben unter einem Modellnamen zusammengefasst und meist in einer Modelldatei (Library) abgespei-

Modellparameter	Abk.	Einh.	Beispiel
Schwellenspannung (UT)	VTO	V	0.923
Leitwertkonstante (B0)	KP	A/V^2	3.74E-6
Substrateffektkonstante	GAMMA	$V^{1/2}$	0.582
Oberflächeninversionspotential (φ_S)	PHI	V	0.4
Kanallängenreduktion durch Diffusiom	LD	m	3.8E-7
Kanalweitenreduktion durch Diffusion	WD	m	1.4E-8
Gateoxiddicke (t_{Ox})	TOX	m	4.5E-8
Substratdotierung	NSUB	$1/cm^3$	2.0E16
Oberflächenzustandsdichte (fast)	NFS	$1/cm^2$	5.0E11
Tiefe der pn-Übergänge Drain/Source	XJ	m	3.5E-7
Oberflächenbeweglichkeit (μ)	U0	cm^2 /Vs	7.0E2
max. Ladungsträgerdriftgeschwindigkeit	VMAX	m/s	2.34E5
Kanalbreitenkoeffizient für VTO	DELTA	-	1
Sättigungsfeldfaktor	KAPPA	-	3.24
statische Rückkopplung	ETA	-	0.233
Beweglichkeitsreduktionskoeffizient (θ)	THETA	1/V	4.9E-3
Kanallängenmodulationsfaktor (λ)	Lamda	1/V	
Junction-Kapazität zum Substrat	CJ	F/m^2	4.0E-4
Gradationskoeffizient zu CJ	MJ	-	0.513
Gate-Source-Kapazität pro Weite	CGSO	F/m	1.8E-10
Gate-Drain-Kapazität pro Weite	CGSO	F/m	1.8E-10
Streukapazität an den Rändern zu CJ	CJSW	F/m	2.6E-10
Gradationskoeffizient zu CJSW	MJSW	-	0.44

Tabelle 11.2: Die wichtigsten SPICE Parameter für MOS-Transistoren

chert. In der Netzliste wird dann nur der Modellname und die Library angegeben, aus der der Simulator sich die entsprechenden Angaben holt.

Letztlich fehlen dann noch die Angaben über die Geometrie der Transistoren, also die Angabe der Kanallänge und Weite, sowie über die Größe der Drain- und Sourceanschlussgebiete. Letzteres ist für zeitabhängige Simulationen erforderlich, da diese Anschlussgebiete pn-Übergänge zum Substrat bilden, deren Kapazität das Schaltverhalten erheblich beeinflussen können.

Das folgende Beispiel eines CMOS NAND-Gatters mit zwei Eingängen soll diese Vorgehensweise näher erläutern:

```
******* CMOS-NAND2 *******
*
* Transistoren
* d g s b Mod
M1 4 1 0 0 NENH W=5u L=2u AD=20p AS=20p
M2 3 2 4 0 NENH W=5u L=2u AD=20p AS=20p
M3 3 1 99 99 PENH W=7u L=2u AD=28p AS=28p
```

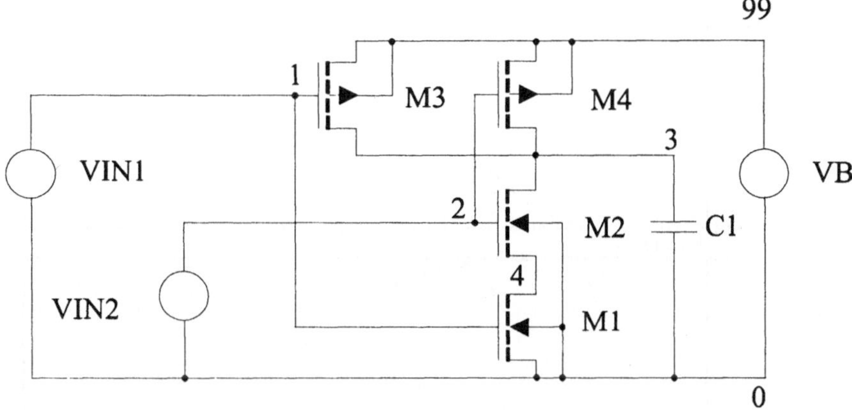

Abb. 11.5: Schaltplan eines CMOS-NAND, mit den für die Simulation notwendigen Knoten- und Transistorbezeichnungen und den Spannungsquellen

```
M4 3 2 99 99 PENH W=7u L=2u AD=28p AS=28p
C1 3 0 0.5p
* Spannungsquellen
VIN1 1 0 5V
VIN2 2 0 5V
* Betriebsspannung
VB 99 0 5V
* Modelldatei (Library)
.LIB CMOS.LIB
* DC Analyse
.DC VIN1 0 5 0.05
.PROBE
.END
```

Die beiden NMOS-Transistoren M1 und M2 führen die Modellbezeichnung NENH. Sie haben jeweils eine Kanallänge von 2 μm und eine Kanalweite von 5 μm. Die Angabe erfolgt in Metern. Der Buchstabe "u" steht deshalb hier für 10^{-6}. Die Größe des Draingebiets (AD) bzw. des Sourcegebiets (AS) beträgt 20 μm^2 . Die Angabe erfolgt in m^2 . "p" ist die Abkürzung für 10^{-12}. M1 ist mit Source und Substrat an den Knoten 0 (Masse) angeschlossen. Drain liegt an Knoten 4. Sein Gate ist über Knoten 1 mit der Spannungsquelle VIN1 und dem Gate des PMOS-Transistors M3 verbunden. Das Drain von M2 liegt an Knoten 3, dem Ausgang der Schaltung. Source ist über Knoten 4 mit dem Drain von M1 verbunden. Sein Gate (Knoten 2) ist mit dem Gate von M4 und der Spannungsquelle VIN2 verschaltet. Sein Substrat liegt auf Massepotential. Die beiden PMOS-Transistoren M3 und M4 mit der Modellbezeichnung PENH haben eine Länge von 2 μm und eine Weite von 7 μm. Daher sind auch die AD- bzw. AS-Werte mit 28 μm^2 größer als die der NMOS-Transistoren. Die Source- und Substratanschlüsse der PMOS liegen über Knoten 99 an der

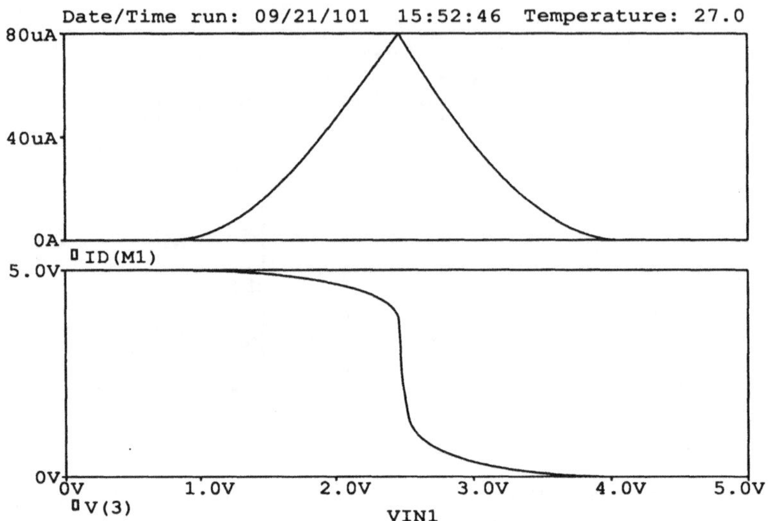

Abb. 11.6: Simulationsergebnis der Übertragungsfunktion eines CMOS-NAND; Oben: Querstrom; Unten: Ausgangsspannung V(3) als Funktion von VIN1.

Versorgungsspannungsquelle VB. Die Drainanschlüsse sind mit dem Ausgang verbunden. Am Ausgang liegt außerdem noch eine kapazitive Last von 0,5 pF. Die Modellparameter der Transistoren sind in der Modelldatei CMOS.LIB abgelegt. Die Spannungsquellen werden wie normale Bauelemente behandelt und führen hier eine Nominalspannung von 5 V. Diese Spannungen müssen aber, wie gleich noch deutlich werden wird, in der Simulation noch verändert werden.

Die Netzliste ist damit vollständig, aber es fehlen noch die Anweisungen, was der Simulator nun berechnen soll. Dazu gibt es in SPICE eine ganze Reihe von Möglichkeiten, von denen hier nur zwei beispielhaft erläutert werden sollen.

Zunächst zur Gleichspannungsanalyse. Hierbei werden Ströme und Spannungen innerhalb der Schaltung in Abhängigkeit von äußeren Quellen oder auch von Bauelementeparametern berechnet. So bewirken die Zeilen

```
.DC VIN1 0 5 0.1
.PROBE
.END
```

dass die Spannungsquelle VIN1 von 0 V bis 5 V in Schritten von 0,1 V erhöht wird, während die anderen Spannungsquellen ihre ursprüngliche Spannung von 5 V beibehalten. Die Anweisung .PROBE bewirkt die Speicherung aller Ströme und Spannungen bei jedem Schritt in einem Format, welches die grafische Auswertung ermöglicht. In Abb. 11.6 sind die Ausgangsspannung der Schaltung (Knoten 3, im Bild unten) und der durch den Transistor M1 fließende Drainstrom (im Bild oben) wiedergegeben.

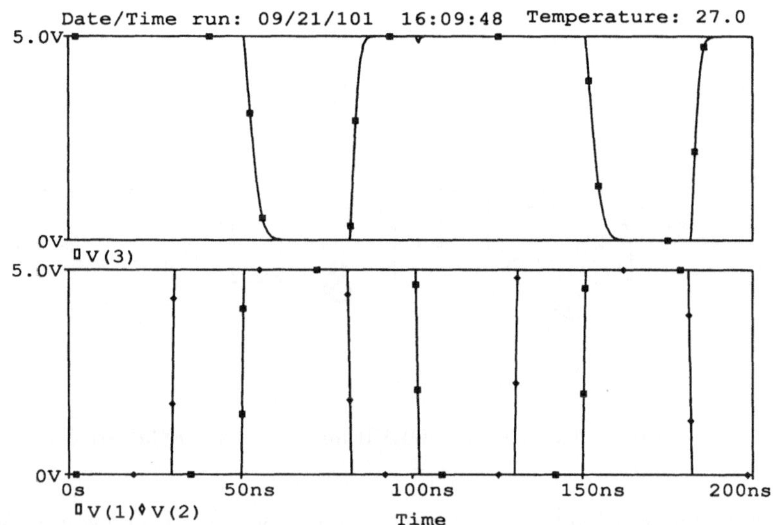

Abb. 11.7: Simulationsergebnis der zeitabhängigen Simualtion eines CMOS NAND; Unten: Eingangsspannungen VIN1 und VIN2; Oben: Ausgangsspannung V(3)

Eine weitere und in diesem Zusammenhang sehr wichtige Möglichkeit ist die zeitabhängige Analyse der Schaltung mit Hilfe der sogenannten Transientenanalyse. Dazu müssen allerdings erst einmal die Quellen VIN1 und VIN2 in zeitabhängige Quellen umgebaut werden.

```
VIN1 1 0 PULSE 0 5 50n 1n 1n 50n 100n
VIN2 2 0 PULSE 0 5 30n 1n 1n 50n 100n
```

Jetzt liefern die Quellen Pulsfolgen zwischen 0 V und 5 V, einer Pulsbreite von 50 nsec und einer Periode von 100 nsec. Die Anstiegszeit ist gleich der Abfallzeit und beträgt 1 nsec. Da bei der ersten Quelle der erste Puls nach 50 nsec kommt, während er bei der zweiten Quelle bereits nach 30 nsec erscheint, überlappen sich die Pulse nur um 30 nsec.

Der Simulator benötigt nun noch die Anweisung eine zeitabhängige Analyse über einen Zeitraum von 0,2 μsec auszuführen:

```
.TRAN 1n 0.2u
```

Das Ergebnis dieser Simulation ist in Abb. 11.7 wiedergegeben.

Im unteren Teil der Abbildung sind die sich überlappenden Pulsfolgen an den Eingangsknoten 1 und 2 wiedergegeben. Der obere Teil zeigt die Ausgangsspannung (Knoten 3). Es ist deutlich erkennbar, dass die Schaltung die Funktion NAND erfüllt und dass der Ausgang aufgrund der kapazitiven Last eine gewisse Zeit braucht um in den logisch richtigen Zustand zu kommen.

Natürlich bieten Analog-Simulatoren noch eine ganze Reihe von weiteren Möglichkeiten, die

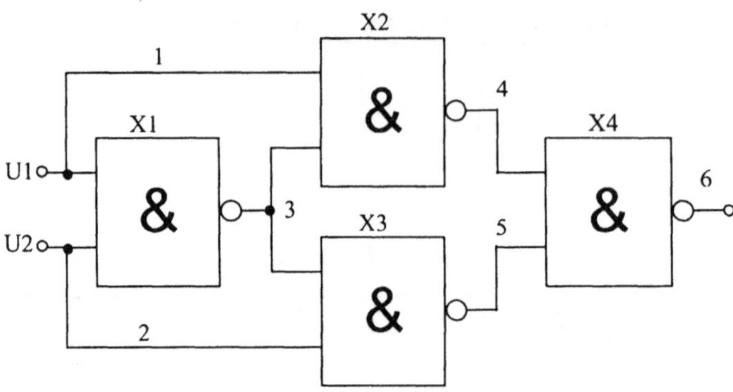

Abb. 11.8: Exclusiv-ODER aus vier NAND-Gattern

hier nicht besprochen werden können. Es gibt jedoch auch eine Reihe von Einschränkungen, die nicht unerwähnt bleiben dürfen:

So ist das Simulationsergebnis immer nur so gut wie die zugrunde liegenden Modelle und insbesondere die zugehörigen Parametersätze. Weiterhin können immer einmal numerische Instabilitäten das Simulationsergebnis verfälschen. Es ist also eine gewisse Erfahrung notwendig, um die Ergebnisse interpretieren zu können. Blind darf man sich niemals auf eine Simulation verlassen.

Letztlich ist die Größe der simulierbaren Schaltungen begrenzt: Bei 100 und mehr aktiven Bauelementen bzw. Transistoren werden Simulationszeiten und Datenmengen so groß, dass schon sehr leistungsfähige Rechner notwendig sind. Weiter ist die Analyse von derartigen Datenmengen sicherlich mehr als unhandlich. Hier kommen die Simulatoren der nächst höheren Abstraktionsebene, die Digital-Simulatoren zum Einsatz.

11.2.4 Digital-Simulatoren

Grundsätzlich arbeiten Digital-Simulatoren ähnlich wie Analog-Simulatoren auf der Basis von Netzlisten, Modellen und Anweisungen. Es werden allerdings keine Spannungen oder Ströme berechnet, sondern nur logische Zustände. Weiter gibt es nur die Möglichkeit der zeitabhängigen Analyse. Elektrische Bauelemente, wie Widerstände oder Transistoren, tauchen hier auch nicht mehr auf. Vielmehr gibt es hier nur noch logische Grundfunktionen, wie NAND, NOR, XOR usw. und eine Anzahl unterschiedlicher Flipflops. Diese Grundfunktionen werden über eine Modellanweisung mit den, für die einzelnen Schaltungsarten bzw. -familien charakteristischen Verzögerungszeiten und Treiberleistungen versehen. Zusammengesetzte Funktionen werden in Unterschaltkreisen (Subcirciuts) zusammengefasst, die einmal definiert und in einer Bibliothek bzw. Library abgelegt, in unterschiedlichen Schaltungen aufgerufen und benutzt werden können.

Als kurzes Beispiel möge hier ein XOR dienen, das aus vier NAND-Gattern zusammengesetzt wird.

Die zugehörige Netzliste (für den zu PSPICE gehörenden Digital-Simulator) ist weiter unten wiedergegeben. Die Bauelementebezeichnung X steht für einen Unterschaltkreis (Subcircuit), dem wie üblich eine Nummer als Namen angehängt wird. Es folgen die Knotennummern der Ein- und Ausgänge. Zum Schluss folgt der Name des Unterschaltkreises (hier ein NAND mit zwei Eingängen vom Typ 7400). Ein Vergleich mit Abb. 11.8 zeigt die Übereinstimmung der Netzliste mit der Schaltung. Der Buchstabe U kennzeichnet eine digitale Grundfunktion. U1 und U2 sind logische Quellen, die die Eingänge der Schaltung (Knoten 1 und 2) mit zeitabhängigen logischen Signalen versorgen. Sie tragen die Bezeichnung STIM wie Stimulus. Die Beschreibung des zeitlichen Verhaltens erfolgt hier durch die Angabe des logischen Zustands zu verschiedenen Zeitpunkten. Periodische Signale werden durch die Schleifenanweisung GOTO LOOP mit dem Label LOOP erzeugt. Es folgt noch die Anweisung für eine zeitabhängige Analyse und die Libraryanweisung, wo die Beschreibung der Subcircuits 7400 zu finden sind.

```
4 NAND XOR
X1 1 2 3 7400
X2 1 3 4 7400
X3 2 3 5 7400
X4 4 5 6 7400
U1 STIM (1,1) $G_DPWR $G_DGND 1 IO_STM
+ 0s 1
+ LABEL = LOOP
+ +6u 0
+ +5u 1
+ +5u GOTO LOOP -1 TIMES
U2 STIM(1,1) $G_DPWR $G_DGND 2 IO_STM
+ 0s 0
+ LABEL=LOOP
+ +10u 1
+ +10u 0
+ +5u GOTO LOOP -1 TIMES;
.TRAN 1.0u 100u 0 1.0u ; *ipsp*
.PROBE
.LIB h:\ps16\lib\digilib.lib
.END
```

Der Ausschnitt aus der Library, in dem der Subcircuit 7400 beschrieben ist, hat folgendes Aussehen:

```
.subckt 7400 A B Y
+optional: DPWR=$G_DPWR DGND=$G_DGND
+params: MNTYMXDLY=0 IO_LEVEL=0
U1 nand(2) DPWR DGND
+A B Y
+D_00 IO_STD MNTYMXDLY=${$MNTYMXDLY$}$\ IO_LEVEL=${$IO_LEVEL$}$
.ends
```

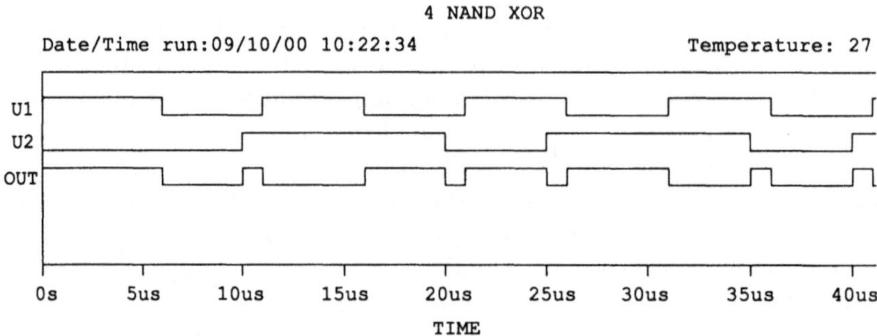

Abb. 11.9: Simulationsergebnis der Digitalsimulation des Exclusiv Oder

Der Subcircuit 7400 hat die beiden Eingänge A und B und den Ausgang Y. Diese Reihenfolge muss auch in der oben wiedergegebenen Netzliste eingehalten werden. Er besteht hier nur aus der logischen Grundfunktion nand(2) (NAND mit zwei Eingängen), die durch einige hier nicht näher zu erläuternde Parameter zur Beschreibung der Schaltungsfamilie 74xx genauer spezifiziert wird.

Als Ergebnis der Simulation erhält man die zeitabhängige Darstellung der logischen Zustände an den verschieden Knoten. Abb. 11.9 zeigt den Verlauf der Zustände an den Eingängen Knoten 1 und 2 und am Ausgang Knoten 6.

Offensichtlich erfüllt die Schaltung die logische Funktion eines Exklusiv-Oder.

Natürlich verzichten moderne Simulationsprogramme auf die Schaltplaneingabe per Netzliste und greifen auf die grafische Eingabe (s. o.) zurück, aus der dann eine Netzliste automatisch erzeugt wird. Fehlermeldungen des Simulators beziehen sich jedoch meist auf die Netzliste und diese Netzliste wird bei der Erzeugung des Layouts (Plazierung und Verdrahtung) weiterbenutzt, so dass die Kenntnis ihrer Struktur und Anwendung unbedingt erforderlich ist.

Ein etwas weiter führendes Beispiel zeigt die Abb. 11.10. Es handelt sich um den Schaltplan eines synchronen 4 Bit Zähler, der aber nicht die Zustände 0 bis 15 bzw. 0 bis F hexadezimal durchläuft, sondern schon nach dem Zustand 9 (1001 binär) bei der nächsten steigenden Flanke am Takteingang "clk" wieder auf 0 zurückgesetzt wird. Dieser Zähler kann also als Teiler durch 10 oder als BCD-Zähler benutzt werden. Er verfügt über einen Enable-Eingang "in", den bereits erwähnten Takteingang "clk" und einen Power On Reset "por". Darüber hinaus ermöglicht der Eingang "res" ein Rücksetzen bei der nächsten steigenden Taktflanke. Als Ausgänge stehen die Zustände der Zähler-Flipflops "bit0" bis "bit3" sowie die Anzeige des bevorstehenden Überlaufs im Zustand 9 "co" zur Verfügung. Dieses Beispiel zeigt, dass größere digitale Schaltungen recht schnell unübersichtlich werden. Daher werden solche Teilschaltungen in eigenen Symbolen bzw. Unterstrukturen zusammengefasst, die nur noch die Ein- und Ausgänge der Teilschaltung zeigen und so zu größeren Schaltungen zusammengesetzt werden.

Die Abb. 11.11 zeigt das Simulationsergebnis dieser Schaltung. Erst wenn die Eingänge

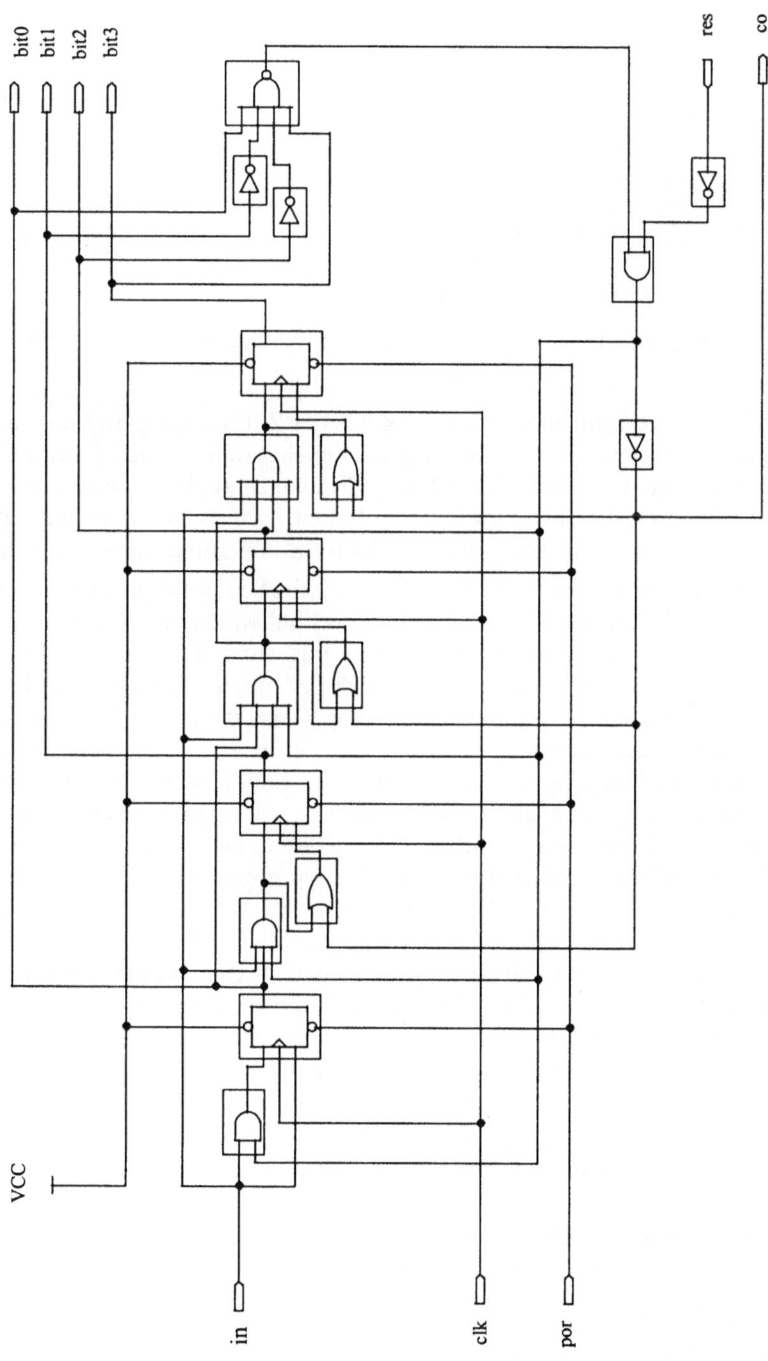

Abb. 11.10: Schaltbild eines synchronen BCD-Zählers mit Enable (in) und zusätzlichem Rücksetzeingang (res)

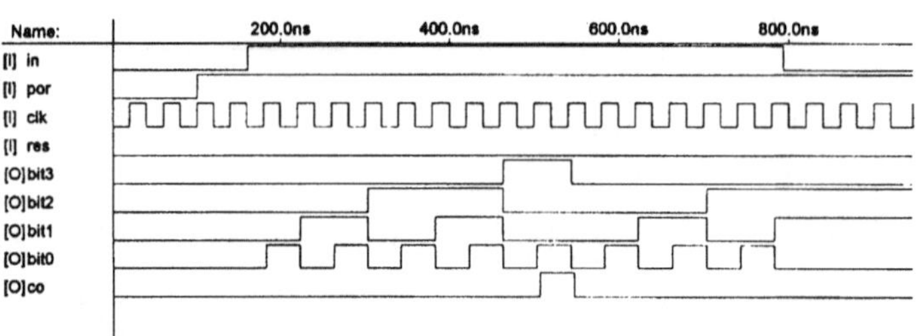

Abb. 11.11: Simulationsergebnis der Schaltung nach Abb. 11.10

"in" und "por" eine logische eins führen, beginnt der Zählvorgang und mit jeder steigenden Flanke des Taktes "clk" wird der Zähler um eins hochgezählt. Beim Zustand 9 (1001 binär) wird der Überlauf auf 1 gesetzt. Die nächste Flanke setzt den Zähler wieder auf 0 (0000 binär) und der Vorgang beginnt von neuem. Bei ca. 800 ns wechselt "in" von 1 nach null und der Zähler wird gesperrt, ohne dass der letzte Zählerstand verändert wird.

Der Begriff des Signalwerts in einer digitalen/logischen Simulation muss noch näher erläutert werden: Im einfachsten Fall (Bool' sche Logik) haben wir es nur mit zwei Signalwerten, "0" oder "1", zu tun. Aber schon die Verwendung eines Tri-State-Treibers machten neben 0 und 1 einen weiteren Signalwert, nämlich "z" für hochohmig, für die Beschreibung dieses Ausganges erforderlich. Daraus folgt sofort, dass für einen von diesem Ausgang angesteuerten Eingang ein vierter Signalwert, "u" wie unsicher oder undefiniert, erforderlich ist, falls nämlich der Eingang nur von Ausgängen angesteuert wird, die sich sämtlich im Zustand "z" befinden. Darüberhinaus müssen auch noch schwache von starken Treibern unterschieden werden. Es ist zwar grundsätzlich verboten, zwei Ausgänge aktiv auf denselben Eingang arbeiten zu lassen, letztlich ausschließen kann man dies aber nicht und daher muss dieser Umstand auch in der Simulation als Fehler erkennbar werden. Es kommen daher drei weitere Signalwerte, die schwache 1, die schwache 0 und das schwache u hinzu und es sind schon sieben Signalwerte. Müssen dynamische Effekte, wie die kapazitive Speicherung von Signalwerten auf Leitungen und Eingängen berücksichtigt werden, führt man die sehr schwache 1, die sehr schwache 0 und das sehr schwache u ein (10 Signalwerte). Derzeit werden genormte Beschreibungsprachen und Simulatoren mit 46 Signalwerten diskutiert. Soweit zur einfachen digitalen Simulation.

Ähnlich simpel wie bei den Signalwerten, wird in der digitalen Simulation auch die Zeitabhängigkeit behandelt. Folgende Modelle sind zu unterscheiden:

- Zero-Delay: Alle Signale breiten sich ohne Verzögerung in der Schaltung aus und werden auch ohne Verzögerung bearbeitet
- Unit Delay: Alle Signale breiten sich in der Schaltung ohne Verzögerung aus und werden in allen Teilschaltungen und Gattern mit der gleichen, einheitlichen Verzögerungszeit verarbeitet.
- Transport: (Ein Schlüsselbegriff aus VHDL) Hier wird die Physik der Leitung, d.h. der

Leitungswiderstand und die Leitungskapazität, die zusammen eine RC-Zeitkonstante bilden, berücksichtigt. Es wird also die Zeit erfasst, die Signale brauchen um von einem Ausgang über eine Leitung an einen Eingang zu gelangen.

- Trägheit: Hiermit wird berücksichtigt, dass die eben schon erwähnte RC-Konstante einer Leitung einen sehr kurzen Signal-Impuls vollständig unterdrücken kann.

- Pullup/ Pulldown: Der Wechsel von 0 nach 1 kann eine andere Verzögerung als der Wechsel von 1 nach 0 zur Folge haben (s. a. dynamisches Verhalten eines Inverters)

- Letztlich kann eine größere Genauigkeit dadurch erzielt werden, dass die Steilheit der Flanken durch ein mehr oder weniger langes Intervall mit dem Signalwert u eingebaut wird.

Man kann auch hier, wie bei den Signalwerten, erkennen, dass höhere Genauigkeit der Simulation mit mehr Aufwand bzw. längeren Simulationszeiten verbunden ist.

Umgekehrt führen alle diese Einschränkungen dazu, dass mit der Höhe der Abstraktionsebene die Genauigkeit und damit die Zuverlässigkeit der Simulation abnimmt. Gleichzeitig nimmt aber auch der Rechenaufwand und der Speicherbedarf ab, so dass die Komplexität berechenbarer Schaltungen zunimmt.

Neben diesen inneren Werten unterscheiden sich die Simulatoren auch äußerlich, d.h. von der Ein- und Ausgabe z.T. fundamental voneinander (Hier bleiben Prozess- und Device-Simulatoren einmal außen vor).

Elektrische Schaltkreissimulatoren und Simulatoren der unteren logisch/digitalen Ebene arbeiten auf sogenannten Netzlisten und Bibliotheken. Hier muss der Schaltplan mit Hilfe eines CAD-Programmes, eines sogenannten Schematic-Editors und einer entsprechenden Bauelemente-Bibliothek, welche die Modelle und Modellparameter der Bauelemente enthält, in ein Netzwerk umgesetzt werden, welches für den Simulator berechenbar ist. Darüberhinaus müssen auch die Eingangssignale in geeigneter Weise beschrieben werden.

Als Ergebnis stehen nach der Simulation nicht nur die Ausgangssignale, sondern auch Signale an beliebigen, frei wählbaren Knoten im Inneren der Schaltung zur Verfügung.

Dagegen erfolgt bei den logisch/digitalen Simulatoren der höheren Ebenen die Schaltungseingabe durch eine funktionale Beschreibung in einer Form , die einer prozeduralen Struktur einer höheren Programmiersprache sehr ähnlich ist. Zu dieser prozeduralen Beschreibung gehört natürlich auch eine Datenstruktur in Form von Typ- und Variablen-Deklaration, die die Register-Architektur der Schaltung wiederspiegelt.

Der Ausgangszustand der Simulation wird durch die Inhalte aller Register definiert. Das Ergebnis der Simulation ist eine Zustandsbeschreibung der Schaltung in Form der geänderten Registerinhalte.

Aufgrund dieser z.T. fundamentalen Unterschiede ist klar, dass ein Wechsel zwischen den einzelnen Ebenen, der ja notwendig ist, erhebliche Schwierigkeiten bereiten kann, da die Datenstrukturen sich erheblich unterscheiden.

11.2.5 Hardware Beschreibungssprachen

Die zunehmende Komplexität integrierter Schaltungen mit bis zu einigen Millionen von Transistoren macht das Arbeiten mit Netzlisten und grafischen Schaltplänen zu einem schwierigen, weil unübersichtlichen und bisweilen unmöglichen Geschäft. Man ist daher seit ca. 15 Jahren bemüht, derartig komplexe Systeme auf hoher Abstraktionsebene beschreiben und simulieren zu können. Grundsätzlich ist dies mit jeder Software-Hochsprache in Form eines Programmes möglich, es sind jedoch einige wichtige Dinge dabei zu beachten, die dazu führten, dass spezielle Sprachen entwickelt wurden, die diese Besonderheiten berücksichtigen.

Die Teile eines Programms werden sequentiell, d.h. in einer zeitlichen Abfolge nacheinander abgearbeitet, während die Vorgänge in einer integrierten Schaltung gleichzeitig ablaufen. D.h., dass der Zustand der Schaltung zu einem diskreten Zeitpunkt n vollständig berechnet werden muss und dass sich die dabei ergebenden Änderungen des Zustandes frühestens zu einem späteren Zeitpunkt n+1 auswirken können. Dabei ist zu beachten, dass auch der Zustand n natürlich von allen n-1 Vorgängerzuständen abhängen kann. Man erhält also eine zeitdiskrete Darstellung des zeitlichen Verhaltens.

Die Teile einer Schaltung lassen sich auf sehr unterschiedliche Art und Weise beschreiben. Kombinatorische Logik lässt sich am einfachsten durch die Angabe der Boolschen Gleichungen beschreiben. Aber auch die Angabe einer Wahrheitstabelle oder eine IF-THEN-ELSE bzw. CASE-Anweisung kann das Verhalten eines solchen Schaltungsteils hinreichend beschreiben. Es ist aber zu beachten, dass alle möglichen Kombinationen vollständig beschrieben werden müssen, damit es später nicht zu Fehlern kommt. Speicher bzw. Zwischenspeicher werden durch besondere Variablen beschrieben, deren Inhalt sich nur unter bestimmten Umständen ändern können. Diese Form der Beschreibung wird als Verhaltensbeschreibung bezeichnet und ermöglicht die Simulation auf der höchsten Abstraktionsebene, ohne dass man eine genauere Vorstellung von den Einzelheiten der Schaltung zu haben braucht. Allerdings ist hier kaum eine vernünftige Aussage darüber möglich, ob über die rein logischen Zusammenhänge hinaus die Schaltungsteile tatsächlich funktionieren werden, da keine Aussage über unterschiedliche Verzögerungen möglich sind.

Ein Beispiel für eine solche Verhaltensbeschreibung gibt folgender Auszug aus einem Addierer. Es handelt sich um einen sogenannten Halbaddierer mit den Eingängen sum_a und sum_b und den Ausgängen sum und carry:

```
BEGIN
IF (sum_a= ‘1‘ AND sim_b = ’ 1’ ) THEN
sum$<$= ’ 0’ ; carry$<$= ’ 1’ ;
ELSE
IF (sum_a = ’ 1’ OR sum_b = ’ 1’ ) THEN
sum $<$= ’ 1’ ; carry $<$= ‘0’ ;
ELSE
sum $<$= ’ 0’ ; carry $<$= ’ 0’ ;
END IF;
END IF;
END;
```

Eine genauere Simulation einer Schaltung wird erst möglich, wenn eine bessere Vorstellung von der Struktur der zu realisierenden Schaltung besteht: Ein Halbaddierer besteht aus den logischen Gattern XOR und AND und man kann daher folgende strukturelle Beschreibung diese Schaltungsteils angeben:

```
BEGIN
sum $<$= sum_a XOR sum_b AFTER 3 ns;
carry $<$= sum_a AND sum_b AFTER 2 ns;
END;
```

Hier wird nicht nur die Struktur der Schaltung deutlich, vielmehr werden auch Verzögerungszeiten der einzelnen Gatter berücksichtigt.

Der große Vorteil der Hardware-Beschreibungssprachen besteht aber nun darin, dass aus einer Verhaltensbeschreibung in einer Art Compilierungsverfahren eine strukturelle Beschreibung synthetisiert werden kann. Diese Synthese erfolgt meist auf der Basis von Bibliotheken von Grundgattern, so dass in einer anschließenden Simulation auch die Zeitabhängigkeiten erfasst werden können.

Wie bei der Compilierung eines Hochsprachenprogramms hängt die Qualität der Synthese stark von der gewählten Beschreibung und den zugrunde liegenden Bibliotheken ab. Unter Umständen erhält man eine gut und schnell funktionierende Schaltung, die aber unverhältnismäßig viele Gatter benötigt und damit in der Produktion zu teuer wird.

Die Kunst besteht nun darin, in möglichst kurzer Zeit in einer Mischung aus struktureller Beschreibung und Verhaltensbeschreibung eine funktionierende und möglichst kompakte Schaltung zu entwickeln. Dies befreit aber nicht von der Notwendigkeit nach der Erzeugung des Layouts, der Plazierung und der Verdrahtung, die Schaltung mit den nun bekannten Leitungswiderständen und -kapazitäten und den sonstigen parasitären Kapazitäten noch einmal nach zu simulieren und u. U. zu überarbeiten.

Als letztes Beispiel zu den Hardwarebeschreibungssprachen noch ein Zähler wie er schon als Schaltplan in Abb. 11.10 gezeigt wurde. Hier wird der Vorteil dieser Sprachen deutlich, mit welchen einfachen Änderungen der Zähler erweitert und in seiner Funktion geändert werden kann, ohne das ganze Schaltbild mühsam zu überarbeiten:

```
SUBDESIGN mod10cnt (
reset, clk, enable: INPUT;
value[3..0]: OUTPUT;
)
VARIABLE
counter[3..0]: DFFE ;
BEGIN
counter[].clk = clk;
counter[].ena = enable;
IF reset # (counter[] == 9) THEN counter[] = 0;
ELSE counter[] = counter[] +1;
END IF;
value[] = counter[];
```

```
END;
```

Abschließend ist zum Thema Hardwarebeschreibungssprachen festzustellen, dass es derzeit sehr unterschiedliche Ansätze für die Syntax, die Semantic und vor allem für die Synthese gibt. Im Bereich der Entwicklung integrierter Schaltungen gibt es zwei größere Strömungen. Einmal die HDL (Hardware Description Language) der Fa. VERILOG, die aus frühen Anfängen der Digitalsimulatoren und Registertransfersprachen zur vollen HDL kontinuierlich weiterentwickelt wurde. Zum anderen VHDL (Very High Speed Integrated Circiuts Hardware Description Language), welches für sehr große, militärische Projekte speziell entwickelt wurde und inzwischen standardisiert ist. Allerdings gibt es kaum eine Realisierung von VHDL, welche den vollen Umfang des Standards erfüllt. Je nach Anbieter wird eine mehr oder weniger große Teilmenge des Standards realisiert und es gibt meist mehrere Ergänzungen, die über den Standard hinaus gehen. Derzeit laufen intensive Bemühungen VHDL auch in Richtung analoger Schaltungen zu erweitern. Weiter gibt es im Bereich der programmierbaren Logikschaltungen (FPGA, EPLD etc.) Hardwarebeschreibungssprachen, die speziell an die Gegebenheiten dieser Schaltungen angepasst sind und sich schon von daher von den oben genannten Hauptströmungen unterscheiden (wenn auch die Verwandtschaft nicht zu übersehen ist).

11.3 Hilfsprogramme

Neben den Hauptwerkzeugen, Editoren und Simulatoren, gibt es eine Reihe von Programmen, die den Schaltungsentwickler von zeitraubenden und fehlerträchtigen Routineaufgaben befreien. Hier sind wiederum zwei Bereiche zu unterscheiden: Zum einen Programme, die den Entwurfsprozess an sich unterstützen bzw. vereinfachen. Zum anderen Programme, die den Entwurfsprozess überprüfen bzw. kontrollierbar machen.

11.3.1 Plazierung und Verdrahtung

Diese Gruppe von Hilfsprogrammen unterstützt eine Aufgabe, die auch in der Leiterplatten-Technik eine große Rolle spielt: Die Plazierung und Verdrahtung. Wie oben, bei der Beschreibung der Simulatoren gesehen, wird ein Gesamtsystem möglichst sinnvoll in mehr oder weniger große Funktionsblöcke bzw. Teilschaltungen zerlegt. Diese werden durch die Hierarchie der Simulatoren bis zum fertigen Layout weiterentwickelt und müssen anschließend wieder zum Gesamtsystem zusammengefügt werden. Dazu sind eine Reihe von Randbedingungen zu erfüllen:

1. Die Plazierung der Funktionsblöcke muss so erfolgen, dass die Fläche möglichst optimal genutzt, d.h., möglichst klein wird.

2. Die Verdrahtung der Funktionsblöcke muss so erfolgen, dass durch sie nicht unnötig großer zusätzlicher Flächenbedarf entsteht.

3. Bei der Verdrahtung und Plazierung muss beachtet werden, dass auf zeitkritischen Signalpfaden keine zu langen Signallaufzeiten durch unnötig lange Verdrahtung ent-

stehen. Dies ist zum Beispiel bei der Taktversorgung von großen synchron getakteten Schaltungen ein großes Problem.

4. Letztlich müssen die Ein- und Ausgänge der Schaltung entsprechend dem zur Verfügung stehenden Gehäuse mit I/O-Strukturen versehen werden um möglichst sinnvoll angeschlossen werden zu können.

Dieses multidimensionale Optimierungsproblem wird von Placement- und Routing-Programmen übernommen. Dabei können Randbedingungen vorgegeben werden, die verhindern, dass zeitkritische Signalpfade über zu lange Leitungen geführt werden.

11.3.2 Überprüfungsprogramme

Um das Ergebnis dieser Verdrahtung zu überprüfen und noch einmal eine Laufzeitanalyse mit den tatsächlichen Leitungslängen durchführen zu können, werden sogenannte Extraktoren auf das fertige Layout aufgesetzt. Sie extrahieren aus dem Layout die Leitungslängen und -breiten zwischen einzelnen Knoten und rechnen diese mit prozessspezifischen kapazitiven und ohmschen Belägen in RC-Netzwerke um, die in einem erneuten Simulationslauf berücksichtigt werden. Treten hier Fehler auf, muss das Layout entsprechend korrigiert werden. Unter Umständen kann sich hier auch eine Schaltungsänderung als notwendig erweisen.

Besonders leistungsfähige Extraktoren können neben den Leitungskapazitäten auch die parasitären Transistorkapazitäten erfassen und führen so zu besonders genauen Simulationen.

Eine weitere Art von Extraktoren ist in der Lage aus dem Layout neben den Leitungen auch Transistoren und Widerstände zu erkennen und so den kompletten Schaltplan zu rekonstruieren. Dieser wird in Form einer Netzliste erzeugt und kann so mit der, der Schaltung zugrunde liegenden Netzliste verglichen werden. Man spricht hierbei von einem Network-Consistency-Check. (NCC). Voraussetzung für ein schnelles Arbeiten dieser Extraktoren ist, dass bestimmte Knoten, Leitungen und Bauelemente im Layout sogenannte Bezeichner tragen. Diese müssen für den Extraktor erkennbar sein, dürfen aber ähnlich wie Texte natürlich nicht auf den physikalischen Masken auftauchen. Dazu werden die oben schon erwähnten Hilfslayer in den Layout-Editoren benutzt.

Dass das Ergebnis der Extraktion zu einer erneuten Simulation und der Überarbeitung der Schaltung und des Layouts führen kann, bedarf wohl keiner besonderen Erwähnung.

Als letzte Überprüfung des Layouts erfolgt ein sogenannter Design-Rule-Check (DRC), der die Einhaltung aller in den Entwurfsunterlagen genannten Entwurfsregeln überprüft. Hier werden nicht nur Mindestabstände und -breiten überprüft, durch bool' sche Kombination der Strukturen auf verschiedenen Layern können auch die Regeln, die die Beziehungen zwischen zwei oder mehr Layern bestimmen, überprüft werden. Das Ergebnis wird in Form von Fehlermarken auf einem Hilfslayer abgelegt, so dass Fehler (wenn es nicht zu viele sind) recht schnell mit dem Layout-Editor korrigiert werden können.

Als allerletzter Schritt erfolgt die Aufarbeitung der Layout-Daten für die Maskenherstellung, das sogenannte Artwork. Hier werden die Daten von den Design-Layern (nicht aber von den Hilfslayern) auf die physikalischen Layer umgesetzt. Dabei werden auch die Daten für Masken, die auf den Design-Layern gar nicht auftauchen, generiert. Dies gilt, wie oben bereits erwähnt, zum Beispiel für die n^+-Maske, die durch Invertierung des p^+-Layer gewonnen werden kann. Weiter werden dabei auch prozessspezifische Veränderungen an den Maskendaten vorgenommen, mit denen Besonderheiten des Prozesses berücksichtigt werden. Insbesondere Unterätzungen, die bei einzelnen Ätzprozessen regelmäßig zu einer Verringerung des Strukturmaßes gegenüber dem Maskenmaß führen, können hier durch ein sogenanntes Sizing berücksichtigt werden. Weiter werden die notwendigen Justiermarken sowie die immer wieder benutzten Mess- und Teststrukturen hinzugefügt. Letztlich wird hierbei auch die Plazierung der einzelnen Strukturen auf dem Silizium-Wafer, das sogenannte Wafermapping, festgelegt.

Damit ist dann der Entwurfsvorgang abgeschlossen.

12 Entwurfssystematik

Schon die Menge der notwendigen Entwurfswerkzeuge und die vielfältigen Wechselwirkungen zwischen ihnen zeigen, welche Komplexität der Entwurf einer integrierten Schaltung hat. Die umfangreichen Randbedingungen in Form der Entwurfsunterlagen, die dabei zu berücksichtigen sind und die Probleme die die zu entwerfende Schaltung an sich mit sich bringt, erleichtern die Angelegenheit nicht gerade. Letztlich muss die Schaltung auch noch testbar sein. Eine Fragestellung, die bislang noch gar nicht diskutiert wurde, aber in allen Bereichen des Entwurfs eine wichtige Rolle spielt.

Die Entwurfswerkzeuge selbst, insbesondere die Simulatoren, erfordern umfangreiches Know-how und sehr viel Erfahrung, da die Ergebnisse interpretationsbedürftig sind.

Der Entwurfsprozess muss daher systematisiert werden, um eine zu entwickelnde Schaltung in endlicher Zeit mit abschätzbarem Aufwand in ein wirtschaftlich zu fertigendes Produkt umzusetzen. Dies ist um so wichtiger, je komplexer die Schaltung selbst ist, da dann die Entwurfskosten einen immer größer werdenden Teil in den Gesamtkosten darstellen.

Die beiden größten Fehler, die man hierbei machen kann, sind eher organisatorischer Art:

Bevor man überhaupt an den Entwurf herangeht, sollten in einer soliden Konzeption alle Eigenschaften der Schaltung festgeschrieben werden. Diese Spezifikation ist verbindlich und darf nur in eng zu begrenzenden Ausnahmefällen und auch nur bis zu einem vorher festzulegenden Zeitpunkt verändert werden. Je präziser diese Spezifikation ist, um so klarer ist für alle Beteiligten das Ziel und damit auch der Weg zu diesem Ziel.

Eine Spezifikation allerdings, die auf einer mehr oder weniger ungeordneten Ansammlung von Notizzetteln niedergelegt ist, führt mit schöner Regelmäßigkeit zu überlangen Entwurfszeiten.

Als weiterer wichtiger Punkt sind die Rückkopplungsschleifen zwischen den einzelnen Entwurfsebenen stark zu reglementieren. Schon so mancher Entwurfsprozess wurde in einer Endlosschleife zwischen zwei Ebenen aufgehängt, weil Eigenschaften zu Tode optimiert wurden, die schon lange die Spezifikation erfüllten oder auftretende Fehler, die ursächlich aus anderen Entwurfsebenen stammten, auf der falschen Ebene korrigiert wurden.

Insgesamt erfordert der Entwurfsprozess von allen Beteiligten sehr viel Disziplin. Künstlerische Freiheit und geniale Geistesblitze sind nur in der Konzeptionsphase gefragt.

Ein Weg, der sich bereits vielfach bewährt hat, ist der Top Down/Bottom Up Approach. Dieser Ansatz besagt, dass nach der Konzeptionsphase die Entwurfsebenen von oben nach unten abgearbeitet werden, ohne dabei jedesmal die Ergebnisse einer Ebene auf der nächst höheren Ebene zu verifizieren. Die Verifikationsphase beginnt sinnvoll erst, wenn das fertige Layout vorliegt und mit den nun bekannten Randbedingungen von unten nach oben auf jeder Ebene die Verifikation vorgenommen wird.

Bei hochkomplexen Schaltungen kann es günstiger sein, dieses Verfahren nicht auf die Gesamtschaltung sondern auf mehrere größere Funktionsblöcke anzuwenden. Dies erfordert jedoch einen größeren organisatorischen Aufwand und noch striktere Spezifikationen.

Ein weiterer viel genutzter Ansatz wird mit Meet In The Middle bezeichnet. Hier wird gleichzeitig von unten nach oben und von oben nach unten gearbeitet, wobei die Logik-Ebene den Treffpunkt markiert. Dieser zweite Ansatz ist noch stärker auf eine solide Konzeption und Spezifikation angewiesen als der erste.

Es ist immer wieder versucht worden diesen offensichtlich fehleranfälligen Prozess weitgehend zu automatisieren und so dem Fehlerfaktor Mensch zu entziehen. Die Schlagworte, die seit mehr als 15 Jahren zu diesem Thema durch die Szene geistern, sind "Silicon-Compiler" oder "Silicon-Generator". Die Idee ist, aus einer funktionalen Beschreibung einer Schaltung, wie sie z.B. auf Systemebene sowieso gebraucht wird, über eben jenen "Silicon-Compiler" das produktionsreife Layout der Schaltung zu erzeugen. Die Bemühungen hierzu haben durchaus Früchte getragen, indem z.B. verschiedene Simulationsebenen miteinander verschmolzen wurden und damit zeitraubende Ebenen wegfielen. Auf eine durchgängige Lösung wird man aber solange warten müssen, bis die Silizium-Technologie ihre ultimativen Grenzen erreicht hat und damit die Entwurfsunterlagen keine Variablen mehr sind. Wo allerdings diese Grenze liegt und wann sie erreicht wird, kann heute mit absoluter Sicherheit nicht gesagt werden.

12.1 Entwurfsstrategien

Die außerordentlich komplexe Struktur des Entwurfsprozesses führte schon relativ früh zu recht großen Anstrengungen diesen Prozess möglichst ganz, zumindest aber teilweise zu automatisieren. Dies ist aber, wie bereits angemerkt, bis heute nicht vollständig gelungen. Insbesondere bei Schaltungen, die an den Grenzen des heute technisch machbaren arbeiten, also z.B. extreme Anforderungen an die Verarbeitungsgeschwindigkeit haben und/oder flächenoptimiert sein müssen, kommt man nicht umhin, sich diesem komplexen Prozess mit seinen Randbedingungen zu unterwerfen. Auch analoge und gemischt analoge/digitale Schaltungen gehören zu diesen Schaltungen, die einen solchen, sogenannten Full-Custom-Entwurf erfordern. Ein Full-Custom-Entwurf erzwingt eine Optimierung auf jeder einzelnen Entwurfsebene. Insbesondere bei der Schaltungssimulation und im Layout fällt hier extrem viel Arbeit an: Z.T. müssen hier die Geometrien einzelner Transistoren incl. der Plazierung und Verdrahtung von Hand nachgearbeitet werden, um auch die letzte n-sec Verzögerungszeit oder das letzt μV Auflösung aus der Schaltung heraus zu quetschen. Dementsprechend kostenintensiv ist dieses Verfahren, insbesondere dann, wenn man nicht mit einem Top Down/Bottom Up Zyklus auskommt.

Bei rein digitalen Schaltungen, besonders wenn keine besonderen Anforderungen an die Verarbeitungsgeschwindigkeit gestellt werden, haben sich zwei Entwurfsstrategien weitgehend durchgesetzt, die die aufwendige Prozedur des Full Custom Entwurfs abkürzen. Dies sind

1. der Standardzellen-Entwurf und
2. der Gate-Array-Entwurf.

12.1.1 Der Standardzellen-Entwurf

Beim Standardzellen-Entwurf steht dem Entwickler ein Baukasten von Digitalzellen, wie verschiedenen Gattern (NAND, OR, Inverter usw.), verschiedene Flip-Flops, Bustreiber usw. zur Verfügung, deren Layout bereits festliegt und deren elektrische Eigenschaften aus Simulationen und Messungen bekannt sind. Diese Zellen werden grundsätzlich nicht mehr verändert. Dies bedeutet eine nicht unerhebliche Einschränkung der Möglichkeiten zur Schaltungsoptimierung, erspart aber sehr viel Arbeit im Bereich des elektrischen und physikalischen Entwurfs. Der Entwickler bearbeitet also den Entwurf nur noch bis auf die Ebene des logischen Entwurfs. Es folgen nur noch die Plazierung und Verdrahtung der Zellen, was weitgehend von entsprechenden Hilfsprogrammen übernommen wird.

Um diesen Vorgang zu vereinfachen, sind alle Standardzellen für einen Zielprozess nach dem gleichem Muster aufgebaut: Alle Zellen haben gleiche Höhe, wobei die obere Hälfte (bei einem n-Wannen CMOS-Prozess) von der n-Wanne eingenommen wird. Am oberen Rand der Zelle verläuft in definierter Breite die Betriebsspannungsleitung, ebenso am unteren Rand eine Masseleitung. Die Breite der Zellen ist variabel gehalten, um auch komplexe Gatter realisieren zu können bzw. bei einfachen Gattern nicht zuviel Platz zu verschenken. Die zu einer Schaltung gehörenden Zellen werden nun so nebeneinander plaziert, dass die Versorgungsspannungsleitungen glatt durch die Zellenreihe laufen und nur noch an den Enden der Reihe weiter verdrahtet werden müssen. Die logische Verdrahtung der Zellen entsprechend der zu realisierenden Funktion erfolgt oberhalb bzw. unterhalb der Zellenreihe, wobei Ein- und Ausgänge der Gatter bzw. Zellen mit Poly-Silizium-Brücken unter den Versorgungsspannungsleitungen nach außen geführt werden. In aller Regel werden mehrere solcher Zellenreihen übereinander angeordnet, zwischen denen die logische Verdrahtung in sogenannten Verdrahtungskanälen liegt.

Nachdem auf diese Weise die eigentliche Funktion der Schaltung realisiert ist, wird um den entstandenen Zellenblock herum Ein- und Ausgangszellen plaziert und verdrahtet. Diese sogenannten I/O-Zellen oder Padzellen ermöglichen die Verbindung mit der Außenwelt (s.a. Kap. 9): Sie bestehen aus einer relativ großen Metallfläche, auf der mit einem Bonddraht die Verbindung zu den Anschlussbeinen der Schaltung hergestellt wird, gewissen Schutzstrukturen, die das innere der Schaltung vor elektrischer Überlastung von außen schützen, sowie Ausgangstreibern, mit denen größere Lasten außerhalb der Schaltung getrieben werden können.

Letztlich erfolgt, nach einem Artwork, die Masken- bzw. Reticle-Fertigung und ein vollständiger Prozessdurchlauf bevor die ersten Muster der Schaltung zur Verfügung stehen.

12.1.2 Der Gate-Array-Entwurf

Eine weitere Abkürzung des Verfahrens, insbesondere im Bereich der Fertigung, bietet der sogenannte Gate-Array-Entwurf, der allerdings mit weiteren, z.T. erheblichen Einschränkungen verbunden ist. Ausgangspunkt dieser Entwurfstechnik ist eine Basiszelle mit 4 - 5 NMOS- und ebenso vielen PMOS-Transistoren, deren Geometrie bis zu Poly-Silizium-Ebene vorgegeben und nicht mehr veränderbar ist. Durch entsprechendes Layout der Metallisierungsebene können die Transistoren der Basiszelle zu einfachen Gattern und Flip-Flops

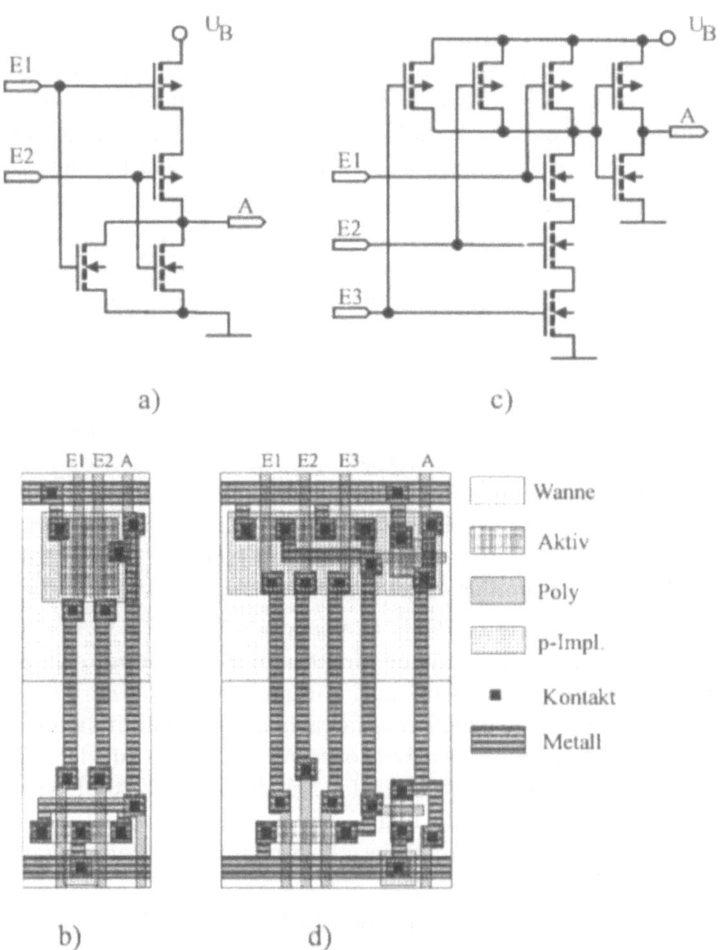

Abb. 12.1: Standardzellen: a) Schaltplan eines zweifach NOR; b) Standarzellen-Layout nach a); c) Schaltplan eines dreifach AND; d) Standarzellen-Layout nach c).

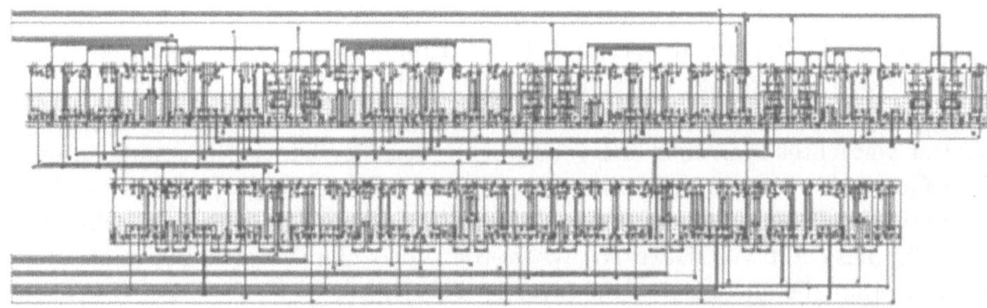

Abb. 12.2: Layout einer Teilschaltung nach dem Standardzellenverfahren mit Verdrahtungskanälen (ALU Algoritmic Logic Unit nach der TTL ALU 181)

verschaltet werden. Ein Beispiel für eine solche Basiszelle ist in Abb. 12.3 a wiedergegeben. Die Abb. 12.3 b zeigt den Schaltplan dieser Basiszelle entsprechend der Transistoranordnung. Will man damit zum Beispiel ein AND mit drei Eingängen entsprechend der Abb. 12.1 c realisieren, muss dieser Schaltplan wie in Abb. 12.3 c gestrichelt eingetragen, ergänzt werden. Daraus lässt sich dann relativ leicht die notwendige Verdrahtung für diese logische Funktion, wie in Abb. 12.3 d wiedergegeben, ableiten.

Komplexe Gatter benötigen mehrere Basiszellen und werden als Makrozellen bezeichnet. Die Basiszellen werden, wie bei den Standardzellen, so nebeneinander angeordnet, dass die Versorgung mit der Betriebsspannung sichergestellt ist. Die Basiszellenreihen werden übereinander mit ausreichend Abstand für die Verdrahtungskanäle angeordnet, so dass eine Matrix, das sogenannte Array, von Basiszellen entsteht. Rund um dieses Array werden noch Padzellen für die Ein- und Ausgänge der Schaltung angeordnet.

Diese zunächst völlig unspezifische Anordnung von Basiszellen und I/O-Pads wird nun in großem Volumen bis zur ersten Metallisierungsebene gefertigt und steht als Halbfertigprodukt zur Verfügung.

Der Entwickler treibt seinen Entwurf , wie bei den Standardzellen, bis zur logische Ebene voran. Hier muss dann spätestens die Entscheidung über die Größe des Arrays, d.h., die Anzahl der in der Matrix zur Verfügung stehenden Basiszellen getroffen werden, mit der die Schaltung gefertigt werden soll. Diese Arrays stehen natürlich nicht in beliebig feinen Abstufungen zur Verfügung. Kalkuliert man hier zu knapp, sind spätere Korrekturen kaum noch möglich, ist man zu großzügig, verschenkt man Fläche und damit Geld. Anschließend erfolgt die Erzeugung des Layouts für die Verdrahtung weitgehend automatisch., es wird eine Maske bzw. ein Reticle erzeugt und die halbfertigen Wafer werden mit der schaltungsspezifischen Maske fertigprozessiert. Damit ist neben der Abkürzung im Entwurf auch eine erhebliche Zeitersparnis in der Fertigung erreicht.

Eine Weiterentwicklung dieser Gate Arrays sind die sogenannten "Sea of Gates". Dabei gibt es keine Basiszellen mit unveränderlich acht oder zehn Transistoren. Vielmehr werden n- und p-Kanal Transistoren kontinuierlich aneinandergereiht (s. Abb. 12.4). Damit wird vermieden, dass z.B. bei einem NAND mit zwei Eingängen vier oder gar sechs Transistoren unbenutzt bleiben. Allerdings müssen hier die einzelnen Funktionen durch Transistorgates, die auf Masse (n-Kanal) bzw. auf Betriebsspannung (p-Kanal) gelegt werden, getrennt werden. Weiter verzichtet man hier auf Verdrahtungskanäle. Die Verdrahtung innerhalb eines logischen Gatters sowie die Spannungsversorgung erfolgt in der ersten Metallage, für die logische und globale Verdrahtung muss daher eine weitere Metallisierungsebene eingeführt werden. Für diese Art von Gate Arrays werden also vier Masken benötigt, um aus dem Halbfertigprodukt die gewünschte Schaltung zu fertigen:

- Die Kontaktlöcher zwischen Aktivgebiet oder Poly-Silizium und der ersten Metallisierung.
- Die Struktur der ersten Metallisierung.
- Die Kontaktlöcher zwischen erster und zweiter Metallisierung.
- Die Struktur der zweiten Metallisierung.

Der Aufwand ist also erheblich größer, es wird aber eine wesentlich höhere Flächenausnutzung erreicht.

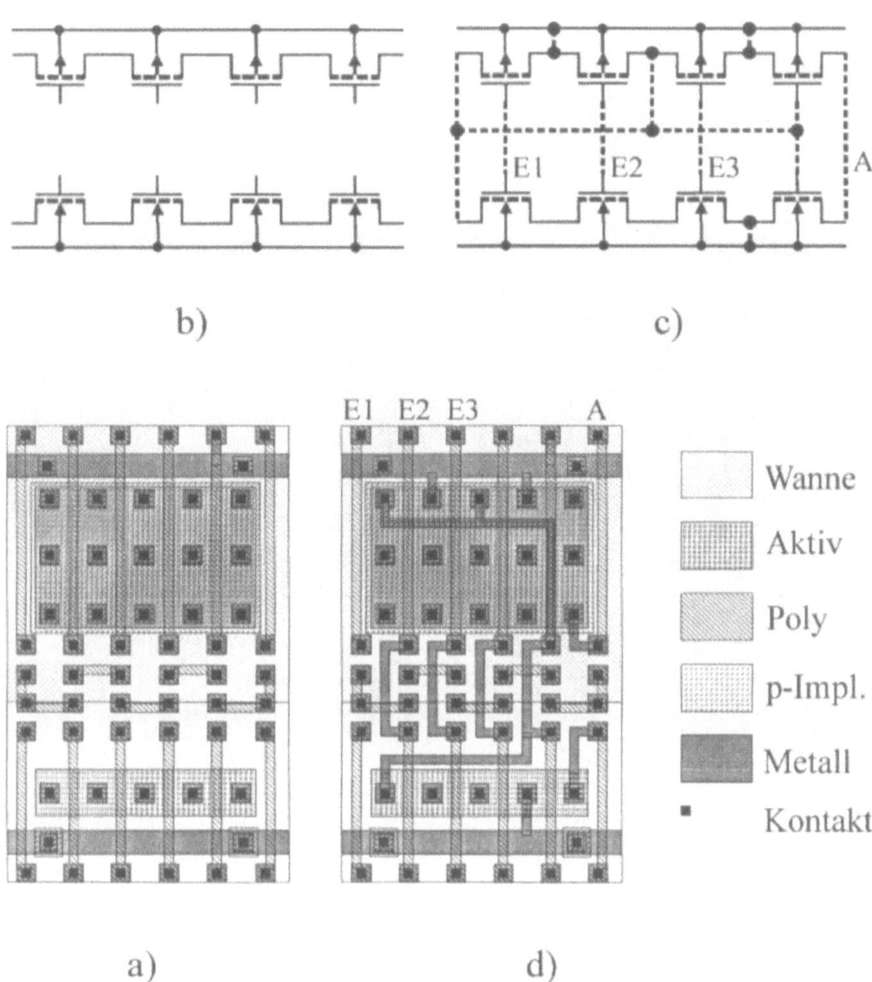

Abb. 12.3: Gate Array Basiszelle: a) Layout der Basiszelle; b) Schaltplan der Basiszelle entsprechend dem Layout; c) Schaltplan mit der zusätzlichen Verdrahtung (gestrichelt) für eine AND mit drei Eingängen (s.Abb. 4.1 c); d) Layout mit der zusätzlichen Verdrahtung nach c).

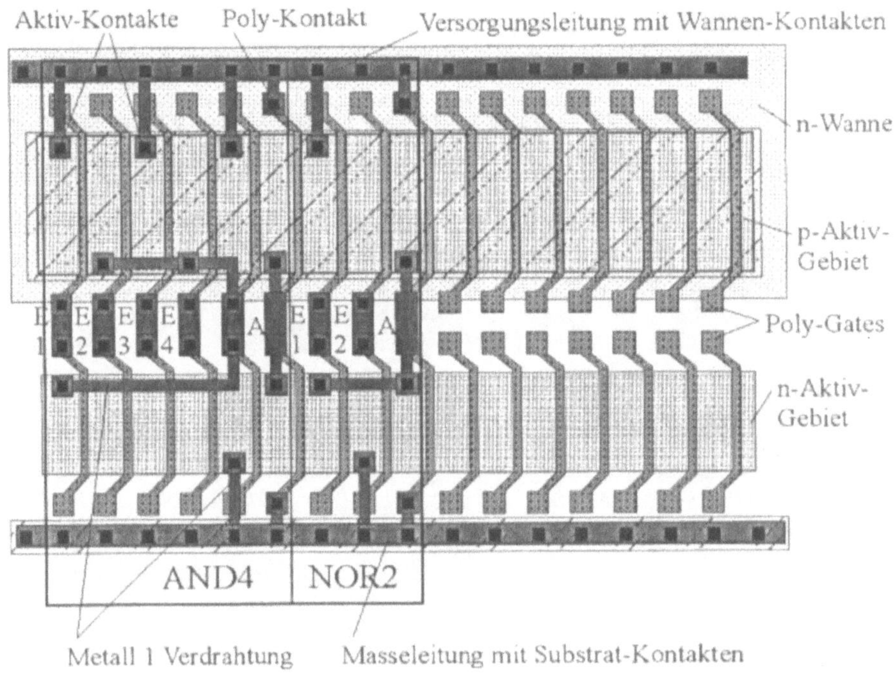

Abb. 12.4: Sea of Gates: rechts Grundstruktur; links logische Grundstrukturen mit Verdrahtung in der ersten Metallebene.

Literatur zur CMOS-Technologie

Zu Kapitel 1

Kittel: Einführung in die Festkörperphysik
Oldenbourg1996; 1. Aufl. ISBN 3-486-23596-6

N. . W. Ashcroft, N. D. Mermin: Solid State Physics
Holt, Rinehart And Winston; New York; 1976; ISBN 0-03—083993-9
insbesondere S. 561 ff

S. M. Sze: Physics of Semiconductor Devices
Wiley&Sons, New York,1981; ISBN 0-471-05661-1
Seiten 7 - 61

Müller: Grundlagen der Halbleiter-Elektronik
Springer; Berlin; Heidelberg; 1995; ISBN: 3-540-58912-0
Seiten 20 - 100

G. W. Neudeck, R.F. Pierret, Editors: Modular Series on Solid State Devices
Volume I: Semiconductor Fundamentals
Addison-.Wesley, Reading (Mass.), 1983; ISBN 0-201-05320-9

Zu Kapitel 2

S. M. Sze: Physics of Semiconductor Devices
Wiley&Sons, New York,1981; ISBN 0-471-05661-1
Seiten 63 - 132

Müller: Grundlagen der Halbleiter-Elektronik
Springer; Berlin; Heidelberg; 1995; ISBN: 3-540-58912-0
Seiten 103 - 158

G. W. Neudeck, R.F. Pierret, Editors: Modular Series on Solid State Devices
Volume II: The PN Junction Diode
Addison-.Wesley, Reading (Mass.), 1983; ISBN 0-201-05321-7

Zu Kapitel 3

S. M. Sze: Physics of Semiconductor Devices
Wiley&Sons, New York,1981; ISBN 0-471-05661-1
Seiten 362 ff

DeWitt G. Ong: Modern MOS Technology
McGraw-Hill; New York; 1984; ISBN 0-07-047709-4
Seiten 33 ff.

G. W. Neudeck, R.F. Pierret, Editors: Modular Series on Solid State Devices
Volume IV: Field Effect Devices
Addison-.Wesley, Reading (Mass.), 1983; ISBN 0-201-05323-3

B. El-Kareh, R. J. Bombard: Introduction to VLSI Silicon Devices
Kluwer Acad. Publ., Boston, 1986; ISBN 0-89838-210-6
Seiten 287 ff

Zu Kapitel 4

S. M. Sze: Physics of Semiconductor Devices
Wiley&Sons, New York,1981; ISBN 0-471-05661-1
Seiten 431 ff

DeWitt G. Ong: Modern MOS Technology
McGraw-Hill; New York; 1984; ISBN 0-07-047709-4
Seten 81 ff.

McCarthy: MOS Device and Cicuit Design
Wiley&Sons, New York, 1982

G. W. Neudeck, R.F. Pierret, Editors: Modular Series on Solid State Devices
Volume IV: Field Effect Devices
Addison-.Wesley, Reading (Mass.), 1983; ISBN 0-201-05323-3

B. El-Kareh, R. J. Bombard: Introduction to VLSI Silicon Devices
Kluwer Acad. Publ., Boston, 1986; ISBN 0-89838-210-6
Seiten 409 ff

K. Goser: Großintegrationstechnik I
Hüthig, Heidelberg, 1990; ISBN 3-7785–1615-9

Zu Kapitel 5

S. M. Sze: VLSI Technology
McGraw-Hill; Singapore; 1983; ISBN 0-07-062686-3

G. Schumicki, P. Seegebrecht: Prozeßtechnologie
Springer; Berlin; 1991; ISBN 3-540-17670-5

D. Widmann, H. Mader, H. Friedrich: Technologie hochintegrierter Schaltungen
Springer; Berlin; 1996; ISBN3- 540-59357-8

U. Hilleringmann: Silizium-Halbleitertechnologie
Teubner Studienskripten, Stuttgart; 1996; ISBN 3-519-00149-7

G. Zimmer: CMOS-Technologie
Oldenbourg, München, 1982; ISBN 3-486-27121-0

Zu Kapiteln 6 - 12

H.-U. Post: Entwurf und Technologie hochintegrierter Schaltungen
Teubner; Stuttgart; 1989; ISBN: 3-519-02267-2

K. Goser: Großintegrationstechnik II
Hüthig, Heidelberg, 1990; ISBN 3-7785-1616-7

K. Schumacher
Integrationsgerechter Entwurf analoger MOS-Schaltungen
Oldenbourg, München, 1987; ISBN 3-486-20322-3

Kit Man Cham et al: CAD and VLSI Device Developement
Kluwer; Boston; 1988; ISBN: 0-89838-277-7

H. Duyan/ G. Hahnloser/ D. Traeger: PSPICE: Eine Einführung
Teubner: Stuttgart:1992; ISBN:3-519-10143-2

H. Duyan/ G. Hahnloser/ D. Traeger: Design Center: PSPICE für Windows
Teubner: Stuttgart:1994; ISBN:3-519-00146-2

A. Bursian: PSPICE für Einsteiger
Franzis; Feldkirchen; 1996; ISBN: 3-7723-6423-3

P. Baumann; W. Möller: Schaltungssimulation mit Design Center
Fachbuchverlag Leipzig Köln; 1994; ISBN 3-343-00867-2

P. Marwedel: Synthese und Simulation von VLSI-Systemen
Hanser München; 1993ISBN: 3-446-16146-5

Formelzeichen und Abkürzungen

Liste der wichtigsten Formelzeichen

B_0	Leitwertkonstante (= $B_0 \cdot W/L$)
C_J	Sperrschichtkapazität
C_{ox}	Oxidkapazität
C_S	Kapazität der Raumladungszone
D	Diffusionskoeffizient
$\vec{E}$, E_x	elektrisches Feld
E_C	Energie der Valenzbandkante
E_F	Fermi-Energie
E_i	intrinsische Fermi-Energie
E_g	Bandlücke (= E_C - E_V)
E_V	Energie der Leitungsbandkante
ε_0	Dielektrizitätskonstante
ε_{Si}	rel. Dielektrizitätskonstante Silizium
ε_{SiO_2}	rel. Dielektrizitätskonstante Siliziumdioxid
G_L	Generationsrate aufgrund von Lichteinfall
φ_F	Fermi-Potential
φ_S	Oberflächenpotential
φ_{MS}	Austrittsarbeitsdifferenz
g, g_V, g_C	Zustandsdichte, ...im Valenzband, ...im Leitungsband
I	Strom
J, $\vec{J}$	Stromdichte
k_B	Boltzmann-Konstante
L	Diffusionslänge bzw. Länge eines MOS-Transistors
λ	Kanallängenmodulations-Faktor
m_C, m_V	effektive Masse der Elektronen im Leitungsband, ...der Löcher im Valenzband
μ	Ladungsträgerbeweglichkeit
n, n_C	Elektronendichte
n_i	intrinsische Ladungsträgerdichte
N_A	Akzeptorendichte
N_D	Donatorendichte
p, p_V	Löcherdichte
Q	Ladung
q	Elementarladung
ρ	spezifischer Widerstand
σs	spezifische Leitfähigkeit
T	absolute Temperatur
t_{Ox}	Oxiddicke
τ	Minoritätsträgerlebensdauer

Θ	Querfeldbeweglichkeitsreduktions-Faktor
U	Spannung
U_{Bi}	"eingebautes" Potential
U_{FB}	Flachbandspannung
U_T	Schwellenspannung
$\vec{v}$	Geschwindigkeit
W	Weite der Raumladungszone bzw. eines MOS-Transistors

Liste der wichtigsten Abkürzungen

CCD	**C**harged **C**oupled **D**evice Ladungsverschiebungsschaltung
CMOS	**C**omplementary-**MOS** Schaltungstechnik mit NMOS- und PMOS-Transistoren
EPROM	**E**lectrical **P**rogramable **ROM** Elektrisch Programmierbares ROM
EEPROM	**E**lectrical **E**raseble **PROM** elektrisch löschbares PROM
ESD	**E**lectro **S**tatic **D**ischarge Elektrostatische Entladung
FET	**F**ield **E**ffect **T**ransistor Feld Effekt Transistor
HDL	**H**ardware **D**escription **L**anguage Hardware Beschreibungssprache
MOS	**M**etall **O**xide **S**emiconductor Schichtenfolge der Steuerelektrode des MOS-Transistors
MOSFET	FET mit MOS-Steuerelektrode
NMOS	Kurzform für n-Kanal MOS-Transistor
PMOS	Kurzform für p-Kanal MOS-Transistor
PROM	**P**rogramable **ROM** Programmierbares ROM
RAM	**R**andom **A**cces **M**emory Schreib/Lesespeicher
ROM	**R**ead **O**nly **M**emory Lesespeicher

Physikalische Konstanten

Boltzmann-Konstante	k_B	$8{,}6 \cdot 10^{-5}$ eV/K $= 1{,}38 \cdot 10^{-23}$ J/K
Elementarladung	q	$1{,}6 \cdot 10^{-19}$ As
Elektronenvolt	eV	1 eV $= 1{,}6 \cdot 10^{-19}$ J
Elektronenruhemasse	m_e	$0{,}91 \cdot 10^{-30}$ kg
Dielektrizitätskonstante	0	$8{,}85 \cdot 10^{-14}$ F/cm

Tabelle 1: Physikalische Konstanten

Material	Ge	Si	SiO_2
Bandlücke (eV) 300 K	0,66	1,1	9
Beweglichkeit (cm^2 /Vs) in intrinsischem Material bei 300 K Elektronen Löcher	 3900 1900	 1500 450	 - -
Atome /cm^3	$4{,}4 \cdot 10^{22}$	$5 \cdot 10^{22}$	
Durchbruchfeldstärke (V/cm)	10^5	$3 \cdot 10^5$	10^7
rel. Dielektrizitätskonstante	16	12	4
intr. Ladungsträgerdichte (1/cm^3; 300 K)	$2{,}4 \cdot 10^{13}$	$1{,}5 \cdot 10^{10}$	-
therm. Leitfähigkeit(W/cmK)	0,6	1,5	0,014
spez. Wärme (J/g K)	0,31	0,7	

Tabelle 2: Eigenschaften von Germanium, Silizium und Silizium-Dioxid

Index